空间技术与应用学术著作丛书

微小卫星轨道工程应用与 STK 仿真

陈宏宇　吴会英　周美江　齐金玲　著

U0208232

科学出版社

北　京

内 容 简 介

本书为卫星轨道设计相关专著,突出理论知识的工程应用,根据作者科研团队多年航天工作经验,从工程实用的角度系统总结了航天任务中常用的轨道知识、设计方法、控制策略及STK软件辅助仿真设计的使用细节,并给出大量航天任务实例。本书主要内容包括时间系统、空间系统、卫星绝对轨道运动、星上自主轨道改进与预报、常用轨道类型、轨道设计的工程方法、相对轨道控制相关内容,以及STK软件在仿真应用中的大量实例。

本书适合参与航天工程总体设计、轨道设计、导航制导与控制的科研人员,航天器轨道动力学和运动学专业的在读研究生阅读使用。另外,对工程思维方式感兴趣的读者也有很好的参考价值。

图书在版编目(CIP)数据

微小卫星轨道工程应用与STK仿真/ 陈宏宇等著.——
北京:科学出版社,2016.7
  (空间技术与应用学术著作丛书)
  ISBN 978 - 7 - 03 - 049299 - 9

Ⅰ.①微… Ⅱ.①陈… Ⅲ.①卫星轨道-计算机仿真
Ⅳ.①V412.4

中国版本图书馆CIP数据核字(2016)第153476号

责任编辑:王艳丽
责任印制:谭宏宇 / 封面设计:殷 靓

科学出版社 出版
北京东黄城根北街16号
邮政编码:100717
http://www.sciencep.com

南京展望文化发展有限公司排版
广东虎彩云印刷有限公司印刷
科学出版社发行 各地新华书店经销

*

2016年7月第 一 版 开本:787×1092 1/16
2025年4月第二十七次印刷 印张:23 1/2 插页:2
字数:526 000

定价:150.00元
(如有印装质量问题,我社负责调换)

　　航天器轨道是人类离开地球这一"摇篮",探索更远太空的必经之路。航天器轨道动力学与运动学早在牛顿时代就已奠定了理论基础,今天它们依然充满活力,不断产生新的应用需求——空间复杂编队、拉格朗日平衡点、深空借力飞行等,挑战着工程师的聪明才智和创造激情。近年来,随着小型化、智能化、廉价化的微小卫星的涌现,航天任务规模从单星发展为编队,星群,甚至星座。深入研究卫星轨道特性及工程实现方法,特别是研究微小卫星的编队协同轨道控制,成为完成更复杂的航天任务、开发更智能的航天系统的基础和关键,也必将促进航天技术的跨越式发展。

　　本书的基础研究均来自笔者科研团队十五年来参加的航天科研项目和工程实践,既包括中国载人航天和北斗导航卫星等重大专项工程——"神舟七号伴随卫星""天宫二号伴随卫星""中国第二代北斗导航 IGSO/MEO 试验卫星"等,也包括中国科学院知识创新工程、先导项目工程和空间科学预先研究项目——"暗物质粒子探测卫星平台总体设计""大气-电离层微纳卫星星座方案设计""磁力测量卫星""稀薄大气科学实验卫星"等。得益于航天工程的需求牵引,我们能够有一支卫星轨道设计和工程实践的专业科研团队,并将相关研究不断推进深入。参与上述项目研究的同志大都已成为国家多个重要卫星型号的总设计师、主任设计师及科研骨干,为国家航天工程作出了重要贡献。

　　在多年的工作中我们发现:航天器轨道领域的大部分书籍偏重理论,对工程应用的指导意义不大,个别概念定义的不统一也影响了世界同行间的深入交流;另外,用来辅以仿真验证的 STK 软件的帮助文档不够详尽,没有参数设置的详细解释,非专业人士很难将细分的轨道概念在软件中对号入座,容易发生偏差。为了促进轨道学者和航天爱好者的深入交流,促进航天器轨道学科的工程化应用,我们在参考多家专业书籍的基础上,决心将多年的工程经验以及对该软件的使用心得付诸公开。

　　本书针对典型的卫星空间任务,深入分析了卫星轨道特性,攻克了轨道设计以及轨道控制的关键技术,给出了卫星轨道设计优化思路和轨控策略的解决途径,并附以仿真方法和结果。作为卫星轨道设计的工程性书籍,本书着力突出工程应用,以具体卫星任务实例为牵引,以复杂理论在工程中合理简化为目的,讲解轨道理论的工程应用方法,并给出卫星在轨的遥测结果作为佐证。

本书共有 9 章。第 1~2 章简要介绍时间、空间系统的基础概念；第 3~4 章讲述卫星的轨道运动及星上轨道预报方法；第 5~6 章阐述常见轨道类型及卫星轨道设计的工程方法；第 7~9 章从航天器间的相对运动角度阐述相对轨道控制。在大多数章节的最后，会介绍本章部分相关内容的 STK 软件仿真应用，并介绍作者实际工作中的相关经验。

本书第 1、2、7 章由陈宏宇、吴会英编写，第 3 章由吴会英、齐金玲编写，第 4 章由齐金玲、吴会英编写，第 5、6、8、9 章由周美江、吴会英编写。全书由陈宏宇拟定提纲，并通稿整理。

相比国内外研究航天器轨道多年、功底深厚的专家们，笔者的科研团队尚才疏学浅，我们旨在将前辈们在知识大海边拾起的贝壳擦拭鲜亮，并带着我们思考和实践的温度，来装扮更加美好的航天科技家园。书中不妥之处，希望同行专家和读者提出宝贵意见，我们将不胜感激！

本书在写作过程中得到了诸多专家的热心帮助。中国科学院紫金山天文台吴连大老师对文稿提出了诸多修改建议，并对相关知识作了仔细核对；中国科学院上海技术物理研究所的陈桂林院士、上海航天技术研究院的戎鹏志老师以他们多年的航天工作经历，对本书的写作思路作了指导；上海微小卫星工程中心的白艳萍、姜兴龙、斯朝铭，南京航空航天大学的姬聪云，对书稿的校对工作提供了无私的帮助，笔者在此一并深表谢意。此外，感谢科学出版社为本书提供了出版的机会，特别感谢出版社王艳丽老师在写作思路、版面规范等方面的专业指导。最后，感谢上海微小卫星工程中心给笔者创造了良好的工作环境，感谢微纳卫星研究所的同事给予的无私帮助。

作　者
2016.5

目　录

CONTENTS

第 1 章 .... 时间系统

自然界的一切物质都是在运动的,从数学的角度讲,描述物体的运动规律离不开其运动状态所对应的时间。正所谓"失之毫厘,谬以千里",对于在轨道上运动的航天器,1秒钟的差异就会导致几千米的轨道误差。为了准确描述航天器的运动规律,本章首先介绍各种时间系统及其应用,其次介绍卫星工程中常用的时间系统。

本章及第2章涉及大量概念,看似枯燥,但准确的概念是精准地描述这个世界的开始,也是在专业领域"登堂入室"的阶梯。

1.1 如何定义时间

时间的描述需要两个要素:时间起点和时间间隔。凡是周期性运动的现象都可以作为记录时间间隔的计时工具。

古代有以一日内日影长短或方向变化测定时间的"圭表"(图 1.1)和"日晷"

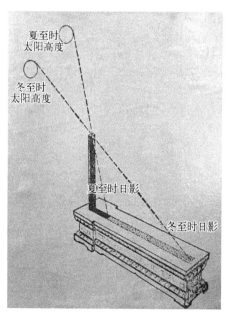

夏至时
太阳高度

冬至时
太阳高度

夏至时日影

冬至时日影

图 1.1 圭表

（图 1.2），也有利用流体力学计时的"铜壶漏刻"或者"沙漏"（图 1.3），甚至还有用燃香计算时间的"火钟"，这些都是周期性运动的现象。

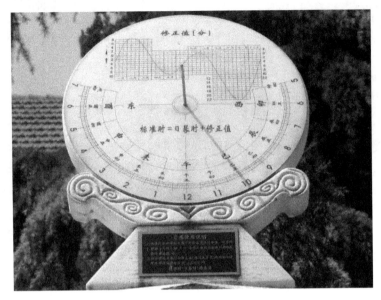

图 1.2　日晷

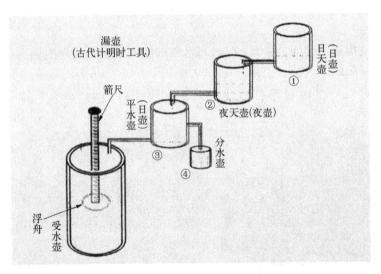

图 1.3　漏刻

近代，人们除了日常生活中使用钟表计时外，科学领域使用了更加准确的计时系统，依据物质运动的不同主要分为四大类：

（1）以地球自转为依据的世界时系统；

（2）以地球公转为依据的历书时系统；

（3）以原子内部电子能级跃迁时电磁波的振荡频率为依据的国际原子时系统；

（4）以天体动力学为依据的力学时系统。

本章将对上述四种时间系统以及所需的基本天文概念作简单介绍。

1.2 天文基本概念

人类认知世界是通过人的感知器官,眼睛是人类重要的感知器官之一。最早的地心说即与人类感觉自己在宇宙的中心有关。人通过眼睛观察世界,认为日月星辰以及一切的空间物体都在以观测者自身为中心的球的内壁上,好像是"天球"。

尽管这种"感觉"从客观上说是人的错误认识,但由于运动的相对性,为了描述的方便,在研究空间物体的运动时我们保留了这一视角。

本书用到的基于天球的天文基本概念参考图见图 1.4。

(1) 天球。以空间任意点为中心,以任意长为半径(或把半径看成数学上的无穷大)的圆球称为天球。需要说明的是,下文以观测者眼睛为中心建立天球,在此基础上讨论其他天文基本概念。而实际工程应用时,需要以某一"被围绕天体"的质心(如研究卫星绕地球运动时,选地球质心)为中心建立天球,读者需要自行转换相应的天文知识。

图 1.4 天球上的基本点以及基本圈

(2) 球面上的圆。平面截球面所得的截口为圆,当圆过球心时为大圆,否则为小圆。

(3) 天顶和天底。过天球中心 O(观测者眼睛)作铅垂线(观测者眼睛所在位置的重力方向,在精度要求不高的情况下,可以认为与参考椭球体法线方向相反,可参见 2.1.3 节,垂线与法线的偏差为垂线偏差,在 60″ 量级内),延长线与天球相交于两点天顶 Z(zenith)与天底 Z'(nadir)。天顶 Z 位于观测者头顶的方向,天底 Z' 位于观测者脚下的方向。

(4) 真地平圈。过天球中心 O 作与直线 ZOZ' 相垂直的平面,与天球相交的大圆为真地平圈,与其垂直的大圆称为地平经圈(垂直圈),与其平行的小圆称为地平纬圈(等高圈)。

(5) 天极和天赤道。过天球中心 O 作与地球自转轴平行的直线 POP',称为天轴。天轴与天球相交于北天极 P 和南天极 P'。过天球中心 O 作与天轴垂直的平面 QOQ',称为天赤道平面,实为地球赤道面的延伸。与天赤道垂直的大圆称为赤经圈,也称时圈;与天赤道平行的小圆称为赤纬圈。

(6) 天子午圈、四方点和天卯酉圈。过天顶 Z、天底 Z' 以及北天极 P 的大圆称为天子午圈 ZPZ',天子午圈与真地平圈相交于南点 S 和北点 N。天赤道 QOQ' 与真地平圈相交于东点 E 和西点 W,E、W、N、S 合称为四方点,即观测者的四个方向点。过天顶 Z、天底 Z' 以及东点 E 的大圆称为天卯酉圈 ZEZ'。真地平圈、天子午圈、天卯酉圈两两垂直。

(7) 周日视运动。人们从直观上总觉得所有天体都有东升西落的运动。由于这种运动每天都有规律地重复出现,故称为天体的"周日视运动"。

(8) 中天。天体周日视运动经过测站子午圈的瞬间称为天体的中天。测站子午圈与天体的周日平行圈(天体在天球上一天的运行轨迹)有两个交点。当天体到达最高位置交点时,称为上中天;当天体到达最低位置交点时,称为下中天。

(9)黄道和黄极。过天球中心 O 作与地球公转轨道面平行的平面称为黄道面,其与天球的交线称为黄道,过天球中心 O 作垂直于黄道面的直线与天球的交点称为黄极。

(10)二分与二至。黄道面相对赤道面的升交点称为春分点,黄道上与春分点相距 90°、180°、270°的点分别为夏至、秋分以及冬至点。春分点与秋分点称为二分点,夏至点与冬至点称为二至点。

1.3 世界时系统

时间系统以日、时(小时)、分、秒为计量单位,1 日为 24 小时,时、分、秒之间为 60 进制,即 1 小时为 60 分,1 分为 60 秒。此为时间的通用计量单位,并不拘泥于任何时间系统。

1.3.1 恒星时

恒星时为由春分点的周日视运动所确定的时间,将春分点连续两次上中天的时间间隔定义为一个恒星日。恒星时起点为春分点上中天的时刻。恒星时的主要特点为:

(1)任何瞬间的恒星时正好等于该瞬时上中天恒星的赤经,此时恒星时以角度量表示,在原来以时间为单位的基础上乘以 15。即 1 时秒对应 15 角秒,1 分钟对应 15 角分,1 小时对应 15°。

(2)春分点在惯性空间中随岁差和章动不断移动,对应于真春分点的恒星时为真恒星时,对应于平春分点的恒星时为平恒星时(参见第 2.2 节)。

恒星时以角度为单位即恒星时角,主要用于解算世界时以及地固系与惯性系之间的转换,这里不详细展开。

1.3.2 太阳时

1. 真太阳时

太阳视圆面中心称为真太阳。

真太阳时为由真太阳的周日视运动所确定的时间,简称真时或视时。真太阳连续两次上中天的时间间隔定义为一个真太阳日。但为了照顾生活的习惯,实际上把真太阳时的起点定义为真太阳下中天的时刻。

真太阳日长短不一,原因有以下两个方面:

(1)太阳在黄道上运行速度不均匀。在近地点(冬至前后)运行最快,一个真太阳日较长;在远地点(夏至前后)运行最慢,一个真太阳日较短。

(2)太阳在黄道上并非赤道上运行。真太阳时角是沿着天赤道的弧长度量的,由于黄赤交角,即使太阳在黄道上匀速运行,反映在天赤道上的角变化也是不均匀的,如图 1.5 所示。由图 1.5 可见,由于不同纬度圈半径不同,$Bc_1 < bc$,$Cd_1 < cd$,若取 $Ab = bc = cd$,由于黄道与任意纬度圈的二面角都为黄赤交角,所以 $AB > BC > CD$。依此类推,若 $AB = BC = CD$,则有 $Ab < bc < cd$,即真太阳日二分短,二至长。观测表明最长和最短的真太阳日相差 51 s 之多。

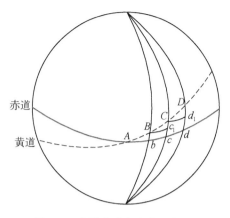

图 1.5 黄道赤道角变化示意图
A 点即为春分点

综上两个原因,真太阳日是一种包含地球自转和公转的计时系统,但由于其长短不一,不宜作为计时单位。

2. 平太阳时

先引入一个在黄道上匀速运行的假想点 1,它的运行速度等于太阳周年视运动的平均速度,这样它与真太阳同时经过近地点和远地点;再引入一个在赤道上匀速运行的假想点 2,它的运行速度与假想点 1 相同,并同时通过春分点。假想点 2 即平太阳,平太阳在天赤道上的周日视运动是均匀的。

平太阳时为由平太阳的周日视运动所确定的时间,简称平时。平太阳连续两次下中天的时间间隔定义为一个平太阳日。平太阳时的起点为平太阳下中天的时刻。

平太阳时即日常生活中使用的时间(民用时),本书若不特别说明都是平太阳时系统,"日"和"天"都是"平太阳日"的概念。但平太阳是假想点,无法直接观测,必须先通过观测得到恒星时,再换算成平太阳时。

3. 时差

真太阳是一个在黄道上不均匀运行的真实点,而平太阳则是一个在赤道上均匀运行的假想点。真太阳确定的真太阳时与平太阳确定的平太阳时之间的差为时差(equation of time,STK 软件中的名称为 EqnOfTime,详见表 2.5)。时差的变化范围为 -14 分 24 秒 $\sim$ 16 分 21 秒,一年之中 4 次为 0。用 STK 生成一年的时差曲线如图 1.6 所示。

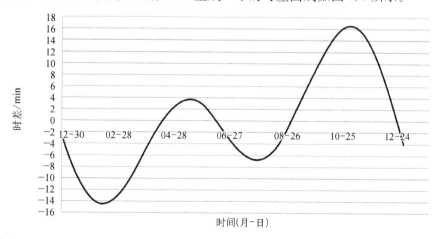

图 1.6 1 Jan 2000 12:00:00.000 UTCG～1 Jan 2001 12:00:00.000 UTCG 时差变化曲线

1.3.3　恒星时和平时之间的转换

恒星时与平时系统的区别在于,恒星时的时间单位为恒星日,平时的时间单位为平太阳日,且二者的时间起算点不同。

平太阳沿赤道作周年运动,连续两次过平春分点的时间间隔为一个回归年。长期观测表明:一个回归年的长度约等于 365.242 2(精确值为 365.242 198 778)平太阳日,366.242 2 恒星日,即在一个回归年内,平太阳上中天 n 次,则平春分点上中天 $n+1$ 次。则有

$$1 \text{平太阳日} = \frac{366.242\ 2}{365.242\ 2} \text{恒星日} = \left(1 + \frac{1}{365.242\ 2}\right) \text{恒星日} = (1 + \mu) \text{恒星日}$$

$$(1.1)$$

其中

$$\mu = \frac{1}{365.242\ 2} = 0.002\ 737\ 909\ 3 \tag{1.2}$$

此外还有

$$\begin{cases} 1 \text{恒星日} = 23^{\mathrm{h}}56^{\mathrm{m}}4^{\mathrm{s}}.090\ 53 (\text{平时单位}) = 86\ 164.090\ 536\ \mathrm{s} (\text{平时单位}) \\ 1 \text{平太阳日} = 24^{\mathrm{h}}3^{\mathrm{m}}56^{\mathrm{s}}.555\ 36 (\text{恒星时单位}) = 86\ 636.555\ 36\ \mathrm{s} (\text{恒星时单位}) \end{cases} \tag{1.3}$$

1.3.4　地方时、世界时和区时

1. 地方时

恒星时、真太阳时、平太阳时都是从测站当地子午圈起算的时角,所以不同测站得到的恒星时、真太阳时、平太阳时都不一样,具有地方性,称为地方恒星时、地方真太阳时、地方平太阳时。

同一瞬间两测站的地方时角之差在数值上等于两测站的天文经度(参见 2.1.1 节)之差。

地方时与当地的天文经度直接相关,在研究对地观测卫星的阳照条件时应用广泛,尤其是对于太阳同步轨道的降交点地方时设计(参见 6.2 节)。

2. 世界时

格林尼治(Greenwich)平太阳时(格林尼治地方平时),称为世界时(UT)。通过天文观测直接测定的世界时为 UT0,考虑极移修正的世界时为 UT1,再考虑地球自转速度所引起的季节性变化修正的为 UT2。UT0、UT1 和 UT2 之间的关系见公式(1.4)。

$$\begin{cases} \mathrm{UT1} = \mathrm{UT0} + \Delta\lambda \\ \mathrm{UT2} = \mathrm{UT1} + \Delta T_{\mathrm{s}} = \mathrm{UT0} + \Delta\lambda + \Delta T_{\mathrm{s}} \end{cases} \tag{1.4}$$

近代天文观测发现地球自转存在长期慢变化(由潮汐摩擦造成平太阳日的长度平均每百年增长 0.001 6 s)和季节性变化及一些无法预测的不规则变化,UT2 系统未消除这些影响,仍然是不均匀的。

由于 ΔT_S 较小,而 UT1 又直接与地球瞬时位置相联系,所以对于一般的精度要求用 UT1 作为时间系统即可,而对于高精度的要求,即使 UT2 也不能满足,必须寻求更均匀的时间尺度。

世界时是民用时中重要的一种,对于任意天文经度的地方,地方平时为世界时与当地天文经度(平时单位)的和。

3. 区时

随着人类社会的进步,活动范围越来越广,各地均采用当地的地方时给生活带来诸多不便,因此需要对全世界按照天文经度分区,建立区时。

以格林尼治子午线为中心,从西经 7.5°到东经 7.5°为零时区,从零时区的边界线分别向东和向西每隔经度 15°为一个时区,东十二区与西十二区相重合,全球共划出 24 个时区,各时区都采用中央子午线的地方平时为本区的区时,如图 1.7 所示。

我国均采用东八区的区时,对应东经 120°经线,虽然东八区区时称为北京时间,但并非北京的地方平时(北京的经度为 116°21′30″),东八区区时更接近于杭州的地方时(杭州的经度为 120°9′32.4″)。

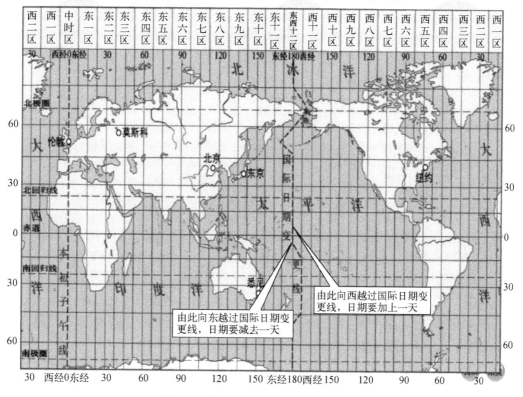

图 1.7　世界区时和国际日期变更线图

实际的区时划分需要考虑自然界的河流、山脉,并考虑国界、省界等人文因素,以及综合考虑地理、政治、经济等原因。

日界线为国际规定的日期的分界线,以 180°经线为分界线(与区时划分需要考虑的内容相同,日界线并不全在 180°经线上),自西向东,时间减一天,自东向西,时间加一大。

1.4 历书时

为了克服地球自转不均匀引起的平太阳时的漂移,需要寻找更大时空背景下的天体周期运动,1960 年引入了以地球绕太阳公转为基准的历书时(ET)。虽然它的定义是基于牛顿物理学,并且已经被相对论框架下的时间系统所取代(如地球时(TT),参见 1.6 节相关介绍),但历书时仍然是动力学时间尺度的原型,并且与历史行星观测建立了有效链接。

其实代替 ET 的还有广义相对论背景下描述行星、月球以及太阳系活动的 TCG(地心协调时,也叫地心坐标时)以及 TCB(质心坐标时,也叫太阳系质心坐标时)[1]。

历书时是将天体的位置历表对应的时间(这个时间应当是数学上均匀的自变量)为时间系统,由于选取不同的天体得到的历书时存在微小差异,天文学家经过仔细研究,决定选用纽康(Newcomb)太阳历表中所用的均匀时系统作为历书时系统。

历书时起算点为:1900 年初太阳几何平黄经为 $279°41'48.04''$ 的瞬间,也就是 1900 年 1 月 0.5 日,即格林尼治平午这一瞬间作为 1900 年 1 月 0 日历书时 12 时,即 1899 年 12 月 31 日历书时 12 时[2]。历书时秒长取回归年的倒数:$1/(365.242\ 2×24×60×60)$ 回归年。

历书时,无论从理论还是时间上都有很多缺陷。实际测定的历书时精度不高,而且提供结果比较迟缓,不能及时满足高精度时间部门的要求。由于历书时的严重缺陷,所以 1967 年被原子时取代。

1.5 原子时

定义位于海平面上的铯原子(Cs133)基态的两个超精细能级在零磁场中跃迁辐射振荡 9 192 631 770 周所持续的时间作为 1 s 的长度,称为国际单位秒(在本书中,若不特别说明,秒都默认为国际单位秒)。通过与国际上的原子钟相互比对,经数据处理推算出统一的世界时称为国际原子时(TAI)。取 1958 年 1 月 1 日 0 时(UT1)的瞬间作为起算点,即调整原子时所指示的时间与该时刻的世界时的钟面所指示的时刻一致,但由于技术原因,当时人们并没能做到这一点,事后发现这一瞬间二者之差为

$$UT1 - TAI = 0.003\ 9s \tag{1.5}$$

这一差值最后被保留下来。TAI 和 ET 的定义虽然存在概念性差异,但 TAI 与 ET 之

间的差值却是固定的常数：

$$ET = TAI + 32.184 \text{ s} \tag{1.6}$$

GPS 时间系统是美国全球定位系统(Global Position System)建立的专用时间系统。其单位为国际单位秒，GPS 时间起点为 1980 年 1 月 6 日 0 时 UTC(协调世界时，定义见下文)。除了直接服务于测地学研究和导航测量外，GPS 系统还提供近实时和全球有效的高精度时间信号。GPS 时由一组独立的原子钟实现，与美国海军天文台(USNO)原子钟的时间保持精度 1 μs，USNO 原子钟自身与 TAI 相差小于 5 μs。GPS 时与原子时存在常数偏差

$$GPS = TAI - 19 \text{ s} \tag{1.7}$$

GPS 时间与 UTC 的关系为

$$GPS = UTC + 自 1980 \text{ 年 } 1 \text{ 月 } 6 \text{ 日 } 0 \text{ 时 UTC 的跳秒值} \tag{1.8}$$

北斗时间系统(BDT)时间起点为 2006 年 1 月 1 日 0 时 UTC(已跳秒时刻)，其与 UTC 的关系为

$$BDT = UTC + 自 2006 \text{ 年 } 1 \text{ 月 } 1 \text{ 日 } 0 \text{ 时 UTC 的跳秒值(已跳秒时刻)} \tag{1.9}$$

原子时虽然是秒长均匀、稳定度很高的时间系统，但它与地球自转无关。兼顾世界时时刻和原子时秒长建立了一种折中的时间系统，称为协调世界时(UTC)，协调世界时的秒长与原子时秒长一致，在时刻上则要求与世界时接近。从 1972 年起规定二者的差值保持在 ±0.9 s 以内，为此可能在年中或年底对协调世界时的时刻作一整秒的调整，加一秒为正跳秒，取消一秒为负跳秒。跳秒值一般用 UT1−UTC 表示，截至 2016 年 5 月 1 日(2015 年 7 月 1 日 0 时 UTC 为 2016 年 5 月 1 日前的最后一次跳秒时刻)，此值为 36 s。

1.6 力 学 时

1976 年国际天文联合会(IAU)决议从 1984 年起的天体动力学理论研究以及天体历表的编算中采用力学时以取代历书时。

相对于太阳系质心的运动方程所采用的时间变量称为太阳系质心力学时(TDB)；相对于地球质心的运动方程所采用的时间变量称为地球力学时(TDT，自 1991 年后改称地球时(TT))。

TDT 是描述相对地球质心的运动方程所采用的时间变量，是一种均匀的时间尺度；TDB 是描述相对太阳系质心的运动方程所采用的时间变量，是一种抽象的、均匀的时间尺度，TDB 与 TDT 的差是由相对论效应引起的，其中的主要变化是由太阳运行轨道(黄道)的偏心率引起的，是周期振荡项。

地球力学时是建立在国际原子时基础上的，其单位为国际单位秒，它与 TAI 的关系为

$$TT = TAI + 32.184 \text{ s} \tag{1.10}$$

公式(1.10)表示 1977 年 1 月 1 日 0 时 0 分 0 秒 TAI 瞬间对应的 TT 为 1977 年 1 月 1 日 0 时 0 分 32.184 秒。

此起始历元的差别就是该时刻历书时与国际原子时之差,这样定义的起始历元可使地球力学时能够与过去使用的历书时相衔接。

地球力学时与世界时的关系为

$$\Delta T = TT - UT1 = TAI - UT1 + 32.184\ s = -0.003\ 9\ s + 32.184\ s = 32.180\ 1\ s$$
$$(1.11)$$

TDB 与 TT 的关系为[3]

$$TDB = TT + 0^s.001\ 658\text{sing} + 0^s.000\ 014\sin 2g \tag{1.12}$$

公式中

$$g = 357°.53 + 0.985\ 600\ 28(JD - 2\ 451\ 545.0) \tag{1.13}$$

其中,g 为地球轨道的平近点角,JD(Julian Date)为儒略日(具体介绍详见 1.8.3 节),在 TT 时间系统中描述。可见,TDB 与 TT 的差值最大不超过 2 ms。

1.7　时间系统小结

为了清晰地理清本章重要的知识点,各种时间之间的关系如图 1.8 所示。本书介绍的时间系统如图 1.9 所示。时间系统的历史发展如图 1.10 以及表 1.1 所示。

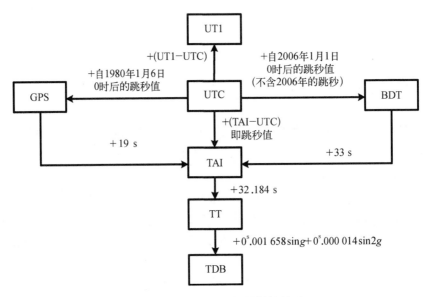

图 1.8　时间系统之间的转换关系

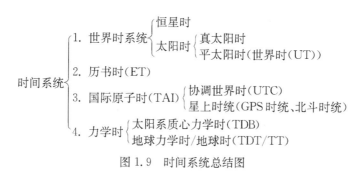

图 1.9　时间系统总结图

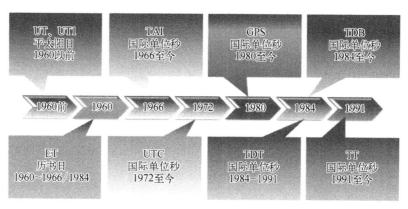

图 1.10　时间系统发展节点图(单位为年)

表 1.1　时间系统总结表

序号	时间系统	起 始 历 元	时间单位	使 用 年 代
1	世界时(UT,UT1)	—	平太阳秒	19 世纪初~1960 年
2	历书时(ET)	1900 年 1 月 0.5 日格林尼治平午	平太阳秒	1960~1966 年(天文历法上使用至 1984 年)
3	原子时(TAI)	1958 年 1 月 1 日 0 时 UT1	国际单位秒	1967 年至今
4	协调世界时(UTC)	与世界时(UT1)相关	国际单位秒	1972 年至今
5	GPS	1980 年 1 月 6 日 00:00:00 UTC	国际单位秒	1980 年至今
6	BDT	2006 年 1 月 1 日 00:00:00 UTC(已跳秒时刻)	国际单位秒	2011 年至今
7	地球力学时(TDT)	1977 年 1 月 1 日 00:00:00 TAI＝1977 年 1 月 1 日 00:00:32.184 TDT	国际单位秒	1984~1991 年
8	太阳系质心力学时(TDB)	1977 年 1 月 1 日 00:00:00 TAI＝1977 年 1 月 1 日 00:00:32.184 TDT	国际单位秒	1984 年至今
9	地球时(TT)	1977 年 1 月 1 日 00:00:00 TAI＝1977 年 1 月 1 日 00:00:32.184 TDT	国际单位秒	1991 年至今

　　时间系统还有广义相对论背景下的描述行星、月球以及太阳系活动的 TCG,TCB,由于本书主要介绍近地卫星的轨道,所以基本不需要考虑相对论效应,此不再赘述。

1.8　年、历元以及儒略日

1.8.1　年的长度

年的长度反映地球绕太阳公转的周期,选用不同的参考点计量太阳的周年视运动,年的长度是不同的。

1. 回归年

太阳中心在天球上连续两次通过平春分点的时间间隔,长度为 365.242 2 平太阳日。

2. 恒星年

太阳中心在天球上连续两次通过某一恒星的黄经圈所需时间,长度为 365.256 36 平太阳日,这是地球绕太阳的平公转周期。

3. 儒略年

规定平年为 365 日,每四年闰一次 366 日,因此儒略年的平均长度为 365.25 平太阳日,一儒略世纪数为 36 525 平太阳日。

4. 公历年

儒略年比回归年长,大约 400 个儒略年比 400 个回归年长 3 日。为使历年(历法中一年必须包含日的整数)的平均长度更接近回归年,格里高利(R. Gregory)对儒略历作了改进,得到现在通用的公历年:在每四个公历年中设一闰年,凡能被 4 整除的就是闰年,但在 400 年中去掉三个闰年,为此规定只有当世纪数(如 2000 年的世纪数为 20)也能被 4 整除才算闰年,这样得到

$$1 公历年 = (365.25 \times 400 - 3)/400 = 365.242\ 5 平太阳日 \tag{1.14}$$

公历年又称民用年,即我们日常生活中常说的"年"。

5. 农历年

农历年是中国古人发明并使用的综合太阳与月球运动的一种历法,也称"夏历"(不全是阴历,应为阴阳历)。月球在白道上运行,两次经过黄道历时 27.321 7 平太阳日。与此同时地球也在自转,因此月球经历一次完整的朔望过程,需 29.530 6 平太阳日。我们知道 1 回归年等于 365.242 2 平太阳日,因此我们寻找 365.242 2 平太阳日和 29.530 6 平太阳日的最小公倍数,使之成为一个完整周期。

寻找得到 235 月(6 939.691 平太阳日,以 29.530 6 平太阳日为一月计算)约等于 19 回归年(6 939.601 8 平太阳日)。十九年每年十二月,还余七个月。故十九年七闰,此为阴历。

阳历的缺点为平年 354 天,闰年 384 天,相差太大,导致历法不精密。为此战国末年加入标志太阳运动的二十四节气,把黄道太阳运动每 5° 作为一个节气,东汉进一步加七十二候来辅助调整,形成阴阳合历的农历历法。

6. 贝塞尔年

平太阳赤经增加 360°(由平春分点到平春分点,注意平春分点在西退,所以平太阳转的角度并未到 360°)所需要的时间间隔定义为贝塞尔年,看做与回归年一样长。

1.8.2 历元

某一特殊瞬间的时刻,天文学定义为历元。

(1) 贝塞尔历元。当平太阳赤经恰好等于 280° 时的瞬间定义为贝塞尔年首,例如贝塞尔历元 B1950.0 指的是 1949 年 12 月 31 日 $22^h09^m42^s$ UT,并非 1950 年 1 月 1 日 0^h UT。1984 年以前采用贝塞尔历元。

(2) 儒略历元。1984 年之后采用儒略历元代替贝塞尔历元,标准历元 J2000(简称为 J2000)为纽康基本历元 1900 年 1 月 0.5 日(TT)后整整一个儒略世纪,即 2000 年 1 月 1 日 12 时 TDB。

1.8.3 儒略日与简约儒略日

1) 儒略日

从公元前 4713 年 1 月 1 日的格林尼治平午(世界时 12 h)起算,每天顺数而下,延续不断。天文年历载有每年每月零日世界时 12 h 的儒略日,例如 1992 年 2 月 1 日 0 h UT 的儒略日为 JD 2 448 653.5 UT。

2) 简约儒略日

定义简约儒略日(MJD)等于 JD−2 400 000.5,即从公元 1858 年 11 月 17 日 0 时 UT 开始。

需要注意的是,儒略日与简约儒略日只是计算日期的一种长期记日法,并非新的时间系统。仅是一种时间累积符号,有确定的起点,具体数值应对计时系统做好标志,例如:

(1) 2000 年 1 月 1 日 12 时 UTC 对应的儒略日为 JD 2 451 545.0 UTC;

(2) 2000 年 1 月 1 日 12 时 TT 对应的儒略日为 JD 2 451 545.0 TT。

但 STK 软件中的儒略日或简约儒略日都是默认 UTC 作为时间系统的,具体将在 1.10 节中介绍。

1.9 星上时间系统

在实际的卫星研制过程中,为了使用方便,一般的卫星平台都有自己的一套时间处理方式。

首先,由于卫星是为人类服务的,星上时间也是和卫星研制人员对其测控管理息息相关的,为了方便,卫星系统的输入以及输出都为卫星研制方所在地区的区时,或者是世界时(适用于测控站在多个时区的卫星),考虑到我国的国情,一般星上时间的输入输出时间都是北京时间,即东八区的区时。

其次,考虑卫星上需要大量的自主计算,时间参数应该是一个具体的数值,通常采用相对某一具体时刻的秒值作为星上应用的时间,用来进行星上的计算以及相关的控制。然而,客观的时间系统是均匀的,而以地球自转为基准的世界时是不均匀的(体现在跳秒上),当跳秒现象出现后,地面需要及时修正星上的轨道基点以及其他与时间相关的注入量,才能保证星上与地面在相同的世界时时刻对应的物理量相吻合。

最后,需要注意的是,星上的时间基于星上的时钟系统,长时间运行后出现误差需要校时,包括地面集中校时、均匀校时以及星上的自主 GPS 校时。

集中校时即通过地面指令对星上时间进行单次修正,类似于人们常说的"对表",即调整走得不准确的钟表,使其与准确的世界时一致。

均匀校时即通过卫星入轨前以及入轨后对星上时钟的性能指标进行测试后,拟合出其变化的曲线,找出其数学规律,进而按照此规律对星上的时钟进行一定时间内的有规律的修正。类似于隔某段时间将手表调快或调慢一些,隔一段时间再调快或调慢一些,具体的量值需要根据测量数据拟合获得。

自主 GPS 校时即根据 GPS 接收机解算出的时间进行星上时间的校正。与星上时钟相关的概念介绍如下:

(1) GPS 接收机输出的 PPS 秒脉冲。PPS 是 Pluse Per Second 的缩写。由于 GPS 接收机输出的 UTC 时间会有延迟,通常引入 PPS 信号的上升沿或下降沿表示 UTC 的整秒时刻,精度可以达到几十纳秒量级。

(2) 时钟稳定度。即一定时间内时间的标准差(standard deviation)。

(3) 钟差。对于 GPS 接收机来说,是 GPS 接收机所使用的钟面时与 GPS 标准时之间的差异;而对于 GPS 卫星来说,是 GPS 卫星的钟面时与 GPS 标准时之间的差异。钟差一般来说是时间的二次函数。钟面时刻(tagged time)为接收机内部单点定位得到的,与真正 GPS 系统时之间的偏差称为接收机钟差。钟面时刻反映的是接收机测量时间,实际的测量是在 PPS 秒脉冲时刻发起的。

$$\underbrace{(钟面时刻-GPS\ 系统时)}_{接收机钟差}=(钟面时刻-PPS)+(PPS-GPS\ 系统时) \quad (1.15)$$

钟面时刻虽然与真正 GPS 系统时误差较大,但是更多的是常值偏差。因此由钟面时刻计算的测量间隔与真正的测量间隔的误差由钟面时刻的随机项决定,量级在 10 ns 以内。

(4) 钟漂。即钟差的二次函数表达式中的一次项系数,即钟差的一阶导数的常数项部分。

(5) 导航星模拟器时间。即地面仿真设备模拟的标准 GPS 时间。

1.10 STK 软件的时间系统

时间系统是研究卫星轨道的基础,表 1.2 对 STK 软件内部的 28 种时间格式作了说明。

表 1.2 STK 中主要的时间系统设置和实现格式

时 间 系 统 名 称	格 式 说 明
EpSec、EpMin、EpHr、EpDay	以场景历元时刻为时间原点的相对秒/分/小时/天
YYYY:MM:DD、YYYY/MM/DD、DD/MM/YYYY、YYYYMMDD、YYDDD、YYYYDDD	按照不同历元数据格式显示的 UTC 时

时 间 系 统 名 称	格 式 说 明
JED、JDateOff、JDate、ModJDate	按照儒略日格式显示的时间系统(JED 为地球力学时 TDT,其余为 UTC)
LCLJ、LCLG	按照儒略/格里高利时间格式显示的地方时
UTCJ、UTCG	按照儒略/格里高利时间格式显示的协调世界时
UTCJFOUR	儒略时间格式显示的协调世界时,其中年以四位的格式显示
GMT	格林尼治平时
TDTG	按照格里高利时间格式显示的地球力学时
TBTG	按照格里高利时间格式显示的太阳系质心力学时
TAIG	按照格里高利时间格式显示的国际原子时
TAIJ	按照儒略时间格式显示的国际原子时
GPS、GPSZ、GPSG	按照星期积秒格式、积秒转化格式、格里高利时间格式显示的 GPS 时
MisElap	以场景历元时刻为时间原点的儒略格式显示的 UTC 时
EarthEpTU*	以高度为 0 m 的卫星周期秒数除以 2π 为单位的积"秒"
SunEpTU*	以地球绕太阳周期秒数除以 2π 为单位的积"秒"

注:* 表示 EarthEpTU 和 SunEpTU 为人为定义的时间单位,使用此时间单位,有利于简化摄动引起的三角函数项的计算;时间显示格式中的"G"表示 STK 中的格里高利时间格式,即年月日时分秒的格式。

以 2000 年 1 月 1 日 12 时 UTC 为例,介绍各种重要的时间格式显示如表 1.3 所示。

表 1.3 各种时间之间的关系 STK 实例

序 号	时间显示格式	STK 显示	说 明
1	UTCG	1 Jan 2000 12:00:00.000 UTCG	
2	LCLG	1 Jan 2000 20:00:00.000 LCLG	当地区时,与电脑操作系统的时间设置相关
3	JD	2451545.0 JDate	
4	MJD	51544.5 ModJDate	
5	TAIG	1 Jan 2000 12:00:32.000000 TAIG	
6	TDTG	1 Jan 2000 12:01:04.184000 TDTG	
7	TDBG	1 Jan 2000 12:01:04.183927 TDBG	
8	GPSG	1 Jan 2000 12:00:13.000000 GPSG	包含自 1980 年 1 月 6 日 0 时 UTC 的跳秒值
9	GPS	1042:561613.000000 GPS	1042 表示自 1980 年 1 月 6 日 0 时 UTC 的星期数; 561613 非星期数的小数部分,单位为秒; 包含自 1980 年 1 月 6 日 0 时 UTC 的跳秒值
10	GPSZ	420508808.666667 GPSZ	表示自 1980 年 1 月 6 日 0 时 UTC 的时间,单位为 1.5 s(包含自 1980 年 1 月 6 日 0 时 UTC 的跳秒值)

第 2 章

物体的运动状态需要在一定的参考坐标系中描述。当然,所有参考坐标系统放在更大的时空参考系下也都是运动的,只不过相对我们研究的运动对象来说,坐标系的运动缓慢,可以忽略。

本书将卫星作为质点进行研究,研究的主要内容是卫星绕地球以及卫星相对于其他卫星的运动,如果将卫星相对卫星的视运动称为"相对运动",与其相对应的轨道称为"相对轨道",相应的坐标系称为"相对轨道坐标系",那么不妨将卫星相对地球的运动称为"绝对运动",与其相对应的轨道称为"绝对轨道",相应的坐标系称为"绝对轨道坐标系"[4]。上述概念并不严谨,仅是为了方便讲述本书的相关理论知识,特作此定义。

本章首先介绍大地测量中常用的两类坐标系(天文坐标系与大地坐标系),其次详细介绍各种绝对轨道坐标系(地心坐标系),相对轨道坐标系在第 7.1 节作相关介绍。

由于受周围天体作用的影响以及自身内部物质运动的原因,地球的运动在常规公转和自转的基础上,转轴指向还有极小量的变化,对精密的航天测量任务来说要予以考虑。本章将对其产生机理作简要介绍,并给出其具体的计算方法以及在坐标系转换过程中的应用。

2.1 大地测量相关坐标系

2.1.1 天文坐标系

铅垂线方向是地面上某点的重力方向,而重力是地球引力与离心力的合力(地固系是转动的非惯性系,离心力为惯性力)。严格地说,铅垂线是一条具有曲率和挠率的空间曲线。

静止水面称为水准面,水准面是处处与铅垂线正交的曲面。同一水准面上各点的重力位相等,故水准面又称为重力等位面。显然,不同的重力位将对应不同的水准面。由于地面起伏不平和地球内部物质分布不均匀,大地水准面的形状(几何性质)和重力场(物理性质)都是不规则的,所以大地水准面不能用一个简单的几何形状(图 2.1)和数学公式表达。

铅垂线即大地水准面的法线。包含铅垂线方向的所有平面统称为铅垂面。当铅垂面与地球自转轴平行时称为天文子午面,通过格林尼治天文台的天文子午面称为起始天文子午面。

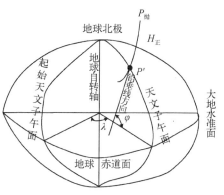

图 2.1　天文坐标系示意图

地球自转轴、地面点的铅垂线和水准面(及其天文子午面)是客观存在的自然特征,是可以实际标定的线和面。天文坐标是以这些客观存在的自然特征为基础建立的。

地面某点的天文坐标用天文经度 λ、天文纬度 φ 和正高(也叫海拔高)$H_{正}$ 表示,参见图 2.1,其整个形状是由大地水准面所包围的大地体。某点的天文经度是该点的天文子午面与起始天文子午面之间的夹角,由起始天文子午面起算,(从地球以外向北极看)逆时针为正,顺时针为负;天文纬度是地球自转轴指北方向与铅垂线方向之间夹角的余角,北半球为正,南半球为负;正高是该点沿铅垂线到大地水准面的距离,从大地水准面量起,向外为正,向内为负。

另外,天文方位角也是一个重要的参数,是航天器等发射标定方向的基础。地面一点 S 的天文子午面与包含另一点 T 的铅垂面(此铅垂面为包含 S 的铅垂面)的夹角称为 T 点相对 S 点的方位角,常用 α 表示,对运载发射卫星来说为射向角,在 2.4.1 小节中的发射坐标系会用到,2.4.5 小节也会用到此定义。

天文经度、天文纬度可以通过观测恒星直接测定,正高可以用水准测量的方法测定。但是由于大地水准面的不规则性,在该曲面上不能进行简单而准确的推算,所以点的天文坐标不能相互推算,只能直接测定。两点之间的距离与坐标差之间也没有严密的数学关系。因此,天文坐标只能孤立地表示一点的位置,而不能构成统一的坐标系。

由于天文经纬度的复杂性,我们无法用其来准确表达测站的空间位置,因此,引进大地坐标系来准确表达测站的具体位置。

2.1.2　大地椭球坐标系

虽然地球表面存在着不规则的起伏,但这种起伏从全局来看并不很大。因此,可以利用旋转椭球体来描述地球表面的形状。

旋转椭球体是一个规则的数学体,表示旋转椭球的参数有椭球的长半轴 a 和短半轴 b、椭圆的扁率 f 和偏心率 e,它们之间的关系为

$$f = \frac{a-b}{a} \tag{2.1}$$

$$e = \frac{\sqrt{a^2 - b^2}}{a} \tag{2.2}$$

用两个参数(至少一个为长度单位)即可确定旋转椭球,通常取长半轴 a 和扁率 f。包含某

点和地球椭球旋转轴的平面称为该点的大地子午面,格林尼治大地子午面称为起始大地子午面。

某点的大地坐标用大地经度 L、大地纬度 B 和大地高 H 表示,有些书籍将其称为地理经度与地理纬度。大地经度是指该点的大地子午面与起始大地子午面之间的夹角,由起始大地子午面起算,向东为正、向西为负;大地纬度是过该点的椭球法线与赤道面之间的夹角;大地高是该点沿椭球法线到椭球面的距离,从椭球面量起,向外为正、向内为负。

大地坐标系中心与地球质心并不重合,故参考椭球称为“参心”,即参考椭球体的中心。

2.1.3 地心直角坐标系

由于各个国家分别选用某一地球椭球,此椭球仅与本国(局部的)大地水准面最为密合,因此需要通过收集全球资料,确定一个在全球范围内与大地体最为密合的参考椭球,称为总地球椭球。

令总地球椭球中心与地球质心重合、总地球椭球短半轴与地球自转轴重合、总地球椭球起始子午面与格林尼治子午面重合,则可建立地心直角坐标系:坐标原点与地球质心重合,Z 轴指向地球北极,X 轴指向格林尼治子午面与地球赤道的交点,Y 轴符合右手定则。

常用的几种地心直角坐标系的不同之处在于所选择的总地球椭球参数不同,几种常用地心直角坐标系的地球椭球参数如表 2.1 所示。

表 2.1 常用地心直角坐标系的椭球参数

地心坐标系	a/m	f	$\mu_e/$ $(\times 10^9\ \mathrm{m^3/s^2})$	$\omega_e/$ $(\times 10^{-11}\ \mathrm{rad/s})$	备　注
DX-1、DX-2	6 378 140	1/298.257	398 600.5	7 292 115	中国使用,采用 IUGG 椭球,以 CIO* 平极指向为 Z 轴
WGS-84	6 378 137	1/298.257	398 600.5	7 292 115	世界大地坐标系
SGS-85	6 378 136	1/298.257	398 600.44	7 292 113	苏联大地坐标系

引用人造卫星轨道力学中常用的术语[5],得到六种常用地心赤道坐标系如表 2.2 所示。

表 2.2 六种地心赤道坐标系定义及其位置矢量采用的符号

坐 标 系	参考平面	X 轴指向	位置矢量	STK 举例
历元平赤道地心系	历元平赤道	该历元的平春分点	r_{CIS}	J2000 系
瞬时平赤道地心系	瞬时平赤道	瞬时平春分点	$r_{M(t)}$	Mean of Date Mean of Epoch
瞬时真赤道地心系	瞬时真赤道	瞬时真春分点	r_{CT}	True of Epoch True of Date
轨道坐标系	瞬时真赤道	某历元的平春分点在真赤道上的投影	r'_{CIS}	TEME of Epoch TEME of Date
瞬时地固坐标系 (也称准地固坐标系)	瞬时真赤道	瞬时真赤道与格林尼治子午面的交线方向	r_{ET}	
地固坐标系	与地心和 CIO* 连线正交之平面	参考平面与格林尼治子午面的交线方向	r_{CTS}	Fixed

注: 对表中的所有的坐标系,以地球自转方向为参考平面的正方向,即坐标系的 Z 方向;CIO(conventional international origin)为国际习用原点,或者称为协议地极 CTP(conventional terrestrial pole),其对应的参考平面可称为协议赤道面;其中的“平赤道”“真赤道”的定义参见第 2.2.2 节。

坐标系之间的转换关系如图 2.2 所示,具体的介绍将在 2.3 节中详细介绍。

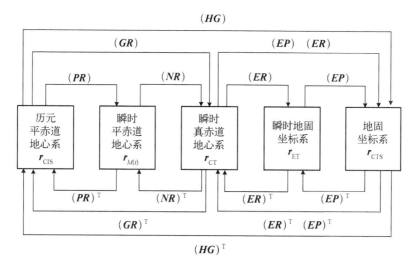

图 2.2　五种地心赤道坐标系之间相互转换关系

根据 X 轴的指向不同[6],定义了四类地心赤道坐标系,其参考平面为赤道面(可以是平赤道,也可以是瞬时真赤道),列表总结如表 2.3 所示。

表 2.3　四类地心赤道坐标系

地心直角坐标系	X 轴指向
地心第一赤道坐标系	春分点
地心第二赤道坐标系	某一时刻格林尼治子午线
地心第三赤道坐标系	升交点
地心第四赤道坐标系	格林尼治子午线

这四类坐标系是按照 X 轴的不同指向划分的,与表2.2 的分类方法并不相同,即某种坐标系既可以属于表 2.2 中的一种,也可以属于表 2.3 中的一种。

可见,表 2.2 中的历元平赤道地心系、瞬时平赤道地心系、瞬时真赤道地心系、轨道坐标系都属于地心第一赤道坐标系,而瞬时地固坐标系与地固坐标系属于地心第四赤道坐标系,地心第二赤道坐标系主要用于卫星入轨过程的相关计算,2.3.6 节表 2.6 中的"Alignment at Epoch"即此类赤道坐标系,而地心第三赤道坐标系主要用于卫星姿态的相关计算。

另外,在研究卫星姿态的过程中,经常会用到地心轨道坐标系,如表 2.4 所示。

表 2.4　姿态研究过程中的地心轨道坐标系

地 心 坐 标 系	XOY 面	Z 轴	X 轴
地心第一轨道坐标系	轨道面	轨道面正法向	指向升/降交点
地心第二轨道坐标系	轨道面	轨道面正法向	指向近地点
地心第三轨道坐标系	轨道面	轨道面正法向	指向卫星

由表 2.4 可见,三类地心轨道坐标系的参考平面为卫星运行的轨道面,是在研究卫星姿态过程中常用的坐标系。

需要说明的是,表 2.4 的"轨道坐标系"与表 2.2 中的"轨道坐标系"是完全不同的概念,表 2.4 中的"轨道"指的是卫星运行的轨道面,而表 2.2 中的"轨道坐标系"是长期以来中国人造卫星精密定轨研究者在研究卫星"轨道"时,习惯使用的一种过渡性的非惯性参考系。基于长期以来的固化精密定轨软件(分析方法必须采用轨道坐标系中的根数作为待估参数,参见3.3节)以及研究者的习惯,我们保留了这一用法。这种非惯性系能够方便地引入地球引力场摄动,且方便和 J2000 系进行相互转换。

2.2　岁差、章动与极移

岁差、章动与极移都是引起天极(地球自转轴在天球上的投影)运动的原因,其中岁差与章动引起天极在空间的运动,极移引起其在地球本体内的运动。

2.2.1　岁差和章动的物理解释

岁差、章动的直接原因有两个:赤道运动(对应的天极运动)和黄道运动(对应的黄极运动)。下文给出两者的物理原因。

1. 赤道运动——天极绕黄极的运动,由日月摄动引起

地球为质量分布不均匀的球体,造成日月引力对地球赤道隆起部分的作用力矩,产生附加的转动动量矩(角动量),好像地球自转轴受到了"摄动",由此导致的赤道面(与天极垂直)进动,称为日月岁差。太阳作用示意图如图 2.3 所示。

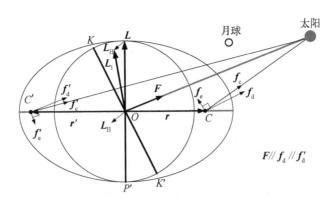

图 2.3　太阳对地球赤道隆起部分的引力示意图

图 2.3 选择了赤道隆起部分两个关于地球自转轴对称的质量微元 C 和 C',分别受力 f_c、f'_c,分别分解为平行于中心引力(日地中心连线 F 的方向)的分量 f_d、f'_d 和垂直于中心引力的分量 f_e、f'_e,由于隆起部分并非球对称,与地球的球对称主体部分不同,所以处在黄

道面上的太阳最终对两个轴对称质量微元产生的力偶 f_e、f'_e 会造成附加的"摄动"角动量 $L_日 = r' \times f'_e t + r \times f_e t$，其中 t 为时间，与地球本身自转的角动量 L 叠加，得到新的角动量 L_1，这就是太阳引力引起的岁差造成的结果。而 f_d、f'_d 则与中心引力 F 平行，叠加到中心引力 F 上，不会产生"摄动"角动量。无论冬夏，太阳对地球的摄动力使地轴绕北黄极逆时针缓慢进动。

月球的摄动与上述太阳摄动相似，会产生类似的"摄动"角动量 $L_月$。另外，虽然月球的质量远小于太阳，但月地距离却远小于日地距离，通过数学计算得到月球引起的岁差是太阳引起的 2 倍还多。

由日月摄动造成的天极 P 绕黄极 K 的半径为黄赤交角 ε 的小圆运动称为日月岁差，周期约为 25 800 年，每年约 50.24″。

黄道面与白道面(月球绕地球公转的轨道面)有 5°09′ 的夹角，导致月球的摄动还会引起更加微小的"摄动"角动量，造成天极 P 除绕黄极 K 的半径为黄赤交角 ε 的小圆运动外，还在小圆上叠加了不规则的周期项摄动，周期为 18.6 年，与白道相对于黄道交点的进动周期一致(白道升交点每年进动 19°21′)，此即章动的最大项。

综上，日月对非球体部分的引力摄动是岁差章动的主要原因，称为日月岁差以及月球章动。

2. 黄道运动——黄极本身的运动，由行星摄动引起

由于行星(如太阳系的其他行星)对地球的第三体引力摄动，引起地球绕日公转轨道的变化，即引起黄极受摄在空间有微小的运动，其规律性不明显，相对日月岁差与月球章动极小，一般情况下可以忽略。行星摄动造成春分点在天赤道上每年东进约 0.1″，称为行星岁差。行星摄动同样是引起章动的原因，称为行星章动。黄道的运动原因以及表象都很复杂，还会引起黄赤交角的变化，称为交角章动。

综上，天极的运动可以分解为以下两种：

(1) 瞬时平均天极(简称平天极)绕黄极的顺时针小圆运动，半径为黄赤交角 ε，即日月岁差，可参见图 2.4(a)；

(2) 章动包含月球章动以及行星章动，是天极运动的短周期部分，其绕平天极的章动椭圆可参见图 2.4(b)；

实际的瞬时天极运动轨迹为章动椭圆叠加在小圆上的复杂的波纹线，即图 2.4(c)中的不规则波纹线(虚线)，即图 2.4(a)与图 2.4(b)的叠加运动。

需要说明的是，我们在讨论"岁差章动"问题的过程中首先假设黄道不动，得到了岁差的物理本质，实际上第 2.2.2 节中介绍岁差章动的计算过程是基于赤道和黄道均运动(其实客观情况是这样的)得到的表达式。虽然行星仅仅是引起了黄极微小的运动，但其对章动还是有贡献的，只不过确实太小了，故一般认为章动的主要原因是月球对赤道的摄动。

至此，我们得到岁差、章动的原因，并给出其周期及量级，2.2.2 节将简要给出其中量级较大项的具体推导过程，至于具体的数值，本书不再给出，读者可查阅更加专业的天文相关书籍或者天文年历，以及 IAU 公布的权威数据。

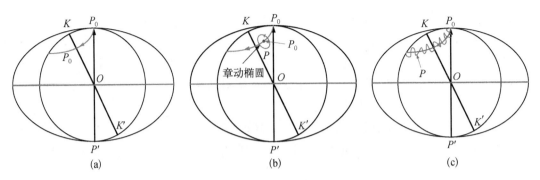

图 2.4 日月岁差和章动体现的天极的运动曲线示意

综上所述,可知:① 岁差,描述了地球自转轴的指向和春分点的长期变化,其中日月岁差引起平天极运动;② 章动,描述了地球自转轴的指向和春分点的短周期变化,机理比较复杂,引起真天极绕平天极运动。

2.2.2 岁差和章动的计算过程

1. 岁差

某一瞬间的平天极 P_0 对应平赤道,该瞬间的黄道相对平赤道的升交点称为平春分点。

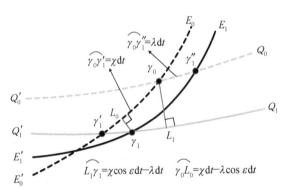

图 2.5 日月岁差和行星岁差

如图 2.5 所示,分析日月岁差时假定黄道不变,从 t_0 时刻到 t_1 时刻,平赤道从 $Q_0 Q_0'$ 变化到 $Q_1 Q_1'$,相应地平春分点从 γ_0 变化到 γ_1',日月岁差使得平春分点西退(与太阳的周年视运动方向相反)。

分析行星岁差时假定赤道不变,从 t_0 时刻到 t_1 时刻,黄道从 $E_0 E_0'$ 变化到 $E_1 E_1'$,相应地平春分点从 γ_0 变化到 γ_1'',行星岁差使得平春分点东进(与赤经增加方向相同)。

事实上黄道和赤道一起运动,从 t_0 时刻到 $t_1 = t_0 + dt$ 时刻,平赤道从 $Q_0 Q_0'$ 变化到 $Q_1 Q_1'$,黄道从 $E_0 E_0'$ 变化到 $E_1 E_1'$,相应地平春分点从 γ_0 变化到 γ_1。

从上面的分析可知,日月岁差引起的春分点的位移为 $\widehat{\gamma_0 \gamma_1'} = \chi dt$,行星岁差引起的春分点的位移为 $\widehat{\gamma_0 \gamma_1''} = \lambda dt$。过 γ_0 作垂直于大圆 $Q_1 Q_1'$ 的大圆弧,与 $Q_1 Q_1'$ 交于 L_1,过 γ_1 作垂直于大圆 $E_0 E_0'$ 的大圆弧,与 $E_0 E_0'$ 交于 L_0。可知在日月岁差和行星岁差总岁差的影响下,平春分点在黄道上的位移为 $\widehat{\gamma_0 L_0} = \chi dt - \lambda \cos \varepsilon dt$,即黄经总岁差速率为 $p = \chi - \lambda \cos \varepsilon$;平春分点在赤道上的位移为 $\widehat{L_1 \gamma_1} = \chi \cos \varepsilon dt - \lambda dt$,即赤经总岁差速率为 $m_A = \chi \cos \varepsilon - \lambda$。

2. 章动

某一瞬间真天极 P 对应真赤道,该瞬间的黄道相对真赤道的升交点称为真春分点。

如图 2.6(a)所示，K、P、P_0 为某一瞬时的北黄极、真天极和平天极，γ 和 γ_0 为这一瞬时的真春分点和平春分点，由于章动的影响（忽略短周期项即仅剩月球章动，为一长半轴 $P_0B = 9.2''$，短半轴 $P_0A = 6.9''$ 的章动椭圆，椭圆中心在平天极，短半轴指向真春分点，长半轴指向北黄极，如图 2.6(b)所示），春分点的黄经和黄赤交角都在变化，将 $\Delta\psi = \widehat{\gamma\gamma_0} = \angle P_0KP$ 定义为黄经章动，将 $\Delta\varepsilon = \varepsilon - \varepsilon_0$ 定义为交角章动。

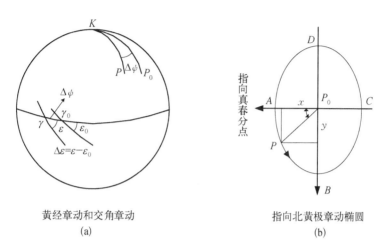

黄经章动和交角章动   指向北黄极章动椭圆

(a)   (b)

图 2.6　黄经章动、交角章动与章动椭圆

2.2.3　极移物理解释及其量级

由地球不是刚体以及其他一些物理因素的影响，造成地球自转轴在地球体内的运动，引起地球极点在地球表面的位置随时间而变化，称为极移运动，简称极移。

上面提到的物理因素主要包括地球表面及内部物质的运动。地球表面运动如日月引力以及大气和海洋的作用、生物活动（如修建三峡大坝工程）等；内部物质运动主要涉及各种物理模型，主要是由地球内部物质的相互作用引起的。

极移可以理解为一个对称陀螺在无外部扭矩作用下，自转轴绕形状轴的运动，只有惯性系转换到地固坐标系的时候才用到极移。

极移在地球上看是瞬时自转轴相对于平均地极的转动，而在天球上看则是地球自转速度不够快而引起的自由章动，只是观测者视角不同而已。

极移运动包含两种周期性变化：一种周期约为 1 年，振幅不到 $0.1''$；一种周期约为 432 天，振幅约为 $0.2''$；此外还有一些不规则变化。

由于极移的范围极小，可以取通过平均地极轨线中心与地球表面相切的平面代替极移范围内的地球球面。在此平面上定义平面直角坐标系描述地极的运动，如图 2.7 所

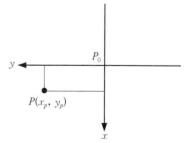

由平极指向格林尼治子午线

图 2.7　极移在地球表面的直角坐标系描述

示。具体的极移 x_p，y_p 数值可通过 IERS 网站查询，对于 STK 软件中的 eop 文件，可通过"http://celestrak.com/SpaceData/EOP-format.asp"下载极移（eopyyyymmdd.txt）文件。

2.2.4　极移与岁差章动的区别

在介绍极移与岁差章动的区别之前，需要再回忆几个相关概念：

（1）平地极。地球自转的平均地极，平地极处在地球上，是讲极移时引入的。

（2）平天极。平地极在天球上的投影，由于日月岁差造成的天极绕黄极的平均运动，是讲岁差时引入的。

（3）真天极。真地极在天球上的投影，真天极的运动是日月岁差与月球章动的共同影响结果，是讲章动时引入的。

（4）天顶。过天球中心所作的铅垂线的延长线与天球的交点。

极移与岁差章动的区别总结如下：

（1）极移是瞬时地球自转轴在地球本体内的运动，导致瞬时地球自转轴在惯性空间发生变化，引起观测者所在的天文经纬度变化，即观测者的天顶在天球上的位置发生变化，进而导致恒星的天顶距发生变化。简单来说，就是地球相对惯性空间动了，因此有了天顶的变化。

（2）岁差章动是瞬时地球自转轴在惯性空间的运动，岁差章动使真天极在天球上的位置发生变化。

2.2.5　STK 软件内的岁差、章动、极移

用 STK 软件生成岁差、章动、极移相关角度，即"Report"中的 J2000 Angel，参见图 2.8。

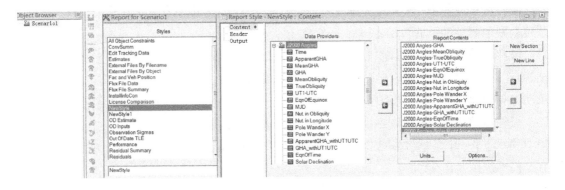

图 2.8　"Report"中的 J2000 Angel

具体结果如表 2.5 所示（有关格林尼治恒星时的定义可参见 2.4.2 节的相关介绍）。

表 2.5 STK 中 J2000 Angel

名　　称	数　　值	说　　明
Time(UTC) UTC 时间	1 Jan 2000 12:00:00.000	Time 时间
Apparent GHA/(°) 格林尼治真恒星时	280.457 070 456 426	The sidereal Greenwich Hour Angle (GHA) that includes equation of the equinox. 包含赤经章动($\Delta\mu = \Delta\psi\cos(\bar\varepsilon + \Delta\varepsilon)$)的格林尼治真恒星时(GAST)
Mean GHA/(°) UTC 0 时的格林尼治平恒星时	99.967 794 691 669 8	The sidereal Greenwich Hour Angle (GHA) at 0 in Universal Time of input day. The angle does not include equation of the equinox. 不包含赤经章动 UTC 0 时的格林尼治平恒星时(GMST)
GHA/(°) 格林尼治平恒星时	280.460 618 374 649	The sidereal Greenwich Hour Angle (GHA) that does not include equation of the equinox. 不包含赤经章动的格林尼治平恒星时(GMST)
Mean Obliquity/(°) 平黄赤交角	23.439 291 110 846 3	Obliquity of the ecliptic plane that does not include the effect of the nutation. 不包含交角章动影响的平黄赤交角(ε)
True Obliquity/(°) 真黄赤交角	23.437 687 271 033 1	Obliquity of the ecliptic plane that includes the effect of the nutation. 包含交角章动影响的真黄赤交角($\bar\varepsilon + \Delta\varepsilon$)
UT1−UTC/s UT1 与 UTC 的差值	0.355 085 7	The difference between Universal Time (UT1) and Universal Coordinated Time (UTC). UT1 与 UTC 的差值,即 UT1−UTC
Eqn. of Equinox/(°) 赤经章动	−0.003 547 918 223 3	The effect of the nutation on the Right Ascension of the equinox. 赤经章动($\Delta\mu = \Delta\psi\cos(\bar\varepsilon + \Delta\varepsilon)$)
MJD 简约儒略日	51 544.500 000 000	Modified Julian Date 简约儒略日(MJD)
Nut. in Obliquity/arcsec 交角章动	−5.773 823 327 743	The effect of the nutation on the obliquity of the ecliptic plane. 交角章动($\Delta\varepsilon$)
Nut. in Longitude/arcsec 黄经章动	−13.923 381 453 137	The effect of the nutation on the celestial longitude. 黄经章动($\Delta\psi$)
Pole Wander x/arcsec x 向极移	0.043 372 5	Small angle related to changes in orientation of the earth pole due to continental drift. x 向极移(x_p)
Pole Wander y/arcsec y 向极移	0.377 591	Small angle related to changes in orientation of the earth pole due to continental drift. y 向极移(y_p)
Apparent GHA_withUT1 UTC/(°) 格林尼治真恒星时(包含赤经章动,考虑 UT1 和 UTC 差异)	280.458 554 030 978	The sidereal Greenwich Hour Angle (GHA) that accounts for the difference between UT1 and UTC time scales and includes equation of the equinox. 包含赤经章动,考虑 UT1 和 UTC 差异的格林尼治真恒星时(GAST)

名　　称	数　　值	说　　　　明
GHA_withUT1UTC/(°) 格林尼治恒星时（不包含赤经章动，考虑 UT1 和 UTC 差异）	280. 462 101 949 201	The sidereal Greenwich Hour Angle (GHA) that accounts for the difference between UT1 and UTC time scales, but does not include equation of the equinox. 不包含赤经章动，考虑 UT1 和 UTC 差异的格林尼治平恒星时（GMST）
EqnOfTime/s 时差	−197. 886 150 950 054	The difference between the apparent and mean solar times. 真太阳时和平太阳时的差，即时差
Solar Declination/(°) J2000 系下的太阳赤纬	−23. 033 250 576 124 2	Declination of the sun in the earth centered J2000 coordinate system. J2000 系下的太阳赤纬
Solar Right Ascension/ (°) J2000 系下的太阳赤经	−78. 711 014 376 527 9	Right Ascension of the sun in the earth centered J2000 coordinate system. J2000 系下的太阳赤经

注：表中计算结果为选择了 STK 数据库 Earth Data 下"EOP - All - v1. 1. txt"文件数据生成的。

2.3　坐标系的转换关系

2.2 节主要介绍了与坐标系转换相关的岁差、章动与极移的物理本质以及其计算过程，本节应用 2.2 节的结果，介绍表 2.2 中的六种坐标系之间的转换关系。

首先将下文中用到的欧拉旋转矩阵作一介绍，有如下关系成立。

$$\boldsymbol{R}_x(\theta) = \begin{pmatrix} 1 & 0 & 0 \\ 0 & \cos\theta & \sin\theta \\ 0 & -\sin\theta & \cos\theta \end{pmatrix} \tag{2.3}$$

$$\boldsymbol{R}_y(\theta) = \begin{pmatrix} \cos\theta & 0 & -\sin\theta \\ 0 & 1 & 0 \\ \sin\theta & 0 & \cos\theta \end{pmatrix} \tag{2.4}$$

$$\boldsymbol{R}_z(\theta) = \begin{pmatrix} \cos\theta & \sin\theta & 0 \\ -\sin\theta & \cos\theta & 0 \\ 0 & 0 & 1 \end{pmatrix} \tag{2.5}$$

注：公式(2.3)，公式(2.4)，公式(2.5)中的 $\boldsymbol{R}_x(\theta)$ 表示绕 x 轴旋转 θ，$\boldsymbol{R}_y(\theta)$ 表示绕 y 轴旋转 θ，$\boldsymbol{R}_z(\theta)$ 表示绕 z 轴旋转 θ。

旋转矩阵满足如下关系

$$(\boldsymbol{R}_x(\theta))^T = (\boldsymbol{R}_x(\theta))^{-1} = \boldsymbol{R}_x(-\theta)$$

$$(\boldsymbol{R}_y(\theta))^T = (\boldsymbol{R}_y(\theta))^{-1} = \boldsymbol{R}_y(-\theta)$$

$$(\boldsymbol{R}_z(\theta))^T = (\boldsymbol{R}_z(\theta))^{-1} = \boldsymbol{R}_z(-\theta) \tag{2.6}$$

2.3.1　历元平赤道地心系与瞬时平赤道地心系的转换

历元平赤道地心系 $O\text{-}X_{\mathrm{CIS}}Y_{\mathrm{CIS}}Z_{\mathrm{CIS}}$ 与瞬时平赤道地心系 $O\text{-}X_{M(t)}Y_{M(t)}Z_{M(t)}$ 的差异是从 t_0 时刻到 t 时刻的岁差影响,如图 2.9 所示,两坐标系的转换关系为

$$\boldsymbol{r}_{M(t)} = (\boldsymbol{PR})\boldsymbol{r}_{\mathrm{CIS}} \tag{2.7}$$

公式(2.7)中($\boldsymbol{PR}$)为岁差矩阵,有

$$(\boldsymbol{PR}) = \boldsymbol{R}_z(-Z_A) \cdot \boldsymbol{R}_y(\theta_A) \cdot \boldsymbol{R}_z(-\zeta_A) \tag{2.8}$$

其中,ζ_A 为赤经岁差 1,Z_A 为赤经岁差 2,$\mu = \zeta_A + Z_A$ 为赤经总岁差;θ_A 为赤纬岁差。

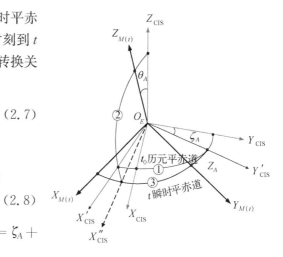

图 2.9　历元平赤道地心系与瞬时平赤道地心系的转换

2.3.2　瞬时平赤道地心系与瞬时真赤道地心系的转换

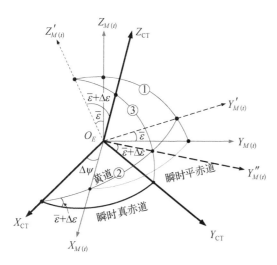

图 2.10　瞬时平赤道地心系与瞬时真赤道地心系的转换

瞬时平赤道地心系 $O\text{-}X_{M(t)}Y_{M(t)}Z_{M(t)}$ 与瞬时真赤道地心系 $O\text{-}X_{\mathrm{CT}}Y_{\mathrm{CT}}Z_{\mathrm{CT}}$ 的差异为章动影响,如图 2.10 所示,两坐标系的转换关系为

$$\boldsymbol{r}_{\mathrm{CT}} = (\boldsymbol{NR})\boldsymbol{r}_{M(t)} \tag{2.9}$$

公式(2.9)中($\boldsymbol{NR}$)为章动矩阵,有

$$\begin{aligned}(\boldsymbol{NR}) &= \boldsymbol{R}_x[-(\varepsilon + \Delta\varepsilon)] \cdot \boldsymbol{R}_z(-\Delta\psi) \cdot \boldsymbol{R}_x(\varepsilon) \\ &= \boldsymbol{R}_x(-\Delta\varepsilon) \cdot \boldsymbol{R}_y(\Delta\theta) \cdot \boldsymbol{R}_z(-\Delta\mu)\end{aligned} \tag{2.10}$$

其中,$\bar{\varepsilon}$ 为标准历元 t_0 时刻的平黄赤交角,$\Delta\varepsilon$ 为交角章动,$\Delta\psi$ 为黄经章动,$\Delta\mu = \Delta\psi\cos\varepsilon$ 为赤经章动(也称为二分差),$\Delta\theta = \Delta\psi\sin\varepsilon$ 为赤纬章动。

2.3.3　瞬时真赤道地心系与瞬时地固坐标系的转换

瞬时真赤道地心系 $O\text{-}X_{\mathrm{CT}}Y_{\mathrm{CT}}Z_{\mathrm{CT}}$ 与瞬时地固坐标系 $O\text{-}X_{\mathrm{ET}}Y_{\mathrm{ET}}Z_{\mathrm{ET}}$ 的差异为格林尼治

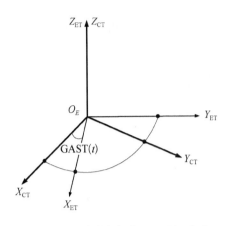

图 2.11 瞬时真赤道地心系与瞬时
地固坐标系的转换

真恒星时 GAST(t) 的影响，如图 2.11 所示，两坐标系的转换关系为

$$r_{ET} = (ER)r_{CT} \tag{2.11}$$

公式(2.11)中(ER)为地球旋转矩阵，有

$$(ER) = R_z(GAST(t)) \tag{2.12}$$

其中，GAST(t)为格林尼治真恒星时角。

2.3.4 瞬时地固坐标系与地固坐标系的转换

瞬时地固坐标系 $O-X_{ET}Y_{ET}Z_{ET}$ 与地固坐标系 $O-X_{CTS}Y_{CTS}Z_{CTS}$ 的差异为极移，如图 2.12 所示，两坐

标系的转换关系为

$$r_{CTS} = (EP)r_{ET} \tag{2.13}$$

公式(2.13)中(EP)为极移矩阵，有

$$(EP) = R_y(-x_p) \cdot R_x(-y_p) \tag{2.14}$$

其中，x_p、y_p 为极移量。

图 2.12 中的 E_{CTP} 为起始子午线与协议赤道面的交点，瞬时地固坐标系的 X_{ET} 轴指向瞬时极 P_{ET} 与 E_{CTP} 构成的子午线与真赤道的交点 E。

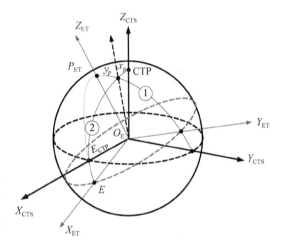

图 2.12 瞬时地固坐标系与地固坐标系的转换

2.3.5 轨道坐标系与历元平赤道地心系、地固坐标系之间的转换

1. 轨道坐标系与历元平赤道地心系的转换

这里的轨道坐标系指绝对轨道坐标系，参见 2.1.3 节中的表 2.2，由轨道坐标系的定义可知，经一次旋转，可使瞬时真赤道地心系 $O-X_{CT}Y_{CT}Z_{CT}$ 与它重合，相应地有

$$r'_{CIS} = R_z(\mu + \Delta\mu)r_{CT} \tag{2.15}$$

μ 和 $\Delta\mu$ 即赤经总岁差和赤经章动。再利用公式(2.7)与公式(2.9)，就可得到轨道坐标系与历元平赤道地心系 $O-X_{CIS}Y_{CIS}Z_{CIS}$ 之间的转换关系，即

$$r'_{CIS} = (U)r_{CIS} \tag{2.16}$$

$$U = R_z(\mu + \Delta\mu)(NR)(PR) \tag{2.17}$$

显然,变换矩阵 U 对应七次旋转,但是在一定精度要求下,可使 U 矩阵简化。如考虑计算时刻 t 与标准历元 t_0 的间隔在 25～50 年内,丢掉量级为 10^{-6} 及更小的量(包含章动的二阶量等),七次旋转转化为二次旋转,有

$$U = \boldsymbol{R}_y(\theta_A + \Delta\theta)\boldsymbol{R}_x\left[(\mu/2)\theta_A - \Delta\varepsilon\right] \tag{2.18}$$

其中 θ_A 为赤纬岁差,$\Delta\theta = \Delta\psi\sin\varepsilon$ 为赤纬章动,$\Delta\varepsilon$ 为交角章动。

若间隔小于 25 年,U 矩阵还可再简化些,即

$$U = \begin{pmatrix} 1 & 0 & -(\theta_A + \Delta\theta) \\ 0 & 1 & 0 \\ (\theta_A + \Delta\theta) & 0 & 1 \end{pmatrix}\begin{pmatrix} 1 & 0 & 0 \\ 0 & 1 & -\Delta\varepsilon \\ 0 & \Delta\varepsilon & 1 \end{pmatrix} \tag{2.19}$$

由于 θ_A、$\Delta\theta$ 与 $\Delta\varepsilon$ 都为小量,公式(2.19)也可写成下列形式

$$U = \boldsymbol{R}_y(\theta_A + \Delta\theta)\boldsymbol{R}_x(-\Delta\varepsilon) \tag{2.20}$$

这对应更简单的二次旋转。

2. 轨道坐标系与地固坐标系的转换

根据公式(2.15)和图 2.2 中 $\boldsymbol{r}_{CT}$ 与 $\boldsymbol{r}_{CTS}$ 的关系,即可得到轨道坐标系与地固坐标系之间的转换关系

$$\boldsymbol{r}'_{CIS} = \boldsymbol{R}_z(\mu + \Delta\mu)(\boldsymbol{ER})^{\mathrm{T}}(\boldsymbol{EP})^{\mathrm{T}}\boldsymbol{r}_{CTS} \tag{2.21}$$

其中

$$\boldsymbol{R}_z(\mu + \Delta\mu)(\boldsymbol{ER})^{\mathrm{T}} = \boldsymbol{R}_z(\mu + \Delta\mu)\boldsymbol{R}_z[-\mathrm{GAST}(t)] = \boldsymbol{R}_z\{-[\mathrm{GAST}(t) - (\mu + \Delta\mu)]\} \tag{2.22}$$

且

$$\mathrm{GAST}(t) - (\mu + \Delta\mu) = \mathrm{GMST}(t) - \mu = \theta_G(t) \tag{2.23}$$

$\theta_G(t)$ 就是轨道坐标系中的格林尼治恒星时角,也称为准恒星时,即地球自转角,$\mathrm{GAST}(t)$、$\mathrm{GMST}(t)$ 以及相应的计算公式见第 2.4.2 节。于是,公式(2.21)又可写成

$$\boldsymbol{r}'_{CIS} = \boldsymbol{R}_z[-\theta_G(t)](\boldsymbol{EP})^{\mathrm{T}}\boldsymbol{r}_{CTS} \tag{2.24}$$

这一关系也可直接导出。

3. 小结

由以上内容可知,历元平赤道地心系(如 J2000 系,ECI)与地固坐标系(ECF)的转换矩阵为

$$\boldsymbol{r}_{CTS} = (\boldsymbol{EP})(\boldsymbol{ER})(\boldsymbol{NR})(\boldsymbol{PR})\boldsymbol{r}_{CIS}$$

$$\boldsymbol{r}_{CIS} = (\boldsymbol{PR})^{\mathrm{T}}(\boldsymbol{NR})^{\mathrm{T}}(\boldsymbol{ER})^{\mathrm{T}}(\boldsymbol{EP})^{\mathrm{T}}\boldsymbol{r}_{CTS} \tag{2.25}$$

2.3.6 STK 软件内的坐标系统

STK 中常用空间坐标系如表 2.6 所示,工程中常用的坐标系在表 2.2 中基本都能找到,本书列于此,供读者参考。

表 2.6 STK 中常用空间坐标系描述

序 号	坐 标 系	描　　述
1	Inertial 惯性坐标系	A fixed constant rotation from J2000, where the rotation depends on the central body, as described in Inertial Coordinate Systems. 自 J2000 系的恒定旋转坐标系,旋转随中心天体而定,被描述成惯性坐标系统
2	Fixed 固连坐标系	X is fixed at 0 deg longitude, Y is fixed at 90 deg longitude, and Z is directed toward the north pole. X 轴固定在 0°经线,Y 轴固定在 90°经线,Z 轴与 X、Y 轴呈右手螺旋关系,指向北极点
3	J2000 J2000 系	X points toward the mean vernal equinox and Z points along the mean rotation axis of the Earth on 1 Jan 2000 at 12:00:00.00 TDB, which corresponds to JD 2451545.0 TDB. X 轴指向 2000 − 01 − 01 12:00:00.00 TDB(JD 2451545.0 TDB)平春分点,Z 轴沿着此时的地球平自转轴
4	B1950 B1950 坐标系	X points toward the mean vernal equinox and Z points along the mean rotation axis of the Earth at the beginning of the Besselian year 1950 (when the longitude of the mean Sun is 280.0 deg measured from the mean equinox) and corresponds to 31 December 1949 22:09:07.2 or JD 2433282.423. X 轴指向贝塞尔年起点 1950 年(此时平太阳从平春分点起算的经度为 280°,相当于 1949 年 12 月 31 日 22:09:07.2 相当于 JD 2433282.423)的平春分点,Z 轴沿着此时的平地球自转轴
5	TEME of Epoch 坐标系历元 轨道坐标系	X points toward the mean vernal equinox and Z points along the true rotation axis of the Earth at the Coord Epoch. X 轴指向坐标系历元时刻的平春分点在真赤道上的投影,Z 轴沿着此时的真地球自转轴
6	TEME of Date 轨道历元 轨道坐标系	X points toward the mean vernal equinox and Z points along the true rotation axis of the Earth at the Orbit Epoch. X 轴指向轨道历元时刻的平春分点在真赤道上的投影,Z 轴沿着此时的真地球自转轴
7	Mean of Epoch 坐标系历元 瞬时平赤道地心系	X points toward the mean vernal equinox and Z points along the mean rotation axis of the Earth at the Coord Epoch. X 轴指向坐标系历元时刻的平春分点,Z 轴沿着此时的平地球自转轴
8	Mean of Date 轨道历元 瞬时平赤道地心系	X points toward the mean vernal equinox and Z points along the mean rotation axis of the Earth at the Orbit Epoch. X 轴指向轨道历元时刻的平春分点,Z 轴沿着此时的平地球自转轴
9	True of Epoch 坐标系历元 瞬时真赤道地心系	X points toward the true vernal equinox and Z points along the true rotation axis of the Earth at the Coord Epoch. X 轴指向坐标系历元时刻的真春分点,Z 轴沿着此时的真地球自转轴

序　号	坐　标　系	描　　　　述
10	True of Date 轨道历元 瞬时真赤道地心系	X points toward the true vernal equinox and Z points along the true rotation axis of the Earth at the Orbit Epoch. X 轴指向轨道历元时刻的真春分点,Z 轴沿着此时的真地球自转轴
11	Alignment at Epoch 坐标系历元 第二瞬时真赤道地心系	Defines an inertial system coincident with ECF at the Coord Epoch. Often used to specify launch trajectories. 定义在坐标系历元时刻的 ECF 惯性坐标系,经常用来描述发射轨迹。X 轴指向坐标系历元时刻的格林尼治子午线与瞬时真赤道平面的交点

2.4　工程应用实例

2.4.1　常用绝对轨道坐标系

（1）J2000 地心惯性坐标系 $O_e XYZ$。这是一种历元平赤道地心坐标系,简称 J2000 系,坐标系原点位于地球质心,XOY 面为 J2000 平赤道面,X 轴指向 J2000 历元的平春分点,Z 轴指向 J2000 的地球平自转方向,Y 轴符合右手定则。

（2）WGS-84 坐标系 $O_e X_w Y_w Z_w$。英文全称:World Geodetic System 1984,即 1984 年世界大地坐标系,精度为 1~2 m。是一种地固坐标系,坐标系原点位于地球质心,Z_w 轴指向国际时间局(BIH1984.0)定义的协议地球极(CTP)方向,X_w 轴指向 BIH1984.0 的零子午面和 CTP 赤道的交点,Y_w 轴通过右手定则确定。

（3）发射场坐标系 $O_{LS} X_{LS} Y_{LS} Z_{LS}$。首先介绍射向角以及射向的概念。射向角,定义为自北向顺时针转至发射方向的夹角 α(参见 2.1.1 节),对应的方向称为发射方向,简称射向,根据轨道每次任务不同,且与高空风有关,一般分为几档轨道,对应几种射向,发射前确定并注入运载飞行程序。发射场坐标系(简称发射系)是固连在地球上的右手直角坐标系,坐标原点位于发射台中心,X_{LS} 轴在发射台所在当地水平面内指向发射方向(简称射向),Y_{LS} 轴垂直于发射台当地水平面,指向天顶,Z_{LS} 轴与 X_{LS}、Y_{LS} 轴符合右手法则,参见图 2.13,图中的 A_0 即 0 挡轨道的射向角。

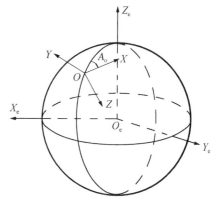

图 2.13　地球固连坐标系 $(O_e X_e Y_e Z_e)$ 与发射场坐标系 $(OXYZ)$

（4）发射场惯性坐标系。发射场惯性坐标系(简称发惯系)是发射历元时刻的惯性坐标系,不随地球自转,在起飞瞬间和发射场坐标系重合并固连在惯性空间。

（5）火箭箭体坐标系。坐标原点在火箭质心(这里,火箭质心为火箭和卫星,包括整流罩、支架、燃料和氧化剂在内的整体的瞬时质心),X_{LV} 轴同火箭纵轴重合,Y_{LV} 轴垂直 X_{LV} 轴

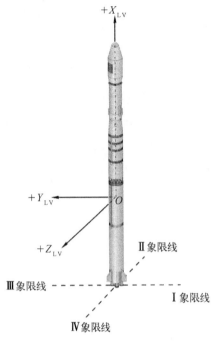

图 2.14 火箭箭体坐标系 $O_{LV}X_{LV}Y_{LV}Z_{LV}$

指向第Ⅲ象限线,Z_{LV} 轴垂直 X_{LV} 和 Y_{LV} 轴成右手直角坐标系。如图 2.14 所示。

火箭正常飞行时,X_{LV} 轴在轨道面内与飞行方向同向(对圆轨道来说即速度方向),Z_{LV} 轴即第Ⅳ象限线,指向轨道面法线的反方向,与相对轨道坐标系中的第 7.1 节中的"载人航天常用相对轨道坐标系"的方向一致,Y_{LV} 符合右手定则。

2.4.2 格林尼治恒星时角

在地固系与 J2000 系的转换过程中,不可避免地要引入地球自转以及格林尼治恒星时角。本节将介绍格林尼治恒星时角的具体定义及工程简化思路。

格林尼治恒星时属于"恒星时"系统(参见第1.3.1 节),根据第 1.3.1 节的定义可知,其包含地球自转部分及春分点的运动部分,其中春分点的运动部分即岁差章动的影响。

格林尼治真恒星时角描述了地球自转以及真春分点的运动,其表达式如公式(2.26)所示。

$$\mathrm{GAST}(t) = \mathrm{GMST}(t) + \Delta\mu = \theta_G(t) + \mu + \Delta\mu$$
$$= \theta_G(t_0) + \omega_e(t - t_0) + \mu + \Delta\psi\cos(\bar{\varepsilon} + \Delta\varepsilon) \quad (2.26)$$

式(2.26)中,$\mathrm{GAST}(t)$ 为格林尼治真恒星时;$\mathrm{GMST}(t)$ 为格林尼治平恒星时;$\Delta\mu = \Delta\psi\cos(\bar{\varepsilon} + \Delta\varepsilon)$ 为赤经章动;$\theta_G(t)$ 为轨道坐标系中 t 时刻的瞬时格林尼治平恒星时[7],也称为准恒星时,即地球自转角,$\theta_G(t_0)$ 为轨道坐标系中 t_0 时刻的瞬时格林尼治平恒星时;μ 为赤经总岁差;$\Delta\psi$ 为黄经章动;$\bar{\varepsilon}$ 为对应 t_0 时刻平赤道的平黄赤交角;$\Delta\varepsilon$ 为交角章动。

这里需要特别强调的是:无论是格林尼治真恒星时还是格林尼治平恒星时,恒星时角的数学定义是以春分点起量至格林尼治子午线,已经包含了岁差的影响;型号任务中的卫星姿控系统以及理论轨道在 J2000 系下使用此角度,需要格林尼治平恒星时减去赤经总岁差项 μ,应该使用地球自转角 $\theta_G(t)$。

格林尼治平恒星时角的具体推导详见附录 C[8]。

$$\mathrm{GMST}(t) = 280°.460\ 618\ 375 + 360°.985\ 647\ 366\ 286\ 333\ 561\ 487\ 565\ 594\ 341\ 78 T_{\mathrm{UT1}}$$
$$(2.27)$$

其中主要部分与地球自转运动相关,因此采用 UT1 系统,公式(2.27)中

$$T_{\mathrm{UT1}} = \mathrm{JD}(t_{\mathrm{UT1}}) - 2\ 451\ 545.0 \quad (2.28)$$

2006 年,IAU 通过了新决议,得到新的格林尼治真恒星时表达式

$$\mathrm{GAST}(t) = \theta - E_0 \tag{2.29}$$

其中 θ 为决议定义的地球自转角(与 2.4.4 节的 $\theta_G(t_0)$ 相同)。E_0 为零点差,有

$$\begin{aligned}
\theta(T_{\mathrm{UT1}}) &= 2\pi(0.779\,057\,273\,264\,0 + 1.002\,737\,811\,911\,354\,48 T_{\mathrm{UT1}}) \\
&= 280°.460\,618\,375\,04 + 360°.985\,612\,288\,087\,6 T_{\mathrm{UT1}}
\end{aligned} \tag{2.30}$$

$$\begin{aligned}
E_0 = &-0''.014\,506 - 4\,612''.156\,533\,53 t - 1''.391\,581\,65 t^2 \\
&+ 0''.000\,000\,44 t^3 + 0''.000\,029\,956 t^4 - \Delta\psi\cos(\bar{\varepsilon} + \Delta\varepsilon) \\
&+ \sum_k \left[(C'_{s,0})_k \sin\alpha_k + (C'_{c,0})_k \cos\alpha_k \right] + 0''.000\,000\,87 t\sin\Omega
\end{aligned} \tag{2.31}$$

式(2.31)中的 t 为自 2000 年 1 月 1 日 12 时(TDB)起算的儒略世纪数,为 TT 时间系统(忽略 TT 与 TDB 的微差)。若 E_0 中仅取 t 的一阶项以及赤经章动 $\Delta\mu = \Delta\psi\cos(\bar{\varepsilon} + \Delta\varepsilon)$ 部分,有

$$\begin{aligned}
\mathrm{GMST}(t) = &\,\theta - E_0 - \Delta\psi\cos(\bar{\varepsilon} + \Delta\varepsilon) \\
= &\,280°.460\,618\,375\,04 + \frac{0''.014\,506}{3\,600} \\
&+ 360°.985\,612\,288\,087\,6 T_{\mathrm{UT1}} + \frac{4\,612''.156\,533\,53}{3\,600 \times 36\,525} T_{\mathrm{TT}} \\
= &\,280°.460\,618\,375\,04 + 4.029\,444 \times 10^{-6} + 360°.985\,612\,288\,087\,6 T_{\mathrm{UT1}} \\
&+ 3.507\,610\,109\,917\,104 \times 10^{-5} T_{\mathrm{TT}}
\end{aligned} \tag{2.32}$$

公式(2.32)中

$$T_{\mathrm{TT}} = \mathrm{JD}(t_{\mathrm{TT}}) - 2\,451\,545.0 = T_{\mathrm{UT1}} + \frac{(\mathrm{TT} - \mathrm{UTC}) - (\mathrm{UT1} - \mathrm{UTC})}{86\,400} \tag{2.33}$$

公式(2.32)可表示为

$$\begin{aligned}
\mathrm{GMST}(t) = &\,280°.460\,618\,375\,04 + 360°.985\,647\,364\,188\,7 T_{\mathrm{UT1}} \\
&+ 4.029\,444 \times 10^{-6} + 3.507\,610\,109\,917\,104 \\
&\times 10^{-5} \times \frac{(\mathrm{TT} - \mathrm{UTC}) - (\mathrm{UT1} - \mathrm{UTC})}{86\,400}
\end{aligned} \tag{2.34}$$

公式(2.34)与公式(2.27)比较,得到公式(2.27)常数部分以及一次项系数的偏差,讨论如下:

(1) 显而易见,T_{UT1} 一次项的系数部分相差 2×10^{-9}。

(2) 常数部分的差别需要计算推导。

由于 $\mathrm{TT} - \mathrm{UTC} = \mathrm{TAI} + 32.184\,\mathrm{s} - \mathrm{UTC} =$ 跳秒值 $+ 32.184\,\mathrm{s}$,按照约 3 年 1 次跳秒,至 3\,000 年跳秒值最多为 364(UTC 2012 年 7 月 1 日跳秒值为 35),而 $|\mathrm{UT1} - \mathrm{UTC}| \leqslant 0.9$,则常数部分偏差为

$$3.507\,610\,109\,917\,104 \times 10^{-5} \times \frac{(\mathrm{TT} - \mathrm{UTC}) - (\mathrm{UT1} - \mathrm{UTC})}{86\,400} + 4.029\,44 \times 10^{-6}$$

具体偏差范围为：$4.04\times10^{-6}\sim4.18\times10^{-6}$。

以上两点在工程应用时都可以忽略，进而证明新的协议对卫星工程应用是没有影响的。由于公式(2.27)形式简单，所以本书中仍然按照公式(2.27)讨论问题。

2.4.3　惯性与非惯性系转换

在卫星的型号任务中，经常会用到 J2000 系与地固系之间的转换，由图 2.2 与公式 (2.25)可知，其转换矩阵为

$$r_{\text{CIS}} = (\boldsymbol{PR})^{\text{T}}(\boldsymbol{NR})^{\text{T}}(\boldsymbol{ER})^{\text{T}}(\boldsymbol{EP})^{\text{T}}r_{\text{CTS}} \tag{2.35}$$

由于极移量一般不超过 $0.8''$，它的量级小于 3.9×10^{-6}（约 25 m），而且在实际测量过程中无法得到实时的极移量，因此忽略其影响。整理变换矩阵见公式(2.36)。

$$\begin{aligned}
r_{\text{CIS}} &= (\boldsymbol{PR})^{\text{T}}(\boldsymbol{NR})^{\text{T}}(\boldsymbol{ER})^{\text{T}}(\boldsymbol{EP})^{\text{T}}r_{\text{CTS}}\\
&\approx (\boldsymbol{PR})^{\text{T}}(\boldsymbol{NR})^{\text{T}}(\boldsymbol{ER})^{\text{T}}r_{\text{CTS}}\\
&= (\boldsymbol{PR})^{\text{T}}(\boldsymbol{NR})^{\text{T}}\boldsymbol{R}_z(-\Delta\mu)\boldsymbol{R}_z(-\text{GMST})r_{\text{CTS}}\\
&= (\boldsymbol{GR})^{\text{T}}\boldsymbol{R}_z(-\Delta\mu)\boldsymbol{R}_z(-\text{GMST})r_{\text{CTS}}\\
&= (\boldsymbol{R}_z(\Delta\mu)\boldsymbol{GR})^{\text{T}}\boldsymbol{R}_z(-\text{GMST})r_{\text{CTS}}\\
&= \boldsymbol{B}\boldsymbol{R}_z(-\text{GMST})r_{\text{CTS}}
\end{aligned} \tag{2.36}$$

当忽略岁差章动引起的非惯性力，仅考虑由于地球自转引起的非惯性力对速度的影响时，有

$$r_{\text{CIS}} = \boldsymbol{B}\boldsymbol{R}_z(-\text{GMST})r_{\text{CTS}}$$

$$v_{\text{CIS}} = \boldsymbol{B}\boldsymbol{R}_z(-\text{GMST})\left[v_{\text{CTS}}(x_{\text{CTS}},\ y_{\text{CTS}},\ z_{\text{CTS}}) + \boldsymbol{\omega}(0,\ 0,\ \omega)\times r_{\text{CTS}}(x_{\text{CTS}},\ y_{\text{CTS}},\ z_{\text{CTS}})\right]$$

$$= \boldsymbol{B}\boldsymbol{R}_z(-\text{GMST})\left[\begin{pmatrix}\dot{x}_{\text{CTS}}\\\dot{y}_{\text{CTS}}\\\dot{z}_{\text{CTS}}\end{pmatrix} + \boldsymbol{\omega}\begin{pmatrix}-y_{\text{CTS}}\\x_{\text{CTS}}\\0\end{pmatrix}\right] \tag{2.37}$$

公式(2.37)中

$$\boldsymbol{\omega} = \begin{pmatrix}0\\0\\\omega\end{pmatrix} = \begin{pmatrix}0\\0\\7.292\,115\times10^{-5}\end{pmatrix}\ \text{rad/s} \tag{2.38}$$

考虑到岁差章动的影响在较短时间内变化不大，因此，$\boldsymbol{B} = (\boldsymbol{PR})^{\text{T}}(\boldsymbol{NR})^{\text{T}}\boldsymbol{R}_z(-\Delta\mu)$ 矩阵可以按照卫星在轨时间段的精度要求采用地面注入的形式，一段时间后更新。

此外，根据严格的三阶正交矩阵的性质（详细推导见附录 D），可以推导得到惯性系与非惯性系的坐标之间的转换关系，这里给出结论如下。

将原坐标系到目标坐标系的转换矩阵记为 $\boldsymbol{A}$，且 $\boldsymbol{A}$、$\boldsymbol{A}^{\text{T}}$ 皆为正交矩阵。则原坐标系中的

位置 r_0→目标坐标系中的位置 r_t

$$r_t = A r_0 \tag{2.39}$$

对位置求导可得,原坐标系中的速度 v_0 →目标坐标系中的速度 v_t

$$v_t = A \frac{\mathrm{d} r_0}{\mathrm{d} t} = A(v_0 + \boldsymbol{\omega} \times r_0) \tag{2.40}$$

式中 $\boldsymbol{\omega}$ 为原坐标系相对于目标坐标系的旋转角速度矢量。

可将公式(2.40)写为

$$v_t = A v_0 + (A\boldsymbol{\omega}) \times (A r_0) = A v_0 + (A\boldsymbol{\omega}) \times r_t \tag{2.41}$$

同理可根据公式(2.41)推得,目标坐标系中的位置 r_t、速度 v_t →原坐标系中的位置 r_0、速度 v_0

$$r_0 = A^{\mathrm{T}} r_t$$

$$v_0 = A^{\mathrm{T}} v_t - \boldsymbol{\omega} \times r_0 = A^{\mathrm{T}} v_t - (A^{\mathrm{T}} A\boldsymbol{\omega}) \times (A^{\mathrm{T}} r_t)$$

$$= A^{\mathrm{T}}\big[v_t - (A\boldsymbol{\omega}) \times r_t\big] \tag{2.42}$$

以地固系与 J2000 系的转换为例:

(1) 原坐标系为地固系,位置速度矢量为 r_{CTS}、v_{CTS};

(2) 目标坐标系为 J2000 系,位置速度矢量为 r_{CIS}、v_{CTS};

(3) $\boldsymbol{\omega}_{\mathrm{CTS}}$ 为地固系相对于 J2000 系的旋转角速度,在 J2000 系中表达,有

$$\boldsymbol{\omega}_{\mathrm{CTS}} = \begin{pmatrix} 0 \\ 0 \\ 7.292\,115 \times 10^{-5} \end{pmatrix} \mathrm{rad/s} \tag{2.43}$$

(4) 地固系到 J2000 系的转换矩阵 A 的表达式为

$$A = (PR)^{\mathrm{T}} (NR)^{\mathrm{T}} (ER)^{\mathrm{T}} (EP)^{\mathrm{T}} \tag{2.44}$$

根据公式(2.39)、公式(2.40)、公式(2.41)、公式(2.42)有

$$r_{\mathrm{CIS}} = A r_{\mathrm{CTS}}$$

$$v_{\mathrm{CIS}} = A(v_{\mathrm{CTS}} + \boldsymbol{\omega}_{\mathrm{CTS}} \times r_{\mathrm{CTS}})$$

$$= A v_{\mathrm{CTS}} + (A\boldsymbol{\omega}_{\mathrm{CTS}}) \times r_{\mathrm{CIS}} \tag{2.45}$$

$$r_{\mathrm{CTS}} = A^{\mathrm{T}} r_{\mathrm{CIS}}$$

$$v_{\mathrm{CTS}} = A^{\mathrm{T}} v_{\mathrm{CIS}} - \boldsymbol{\omega}_{\mathrm{CTS}} \times r_{\mathrm{CTS}}$$

$$= A^{\mathrm{T}} (v_{\mathrm{CIS}} - (A\boldsymbol{\omega}_{\mathrm{CTS}}) \times r_{\mathrm{CIS}}) \tag{2.46}$$

公式(2.45)与公式(2.46)为更为通用的地固系与 J2000 系之间转换的表达式。

2.4.4 理论轨道中的地球自转角

这里简单介绍一下理论轨道,在第 4 章将会作进一步的介绍。

在卫星发射前,其入轨的准确时间难以确定,无法确定卫星入轨后相对于 J2000 惯性坐标系的轨道根数,但由于卫星刚刚入轨后无法上注卫星轨道,需要提前将理论的入轨轨道写入星上软件存储器,故理论轨道定义为地心第四赤道坐标系中的轨道根数,其升交点赤经 Ω 以升交点地理经度 Ω_G 代替,对于 t_0 时刻的平根数系统(将在 3.2.2 节中介绍),有

$$\bar{\Omega}_{G0} = \bar{\Omega}_0 - \theta_G(t_0) \tag{2.47}$$

工程应用中由于星上资源有限,定义数据类型为单精度浮点型(float 型),对数据的有效位仅能保留到 6~7 位,因此需要在推导地球自转角 $\theta_G(t_0)$ 时,将 $360°$ 的整数倍去掉。以一具体推导为例介绍如下。

推导相对于 2011 年 1 月 1 日 0 BJT 的积秒值为 t_0 的地球自转角 $\theta_G(t_0)$。

$$
\begin{aligned}
\theta_G(t_0) &= 280°.460\,618\,375 + 360°.985\,612\,288 \times T_{\mathrm{UT1}} \\
&= 280°.460\,618\,375 + 360°.985\,612\,288 \times (t_0/86\,400 \\
&\quad + 365 \times 11 + 3 - 12/24 - 8/24) \\
&= 280°.460\,618\,375 + 360°.985\,612\,288 \times \left(t - \frac{12}{24}\right. \\
&\quad \left. - 8/24\right) + 0°.985\,612\,288 \times (4\,018 + T) \\
&= 339°.829\,447\,985\,666\,8 + 360°.985\,612\,288 \times t \\
&\quad + 0°.985\,612\,288 \times T
\end{aligned} \tag{2.48}
$$

公式(2.48)中

$$T = \mathrm{int}\left(\frac{t_0}{86\,400}\right)$$

$$t = \frac{t_0}{86\,400} - T \tag{2.49}$$

2.4.5 发惯系到 J2000 系转换

运载系统定义的火箭或上面级的弹道,习惯采用发射场坐标系或发惯系的数据。而卫星系统习惯使用 J2000 系定义卫星轨道。由于坐标定义的不同,理论的坐标转换需要考虑地球章动、岁差等要素,完全手动计算稍烦琐,为此可以利用 STK 软件工具为坐标转换提供支持。下文以具体的实例介绍发惯系到 J2000 系的转换方法。

发射站以西昌 $102°E,28.25°N$ 为例,对应 0 挡风火箭射向角(定义参见 2.4.1 节):

136.5°,已知运载给出的某卫星分离点发惯系下卫星位置速度如下

$$\boldsymbol{R}_{\text{fgx}} = \begin{bmatrix} -20\ 559.949\ 2 \\ -44\ 325.914\ 7 \\ 781.945\ 9 \end{bmatrix} \text{km}, \quad \boldsymbol{V}_{\text{fgx}} = \begin{bmatrix} -2.655\ 724 \\ 1.435\ 378 \\ -0.115\ 908 \end{bmatrix} \text{km/s} \tag{2.50}$$

求 J2000 系下卫星轨道 $\boldsymbol{R}_{\text{J2000}}$, $\boldsymbol{V}_{\text{J2000}}$,或者已知 J2000 系下的轨道,导出发惯系或发射系下的轨道数据。

1. 发射系/发惯系到 J2000 系转换过程

1) 建立发射系

打开 STK 软件,可通过"Insert"中的"Facility From Database"选项得到发射场地理坐标(图 2.15)。

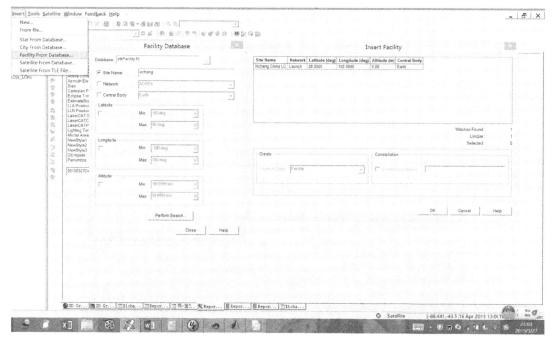

图 2.15　STK 软件中发射场地理坐标

在 Xichang_China_LC 对象下,建立一个自定义的发射场坐标系——Axes_FSX(图 2.16),从发射场本体坐标系欧拉转动得到(图 2.17)(Facility 地面站的 body 坐标定义为:X 轴在水平面内指向当地北向,Z 轴指向天底方向,Y 轴符合右手定则,即 NED 坐标系)。

地球固连的发射系随时间变化并不在惯性空间固定。由于我们仅仅需要得到历元时刻的坐标转换关系,此时发射系与发惯系重合,仅使用历元时刻数据时可以直接替代发惯系数据得到发射系与 J2000 系的转换关系(图 2.17)。

2) 建立坐标转换关系

对于两个惯性坐标系,发惯系位置矢量 $\boldsymbol{R}_{\text{fgx}}$ 到 J2000 系位置矢量 $\boldsymbol{R}_{\text{J2000}}$ 的转换关系为

$$\boldsymbol{R}_{\text{J2000}} = \boldsymbol{A} \times \boldsymbol{R}_{\text{fgx}} + \boldsymbol{R}_{\text{fsc0}} \tag{2.51}$$

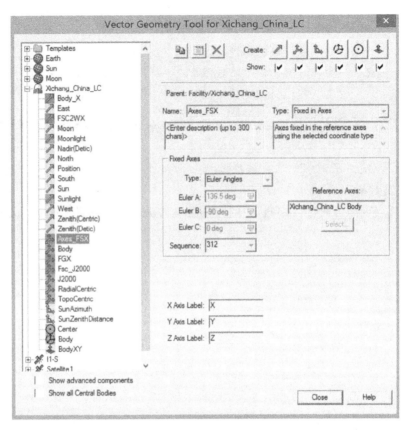

图 2.16 STK 软件中建立发射场坐标系

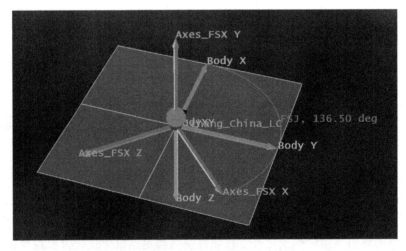

图 2.17 STK 软件中发射场坐标系与发射场本体系的关系

发惯系卫星速度矢量 $\boldsymbol{V}_{\text{fgx}}$ 到 J2000 系卫星速度矢量 $\boldsymbol{V}_{\text{J2000}}$ 的转换关系为

$$\boldsymbol{V}_{\text{J2000}} = \boldsymbol{A} \cdot \boldsymbol{V}_{\text{fgx}} \tag{2.52}$$

其中,$\boldsymbol{A}$ 为发惯系到 J2000 系的欧拉旋转矩阵,$\boldsymbol{R}_{\text{fsc0}}$ 为 J2000 系中的地心到发射场矢量。

A. 首先获得欧拉旋转矩阵 *A*

选择发射场对象，从发射场对象的 Report 中自定义，选择"Axes Choose Axes"将坐标系转换关系输出。在自定义选项中第一次选择的是目标坐标系，如图 2.18 所示，选择 J2000。

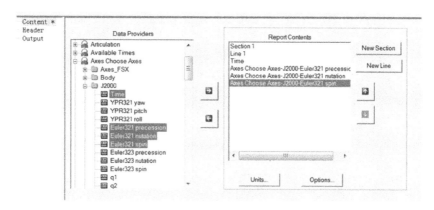

图 2.18　STK 软件中生成旋转矩阵 3 个欧拉角的方法

坐标转换的描述方法很多，STK 中给出了常见的 YPR321、321 欧拉旋转、323 欧拉旋转、四元数等，都可以达到效果，这里以 321 欧拉旋转为例。

在确定后，生成报告"Create"时，会弹出菜单，此时选择坐标旋转的源坐标系 Axes_FSX 如图 2.19 所示。

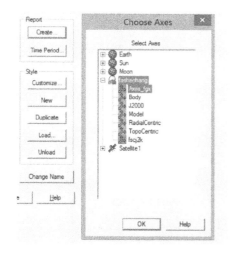

Facility-Xichang_China_LC

Time (EpSec)	precession (deg)	nutation (deg)	spin (deg)
0.000	-138.075	-14.572	128.820
60.000	-137.913	-14.377	128.779
120.000	-137.751	-14.181	128.738
180.000	-137.590	-13.985	128.699
240.000	-137.428	-13.790	128.660
300.000	-137.267	-13.594	128.621
360.000	-137.106	-13.398	128.583
420.000	-136.946	-13.202	128.546
480.000	-136.785	-13.006	128.509
540.000	-136.625	-12.810	128.473
600.000	-136.465	-12.613	128.437
660.000	-136.306	-12.417	128.403
720.000	-136.147	-12.221	128.368
780.000	-135.987	-12.024	128.334
840.000	-135.829	-11.827	128.301
900.000	-135.670	-11.631	128.269
960.000	-135.511	-11.434	128.237

图 2.19　获得坐标系转换关系

我们只关注生成报告的第一组数据（发射时刻 31 Mar 2015 13:47:30.000 UTC 的数据），得到三个欧拉转角：$\alpha_1 = -138.075°$，$\alpha_2 = -14.572°$，$\alpha_3 = 128.82°$。为了数据更加准确，可以在 STK 中选择输出有效位数更多。

在 STK 中，三个欧拉转角是根据转动的顺序定义的。若是 321 旋转，则第一个欧拉角对应第一次绕 Z 轴的转角，第二个欧拉角对应绕 Y 轴的转动，第三个欧拉角对应绕 X 轴的转动；若是 323 旋转，则第一个欧拉角对应第一次绕 Z 轴的转动，第二个欧拉角对应绕 Y

轴的转动,第三个欧拉角对应绕 Z 轴的转动。三个轴的欧拉旋转矩阵如下。

$$\boldsymbol{R}_x(\phi) = \begin{bmatrix} 1 & 0 & 0 \\ 0 & \cos\phi & \sin\phi \\ 0 & -\sin\phi & \cos\phi \end{bmatrix} \tag{2.53}$$

$$\boldsymbol{R}_y(\theta) = \begin{bmatrix} \cos\theta & 0 & -\sin\theta \\ 0 & 1 & 0 \\ \sin\theta & 0 & \cos\theta \end{bmatrix} \tag{2.54}$$

$$\boldsymbol{R}_z(\psi) = \begin{bmatrix} \cos\psi & \sin\psi & 0 \\ -\sin\psi & \cos\psi & 0 \\ 0 & 0 & 1 \end{bmatrix} \tag{2.55}$$

本次 STK 仿真选择的是 321 欧拉旋转,因此

$$\boldsymbol{A}_{321} = \boldsymbol{R}_x(\alpha_3)\boldsymbol{R}_y(\alpha_2)\boldsymbol{R}_z(\alpha_1) \tag{2.56}$$

B. 得到坐标平移关系 $\boldsymbol{R}_{fsc0}$

在场景中建立一个地心到发射场的矢量 Dx2Fsc(图 2.20),并输出 Report(图 2.21)。

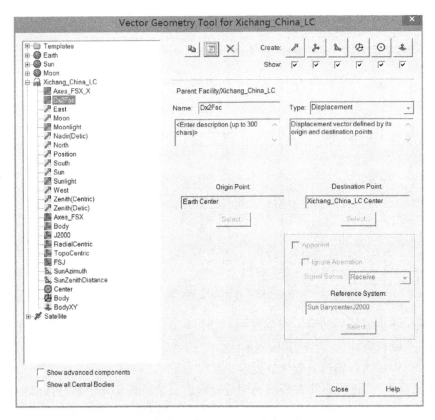

图 2.20　STK 软件中建立地心到发射场的矢量 Dx2Fsc

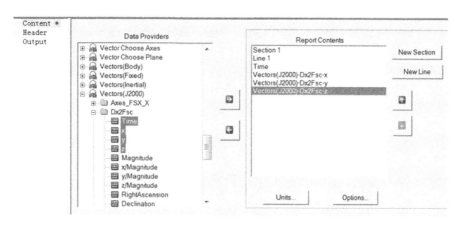

图 2.21　STK 软件中生成矢量 Dx2Fsc 的位置坐标

得到结果

$$\boldsymbol{R}_{\text{fsc0}} = \begin{bmatrix} -4\,127.602\,394 \\ 3\,813.043\,058 \\ 3\,007.247\,787 \end{bmatrix} \text{km} \tag{2.57}$$

3）坐标变换

通过将所得数据代入公式(2.51)、公式(2.52)计算,得到

$$\boldsymbol{R}_{\text{J2000}} = \begin{bmatrix} 39\,538.056 \\ -16\,463.871 \\ -5\,375.275 \end{bmatrix} \text{km}, \quad \boldsymbol{V}_{\text{J2000}} = \begin{bmatrix} 0.954\,982 \\ 1.495\,098 \\ 2.445\,262 \end{bmatrix} \text{km/s} \tag{2.58}$$

2. J2000 系到发射/惯系转换过程

如果已知 J2000 系下的轨道,用 STK 也可以导出发惯系或发射系下的轨道数据。以 J2000 到发惯系转换过程为例说明操作过程,具体方法如下。

1）建立卫星矢量

建立某卫星对象 Satellite,再建立一个从发射场指向卫星的矢量 FSC2WX(图 2.22)。

2）建立发惯系

发惯系可以从质心在发射场的 J2000 系逆向旋转得到。利用上文建立发射系时从发射系到 J2000 系的 321 欧拉旋转得到的三个欧拉角:$\alpha_1 = -138.075°$,$\alpha_2 = -14.572°$,$\alpha_3 = 128.82°$。逆向 123 旋转(角度反号)可以从 J2000 系转到一个惯性坐标系(图 2.23)。

3）生成轨道数据

在发射场对象下生成 Report,获得发惯系轨道数据新建并选择 Vector Choose Axes 选项下的矢量 FSC2WX 如图 2.24 所示。在确定生成时可以选择发惯系或发射系,如图 2.25 所示。

速度的转换可以直接选择卫星对象下的速度矢量,在不同坐标系下生成,如图 2.26 所示。

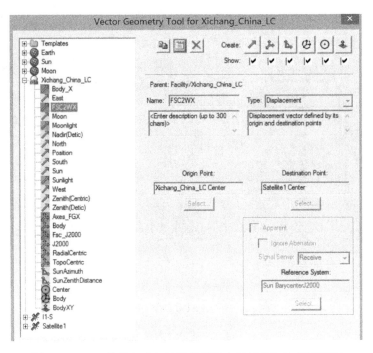

图 2.22　STK 软件中建立从发射场指向卫星的矢量 FSC2WX

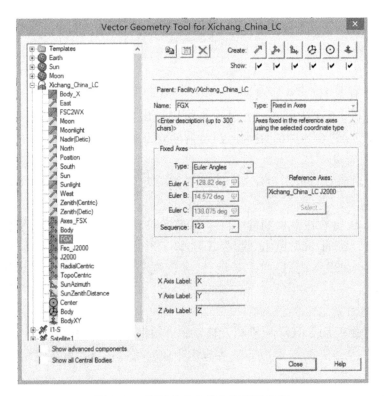

图 2.23　STK 软件中建立发惯系 FGX

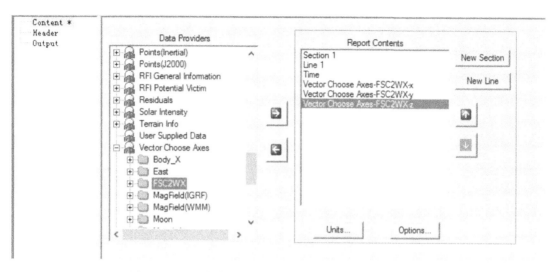

图 2.24　STK 软件中创建发惯系 FGX 的位置 Report Style

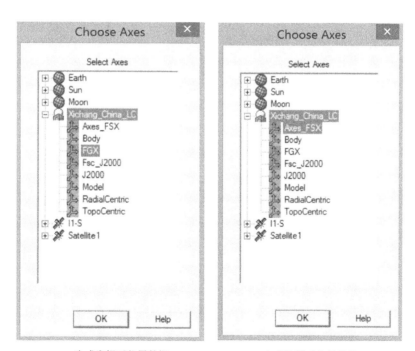

生成发惯系位置数据　　　　　生成发射系位置数据

图 2.25　STK 软件中生成发惯系或发射系位置数据

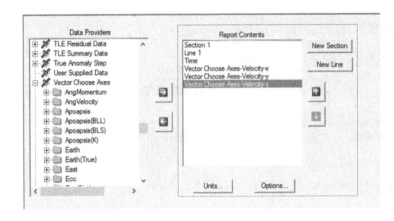
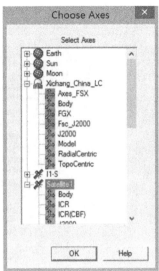

图 2.26　STK 软件中生成发惯系或发射系速度数据

第 3 章

绝对轨道运动

运动是物体相对参照物位置或角度的变化。由于本书主要研究卫星相对地球以及卫星之间的相对运动两类运动,在无特别说明下,绝对轨道运动定义为卫星质心相对于地心的运动;而相对轨道运动定义为卫星质心相对于距离较近的卫星质心的运动,本章介绍卫星的绝对轨道运动,相对轨道运动将在"第 7 章"介绍。

3.1　二体运动

"二体运动",顾名思义为两个物体之间的相对运动,二者之间靠万有引力维系圆锥曲线运动,具体的运动形式取决于初始的运动状态以及二者之间的万有引力。二体运动是卫星绕地球绝对轨道运动的最基本运动模型,以此为基础可以开展初步的轨道分析,给出初步设计方案。二体运动的基本方程如下

$$\ddot{\boldsymbol{r}} = -\frac{\mu}{r^3}\boldsymbol{r} \tag{3.1}$$

公式(3.1)中 $\boldsymbol{r}$ 为地心到卫星质心的矢径, $\mu = G(m_1 + m_2)$, m_1、m_2 分别为地球与卫星的质量。对于卫星绕地球的运动,卫星质量(最多 1×10^4 kg)远小于地球质量($M_e = 5.974 \times 10^{24}$ kg),则可取 $\mu \approx \mu_e = GM_e$, $G = 6.672\,59 \times 10^{-20}$ km³/(kg·s⁻²) 为万有引力常数。

由此公式通过面积积分、轨道积分和活力积分三种积分方法,可以推导出表征卫星轨道基本特性的六个积分常数,也称轨道六根数。

3.1.1　面积积分

面积积分描述了二体轨道角动量守恒属性和开普勒第二定律。卫星运动的轨道面与地心惯性系 $O\text{-}XYZ$ 的关系如图 3.1 所示。

图 3.1 中建立在轨道面上的 3 个方向径向、横向与法向,构成地心第三轨道坐标系(表 2.4) $O\text{-}$

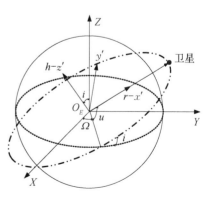

图 3.1　卫星轨道与地心惯性系的关系示意图

$X'Y'Z'(X'$ 为矢径 r 方向，Z' 为轨道法线方向，Y' 与 X'、Z' 符合右手定则）。由图 3.1 可见，表征轨道面空间位置的角度为升交点赤经 Ω 以及轨道倾角 i，表征卫星在轨道上的位置的角度为纬度幅角 u（具体定义参见表 3.2），$O\text{-}X'Y'Z'$ 坐标系中有

$$\boldsymbol{h} = \begin{bmatrix} 0 \\ 0 \\ h \end{bmatrix} \tag{3.2}$$

$$\boldsymbol{r} = \begin{bmatrix} r \\ 0 \\ 0 \end{bmatrix} \tag{3.3}$$

$$\dot{\boldsymbol{r}} = \begin{bmatrix} \dot{r} \\ r\dot{u} \\ 0 \end{bmatrix} \tag{3.4}$$

根据矢量运算法则，有

$$\frac{\mathrm{d}}{\mathrm{d}t}(\boldsymbol{r} \times \dot{\boldsymbol{r}}) = \dot{\boldsymbol{r}} \times \dot{\boldsymbol{r}} + \boldsymbol{r} \times \ddot{\boldsymbol{r}} = \boldsymbol{r} \times \ddot{\boldsymbol{r}} \tag{3.5}$$

r 叉乘公式（3.1）后与公式（3.5）联立得到

$$\frac{\mathrm{d}}{\mathrm{d}t}(\boldsymbol{r} \times \dot{\boldsymbol{r}}) = 0 \Rightarrow \boldsymbol{r} \times \dot{\boldsymbol{r}} = \boldsymbol{h} \tag{3.6}$$

进一步根据公式（3.3）、公式（3.4）、公式（3.6）可知

$$|\boldsymbol{r} \times \dot{\boldsymbol{r}}| = |\boldsymbol{h}| = r^2 \dot{u} \tag{3.7}$$

可以得到：

（1）$\boldsymbol{h}$ 表示单位矢量的转动动量矩（角动量），角动量方向为轨道面的法向；

（2）$\boldsymbol{h}$ 为常矢量说明二体系统的角动量守恒；

（3）卫星绕地球运动时，相同时间内扫过的面积相等，$|\boldsymbol{h}|$ 为面积速度的两倍，即有名的"开普勒第二定律"的数学表达式。

根据图 3.1 不难得到地心惯性系与轨道面内的 $O\text{-}X'Y'Z'$ 坐标系之间的转换关系

$$\begin{bmatrix} X \\ Y \\ Z \end{bmatrix} = \boldsymbol{R}_z(-\Omega)\boldsymbol{R}_x(-i)\boldsymbol{R}_z(-u) \begin{bmatrix} X' \\ Y' \\ Z' \end{bmatrix} \tag{3.8}$$

对于矢量 $\boldsymbol{h}$，有

$$\begin{bmatrix} h_X \\ h_Y \\ h_Z \end{bmatrix} = \boldsymbol{R}_z(-\Omega)\boldsymbol{R}_x(-i)\boldsymbol{R}_z(-u) \begin{bmatrix} 0 \\ 0 \\ h \end{bmatrix} = \begin{bmatrix} h\sin\Omega\sin i \\ -h\cos\Omega\sin i \\ h\cos i \end{bmatrix} \tag{3.9}$$

进而得到两个表征轨道面方向的角度量积分

$$\cos i = \frac{h_Z}{h} \tag{3.10}$$

$$\sin \Omega = \frac{h_X}{h \sin i}, \quad \cos \Omega = \frac{h_Y}{-h \sin i} \tag{3.11}$$

这里需要说明的是,倾角 i 的取值为 $[0°,180°]$,而升交点赤经的取值为 $[0°,360°)$。

3.1.2 轨道积分

轨道积分描述了二体运动轨道曲线是圆锥曲线的本质,即开普勒第一定律。

公式(3.1)叉乘 $\boldsymbol{h}$,将公式(3.6)代入,得到

$$\ddot{\boldsymbol{r}} \times \boldsymbol{h} = -\frac{\mu}{r^3} \boldsymbol{r} \times \boldsymbol{h} = -\frac{\mu}{r^3} \boldsymbol{r} \times (\boldsymbol{r} \times \dot{\boldsymbol{r}}) \tag{3.12}$$

根据三个矢量的叉乘运算规则 $(\boldsymbol{a} \times (\boldsymbol{b} \times \boldsymbol{c}) = (\boldsymbol{a} \cdot \boldsymbol{c})\boldsymbol{b} - (\boldsymbol{a} \cdot \boldsymbol{b})\boldsymbol{c})$ 有

$$\ddot{\boldsymbol{r}} \times \boldsymbol{h} = -\frac{\mu}{r^3} [(\boldsymbol{r} \cdot \dot{\boldsymbol{r}})\boldsymbol{r} - (\boldsymbol{r} \cdot \boldsymbol{r})\dot{\boldsymbol{r}}] \tag{3.13}$$

将公式(3.3)、公式(3.4)代入得到

$$\ddot{\boldsymbol{r}} \times \boldsymbol{h} = \frac{\mu}{r^3} [r^2 \dot{\boldsymbol{r}} - (r\dot{r})\boldsymbol{r}] = \mu \frac{\mathrm{d}}{\mathrm{d}t} \left(\frac{\boldsymbol{r}}{r}\right) \tag{3.14}$$

即

$$(\ddot{\boldsymbol{r}} \times \boldsymbol{h})\mathrm{d}t = \mu \mathrm{d}\left(\frac{\boldsymbol{r}}{r}\right) \tag{3.15}$$

积分(引入新的积分常矢量 $\boldsymbol{e}$,即偏心率矢量)得到

$$\dot{\boldsymbol{r}} \times \boldsymbol{h} = \frac{\mu}{r}(\boldsymbol{r} + r\boldsymbol{e}) \tag{3.16}$$

根据三个矢量的叉点乘混合运算法则 $((\boldsymbol{a} \times \boldsymbol{b}) \cdot \boldsymbol{c} = \boldsymbol{a} \cdot (\boldsymbol{b} \times \boldsymbol{c}))$

$$(\dot{\boldsymbol{r}} \times \boldsymbol{h}) \cdot \boldsymbol{h} = \dot{\boldsymbol{r}} \cdot (\boldsymbol{h} \times \boldsymbol{h}) = 0 \tag{3.17}$$

公式(3.16)点乘 $\boldsymbol{h}$ 可得

$$(\dot{\boldsymbol{r}} \times \boldsymbol{h}) \cdot \boldsymbol{h} = \frac{\mu}{r}(\boldsymbol{r} \cdot \boldsymbol{h} + r\boldsymbol{e} \cdot \boldsymbol{h}) = \mu \boldsymbol{e} \cdot \boldsymbol{h} = 0 \tag{3.18}$$

显然,$\boldsymbol{e}$ 在轨道面内。设 $|\boldsymbol{e}| = e$,引入参数 ω(轨道升交点方向与 $\boldsymbol{e}$ 之间的夹角),以轨道运行方向为正。引入新的轨道面内的坐标系 $O\text{-}X''Y''Z''$(表 2.4 中地心第二轨道坐标

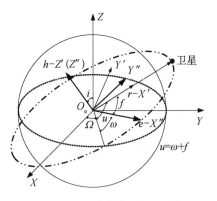

图 3.2 $O\text{-}X''Y''Z''$ 坐标系示意图

系),X'' 轴与 e 重合,Z'' 轴与 h 重合,Y'' 与 X''、Z'' 符合右手定则,如图 3.2 所示。

在惯性系 $O\text{-}XYZ$ 中,有

$$
e = \begin{bmatrix} e_X \\ e_Y \\ e_Z \end{bmatrix} \tag{3.19}
$$

在坐标系 $O\text{-}X''Y''Z''$ 中,有

$$
e = \begin{bmatrix} e \\ 0 \\ 0 \end{bmatrix} \tag{3.20}
$$

由图 3.2 可得地心惯性系与轨道面内的 $O\text{-}X''Y''Z''$ 坐标系之间的转换关系

$$
\begin{bmatrix} X \\ Y \\ Z \end{bmatrix} = \boldsymbol{R}_Z(-\Omega)\boldsymbol{R}_X(-i)\boldsymbol{R}_Z(-\omega) \begin{bmatrix} X'' \\ Y'' \\ Z'' \end{bmatrix} \tag{3.21}
$$

对于矢量 e,有

$$
\begin{bmatrix} e_X \\ e_Y \\ e_Z \end{bmatrix} = \boldsymbol{R}_Z(-\Omega)\boldsymbol{R}_X(-i)\boldsymbol{R}_Z(-\omega) \begin{bmatrix} e \\ 0 \\ 0 \end{bmatrix} = e\begin{bmatrix} \cos\Omega\cos\omega - \sin\Omega\sin\omega\cos i \\ \sin\Omega\cos\omega + \cos\Omega\sin\omega\cos i \\ \sin\omega\sin i \end{bmatrix}
$$

$$\tag{3.22}$$

进而得到两个表征轨道面内近拱点方向的角度量积分

$$
\tan\omega = \frac{e_Z}{(e_Y\sin\Omega + e_X\cos\Omega)\sin i}, \quad \sin\omega = \frac{e_Z}{e\sin i} \tag{3.23}
$$

这里需要说明的是,近拱点幅角 ω 的取值为 $[0°, 360°)$。

如图 3.2 所示,设 f(称为真近点角)为在轨道平面内 e 到 r 的夹角,可得

$$
f = u - \omega \tag{3.24}
$$

$$
\cos f = \frac{\boldsymbol{r} \cdot \boldsymbol{e}}{re} \tag{3.25}
$$

对于无摄动的二体系统,有

$$
\dot{u} = \dot{f} \tag{3.26}
$$

根据公式(3.7)、公式(3.26)得到

$$h = r^2 \dot{u} = r^2 \dot{f} \tag{3.27}$$

公式(3.16)点乘 $\boldsymbol{r}$,并利用三个矢量的叉点乘运算法则($(\boldsymbol{a} \times \boldsymbol{b}) \cdot \boldsymbol{c} = \boldsymbol{b} \cdot (\boldsymbol{c} \times \boldsymbol{a})$),可得

$$(\dot{\boldsymbol{r}} \times \boldsymbol{h}) \cdot \boldsymbol{r} = \boldsymbol{h} \cdot (\boldsymbol{r} \times \dot{\boldsymbol{r}}) = \boldsymbol{h} \cdot \boldsymbol{h} = h^2 \tag{3.28}$$

$$\frac{\mu}{r}(\boldsymbol{r} + r\boldsymbol{e}) \cdot \boldsymbol{r} = \mu r + \mu r e \cos f = h^2 \tag{3.29}$$

进而推得轨道积分

$$r = \frac{h^2/\mu}{1 + e \cos f} = \frac{h^2/\mu}{1 + e \cos(u - \omega)} \tag{3.30}$$

根据公式(3.30),可以得到以下结论:

(1) 公式(3.30)为圆锥曲线方程,是开普勒第一定律的数学表达式;

(2) 其中 e 表征圆锥曲线的偏心率,矢量 $\boldsymbol{e}$ 为偏心率矢量;$e = 0$ 为圆轨道;$0 < e < 1$ 为椭圆轨道;$e = 1$ 为抛物线轨道;$e > 1$ 为双曲线轨道;

(3) 由于 $f = 0°$ 时,r 取极小值,故矢量 $\boldsymbol{e}$ 也称为近拱点矢量;

(4) 引入半通径 $p = h^2/\mu$,则当 $f = 0°$,有

$$r_{\min} = a(1 - e) = \frac{p}{1 + e} \tag{3.31}$$

$$a(1 - e^2) = p = \frac{h^2}{\mu} \tag{3.32}$$

至此,可以将表征圆锥曲线半长轴的 a 作为积分常数代替 h,公式(3.30)用公式(3.33)或公式(3.34)代替

$$r = \frac{p}{1 + e \cos f} = \frac{p}{1 + e \cos(u - \omega)} \tag{3.33}$$

$$r = \frac{a(1 - e^2)}{1 + e \cos f} = \frac{a(1 - e^2)}{1 + e \cos(u - \omega)} \tag{3.34}$$

根据数学知识可得半通径 p 一定为正值,且由公式(3.32)可得:

(1) 对于椭圆和圆 $0 \leqslant e < 1$,有 $a > 0$;

(2) 对于抛物线 $e = 1$,有 $a \to \infty$;

(3) 对于双曲线 $e > 1$,有 $a < 0$。

由公式(3.30)还可推得速度的计算公式,过程如下。

由公式(3.4)以及公式(3.26)得到

$$v^2 = \dot{\boldsymbol{r}} \cdot \dot{\boldsymbol{r}} = \dot{r}^2 + r^2 \dot{u}^2 = \dot{r}^2 + r^2 \dot{f}^2 = v_r^2 + v_t^2 \tag{3.35}$$

由公式(3.27)可得

$$v_t = r\dot{f} = \frac{h}{r} \tag{3.36}$$

将 r 的表达式(3.30)代入得到

$$v_t = r\dot{f} = \frac{h}{p}(1 + e\cos f) = \sqrt{\frac{\mu}{p}}(1 + e\cos f) \tag{3.37}$$

公式(3.30)对时间求导得到

$$\dot{r} = v_r = \frac{r^2}{p}e\sin f \cdot \dot{f} = \frac{h}{p}e\sin f = \sqrt{\frac{\mu}{p}}e\sin f \tag{3.38}$$

公式(3.36)、公式(3.38)代入公式(3.35)得到速度的表达式

$$v = \frac{h}{p}\sqrt{1 + e^2 + 2e\cos f} = \sqrt{\frac{\mu}{p}}\sqrt{1 + e^2 + 2e\cos f} \tag{3.39}$$

3.1.3　活力积分

活力积分描述了卫星轨道的机械能。$\dot{r}$ 点乘公式(3.1),有

$$\dot{r} \cdot \ddot{r} = -\mu\frac{\dot{r} \cdot r}{r^3} \Rightarrow \dot{r} \cdot \ddot{r} + \mu\frac{\dot{r} \cdot r}{r^3} = \dot{r} \cdot \ddot{r} + \mu\frac{\dot{r}}{r^2} = 0 \tag{3.40}$$

从而推得

$$\frac{\mathrm{d}}{\mathrm{d}t}\left(\frac{1}{2}\dot{r} \cdot \dot{r} - \frac{\mu}{r}\right) = 0 \tag{3.41}$$

积分得到

$$\frac{1}{2}\dot{r} \cdot \dot{r} - \frac{\mu}{r} = \frac{1}{2}v^2 - \frac{\mu}{r} = E \tag{3.42}$$

其中 E 为积分常数,表示单位质量的总机械能量;$\frac{1}{2}v^2$ 表征单位质量的轨道动能;$-\frac{\mu}{r}$ 表征单位质量的轨道势能。对于二体系统总能量守恒,当取 $f = 90°$ 的半通径方向时,将公式(3.39)代入,有

$$\frac{1}{2}\frac{\mu}{p}(1 + e^2) - \frac{\mu}{p} = \frac{\mu}{a(1 - e^2)}\left(\frac{1}{2}e^2 - \frac{1}{2}\right) = \frac{\mu}{-2a} = E \tag{3.43}$$

代入公式(3.42)可得

$$\frac{1}{2}v^2 - \frac{\mu}{r} = -\frac{\mu}{2a} \tag{3.44}$$

改写为

$$v^2 = \mu \left(\frac{2}{r} - \frac{1}{a} \right) \tag{3.45}$$

即为活力(energy)公式,可以根据此公式求得在轨道上任意一点的速度。根据公式(3.45)可知:

(1) 对于圆轨道,$e = 0$,有 $a = r$,$E < 0$,有

$$v = \sqrt{\frac{\mu}{r}} \tag{3.46}$$

(2) 对于椭圆轨道,$0 < e < 1$,有 $a > 0$,$E < 0$,有

$$v = \sqrt{\frac{2\mu}{r} - \frac{\mu}{a}} \tag{3.47}$$

(3) 对于抛物线轨道,$e = 1$,有 $a \to \infty$,$E = 0$,有

$$v = \sqrt{\frac{2\mu}{r}} \tag{3.48}$$

(4) 对于双曲线轨道,$e > 1$,有 $a < 0$,$E > 0$,有

$$v = \sqrt{\frac{2\mu}{r} - \frac{\mu}{a}} \tag{3.49}$$

至此,根据二体系统的基本方程(3.1),推得了所有的积分常数,3.2 节将会介绍所有的描述卫星运动状态的轨道根数以及其变形根数,且不局限于二体系统。

3.2 轨 道 根 数

3.2.1 轨道根数基本定义

任何物体在某一具体时刻的运动状态都可以由位置、速度来表示,对于运动着的卫星,为了将描述其运动规律的参数的物理意义明确化,引入轨道根数的概念。

由经典的牛顿力学可知,物体的运动取决于其初始的运动状态和所受的力,为了深刻理解卫星的运动规律,与简单的运动作对比,举例说明物体在不同初始状态以及所受外力下的运动,见表 3.1 以及图 3.3。

表 3.1　物体运动与初始状态的关系

序号	初 始 状 态	所受外力	运 动 形 式
1	高 $h = 1$ km $v_0 = 0$ m/s,静止	重力 (万有引力)	自由落体

续表

序号	初 始 状 态	所受外力	运 动 形 式
2	高 $h = 1$ km 初始速度(仅有水平方向分量)$v_0 = 1$ m/s	重力 (万有引力)	抛物线(在地球表面的抛物线)
3	高 $h = 700$ km $v_0 = 0$ m/s，静止	万有引力	假设物体可以从质量对称分布的地球中理想地穿过，该物体的运动是以地球质心为振荡中心的运动，下文将会有详细分析以及仿真验证
4	高 $h = 700$ km 初始速度(仅有水平方向分量)$v_0 = $ 7.5 km/s(小于第一宇宙速度)参见式(3.47)	万有引力	椭圆(围绕地球运转)
5	高 $h = 700$ km 初始速度(仅有水平方向分量)$v_0 = $ 10.6 km/s(等于第二宇宙速度)参见式(3.48)	万有引力	抛物线(逃离地球引力)
6	高 $h = 700$ km 初始速度(仅有水平方向分量)$v_0 > $ 10.6 km/s(大于第二宇宙速度)参见式(3.49)	万有引力	双曲线(逃离地球引力)

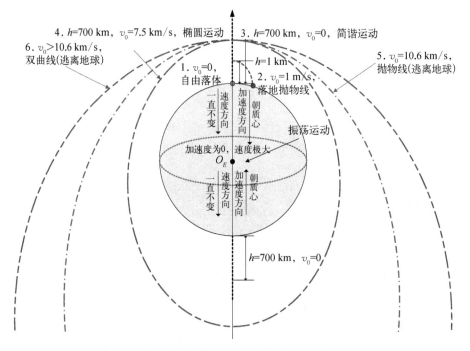

图 3.3 物体运动与初始状态的关系

对于表 3.1 中提到的振荡运动，虽然是现实中不存在的运动，但其揭示了卫星在初始速度为 0 情况下的运动特征，特详细分析如下。

假想地球是一个质量对称分布的球体(不考虑任何摄动)，且不考虑其由自转造成的惯性离心力。假设地球内部有一条通过地球质心直达两侧地表的通道,物体进入通道后只考虑万有引力作用,则其合力一定指向地球质心,则该物体的运动是振荡运动。当物体未经过地球质心时,它受到万有引力作用,合力方向与运动方向相同,物体不断加速。当物体在地球质心时,所受合力为零,加速度为零,速度达到最大值。当物体经过地球质心后,它所受合力方向与运动方向相反,物体不断减速。由此,物体将以对称点为中心,初始点为边界,做振荡运动。其受力示意图见图 3.4。

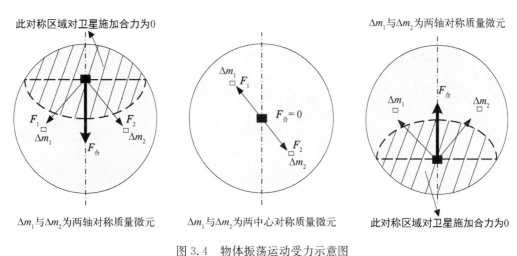

图 3.4　物体振荡运动受力示意图

为了验证仅考虑地球对卫星的万有引力,且初速度为 0 的卫星运动规律,利用 STK 软件进行数值仿真,建立一个轨道高度(本书定义轨道高度为:平半长轴减去地球赤道平均半径 6 378.137 km)为 700 km 的卫星(具体参数详见图 3.5 与图 3.6),选择 Astrogator 为轨道外推(也称为轨道预报)模型。

图 3.5　卫星初始状态数据

建立卫星后，在 Satellites Tools/Report 数据报告中找到卫星在 VVLH（vehicle velocity，local horizontal）参考系下的速度：x 方向为 7.504 36 km/s，y、z 方向为 0。为了使得卫星的初始状态的速度为 0，在"Maneuver"中选择"VVLH"坐标系，将 x 方向的速度增量设为$-$7.504 36 km/s，y、z 方向速度增量为 0。

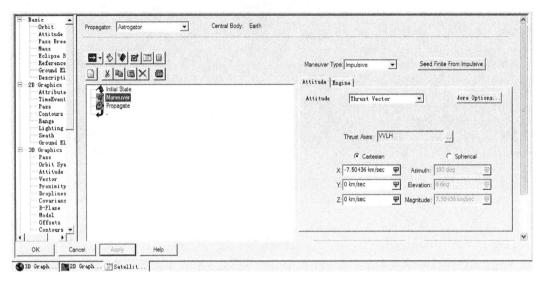

图 3.6　速度控制量设置

为了使用二体模型，忽略各种摄动，需要在"Propagate"下将"Propagator"设置为"Earth Point Mass"模型如图 3.7 所示。

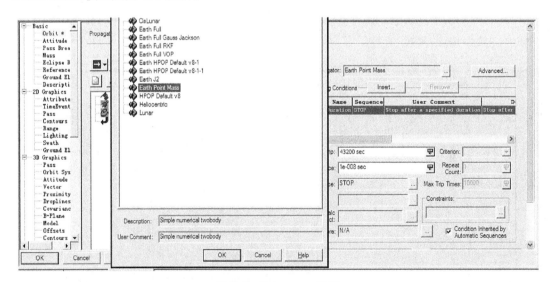

图 3.7　Propagator 设置

利用 Satellites Tools/Report 生成"Vector"下的"Velocity"下的速度量值（magnitude）以及加速度量值（derative magnitude），考虑物理量的正负值，并利用 Matlab 软件处理数据后作图，得到如图 3.8 所示结果。

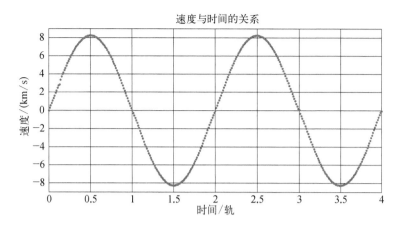

图 3.8 物体振荡运动 STK 仿真结果

由图 3.8 可知,数值分析的结果与理论分析结果基本相符,在经过地球质心时速度达到最大值。

我们可以把卫星的运动理解为总能量最低的圆锥曲线运动,这在力学基础书上都有介绍[9,10],这里不再详细介绍,为了阐明各个轨道根数的具体含义,列表如表 3.2 所示。

表 3.2 卫星轨道根数的定义

序号	名　称	物理意义	变形根数	备注
1	半长轴 a(semi-major axis)	瞬时椭圆轨道的半长轴	近地点高度 H_p(perigee altitude) 远地点高度 H_a(apogee altitude) 半通径 $p = a(1-e^2)$	a 与 e 共同表征了瞬时椭圆的形状,参见图 3.9
2	偏心率 e(eccentricity)	瞬时椭圆轨道的偏心率	半短轴 $b = a\sqrt{1-e^2}$ 平均角速率 n	
3	倾角 i(inclination)	瞬时椭圆轨道与参考平面的二面角,以卫星运动的角速度方向为正方向	消除小倾角奇点的第二类无奇点根数 $h = \sin i \cos \Omega$, $k = -\sin i \sin \Omega$	i 与 Ω 共同表征了瞬时椭圆与参考平面的关系,参见图 3.1
4	升交点赤经 Ω(right ascension of ascending node)	参考平面上 x 轴到地心指向升交点方向的角度,以地球自转角速度方向为正方向	消除小倾角奇点的第二类无奇点根数 $\Omega + \omega + M$	
5	近地点幅角 ω (argument of perigee)	瞬时椭圆轨道上地心指向升交点方向到地心指向近地点方向的角度,以卫星运动的角速度方向为正方向	消除小偏心率奇点的第一类无奇点根数 $\xi = e\cos\omega$, $\eta = -e\sin\omega$ 与 $\lambda = M+\omega$; 纬度幅角 $u = f+\omega$	ω 与 f 共同表征了卫星在瞬时椭圆上的位置,参见图 3.2、图 3.9,偏近点角 E 与 f 的关系见图 3.10
6	真近点角 f(true anomaly)	瞬时椭圆轨道上地心指向近地点方向到地心指向卫星质心方向的角度,以卫星运动的角速度方向为正方向	平近点角 M; 偏近点角 E; 过拱点时间 τ; 消除小偏心率奇点的第一类无奇点根数 $\lambda = M+\omega$; 纬度幅角 $u = f+\omega$	

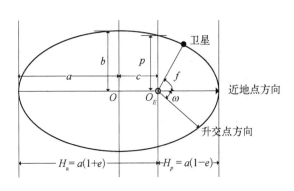

图 3.9 表征椭圆大小的 a、e、H_a、H_p、p 以及卫星位置的 ω 与 f

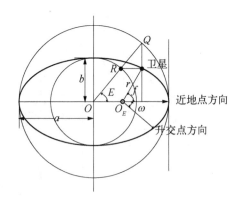

图 3.10 偏近点角 E 与真近点角 f

给出真近点角 f、偏近点角 E 之间的常用关系式如公式(3.50)、(3.51)、(3.52)所示。

$$\sin E = \frac{\sqrt{1-e^2}\sin f}{1+e\cos f}$$

$$\cos E = \frac{e+\cos f}{1+e\cos f} \tag{3.50}$$

$$\sin f = \frac{\sqrt{1-e^2}\sin E}{1-e\cos E}$$

$$\cos f = \frac{\cos E - e}{1-e\cos E} \tag{3.51}$$

$$\tan\left(\frac{f}{2}\right) = \left(\frac{1+e}{1-e}\right)^{\frac{1}{2}}\tan\left(\frac{E}{2}\right) \tag{3.52}$$

平近点角 M 与偏近点角 E 的关系如公式(3.53)所示

$$E - e\sin E = M \tag{3.53}$$

公式(3.53)为超越方程,可迭代求解,最常用的迭代方法为牛顿迭代法,记

$$f(E) \equiv (E - e\sin E) - M \tag{3.54}$$

根据

$$f(E_{k+1}) = f(E_k) + f'(E_k)(E_{k+1} - E_k) + \cdots \tag{3.55}$$

$$f'(E_k) = 1 - e\cos E_k \tag{3.56}$$

取至一阶导数,有

$$E_{k+1} = E_k - \frac{f(E_k) - f(E_{k+1})}{f'(E_k)}, \quad k = 0, 1, 2, \cdots \tag{3.57}$$

迭代初值 $E_0 = M$，收敛条件 $\mid E_{k+1} - E_k \mid \leqslant \varepsilon$，$\varepsilon$ 为收敛标准，其值根据精度需求而定。

平近点角 M 与卫星运动平均角速率 n 的关系如公式(3.58)所示

$$M = n(t - \tau) \tag{3.58}$$

公式(3.58)中 τ 为卫星过拱点时刻。

由于椭圆的面积为 πab，单位时间的面积速度为 $h/2$，有

$$\frac{\pi ab}{T} = \frac{h}{2} \tag{3.59}$$

公式(3.59)中 T 为轨道周期。将 $b = a\sqrt{1-e^2}$，$p = a(1-e^2)$，$h = \sqrt{\mu p}$ 代入公式(3.59)，有

$$n = \frac{2\pi}{T} = \sqrt{\frac{\mu}{a^3}} \tag{3.60}$$

公式(3.60)为开普勒第三定律的数学表达式。

以焦点(地心 O_e)为原点的卫星的坐标位置可以表示为

$$r\cos f = a(\cos E - e)$$

$$r\sin f = a\sqrt{1-e^2}\sin E$$

$$r = a(1 - e\cos E) = \frac{a(1-e^2)}{1+e\cos f} \tag{3.61}$$

真近点角 f、偏近点角 E 微分关系如公式(3.62)和公式(3.63)所示。

$$df = \frac{\sqrt{1-e^2}}{1-e\cos E}dE \tag{3.62}$$

$$dE = \frac{\sqrt{1-e^2}}{1+e\cos f}df \tag{3.63}$$

真近点角 f、偏近点角 E 的级数计算式如公式(3.64)和公式(3.65)所示。

$$f = M + \left(2e - \frac{e^3}{4}\right)\sin M + \frac{5}{4}e^2\sin 2M + \frac{13}{12}e^3\sin 3M + \cdots \tag{3.64}$$

$$E = M + \left(e - \frac{e^3}{8}\right)\sin M + \frac{1}{2}e^2\sin 2M + \frac{3}{8}e^3\sin 3M + \cdots \tag{3.65}$$

3.2.2 瞬时根数与平根数

卫星运动所受的最主要的力为万有引力(向心力)，受向心力的物体的运动为有心运动，轨迹为圆锥曲线，但卫星还受到各种摄动力的作用。在只考虑中心引力的二体问题中，卫星

轨道为椭圆,除平近点角 M 外的其他轨道平根数不随时间变化。考虑其他摄动后,卫星轨道不再是一个不变的椭圆,但在每一瞬间为一瞬时椭圆,可以用一组轨道根数描述,称该瞬时椭圆所对应的根数为瞬时根数,简称瞬根数,有些著作也称做吻切根数(osculating element),即吻切椭圆对应的根数。

为了将各种摄动力对卫星轨道的影响用相对较简单的公式表达,为轨道设计提供基础,通过数学变换对轨道根数作处理,提出了平均根数法的思想。这种思想最初由古在由秀(Kozai)于1959年根据非线性力学中的平均法[11]提出,其主要针对地球形状摄动(主要带谐项 J_2、J_3、J_4)。与此同时,布劳威尔(Brouwer)采用正则变换方法给出了相应的解析解[12],李丹对布劳威尔方法进行了改进,解决了奇点问题[13]。古在由秀的方法存在 $e = 0$、$i = 0$(第一类),$i = 63.4°$(第二类)三个奇点,南京大学的刘林教授采用无奇点根数[14],用平根数迭代法解决了奇点问题。

在介绍平均根数之前,需要强调的是,平均根数仅是为了方便研究轨道运动而引用的一种虚拟的根数,实际描述卫星的运动必须转化为瞬时根数(其与卫星的位置、速度有一一对应的关系)。在不同版本的轨道参考书和专业软件中,对平根数的定义不完全相同,有必要详述如下。

瞬时根数可表示为

$$\sigma(t) = \bar{\sigma}(0) + \sigma_c(t) + \sigma_l(t) + \sigma_s(t) = \bar{\sigma}(t) + \sigma_l(t) + \sigma_s(t) \qquad (3.66)$$

其中,$\sigma(t)$ 为 t 时刻的瞬时根数;$\bar{\sigma}(0)$ 为 t_0 时刻的平均根数;$\sigma_c(t)$ 为 t_0 时刻到 t 时刻的平均根数长期变化项;$\sigma_l(t)$ 为长周期变化项;$\sigma_s(t)$ 为短周期变化项。

根据长周期项 $\sigma_l(t)$ 是否消除,平均根数有两种定义

$$\bar{\sigma}(t) = \sigma(t) - \sigma_l(t) - \sigma_s(t)$$

$$\bar{\sigma}(t) = \sigma(t) - \sigma_s(t) \qquad (3.67)$$

古在由秀方法、布劳威尔方法用公式(3.67)第一种定义,刘林方法用公式(3.67)第二种定义(有些著作称为拟平均根数或平根数,但 STK 软件内的 Brouwer-Lyddane Short 与刘林方法定义相似,仅减掉了短周期项)。

为了对瞬时根数以及平根数的定义理解清晰,通过 STK 软件仿真计算,以偏心率 e 为例,给出构成瞬时根数的四部分的关系如图 3.11～图 3.14 所示,仿真考虑了地球引力场摄动以及大气摄动,基于平均高度为 400 km,轨道倾角为 42° 的圆轨道。

由图 3.11～图 3.14 可见,对于此例中的偏心率 e,有:

(1) 初始时刻平根数为 $3.1×10^{-3}$;

(2) 长期项的变化率约为 $1.5×10^{-5}/$ 天;

(3) 长周期项的周期为 50 天左右,幅值为 $8×10^{-4}$;

(4) 短周期项的周期为 1 个轨道周期,幅值为 $1×10^{-3}$。

古在由秀方法所用的基本参数为开普勒根数(a, e, i, Ω, ω, M),刘林方法所用的基本参数为第一类无奇点根数,针对奇点的类型不同,分为以下两种:

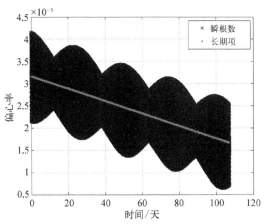

图 3.11 瞬时根数与长期项—e

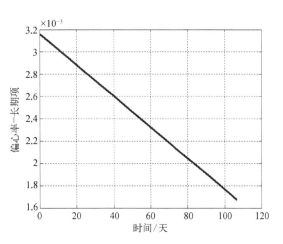

图 3.12 长期项—e

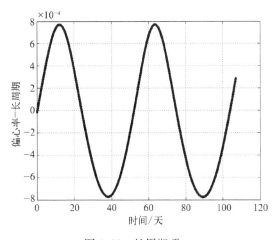

图 3.13 长周期项—e

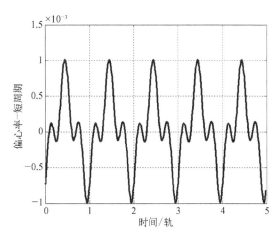

图 3.14 短周期项—e

（1）消除奇点 $e=0$：a，i，Ω，ξ，η，λ

$$a,\ i,\ \Omega,\ \xi=e\cos\omega,\quad \eta=-e\sin\omega,\quad \lambda=M+\omega$$

或

$$a,\ i,\ \Omega,\ \xi=e\sin\omega,\quad \eta=e\cos\omega,\quad \lambda=M+\omega$$

（2）消除奇点 $e=0$，$i=0$：a，ξ，η，h，k，λ，其中：

$$\xi=e\cos(\omega+\Omega),\quad \eta=-e\sin(\omega+\Omega),\quad h=\sin i\cos\Omega,$$
$$k=-\sin i\sin\Omega,\quad \lambda=M+\omega+\Omega$$

或

$$\xi=e\sin(\omega+\Omega),\quad \eta=e\cos(\omega+\Omega),\quad h=\sin i\sin\Omega,$$
$$k=\sin i\cos\Omega,\quad \lambda=M+\omega+\Omega$$

布劳威尔方法所用的基本参数为正则变量（L，G，H，l，g，h），消除了第二类奇点（通约奇点 $i_c=63.4°$）

$$L = \sqrt{\mu a}, \qquad\qquad l = M$$
$$G = \sqrt{\mu a(1 - e^2)}, \qquad g = \omega$$
$$H = \sqrt{\mu a(1 - e^2)}\cos i, \quad h = \Omega \qquad\qquad (3.68)$$

正则变量应用不多,这里不作详细介绍。

现将目前应用较广泛的平根数做一汇总,如表 3.3 所示。

表 3.3　平根数定义汇总

类型(type)	描述(description)
Kozai-Iszak 古在由秀平根	Only the short period terms (i. e. those involving averaging over the period of the orbit) are considered. The only perturbation force considered is the oblateness arising from the J_2 gravity term. 根据由秀平根数法,只考虑短周期项(卫星运动周期项)的平根数,仅考虑 J_2 摄动
Brouwer-Lyddane long 布劳威尔平根(不含长周期与短周期)	Refers to the BL mean elements considering both the short period and long-period terms (i. e. resulting from averaging over the rotation of periapse). The perturbation terms are the J_2, J_3, J_4 and J_5 oblateness terms and it considers the term involving $J_2 \wedge 2$. 依据布劳威尔平根数法,考虑减掉短周期项和长周期项(近拱点变化周期项)的平根数,摄动力包含 J_2, J_3, J_4, J_5 和 J_2 平方摄动
Brouwer-Lyddane short 布劳威尔平根(不含短周期)	Refers to the BL mean elements considering only the short period terms (i. e. those involving averaging over the period of the orbit) where the only perturbation force is the oblateness arising from the J_2 gravity term. 依据布劳威尔平根数法,只考虑减掉短周期项(卫星运动周期项)的平根数,仅考虑 J_2 摄动
刘林方法-西安卫星测控中心(XSCC)提供的平根	$\bar{\sigma}(t) = \sigma(t) - \sigma_s(t)$ $a, i, \Omega, \xi = e\cos\omega, \eta = -e\sin\omega, \lambda = \omega + M$ 摄动项: 　地球非球形带谐项:J_2, J_3, J_4 　地球非球形田谐项:4 阶 　太阳引力摄动 　月球引力摄动 　地球非球形引力高阶项 　大气、光压 　精度:$10^{-5} \sim 10^{-6}$

需要说明的是,本书中解析法推得的物理量之间的关系用平根数表达,公式中涉及轨道根数的地方,若无特别说明,都意指平根数。

3.2.3　TLE 两行根数

TLE 两行根数是用于描述卫星位置和速度的两行式轨道数据系统。美国国家航空航天局(NASA)、北美防空司令部(North American Aerospace Defence Command，NORAD)、美国空军航天司令部、CSSI(Center for Space Standard&Innovation)等机构及许多国家都采用两行根数。

TLE 两行根数由两行数据组成，每行 69 个字符，可用于 SGP/SDP 轨道模型来计算相关卫星的位置和速度。格式如下：

1 NNNNNU NNNNNAAA NNNNN. NNNNNNNN＋. NNNNNNNN＋NNNNN－N＋NNNNN－N N NNNNN

2 NNNNN NNN. NNNN NNN. NNNN NNNNNNN NNN. NNNN NNN. NNNN NN. NNNNNNNNNNNNNN

两行中的空格位置不能有其他字符，"A"处可以是任意字符(A～Z 或空格)；"U"处只能用"U""S"之一来表示卫星是否为秘密卫星，"＋"处可用加减号或空格；"－"处可用加减号；"N"处可用数字 0～9。表 3.4、表 3.5 将具体描述它的定义。

表 3.4　第一行数据含义

域	列	描　　　　述
1.1	01	行号
1.2	03～07	卫星代号
1.3	08	保密标记(U＝非保密，S＝保密)
1.4	10～11	国际标识符(两位数字表示的发射年限)
1.5	12～14	国际标识符(当年的发射编号)
1.6	15～17	国际标识符(目标体：星体、火箭等)
1.7	19～20	历元(两位数表示的年)
1.8	21～32	历元(这一年中的天数及天的小数部分)
1.9	34～43	平运动(平均角速率，以下同)的一阶导数或弹道系数
1.10	45～52	平运动的二阶导数(已设定小数点)
1.11	54～61	BSTAR 大气阻力项(已设定小数点)
1.12	63	星历表类型
1.13	65～68	根数组数
1.14	69	校验项(以 10 为模)

域 1.2 表示的是 NORAD 编号(又称为 NASA 编号，SCC 编号，是 NORAD 特别建立的卫星编号，每一个太空飞行器都被赋予唯一的 NORAD 编号)，此域和表 3.5 中的域 2.2 是必需的。域 1.4 到 1.6 是根据国际条约确定的国际标识符，并且是唯一的。域 1.7 和 1.8 决定了根数的历元时刻，它从这一年 1 月 1 日 UTC 零时开始算起，需要注意的是历元天数从 UTC 午夜而不是中午算起，所有时间是按平太阳时而不是恒星时测量的。域 1.9 表示的是已经除以 2 的一阶平运动变率 $\dot{n}/2$，单位为圈/天^2；域 1.10 表示的是已经除以 8 的二阶平

运动变率 $\ddot{n}/8$，单位为圈/天^3。但这两域只用于 SGP 模型中，现在已经没有意义了。域 1.11 是SGP‐4 模型使用的大气阻力系数 B^*。按照空气动力学理论，任何空间目标都有轨道相关系数 $B = C_D \times A/m$，其中 C_D 为阻力系数，A/m 是目标的面质比，B 表示了物体受大气阻力影响的程度。而 B^* 是根据大气密度调整后的 B 值，$B^* = B\rho_0/2$，单位为地球半径的倒数。

表 3.5　第二行数据含义

域	列	描　　　　述
2.1	01	行号
2.2	03～07	卫星编号
2.3	09～16	倾角(°)
2.4	18～25	升交点赤经(°)
2.5	27～33	偏心率(已设定小数点)
2.6	35～42	近地点幅角(°)
2.7	44～51	平近点角(°)
2.8	53～63	平运动(圈/天)
2.9	64～68	历元时的总圈数(圈)
2.10	69	校验项

NORAD 协议中，一圈为卫星连续两次过升交点的时间。发射时刻到卫星第一次到达轨道升交点被认为是第 0 圈，第 1 圈从第一次过升交点时刻开始起算。

在 STK 软件中，一圈也定义为卫星连续两次过升交点的时间。入轨时刻（Properties Browser/Basic/Orbit 中的 Start Time 为 19 Mar 2015 00:00:00.000 UTCG，如图 3.15 所示）到卫星第一次到达轨道升交点被认为是第 1 圈（NORAD 协议设定为第 0 圈），第 2 圈（NORAD 协议设定为第 1 圈）从第一次过升交点时刻开始起算，此定义与中国境内升轨发射的卫星一致，只不过发射的卫星包含了发射时间到入轨时刻。

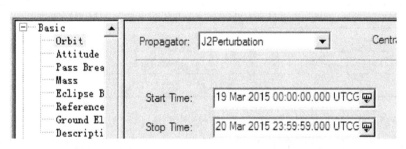

图 3.15　STK 软件圈数计算的开始时刻示意图

对于中国境内降轨发射的卫星，圈的定义为卫星连续两次过降交点的时间。发射时刻到卫星第二次到达轨道降交点被认为是第 1 圈，第 2 圈从第二次过降交点时刻开始起算。

3.3 轨道摄动分析

如果地球是一个质量分布均匀的正球体,就可以把地球作为质点计算地球引力,则人造卫星的运行轨道是以地心为一个焦点的椭圆。但实际的地球既不是一个正球体,内部质量分布也不均匀,而且卫星在运行过程中除了受地球引力作用以外,还受到其他各种摄动力的作用,其在空间的运动可以用常微分方程(3.69)表达。

$$\begin{cases} \ddot{\boldsymbol{r}} = \boldsymbol{a}(\boldsymbol{r}, \dot{\boldsymbol{r}}, t) \\ \boldsymbol{r}(t_0) = \boldsymbol{r}_0, \quad \dot{\boldsymbol{r}}(t_0) = \dot{\boldsymbol{r}}_0 \end{cases} \tag{3.69}$$

方程(3.69)中的 $\boldsymbol{a}(\boldsymbol{r}, \dot{\boldsymbol{r}}, t)$ 包括两部分,即

$$\boldsymbol{a}(\boldsymbol{r}, \dot{\boldsymbol{r}}, t) = \boldsymbol{a}_0(\boldsymbol{r}) + \boldsymbol{a}_\varepsilon(\boldsymbol{r}, \dot{\boldsymbol{r}}, t; \boldsymbol{\varepsilon}) \tag{3.70}$$

第一项是球形地球中心引力产生的引力加速度,即

$$\boldsymbol{a}_0(\boldsymbol{r}) = -\mu \frac{\boldsymbol{r}}{r^3} \tag{3.71}$$

$\mu = GM_e$,为地球引力场常数;ε 是有关的物理参数。第二项通常称为摄动加速度,大体可分为两大类:引力摄动和非引力摄动。

引力摄动主要包括:地球非球形引力摄动、N 体摄动(主要是日月引力摄动)、固体潮和海潮引起的潮汐摄动、地球自转形变摄动、月球扁率摄动、地球扁率间接摄动和后牛顿效应。非引力摄动包括:大气阻力摄动、太阳光压(辐射压)摄动、地球反照辐射压摄动、热阻力和类阻力摄动等。这里仅对几项主要摄动作介绍,并给出相应的摄动量级分析。

3.3.1 地球非球形引力

1. 动力学模型

地球并非标准的球形,地球的非球形引起的摄动称为地球非球形引力摄动。地球引力场位函数的表达式为

$$\begin{aligned} V(r, \varphi, \lambda) = \frac{\mu}{r} \bigg[& 1 - \sum_{n=1}^{\infty} J_n \left(\frac{R_e}{r}\right)^n P_n(\sin\varphi) \\ & + \sum_{n=1}^{\infty} \sum_{m=1}^{n} \left(\frac{R_e}{r}\right)^n P_{nm}(\sin\varphi)(C_{nm}\cos m\lambda + S_{nm}\sin m\lambda) \bigg] \end{aligned} \tag{3.72}$$

其中,方程右边的第一项表示地球中心引力,后两项为地球非球形引力。

地球非球形引力中:

(1) 与经度无关的项(J_n 或 $C_n = -J_n$)将地球描述成许多凸和凹的带形,称为带谐项,相应的系数称为带谐系数;

（2）与经度有关的项（C_{nm} 和 S_{nm}，$m \neq n$）将地球描述成凹凸相似的棋盘图形，称为田谐项，相应的系数称为田谐系数；

（3）与经度有关的项（C_{nm} 和 S_{nm}，$m = n$）则将地球描述成凸和凹的扇形，称为扇谐项，相应的系数称为扇谐系数。

带谐、扇谐和田谐定义如图 3.16 所示。但一般教科书上将扇谐项和田谐项统称为田谐项，本书将沿用此定义。

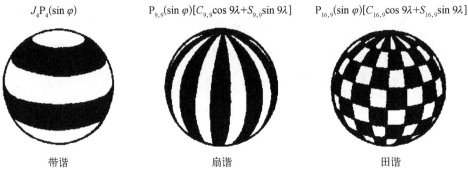

$$J_4 P_4(\sin\varphi) \qquad P_{9,9}(\sin\varphi)[C_{9,9}\cos 9\lambda + S_{9,9}\sin 9\lambda] \qquad P_{16,9}(\sin\varphi)[C_{16,9}\cos 9\lambda + S_{16,9}\sin 9\lambda]$$

带谐　　　　　　　扇谐　　　　　　　田谐

图 3.16　带谐、扇谐和田谐

式（3.72）中，$P_{nm}(\sin\varphi)$ 的值对不同的 n 和 m 相差会很大。相应的谐系数也会因此有很大的起伏，这将给数值计算带来不便。为了避免这种情况，常采用归一化的球谐函数 $\bar{P}_{nm}(\sin\varphi)$ 代替 $P_{nm}(\sin\varphi)$，定义如下

$$\bar{P}_{nm}(\sin\varphi) = \frac{P_{nm}(\sin\varphi)}{N_{nm}} \tag{3.73}$$

$$N_{nm} = \left[\frac{(n+m)!}{(1+\delta)(2n+1)(n-m)!} \right]^{1/2} \tag{3.74}$$

其中 δ 的定义如下

$$\delta = \begin{cases} 0, & m = 0 \\ 1, & m \neq 0 \end{cases} \tag{3.75}$$

未归一化的球谐函数 $P_{nm}(\sin\varphi)$ 的模为

$$[P_{nm}(\sin\varphi)] = \left[\frac{(2-\delta)2\pi(n+m)!}{(2n+1)(n-m)!} \right]^{1/2} \tag{3.76}$$

可由下面递推公式具体求解

$$\begin{cases} P_{nm}(\sin\varphi) = 2(1-\sin^2\varphi)^{-1/2}(n-1)\sin\varphi P_{n(n-1)}(\sin\varphi) - 2(2n-1)P_{n(n-2)}(\sin\varphi) \\ P_{nm}(\sin\varphi) = \dfrac{1}{n-m}\left[(2n-1)\sin\varphi P_{(n-1)m}(\sin\varphi) - (n-1+m)P_{(n-2)m}(\sin\varphi) \right] \\ n \geqslant 3, \quad m = 1, 2, \cdots, n-1 \end{cases} \tag{3.77}$$

其中,递推初值为

$$
\begin{cases}
\mathrm{P}_{11}(\sin\varphi) = (1-\sin^2\varphi)^{1/2} \\
\mathrm{P}_{21}(\sin\varphi) = 3\sin\varphi(1-\sin^2\varphi) \\
\mathrm{P}_{22}(\sin\varphi) = 3(1-\sin^2\varphi)
\end{cases}
\tag{3.78}
$$

而归一化的球谐函数 $\bar{\mathrm{P}}_{nm}(\sin\varphi)$ 的模为

$$
[\bar{\mathrm{P}}_{nm}(\sin\varphi)] = \sqrt{4\pi}, \quad m = 0, 1, 2, \cdots, n
\tag{3.79}
$$

可由下面递推公式具体求解

$$
\begin{cases}
\bar{\mathrm{P}}_{nn}(\sin\varphi) = \left(\dfrac{2n+1}{2n}\right)^{1/2}(1-\sin^2\varphi)^{1/2}\bar{\mathrm{P}}_{(n-1)(n-1)}(\sin\varphi) \\
\bar{\mathrm{P}}_{nm}(\sin\varphi) = \left[\dfrac{(2n+1)(2n-1)}{(n+m)(n-m)}\right]^{1/2}\sin\varphi\bar{\mathrm{P}}_{(n-1)m}(\sin\varphi) \\
\qquad\quad - \left[\dfrac{(2n+1)(n-1+m)(n-1-m)}{(2n-3)(n+m)(n-m)}\right]^{1/2}\bar{\mathrm{P}}_{(n-2)m}(\sin\varphi) \\
n \geqslant 3, \ m = 1, 2, \cdots, n-1
\end{cases}
\tag{3.80}
$$

其中,递推初值为

$$
\begin{cases}
\bar{\mathrm{P}}_{11}(\sin\varphi) = \sqrt{3}\,(1-\sin^2\varphi)^{1/2} \\
\bar{\mathrm{P}}_{21}(\sin\varphi) = \sqrt{15}\sin\varphi(1-\sin^2\varphi) \\
\bar{\mathrm{P}}_{22}(\sin\varphi) = \dfrac{\sqrt{15}}{2}(1-\sin^2\varphi)
\end{cases}
\tag{3.81}
$$

在此定义下,归一化的引力位函数可写成

$$
V(r, \varphi, \lambda) = \frac{\mu}{r}\left[1 + \sum_{n=1}^{\infty}\sum_{m=0}^{n}\left(\frac{R_e}{r}\right)^n\bar{\mathrm{P}}_{nm}(\sin\varphi)(\bar{C}_{nm}\cos m\lambda + \bar{S}_{nm}\sin m\lambda)\right]
\tag{3.82}
$$

根据公式(3.82),也可将带谐项与田谐项分开,即

$$
\begin{aligned}
V(r, \varphi, \lambda) = \frac{\mu}{r}\Bigg[& 1 + \sum_{n=1}^{\infty}\bar{C}_n\left(\frac{R_e}{r}\right)^n\bar{\mathrm{P}}_n(\sin\varphi) \\
& + \sum_{n=1}^{\infty}\sum_{m=1}^{n}\left(\frac{R_e}{r}\right)^n\bar{\mathrm{P}}_{nm}(\sin\varphi)(\bar{C}_{nm}\cos m\lambda + \bar{S}_{nm}\sin m\lambda)\Bigg]
\end{aligned}
\tag{3.83}
$$

其中 R_e 和 μ 分别为地球参考半径和地球引力常数,$\bar{C}_{nm} = C_{nm}N_{nm}$ 和 $\bar{S}_{nm} = S_{nm}N_{nm}$ 为归一化的引力系数,通过地面或空中重力测量获得。可采用引力场模型 EGM96,其归一化的系数 $\bar{C}_{20} = -4.84165372\times10^{-4}$ 的 $\sqrt{5}$ 倍对应未归一化的系数,即熟知的 J_2,值为 0.00108263。对于 $\bar{C}_{10}$,$\bar{C}_{11}$ 和 $\bar{S}_{11}$,如果地固坐标系的原点确实在地球的质心处,则它们的值为 0。$\bar{\mathrm{P}}_{nm}(u)$ 是归一化的缔合勒让德多项式,这里定义的归一化方式需在缔合勒让德多项式 matlab 库函

数的基础上乘以 $\sqrt{2n+1}$。航天器受到的地球引力加速度 $\boldsymbol{a}_N = \mathrm{grad}(V) = \nabla V$（"$\nabla$"的含义为梯度函数），在地固坐标系中投影的球坐标分量为

$$
\begin{aligned}
\boldsymbol{a}_N = & -\frac{\mu}{r^2}\boldsymbol{e}_r - \frac{\mu}{r^2\cos\varphi}\sum_{n=2}^{\infty}\sum_{m=0}^{n}\left(\frac{R_e}{r}\right)^n\Big\{(1+n)\cos\varphi\bar{P}_{nm}(\sin\varphi) \\
& \times(\bar{C}_{nm}\cos m\lambda + \bar{S}_{nm}\sin m\lambda)\boldsymbol{e}_r + \Big[n\sin\varphi\bar{P}_{nm}(\sin\varphi) \\
& -\sqrt{\frac{2n+1}{2n-1}(n+m)(n-m)}\bar{P}_{n-1,m}(\sin\varphi)\Big](\bar{C}_{nm}\cos m\lambda + \bar{S}_{nm}\sin m\lambda)\boldsymbol{e}_\varphi \\
& + m\bar{P}_{nm}(\sin\varphi)(\bar{C}_{nm}\sin m\lambda - \bar{S}_{nm}\cos m\lambda)\boldsymbol{e}_\lambda\Big\}
\end{aligned}
\tag{3.84}
$$

其中，$\boldsymbol{e}_r$，$\boldsymbol{e}_\varphi$ 和 $\boldsymbol{e}_\lambda$ 为球坐标的三个正交单位矢量。若 φ 为 $\pm\pi/2$，公式（3.84）奇异，应用公式（3.85）取代。

$$
\boldsymbol{a}_N = -\frac{\mu}{r^2}\boldsymbol{e}_r - \frac{\mu}{r^2}\sum_{n=2}^{\infty}\left(\frac{R_e}{r}\right)^n(1+n)\sqrt{2n+1}\bar{C}_{n0}\boldsymbol{e}_r
\tag{3.85}
$$

若设航天器在地固坐标系中的直角坐标为 (x, y, z)，相应的三个方向的单位矢量为 $(\boldsymbol{i}, \boldsymbol{j}, \boldsymbol{k})$，则

$$
\boldsymbol{e}_r = \frac{x\boldsymbol{i}+y\boldsymbol{j}+z\boldsymbol{k}}{\sqrt{x^2+y^2+z^2}}, \quad \boldsymbol{e}_\lambda = \frac{-y\boldsymbol{i}+x\boldsymbol{j}}{\sqrt{x^2+y^2}}, \quad \boldsymbol{e}_\varphi = \boldsymbol{e}_r \times \boldsymbol{e}_\lambda
\tag{3.86}
$$

那么，航天器在 J2000 历元平赤道地心系（简称 J2000 系）中受到地球引力作用的运动方程为

$$
\ddot{\boldsymbol{r}} = -\frac{\mu}{r^3}\boldsymbol{r} + \boldsymbol{R}_{EJ}\boldsymbol{a}_N
\tag{3.87}
$$

其中 $\boldsymbol{r}$ 为航天器在 J2000 系的位置矢量，$\boldsymbol{R}_{EJ}$ 为地固系向 J2000 系的坐标转换矩阵。根据航天器在 J2000 系的位置矢量 $\boldsymbol{r}$ 来计算航天器在 J2000 系受到的加速度的具体计算步骤为：先将 J2000 系中的 $\boldsymbol{r}$ 通过左乘矩阵 $\boldsymbol{R}_{JE}$ 变换成地固系的位置坐标 (x, y, z)，通过公式

$$
r = \sqrt{x^2+y^2+z^2}, \quad \lambda = \mathrm{atan}\,2(y, x), \quad \varphi = \arccos(z/r)
\tag{3.88}
$$

求出地心距，地心经度和地心纬度，其中 $\mathrm{atan}\,2(y, x)$ 为二维反正切函数，若 $\alpha = \arctan(A, B)$，意指 $\sin(\alpha) = A$，$\cos(\alpha) = B$，可确定 α 角的具体值（包含象限）。通过公式（3.86）求出球坐标的三个单位方向矢量。最后代入公式（3.84）可根据设定的阶次 n 和 m 求出地固系中的加速度，再左乘矩阵 $\boldsymbol{R}_{EJ}$ 变换成 J2000 系下的加速度。

2. 摄动强度量级分析

中心引力场的势能为 μ/r，在引力势公式（3.82）的非球形部分中，归一化后的缔合勒让德多项式的模为 $\sqrt{4\pi}$，则阶次为 (n, m) 的势函数项与中心引力势函数之比最大值可估计为

$$
\left(\frac{R_e}{r}\right)^n\sqrt{4\pi}\sqrt{\bar{C}_{nm}^2 + \bar{S}_{nm}^2}
\tag{3.89}
$$

目前的引力场模型如 EGM96,最大可达 360 次 360 阶。从公式(3.89)显然可知,非球形引力场摄动力与中心引力的比值取决于两部分:地球半径与轨道地心距的比值;归一化的带谐系数和田谐系数的模。对于地球,只有 J_2 项($n = 2, m = 0$ 项)归一化系数为 10^{-3} 的量级,其他项的系数一般为 $10^{-7} \sim 10^{-6}$ 的量级。航天器离地球越远时,R_e/r 的值越小,非球形的影响越小,尤其对于高阶项,当 n 较大时,其影响越小。

以 J_2 项为例,对于 1 000 km 以下轨道高度的卫星,比值约为 10^{-3} 量级;对于地球同步轨道高度卫星,比值约为 1.2×10^{-4} 级。除 J_2 项外的最大的项,如 J_{22} 项,都约为 J_2 项的千分之一,相应比值可类推。

3.3.2 大气阻力

1. 动力学模型

面质比为 S/m 的航天器受到大气的阻尼加速度为

$$\boldsymbol{a}_D = -\frac{1}{2} C_D \frac{S}{m} \rho V \boldsymbol{V} \tag{3.90}$$

其中,C_D 为阻尼系数,ρ 为航天器所在位置处的大气密度,$\boldsymbol{V}$ 为航天器相对大气的速度,V 为其大小,取

$$\boldsymbol{V} = \boldsymbol{v} - \boldsymbol{\omega}_e \times \boldsymbol{r} \tag{3.91}$$

$\boldsymbol{v}$ 为航天器相对地心惯性系的速度;$\boldsymbol{r}$ 为航天器相对地心的位置矢量;$\boldsymbol{\omega}_e$ 为地球的自转角速度矢量,可视大气随地球转动,在地固系中,沿 z 方向,大小为 $\omega_e = 7.292\,115\,146\,7 \times 10^{-5}$ rad/s,因而公式(3.90)中用到的航天器相对大气的速度实际上是航天器在地固系中的速度。

对于大气密度的选取,存在各种各样的大气模型。比较粗略的模型认为大气的密度仅与海拔相关,如指数模型、美国标准大气模型 1976 Standard 等,还有 NRLMSISE - 00。其中前两者属于静态模型,如 1976 Standard,它给出一系列离散点的海拔对应的大气密度值,最高海拔可达 1 000 km,大气密度与海拔的关系如图 3.17 所示,其中横坐标为海拔,单位

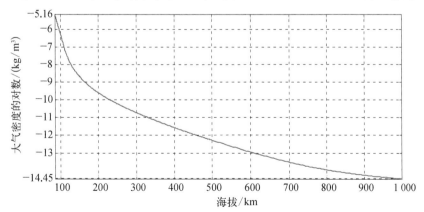

图 3.17 1976 Standard 大气模型中海拔与大气密度关系

km,纵坐标为以 kg/m³ 为单位的密度(取常用对数值)。计算任意海拔处的大气密度时可通过插值进行。对于 NRLMSISE‐00 模型,大气的密度是海拔、地理纬度、地理经度、地方时、太阳辐射量和地磁指数的函数,属于较精准的模型。

2. 摄动强度量级分析

大气阻力加速度与地球中心引力加速度的大小之比为

$$\frac{1}{2}C_{\mathrm{D}}\frac{Sr^2}{m\mu}\rho V^2 \tag{3.92}$$

以面质比大的情况(0.01 m²/kg)为例,阻尼系数 C_{D} 一般取为 2.2,按 1976 Standard 大气模型画出高度 86~1 000 km 的大气阻力与中心引力加速度之比的曲线如图 3.18 所示,其中轨道速度都以圆轨道速度近似。图中纵坐标表示比值的常用对数。对于 350 km 轨道高度的卫星,大气摄动加速度与中心引力加速度的比值都在 $10^{-7}\sim10^{-6}$;对于 500 km 轨道高度的卫星,比值都在 $10^{-8}\sim10^{-7}$;对于地球同步轨道高度卫星,轨道高度超过了 1 000 km,大气的影响可以忽略,如果考虑,其比值也会小于 10^{-10}。

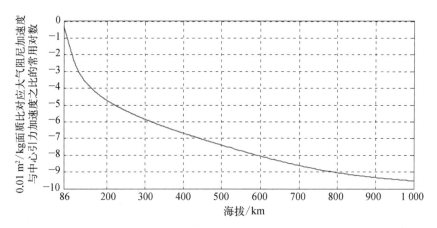

图 3.18　0.01 m²/kg 面质比对应大气阻力与中心引力加速度之比的常用对数

3.3.3　日月引力

1. 动力学模型

在地心惯性系中,包括太阳、月球在内的第三体对航天器产生的摄动加速度可表示为

$$\boldsymbol{a}_{\mathrm{T}} =-\mu_{\mathrm{sl}}\left(\frac{\boldsymbol{\Delta}}{\Delta^3}+\frac{\boldsymbol{r}_{\mathrm{sl}}}{r_{\mathrm{sl}}^3}\right),\quad \boldsymbol{\Delta}=\boldsymbol{r}-\boldsymbol{r}_{\mathrm{sl}} \tag{3.93}$$

其中 μ_{sl} 表示第三体的引力系数,$\boldsymbol{r}$ 和 $\boldsymbol{r}_{\mathrm{sl}}$ 分别表示航天器和第三体在 J2000 系中的位置矢量,Δ 为航天器相对太阳/月球中心的位置矢量。对于太阳和月球,其引力系数分别为 $\mu_{\mathrm{s}}=1.327\,124\,400\,179\,87\times10^{20}$ m³/s² 和 $\mu_{\mathrm{l}}=4.902\,800\,582\,147\,764\times10^{12}$ m³/s²。对太阳和月球的位置的计算,粗略的做法是将它们近似为开普勒轨道,按二体问题考虑。精确的做法是

读取 JPL 的星历二进制数据文件 DE405,可从 STK 中的文件 plneph. 405 获得。

2. 摄动强度量级分析

1) 对太阳引力摄动的分析

由于航天器到地心的距离 r 相比日地距离 r_s 为小量,可得

$$\frac{\boldsymbol{\Delta}}{\Delta^3} = (\boldsymbol{r} - \boldsymbol{r}_s)(r_s^2 - 2\boldsymbol{r}_s \cdot \boldsymbol{r} + r^2)^{-3/2} = \frac{\boldsymbol{r} - \boldsymbol{r}_s}{r_s^3}\left(1 - \frac{2\boldsymbol{r}_s \cdot \boldsymbol{r}}{r_s^2} + \frac{r^2}{r_s^2}\right)^{-3/2}$$

$$\approx \frac{1}{r_s^3}\left[\boldsymbol{r} - \boldsymbol{r}_s - \frac{3(\boldsymbol{r}_s \cdot \boldsymbol{r})}{r_s^2}\boldsymbol{r}_s\right] \tag{3.94}$$

则太阳摄动加速度的一阶项为

$$\boldsymbol{A}_{\mathrm{Ns}} \approx -\mu_s\left[\frac{\boldsymbol{r}}{r_s^3} - \frac{3(\boldsymbol{r}_s \cdot \boldsymbol{r})\boldsymbol{r}_s}{r_s^5}\right], \quad |\boldsymbol{A}_{\mathrm{Ns}}| \in \left[\frac{\mu_s r}{r_s^3}, \frac{2\mu_s r}{r_s^3}\right] \tag{3.95}$$

忽略的二阶项与一阶项之比的数量级为 r/r_s。

以 $r \in [6\,500, 42\,200]\mathrm{km}$ 的 100 km 左右高度的低轨卫星到地球同步轨道卫星为例,取 $r_s = 1.496\,1 \times 10^8\,\mathrm{km}$,可算得太阳中心引力加速度的一阶项与航天器所受的地球中心引力加速度的比值为 $2.7 \times 10^{-8} < \mu_s r^3/(\mu r_s^3) < 7.45 \times 10^{-6}$,忽略的二阶项约为它的万分之一。此外还可以分析,对太阳轨道的计算,只要时间不是太长,除了太阳相对地球轨道的平近点角需保留到时间的二阶项外,其他五个轨道根数可以当作常数处理,忽略的误差小到相对论效应的量级。

2) 对月球引力摄动的分析

与对太阳引力摄动的分析完全类似,只需将太阳相关的量换成月球相关的量即可。取月地距离 $r_1 = 384\,748\,\mathrm{km}$,以 $r \in [6\,500, 42\,200]\mathrm{km}$ 为例,可算得月球中心引力加速度的一阶项与航天器所受的地球中心引力加速度的比值为 $5.9 \times 10^{-8} < \mu_1 r^3/(\mu r_1^3) < 1.6 \times 10^{-5}$,忽略的二阶项只比一阶项低一个数量级。可见,对于高轨道航天器,月球引力加速度作线性化甚至保留二到三阶项都是不够的,应该全部保留。并且对月球的位置计算若以轨道根数推导,则不能将根数当作常数,须保留关于时间的较高阶项,最好以读星历为宜。

3.3.4 潮汐摄动

1. 动力学模型

地球非球形引力摄动是将地球当作一个不随时间变化的球体,因而引力系数都是常数。而实际地球中的质量分布和形状总是在改变,这些变化主要可归结为外部作用力引起的固体潮、海洋潮和大气潮以及地球自转不均匀导致的自转形变。这些因素对地球引力场的影响可通过对地球引力场模型中引力系数的修正来体现,即

$$V_{\mathrm{def}} = \frac{\mu}{r}\sum_{n=2}^{\infty}\sum_{m=0}^{n}\left(\frac{R_e}{r}\right)^n \bar{P}_{lm}(\sin\varphi)(\Delta\bar{C}_{nm}\cos m\lambda + \Delta\bar{S}_{nm}\sin m\lambda) \tag{3.96}$$

其中 $\Delta \bar{C}_{nm}$ 和 $\Delta \bar{S}_{nm}$ 是对引力系数的修正量,其他各量的意义与式(3.82)相同。

2. 摄动强度量级分析

潮汐的影响分为固体潮、海洋潮和大气潮,甚至也可将地球自转形变归入。

对于固体潮,产生主要影响的部分为:对 2 阶项($n=2$)的归一化系数 $\Delta \bar{C}_{2m}$,$\Delta \bar{S}_{2m}$ 修正的幅值为 $(1.73 \sim 1.75) \times 10^{-8}$ 的量级;对 3 阶项 $\Delta \bar{C}_{3m}$,$\Delta \bar{S}_{3m}$ 及 4 阶项 $\Delta \bar{C}_{4m}$,$\Delta \bar{S}_{4m}$ 修正的幅值都为 10^{-11} 的量级。可见它的影响比地球非球形摄动中除 J_2 项外的绝大多数高阶项都弱。

海洋潮能够产生影响的项非常多,高达数千项,但是影响的强度都很弱,最强的 M_2 分潮波对 2 次 2 阶引力系数的幅值,为 7.2×10^{-10}。概括起来,幅值大于 5×10^{-11} 的共有 170 项,大于 5×10^{-12} 的共有 829 项。可见海洋潮比固体潮小 $5 \sim 10$ 倍。但是,海洋潮中与相对论效应属同一数量级的分潮波数比较多,如果要全面精确地考虑,计算起来比较复杂。

大气潮汐变化对各次各阶引力系数修正量的最大值为对 $(n, m) = (2, 2)$ 的修正量,达到 7×10^{-11} 的量级,其他的修正量最大值都要比此小一个数量级。可见大气潮汐变化的影响极弱。不过,大气中的非潮汐变化对地球引力场产生的影响并不一定比潮汐变化的影响弱。在较长时间范围内,非潮汐变化产生的影响数量级最大可达 10^{-10},但与中心引力比,仍很微弱。

地球自转的不均匀使得地球发生不平衡的弹性形变,这种形变对地球引力势函数存在一个修正。修正量主要表现在 $n = 2$ 的引力系数上,其中极移量对引力系数的修正量可达 5×10^{-11} 的量级,其他由章动或日长变化引起的修正量比此值至少低一个数量级。

3.3.5 太阳光压

1. 动力学模型

在地心惯性系中,太阳辐射对航天器产生的摄动加速度可表示为

$$\boldsymbol{a}_R = KC_R \frac{S}{m} \frac{L_s}{4\pi c} \frac{\boldsymbol{r} - \boldsymbol{r}_s}{\|\boldsymbol{r} - \boldsymbol{r}_s\|^3} \tag{3.97}$$

其中 $\boldsymbol{r}$ 和 $\boldsymbol{r}_s$ 分别表示航天器和太阳在地心惯性系中的位置矢量,S/m 表示航天器的光压面质比,C_R 表示光压系数,数值上等于 1 加上航天器表面的反射系数。c 表示光速,取 $2.997\,924\,58 \times 10^8$ m/s。L_s 表示太阳的发光度,取 3.823×10^{26} kg·m^2/s^3。K 表示航天器所在处的太阳光可见系数,与采用的地影模型有关。当航天器不在地影时 $K = 1$,当航天器在地影时 $K = 0$。可采用圆柱形地影模型,即视太阳光为平行光,有

$$K = \begin{cases} 0, & \text{当 } \boldsymbol{r}_s \cdot \boldsymbol{r} < 0 \text{ 且 } \|\boldsymbol{r}_s \times \boldsymbol{r}\| < R_e r_s \\ 1, & \text{其他} \end{cases} \tag{3.98}$$

2. 摄动强度量级分析

若视航天器表面全反射,即 C_R 取 2,则在光照区,太阳光压摄动与中心引力加速度大小之比为

$$\frac{S}{m}\frac{L_{\mathrm{s}}}{2\pi c\mu}\frac{r^2}{\|\boldsymbol{r}-\boldsymbol{r}_{\mathrm{s}}\|^2} \tag{3.99}$$

取 $\boldsymbol{r}_{\mathrm{s}} = 1.496\,1\times10^8$ km,且认为航天器与太阳相对地心的位置矢量反向以至于光压最大,以 0.01 m²/kg 面质比为例,画出轨道高度 $100\sim40\,000$ km 太阳光压摄动与中心引力加速度大小的比值曲线如图 3.19 所示,可见对于低于 $1\,000$ km 的低轨卫星,它的比值为 10^{-8} 的量级;对于地球同步卫星,比值为 4×10^{-7}。

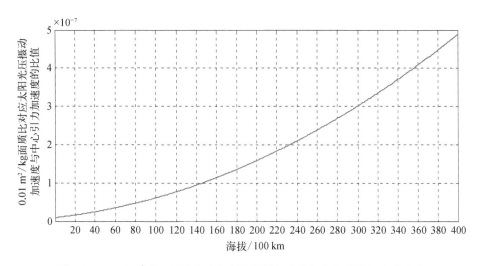

图 3.19 0.01 m²/kg 面质比对应太阳光压加速度与中心引力加速度之比

3.3.6   摄动小结

给出低轨卫星与地球同步卫星的主要摄动项的摄动量级如表 3.6 所示。

表 3.6   不同轨道高度卫星所受摄动统计(面质比 0.01 m²/kg)

序号	轨道类型	摄动相对量级				大气阻力	太阳光压	潮汐
		非球形引力		日月引力				
		J_2项	其他	太阳	月球			
1	低轨(350~1 500 km)	10^{-3}	$10^{-7}\sim10^{-6}$	10^{-8}	10^{-7}	$10^{-6}\sim10^{-10}$	10^{-8}	10^{-8}
2	MEO(20 000 km)	10^{-4}	10^{-7}	1.8×10^{-6}	3.9×10^{-6}	$<10^{-10}$	1.6×10^{-7}	10^{-9}
3	地球同步轨道	1.2×10^{-4}	10^{-7}	7.5×10^{-6}	1.6×10^{-5}	$<10^{-10}$	4.0×10^{-7}	10^{-10}

3.4   根数摄动解

二体问题下,卫星在轨道上只受中心天体的引力作用,轨道六根数中除了真近点角 f

（或平近点角 M ）随时间变化,其余五个参数:半长轴 a 、偏心率 e 、倾角 i 、升交点赤经 Ω 和近地点幅角 ω 均为常数。但实际卫星在轨受到各种摄动作用,轨道根数也随之发生变化。本节简要介绍摄动运动方程和它的解。

关于摄动运动方程的建立和求解,很多文献[6]都有详细推导,本书不再详述,只给出我们常用的两种摄动方程形式,即拉格朗日型摄动运动方程和高斯型摄动运动方程。

1. 拉格朗日型摄动运动方程

若已知卫星受到的摄动力为保守力,对应的摄动函数为 R ,则存在拉格朗日型摄动运动方程为

$$
\begin{cases}
\dfrac{\mathrm{d}a}{\mathrm{d}t} = \dfrac{2}{na}\dfrac{\partial R}{\partial M} \\[2mm]
\dfrac{\mathrm{d}e}{\mathrm{d}t} = \dfrac{1-e^2}{na^2 e}\dfrac{\partial R}{\partial M} - \dfrac{\sqrt{1-e^2}}{na^2 e}\dfrac{\partial R}{\partial \omega} \\[2mm]
\dfrac{\mathrm{d}i}{\mathrm{d}t} = \dfrac{1}{na^2\sqrt{1-e^2}\sin i}\left(\cos i\dfrac{\partial R}{\partial \omega} - \dfrac{\partial R}{\partial \Omega}\right) \\[2mm]
\dfrac{\mathrm{d}\Omega}{\mathrm{d}t} = \dfrac{1}{na^2\sqrt{1-e^2}\sin i}\dfrac{\partial R}{\partial i} \\[2mm]
\dfrac{\mathrm{d}\omega}{\mathrm{d}t} = \dfrac{\sqrt{1-e^2}}{na^2 e}\dfrac{\partial R}{\partial e} - \cos i\dfrac{\mathrm{d}\Omega}{\mathrm{d}t} \\[2mm]
\dfrac{\mathrm{d}M}{\mathrm{d}t} = n - \dfrac{1-e^2}{na^2 e}\dfrac{\partial R}{\partial e} - \dfrac{2}{na}\dfrac{\partial R}{\partial a}
\end{cases}
\tag{3.100}
$$

式(3.100)有一个明显的特点:前三个方程的右端只涉及 $\partial R/\partial(\Omega,\omega,M)$,后三个方程的右端则只涉及 $\partial R/\partial(a,e,i)$,体现出一种对称性。

低轨卫星受到的摄动力中,地球扁率摄动 J_2 项的影响十分显著。由拉格朗日型摄动运动方程可求得只考虑 J_2 摄动时卫星的摄动运动方程为

$$
\begin{cases}
\dfrac{\mathrm{d}a}{\mathrm{d}t} = \dfrac{\mathrm{d}e}{\mathrm{d}t} = \dfrac{\mathrm{d}i}{\mathrm{d}t} = 0 \\[2mm]
\dfrac{\mathrm{d}\Omega}{\mathrm{d}t} = -\dfrac{3}{2}nJ_2\left(\dfrac{R_e}{a}\right)^2\dfrac{\cos i}{(1-e^2)^2} \\[2mm]
\dfrac{\mathrm{d}\omega}{\mathrm{d}t} = \dfrac{3}{2}nJ_2\left(\dfrac{R_e}{a}\right)^2\dfrac{2-2.5\sin^2 i}{(1-e^2)^2} \\[2mm]
\dfrac{\mathrm{d}M}{\mathrm{d}t} = n + \dfrac{3}{2}nJ_2\left(\dfrac{R_e}{a}\right)^2\dfrac{1-1.5\sin^2 i}{(1-e^2)^{1.5}}
\end{cases}
\tag{3.101}
$$

由式(3.101)可以看出, J_2 摄动对半长轴 a 、偏心率 e 和倾角 i 没有长期影响,但对升交点赤经 Ω 、近地点幅角 ω 和平近点角 M 有长期影响,且受 J_2 摄动的影响与 a 、 e 、 i 相关,具体关系为:

(1) $|\dot{\Omega}|$ 和 $|\dot{\omega}|$ 与 a 为反相关关系,即 $a\uparrow:|\dot{\Omega}|\downarrow,|\dot{\omega}|\downarrow;a\downarrow:|\dot{\Omega}|\uparrow,|\dot{\omega}|\uparrow;$

（2）$|\dot{\Omega}|$ 和 $|\dot{\omega}|$ 与 e 为正相关关系，即 $e{\uparrow}$：$|\dot{\Omega}|{\uparrow}$，$|\dot{\omega}|{\uparrow}$；$e{\downarrow}$：$|\dot{\Omega}|{\downarrow}$，$|\dot{\omega}|{\downarrow}$；

（3）当 $0°{\leqslant}i{\leqslant}90°$ 时，$|\dot{\Omega}|$ 与 i 为反相关关系，即 $i{\uparrow}$：$|\dot{\Omega}|{\downarrow}$；当 $90°{<}i{\leqslant}180°$ 时，$|\dot{\Omega}|$ 与 i 为正相关关系，即 $i{\uparrow}$：$|\dot{\Omega}|{\uparrow}$；

（4）当 $0°{\leqslant}i{\leqslant}63.435°$ 或 $90°{\leqslant}i{<}116.565°$ 时，$|\dot{\omega}|$ 与 i 为反相关关系，即 $i{\uparrow}$：$|\dot{\omega}|{\downarrow}$；当 $63.435°{<}i{<}90°$ 或 $116.565°{\leqslant}i{\leqslant}180°$ 时，$|\dot{\omega}|$ 与 i 为正相关关系，即 $i{\uparrow}$：$|\dot{\omega}|{\uparrow}$。

根据 Ω 和 ω 受 J_2 摄动的影响与 a、e、i 的关系可以设计特殊的椭圆轨道，使之轨道平面和近地点幅角均以一定的速度在空间进动起来，实现对空间区域的覆盖。

2. 高斯型摄动运动方程

卫星受到的有些摄动并非保守力，此时可用摄动加速度分量的形式来建立摄动运动方程。即便是保守力，也可用此方法建立摄动运动方程。通常将摄动力分解为径向、横向、法向三个分量，即 f_r、f_t、f_h，存在高斯型摄动运动方程为

$$
\begin{cases}
\dfrac{\mathrm{d}a}{\mathrm{d}t} = \dfrac{2}{n\sqrt{1-e^2}}\left[e\sin f \cdot f_r + (1+e\cos f)\cdot f_t\right] \\[2mm]
\dfrac{\mathrm{d}e}{\mathrm{d}t} = \dfrac{\sqrt{1-e^2}}{na}\left[\sin f \cdot f_r + (\cos f + \cos E)\cdot f_t\right] \\[2mm]
\dfrac{\mathrm{d}i}{\mathrm{d}t} = \dfrac{1}{na^2\sqrt{1-e^2}}\, r\cos u \cdot f_h \\[2mm]
\dfrac{\mathrm{d}\Omega}{\mathrm{d}t} = \dfrac{1}{na^2\sqrt{1-e^2}}\, r\dfrac{\sin u}{\sin i}\cdot f_h \\[2mm]
\dfrac{\mathrm{d}\omega}{\mathrm{d}t} = \dfrac{\sqrt{1-e^2}}{nae}\left[-\cos f \cdot f_r + \left(1+\dfrac{r}{p}\right)\sin f \cdot f_t\right] - \dfrac{\mathrm{d}\Omega}{\mathrm{d}t}\cdot\cos i \\[2mm]
\dfrac{\mathrm{d}M}{\mathrm{d}t} = n - \dfrac{1-e^2}{nae}\left[\left(2e\dfrac{r}{p}-\cos f\right)\cdot f_r + \left(1+\dfrac{r}{p}\right)\sin f \cdot f_t\right]
\end{cases}
\tag{3.102}
$$

由式（3.102）可以看出，半长轴 a、偏心率 e 和平近点角 M 只受轨道面内力的影响，倾角 i 和升交点赤经 Ω 只受轨道面法向力的影响，而近地点幅角 ω 则同时受轨道面内力与轨道面法向力的影响。

高斯型摄动方程的应用非常广泛，在轨道控制领域，基于高斯摄动运动方程可得到很多有用的结论。下面对几个常用结论进行介绍。

对半长轴控制来讲，由高斯摄动方程可以推得

$$
\begin{cases}
\dfrac{\mathrm{d}a}{\mathrm{d}t} = \dfrac{2}{n\sqrt{1-e^2}}\left[e\sin f \cdot f_r + (1+e\cos f)\cdot f_t\right] \\[2mm]
\dfrac{\mathrm{d}a}{\mathrm{d}t}\bigg|_{\max} = \dfrac{2}{n\sqrt{1-e^2}}(1+e)\cdot f_t = \dfrac{2}{n}\sqrt{\dfrac{1+e}{1-e}}\cdot f_t
\end{cases}
\tag{3.103}
$$

可知：由于 $e\sin f$ 的最大值小于 $(1+e\cos f)$ 的最大值，可知横向控制比径向控制对改变半长轴更有效，且在 $f=2k\pi$，$k=1,2,\cdots,N$，即近地点处进行横向控制对改变半长轴最有效。

对偏心率控制来讲,由高斯摄动方程可以推得

$$\begin{cases} \dfrac{\mathrm{d}e}{\mathrm{d}t} = \dfrac{\sqrt{1-e^2}}{na}\big[\sin f \cdot f_r + (\cos f + \cos E)\cdot f_t\big] \\[2mm] \dfrac{\mathrm{d}e}{\mathrm{d}t}\bigg|_{\max} = \pm\dfrac{2\sqrt{1-e^2}}{na}f_t \end{cases} \tag{3.104}$$

可知:由于 $\sin f$ 的最大值小于 $(\cos f + \cos E)$ 的最大值,可知横向控制比径向控制对改变偏心率更有效,且在 $f = k\pi$, $k = 1, 2, \cdots, N$,即近、远地点处进行横向控制对改变偏心率最有效。

对倾角和升交点赤经控制来讲,由高斯摄动方程可以推得

$$\frac{\mathrm{d}i}{\mathrm{d}t}\bigg|_{\max} = \pm\frac{1}{na^2\sqrt{1-e^2}}\, r \cdot f_h \tag{3.105}$$

$$\frac{\mathrm{d}\Omega}{\mathrm{d}t}\bigg|_{\max} = \pm\frac{1}{na^2\sqrt{1-e^2}}\, r\,\frac{1}{\sin i}\cdot f_h \tag{3.106}$$

可知:在 $u = k\pi$, $k = 1, 2, \cdots, N$,即升、降交点处进行法向控制对改变倾角最有效;在 $u = (2k-1)\pi/2$, $k = 1, 2, \cdots, N$,即纬度最高点处进行法向控制对改变升交点赤经最有效。

3.5　STK 的轨道外推模型

3.5.1　轨道外推模型介绍

在卫星属性 Properties Browser 选项下的 Basic/Orbit 中,Propagator 包含多种轨道外推力学模型,如图 3.20 所示。

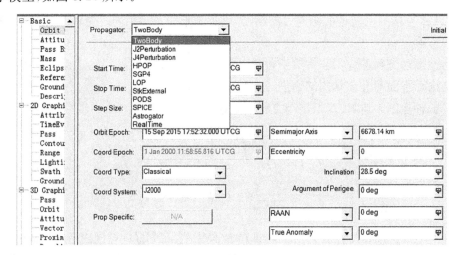

图 3.20　轨道外推力学模型

常用的轨道外推模型参见表 3.7,另外对于瞬时根数与平根数,STK 内需要特别注意的就是各种轨道外推模型中的根数类型的输入,列表总结如表 3.7 所示。

表 3.7　STK 中几种轨道外推模型

类　型	描　述	输入根数类型	相似的模型	应　用	备　注
TwoBody	认为卫星仅受地球质心的有心力作用	瞬根数(无摄动,等于平根数)	Astrogator 中的 Earth Point Mass(图 3.21)、HPOP 中地球引力场模型阶数选(0,0),别的所有模型都不加(图 3.25)	原理分析	算法一样,输入根数一样
J_2 Perturbation	仅考虑地球引力场摄动的 J_2 模型外推	平根数	Astrogator 中的 Earth J_2(图 3.21)、HPOP 中地球引力场模型阶数选(2,0),别的所有模型都不加(图3.26)	短时间的任务分析,周的量级	算法一样,但 Astrogator 与 HPOP 输入的是瞬时根数
J_4 Perturbation	仅考虑到地球引力场摄动的 J_4 模型外推	平根数	HPOP 中地球引力场模型阶数选(4,0),别的所有模型都不加	较长时间的任务分析,月或年的量级	精度与 J_2 模型外推相差不多
HPOP	① 重力场模型;② 固体潮;③ 海洋潮;④ 光压;⑤ 第三体引力;⑥ 大气	瞬时根数	Astrogator 中基本也可以实现 HPOP 中的所有的外推功能	高精度的数值外推,用于精确的轨道外推	① 能够处理所有圆锥曲线;② 距离可以到月球轨道甚至更远的距离;③ 能够利用 Maneuver(图3.27)施加几种坐标系下的瞬时速度增量,仿真简单的轨道机动
SGP4	用特殊方法去掉周期扰动项,预测模型必须用同样的方法	两行根数,对应 STK 内的数据文件为".tce"文件		对两行根数的输入较方便	应用北美防空司令部公布的计算模型能够获得较高精度
LOP	轨道长期预报,利用插值的方法计算,计算速度较快	瞬时根数,半数值半分析方法轨道外推		应用于任务的长期快速分析,但要求精度不高	计算过程中首先将瞬时根数转化为平根数积分,计算结果仍然转回瞬时根数输出,由于转换精度不高,初始状态的输出可能会不准确
StkExternal	轨道外推拓展模块	输入".e"文件,具体格式可参见软件内部的范例		在卫星的轨道是既定的星历文件或不符合物理规律的情况下使用,仅是为了教学演示用时较方便	
Astrogator	功能强大的轨道控制模块,可理解为可视化的编程工具	瞬时根数	可以实现所有的力学模型的外推	应用于有轨道控制的轨道设计以及任务仿真	

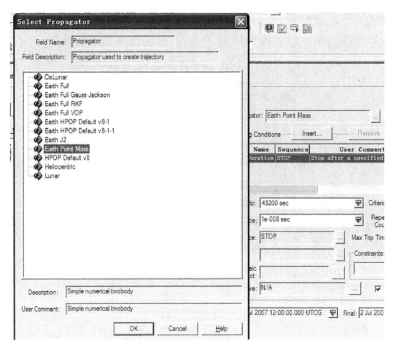

图 3.21　Astrogator 中的 TwoBody 设置

通过复制力学模型，可以根据需要设置具体参数设置，如图 3.22、图 3.23、图 3.24 所示。

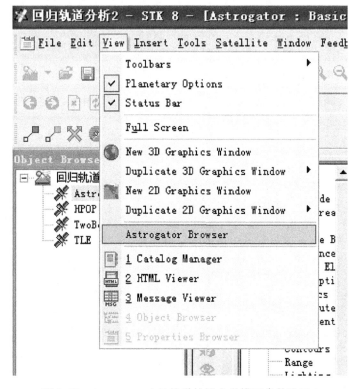

图 3.22　Astrogator 中的轨道外推力学模型参数设置 1

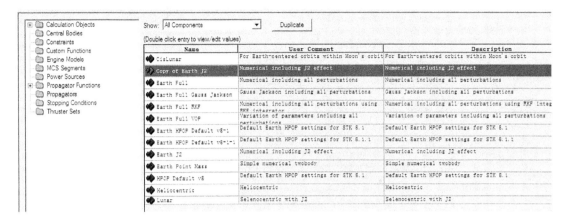

图 3.23　Astrogator 中的轨道外推力学模型参数设置 2

注：图 3.23 中双击"Copy of Earth J2"，可以调整力学模型的相关参数，见图 3.24

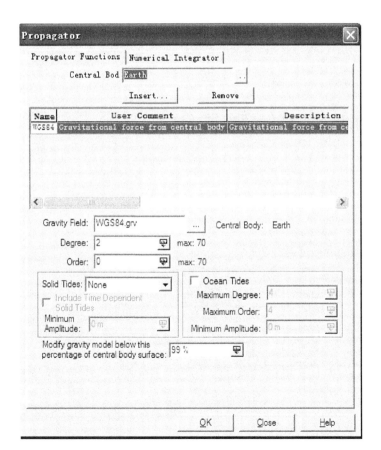

图 3.24　Astrogator 中的轨道外推力学模型参数设置 3

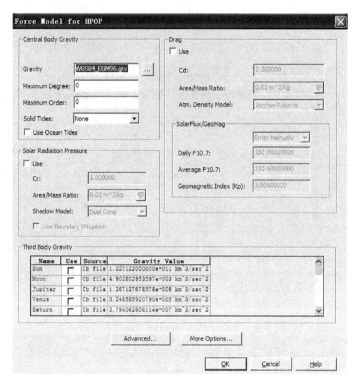

图 3.25　HPOP 中的 TwoBody 设置

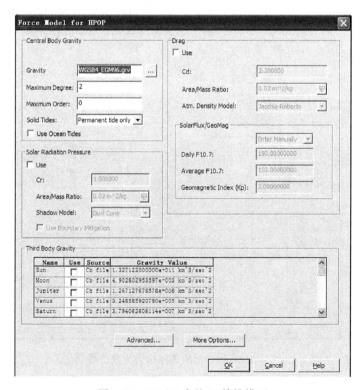

图 3.26　HPOP 中的 J_2 外推模型

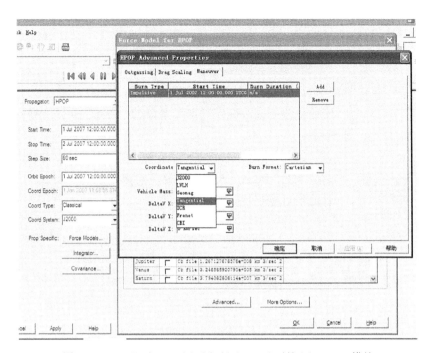

图 3.27 HPOP/Force Models/Advanced 下的 Maneuver 模块

3.5.2 HPOP/Maneuver 模块

在 HPOP 模型中的 Maneuver 模块中有 Spherical 形式下的速度增量设置,具体需要注意其速度方向的设置方法,以方向朝下且与对地方向成 10°夹角向后(与飞行方向相反)为例介绍,参见图 3.28。

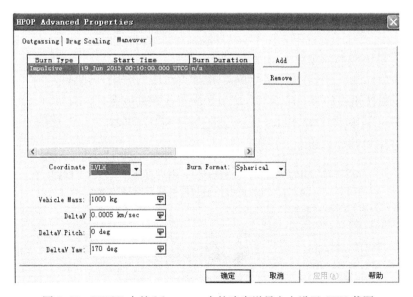

图 3.28 HPOP 内的 Maneuver 中的速度增量方向设置 STK 截图

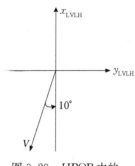

图 3.29 HPOP 内的 Maneuver 中的速度增量方向设置示意

图 3.28 表征的为 V 矢量绕 z_{LVLH} 轴旋转 $170°$ 后与 x_{LVLH} 轴重合,速度增量的角度如图 3.29 所示。

需要注意的是,一旦图 3.28 中的"Burn Format"确定为"Spherical"后,不要再更改,由长期应用 STK 软件的经验得之:再进行更改则会改变设置速度增量的初始状态,导致错误,如图 3.30 所示。

另外,作者在长期的 STK 软件应用过程中发现,应用 HPOP 模型下的 Maneuver 模块需要注意以下的三个时刻(A、B、C)的前后关系对控制实际效果的影响。

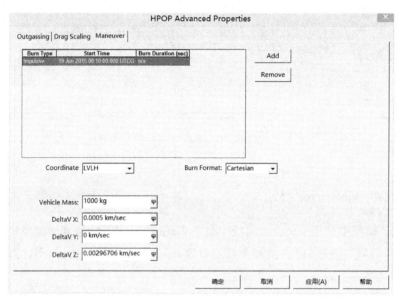

图 3.30　HPOP 内的 Maneuver 中的速度增量方向设置"Cartesian"STK 截图

首先定义三个时刻:

(1) 轨道历元"Orbit Epoch",即输入轨道根数对应的时刻,为 A;

(2) 卫星属性里面的"Start time",即卫星轨道开始的时刻,为 B;

(3) Maneuver 模块下的"Start time",即卫星轨道控制时刻,为 C。

经过仿真验证结果统计如表 3.8 所示。

表 3.8　HPOP 模型下的 Maneuver 模块应用过程中三个时刻
(A、B、C)的大小关系对控制实际效果的影响

序　号	关　　系	示　意　图	控制效果
1	$C < A < B$		控制结果 2
2	$C = A < B$		控制结果 1

序　号	关　系	示　意　图	控　制　效　果
3	$A < C < B$		控制结果 1
4	$A < C = B$		控制结果 3
5	$A < B < C$		控制结果 1
6	$C < A = B$		控制结果 2
7	$C = A = B$		控制结果 1
8	$A = B < C$		控制结果 1
9	$C < B < A$		控制结果 2
10	$B = C < A$		控制结果 3
11	$B < C < A$		控制结果 2
12	$B < A = C$		控制结果 2
13	$B < A < C$		控制结果 1

注：控制结果 1：卫星属性里显示的轨道根数是该时刻未加轨控量的值,即轨控起作用前的值;控制结果 2：卫星属性里显示的轨道根数是该时刻已加轨控量的值,即轨控起作用后的值;控制结果 3：卫星属性里显示的轨道根数是该时刻已加 2 倍轨控量的值。

星上轨道数据常见来源主要有"地面注入轨道"和"星上 GPS 接收机定位轨道"两种。使用地面注入轨道数据需要解决长时间的轨道外推（即轨道预报）问题。而 GPS 接收机输出的轨道数据为间隔 1 秒的 WGS‐84 坐标系（部分为 J2000 系）下的位置、速度，针对姿控系统高频轨道数据使用需求和 GPS 接收机失锁无数据输出的情况，需要对 GPS 接收机输出的位置、速度进行轨道外推。由于星上资源有限，需要在保证所需精度的前提下简化外推方案，本章提出了简化的 J_2 模型轨道外推方案、二体模型单点圆轨道外推方案以及 GPS 高精度数值积分外推方案。并对各方案的外推精度作了分析，同时利用某些型号卫星在轨实时的遥测数据，分析给出了定轨数据的误差分布情况。

4.1　注入轨道平根数预报

地面注入轨道数据是星上轨道数据的可靠来源，尤其考虑在星载 GPS 接收机发生故障时，卫星的轨道数据仅能通过地面注入获得。为了减少地面的上传频次及星上的存储压力，在星载软件中大都采用基于注入轨道数据的轨道外推算法。本节给出简化的 J_2 模型轨道外推方案。需要说明的是，将椭圆轨道外推的相关计算公式中含偏心率的相应项去除即为圆轨道外推。

4.1.1　注入轨道格式

卫星入轨后，地面根据对卫星的测量，可以得到卫星的轨道数据，按照星地约定格式定期上注卫星使用。对于大部分的圆轨道卫星，国内常常选择 J2000 系下消除小偏心率奇点的第一类无奇点轨道平根数 $\bar{a}$，$\bar{i}$，$\bar{\Omega}$，$\bar{\xi}$，$\bar{\eta}$，$\bar{\lambda}$（表 3.3）。

其中

$$\bar{\xi} = \bar{e}\cos\bar{\omega}$$
$$\bar{\eta} = -\bar{e}\sin\bar{\omega}$$
$$\bar{\lambda} = \bar{\omega} + \bar{M}$$

(4.1)

在卫星入轨初期，GPS 接收机尚未捕获导航星，无有效轨道数据输出，地面又没有足够弧段测定轨,为了满足卫星入轨阶段的轨道数据使用需求(如姿控系统初始姿态捕获),在卫星发射前,可以注入运载方提供的入轨点理论轨道参数,与在轨的数据略有区别,也称为运载理论轨道。首先计算出既定入轨时刻 t_0 在 J2000 系中的轨道平根数 $\bar{\sigma}_0(\bar{a}_0, \bar{i}_0, \bar{\Omega}_0, \bar{\xi}_0, \bar{\eta}_0, \bar{\lambda}_0)$,化为地心第四赤道坐标系(参见第 2.1.3 节中的表 2.3)中的理论轨道平根数 $\bar{\sigma}_0(\bar{a}_0, \bar{i}_0, \bar{\Omega}_{G0}, \bar{\xi}_0, \bar{\eta}_0, \bar{\lambda}_0)$,这里 $\bar{\Omega}_{G0}$ 为升交点的地理经度,计算方法如下

$$\bar{\Omega}_{G0} = \bar{\Omega}_0 - \theta_G(t_0) \tag{4.2}$$

式中 $\theta_G(t_0)$ 为 t_0 时刻轨道坐标系(参见表 2.2)中的瞬时格林尼治平恒星时角,即地球自转角(参见 2.4.4 节),计算公式可参见公式(2.48),这样处理过的理论轨道数据不受发射窗口时间的影响。星上应用时,先通过 $\bar{\Omega}_0' = \bar{\Omega}_{G0} + \theta_G(t_0')$ 计算出实际入轨时刻 t_0' 卫星的升交点赤经(忽略了瞬时真赤道与平赤道的差异,即忽略岁差、章动的影响),而其他的理论轨道根数不变,再利用下面介绍的方法外推轨道。

4.1.2 外推方案简化设计

外推方案简化后,即为本章开始提及的"简化的 J_2 模型轨道外推方案"。

1. 利用 t_0 时刻的平根数 $\bar{\sigma}_0$ 计算 t 时刻的平根数 $\bar{\sigma}$

1)椭圆轨道

$$\begin{cases}
\bar{a} = \bar{a}_0 \\
\bar{i} = \bar{i}_0 \\
\bar{\Omega} = \bar{\Omega}_0 + \Omega_1 T \\
\bar{\xi} = \bar{\xi}_0 \cos(\omega_1 T) + \bar{\eta}_0 \sin(\omega_1 T) \\
\bar{\eta} = \bar{\eta}_0 \cos(\omega_1 T) - \bar{\xi}_0 \sin(\omega_1 T) \\
\bar{\lambda} = \bar{\lambda}_0 + (1 + \lambda_1) T
\end{cases} \tag{4.3}$$

其中

$$\begin{cases}
\bar{n}_0 = \bar{a}_0^{-3/2} \\
T = \bar{n}_0(t - t_0) \\
\bar{p}_0 = \bar{a}_0(1 - \bar{e}_0^2) \\
\Omega_1 = -\dfrac{3J_2}{2\bar{p}_0^2} \cos \bar{i}_0 \\
\omega_1 = \dfrac{3J_2}{2\bar{p}_0^2}\left(2 - \dfrac{5}{2}\sin^2 \bar{i}_0\right) \\
M_1 = \dfrac{3J_2}{2\bar{p}_0^2}\left(1 - \dfrac{3}{2}\sin^2 \bar{i}_0\right)\sqrt{1 - \bar{e}_0^2} \\
\lambda_1 = M_1 + \omega_1 = \dfrac{3J_2}{2\bar{p}_0^2}\left[\left(1 - \dfrac{3}{2}\sin^2 \bar{i}_0\right)\sqrt{1 - \bar{e}_0^2} + \left(2 - \dfrac{5}{2}\sin^2 \bar{i}_0\right)\right]
\end{cases} \tag{4.4}$$

2) 近圆轨道

对于近圆轨道（$e \leqslant 0.001$），在椭圆轨道的基础上，令 $\bar{e}_0 = 0$，一阶长期项表达式如下

$$\begin{cases} \Omega_1 = -\dfrac{3J_2}{2\,\bar{a}_0^2}\cos\,\bar{i}_0 \\[2mm] \omega_1 = \dfrac{3J_2}{2\,\bar{a}_0^2}\left(2-\dfrac{5}{2}\sin^2\,\bar{i}_0\right) \\[2mm] M_1 = \dfrac{3J_2}{2\,\bar{a}_0^2}\left(1-\dfrac{3}{2}\sin^2\,\bar{i}_0\right) \\[2mm] \lambda_1 = M_1 + \omega_1 = \dfrac{3J_2}{2\,\bar{a}_0^2}(3-4\sin^2\,\bar{i}_0) \end{cases} \tag{4.5}$$

2. 利用 t 时刻的平根数 $\bar{\sigma}$ 计算 t 时刻的瞬时根数 σ

$$\sigma = \bar{\sigma} + \Delta\sigma_s \tag{4.6}$$

1) 椭圆轨道

$\Delta\sigma_s$ 的表达式如下

$$\begin{cases} \Delta a_s = \dfrac{3J_2}{2\,\bar{a}}\left\{\dfrac{2}{3}\left(1-\dfrac{3}{2}\sin^2\,\bar{i}\right)\left[\left(\dfrac{\bar{a}}{r}\right)^3-(1-\bar{e}^2)^{-\frac{3}{2}}\right]+\sin^2\,\bar{i}\left(\dfrac{\bar{a}}{r}\right)^3\cos 2\,\bar{u}\right\} \\[3mm] \Delta i_s = \dfrac{3J_2}{8\,\bar{p}^2}\sin 2\,\bar{i}\left[(\bar{\eta}\sin\,\bar{u}+\bar{\xi}\cos\,\bar{u})+\cos 2\,\bar{u}+\dfrac{1}{3}(-\bar{\eta}\sin 3\,\bar{u}+\bar{\xi}\cos 3\,\bar{u})\right] \\[3mm] \Delta\Omega_s = \dfrac{3J_2}{2\,\bar{p}^2}\cos\,\bar{i}\Big[-(\bar{u}-\bar{\lambda})-\left(\dfrac{1}{2}\bar{\xi}\sin\,\bar{u}+\dfrac{3}{2}\bar{\eta}\cos\,\bar{u}\right) \\[3mm] \qquad +\dfrac{1}{2}\sin 2\,\bar{u}+\dfrac{1}{6}(\bar{\xi}\sin 3\,\bar{u}+\bar{\eta}\cos 3\,\bar{u})\Big] \\[3mm] \Delta\xi_s = \dfrac{3J_2}{2\,\bar{p}^2}\Big[\left(2-\dfrac{5}{2}\sin^2\,\bar{i}\right)(\bar{u}-\bar{\lambda})\bar{\eta}+\bar{\xi}+\cos\,\bar{u}-\bar{\eta}\sin 2\,\bar{u} \\[3mm] \qquad +\dfrac{1}{2}\bar{\xi}\cos 2\,\bar{u}+\sin^2\,\bar{i}\left(-\dfrac{5}{4}\bar{\xi}-\dfrac{5}{4}\cos\,\bar{u}+2\,\bar{\eta}\sin 2\,\bar{u}\right. \\[3mm] \qquad \left. +\dfrac{1}{2}\bar{\xi}\cos 2\,\bar{u}+\dfrac{7}{12}\cos 3\,\bar{u}-\dfrac{3}{8}\bar{\eta}\sin 4\,\bar{u}+\dfrac{3}{8}\bar{\xi}\cos 4\,\bar{u}\right)\Big] \\[3mm] \Delta\eta_s = \dfrac{3J_2}{2\,\bar{p}^2}\Big[-\left(2-\dfrac{5}{2}\sin^2\,\bar{i}\right)(\bar{u}-\bar{\lambda})\bar{\xi}-\left(-\bar{\eta}+\sin\,\bar{u}+\dfrac{1}{2}\bar{\eta}\cos 2\,\bar{u}\right) \\[3mm] \qquad +\sin^2\,\bar{i}\left(-\dfrac{17}{16}\bar{\eta}+\dfrac{7}{4}\sin\,\bar{u}-\dfrac{1}{2}\bar{\xi}\sin 2\,\bar{u}+2\,\bar{\eta}\cos 2\,\bar{u}\right. \\[3mm] \qquad \left. -\dfrac{7}{12}\sin 3\,\bar{u}-\dfrac{3}{8}\bar{\xi}\sin 4\,\bar{u}-\dfrac{3}{8}\bar{\eta}\cos 4\,\bar{u}\right)\Big] \end{cases}$$

$$
\begin{cases}
\Delta \lambda_s = -\cos \bar{i} \Delta \Omega_s + \dfrac{3J_2}{2\bar{p}^2} \left\{ \left(1 - \dfrac{3}{2}\sin^2 \bar{i}\right)(\bar{u} - \bar{\lambda}) \right. \\
\qquad + (\bar{\xi}\sin \bar{u} + \bar{\eta}\cos \bar{u}) + \dfrac{1}{1+\sqrt{1-\bar{e}^2}}(\bar{\xi}\sin \bar{u} + \bar{\eta}\cos \bar{u}) \\
\qquad + \sin^2 \bar{i}\left(\left[-(2\bar{\xi}\sin \bar{u} + \bar{\eta}\cos \bar{u}) + \dfrac{3}{4}\sin 2\bar{u} \right.\right. \\
\qquad \left. -\dfrac{1}{6}(\bar{\xi}\sin 3\bar{u} + \bar{\eta}\cos 3\bar{u})\right] + \dfrac{1}{1+\sqrt{1-\bar{e}^2}}\left[\left(-\dfrac{1}{2} + \dfrac{5}{4}\sqrt{1-\bar{e}^2}\right) \right. \\
\qquad \times \bar{\xi}\sin \bar{u} - \left(\dfrac{5}{2} + \dfrac{5}{4}\sqrt{1-\bar{e}^2}\right)\bar{\eta}\cos \bar{u} + \left(1 \right. \\
\qquad \left.\left.\left. + \dfrac{5}{12}\sqrt{1-\bar{e}^2}\right)\bar{\xi}\sin 3\bar{u} + \left(1 + \dfrac{5}{12}\sqrt{1-\bar{e}^2}\right)\bar{\eta}\cos 3\bar{u}\right]\right)\right\}
\end{cases} \tag{4.7}
$$

其中,r 为地心到卫星的距离。

工程软件编写时,可令

$$
\begin{cases}
\text{SINI2} = \sin^2 \bar{i} \\
EE = \sqrt{1-\bar{e}^2} \\
\text{ADR} = \dfrac{\bar{a}}{r} \\
\boldsymbol{B} = \left[1,\ \sin(\bar{u}),\ \cos(\bar{u}),\ \sin(2\bar{u}),\ \cos(2\bar{u}), \right. \\
\qquad\quad \left. \sin(3\bar{u}),\ \cos(3\bar{u}),\ \sin(4\bar{u}),\ \cos(4\bar{u}) \right]^{\text{T}}
\end{cases} \tag{4.8}
$$

则 $\Delta\sigma_s$ 的表达式如下

$$
\begin{cases}
\Delta a_s = \dfrac{3J_2}{2\bar{a}} \cdot \left[\dfrac{2}{3}\left(1 - \dfrac{3}{2}\cdot\text{SINI2}\right)\cdot(\text{ADR}^3 - EE^{-3}) + \text{SINI2}\cdot\text{ADR}^3\cdot\boldsymbol{B}(5) \right] \\[2mm]
\Delta i_s = \dfrac{3J_2}{8\bar{p}^2} \cdot \sin 2\bar{i} \cdot \left[0,\ \bar{\eta},\ \bar{\xi},\ 0,\ 1,\ -\dfrac{1}{3}\bar{\eta},\ \dfrac{1}{3}\bar{\xi},\ 0,\ 0 \right]\cdot\boldsymbol{B} \\[2mm]
\Delta \Omega_s = \dfrac{3J_2}{2\bar{p}^2} \cdot \cos\bar{i} \cdot \left[-(\bar{u}-\bar{\lambda}),\ -\dfrac{1}{2}\bar{\xi},\ -\dfrac{3}{2}\bar{\eta},\ \dfrac{1}{2},\ 0,\ \dfrac{1}{6}\bar{\xi},\ \dfrac{1}{6}\bar{\eta},\ 0,\ 0 \right]\cdot\boldsymbol{B} \\[2mm]
\Delta \xi_s = \dfrac{3J_2}{2\bar{p}^2} \cdot \left(\left[\left(2 - \dfrac{5}{2}\cdot\text{SINI2}\right)\cdot(\bar{u}-\bar{\lambda})\cdot\bar{\eta} + \bar{\xi},\ 0,\ 1,\ -\bar{\eta},\ \dfrac{1}{2}\bar{\xi},\ 0,\ 0,\ 0,\ 0 \right] \right. \\
\qquad \left. + \text{SINI2}\cdot\left[-\dfrac{5}{4}\bar{\xi},\ 0,\ -\dfrac{5}{4},\ 2\bar{\eta},\ \dfrac{1}{2}\bar{\xi},\ 0,\ \dfrac{7}{12},\ -\dfrac{3}{8}\bar{\eta},\ \dfrac{3}{8}\bar{\xi} \right]\right)\cdot\boldsymbol{B} \\[2mm]
\Delta \eta_s = \dfrac{3J_2}{2\bar{p}^2} \cdot \left(\left[-\left(2 - \dfrac{5}{2}\text{SINI2}\right)\cdot(\bar{u}-\bar{\lambda})\cdot\bar{\xi} + \bar{\eta},\ -1,\ 0,\ 0,\ -\dfrac{1}{2}\bar{\eta},\ 0,\ 0,\ 0,\ 0 \right] \right. \\
\qquad \left. + \text{SINI2}\cdot\left[-\dfrac{17}{16}\bar{\eta},\ \dfrac{7}{4},\ 0,\ -\dfrac{1}{2}\bar{\xi},\ 2\bar{\eta},\ -\dfrac{7}{12},\ 0,\ -\dfrac{3}{8}\bar{\xi},\ -\dfrac{3}{8}\bar{\eta} \right]\right)\cdot\boldsymbol{B}
\end{cases}
$$

$$
\begin{aligned}
\Delta\lambda_s = &-\cos\,\bar{i} \cdot \Delta\Omega_s + \frac{3J_2}{2\,\bar{p}^2} \cdot \left[\left[\left(1-\frac{3}{2}\mathrm{SINI2}\right)\cdot(\bar{u}-\bar{\lambda}),\ \left(1+\frac{1}{1+EE}\right)\bar{\xi},\right.\right. \\
&\left.\left(1+\frac{1}{1+EE}\right)\bar{\eta},\ 0,\ 0,\ 0,\ 0,\ 0,\ 0\right]+\mathrm{SINI2}\cdot\left\{\left[0,\ -2\,\bar{\xi},\ -\bar{\eta},\ \frac{3}{4},\ 0,\right.\right. \\
&\left.-\frac{1}{6}\,\bar{\xi},\ -\frac{1}{6}\,\bar{\eta},\ 0,\ 0\right]+\frac{1}{1+EE}\left[0,\ \left(-\frac{1}{2}+\frac{5}{4}EE\right)\cdot\bar{\xi},\ -\left(\frac{5}{2}+\frac{5}{4}EE\right)\right. \\
&\left.\left.\left.\cdot\bar{\eta},\ 0,\ 0,\ \left(1+\frac{5}{12}EE\right)\bar{\xi},\ \left(1+\frac{5}{12}EE\right)\bar{\eta},\ 0,\ 0\right]\right\}\right]\cdot \boldsymbol{B}
\end{aligned}
\tag{4.9}
$$

对于 $\Delta\sigma_s$ 中出现的 $\dfrac{\bar{a}}{r}$ 和 $\bar{u}$ 的计算方法如下。

首先,由 $\bar{\lambda}$, $\bar{\xi}$, $\bar{\eta}$ 解下列广义开普勒方程

$$
\tilde{u}-\bar{\lambda}=\bar{\xi}\sin\,\tilde{u}+\bar{\eta}\cos\,\tilde{u}
\tag{4.10}
$$

给出 $\tilde{u}$,这里 $\tilde{u}=E+\omega$。再由 $\tilde{u}$ 和 $\bar{\xi}$, $\bar{\eta}$ 计算 $\dfrac{\bar{a}}{r}$,即

$$
\frac{\bar{a}}{r}=\frac{1}{1-\bar{\xi}\cos\,\tilde{u}+\bar{\eta}\sin\,\tilde{u}}
\tag{4.11}
$$

最后由

$$
\sin(\bar{u}-\tilde{u})=\frac{\bar{a}}{r}(\tilde{u}-\bar{\lambda})\left[1+\frac{1}{1+\sqrt{1-\bar{e}^2}}(\bar{\eta}\sin\,\tilde{u}-\bar{\xi}\cos\,\tilde{u})\right]
\tag{4.12}
$$

计算 $u-\tilde{u}$,从而得

$$
\bar{u}=(\bar{u}-\tilde{u})+\tilde{u}
\tag{4.13}
$$

需要说明的是:对低于 1 000 km 高度的卫星,当偏心率较小(小于 0.01)时,偏心率在短周期项 $\Delta\sigma_s$ 中的影响仅有几十米的量级,相对 $\bar{u}$ 的迭代过程忽略的偏心率项影响(km 量级)微乎其微。

2) 近圆轨道

对于圆轨道,在椭圆轨道的基础上,令

$$
\frac{\bar{a}}{r}=1,\quad \bar{u}=\bar{\lambda},\quad \bar{p}=\bar{a},\quad \bar{e}=0,\quad \bar{\xi}=0,\quad \bar{\eta}=0
\tag{4.14}
$$

则 $\Delta\sigma_s$ 的表达式如下

$$
\begin{cases}
\Delta a_{s} = + \dfrac{3J_{2}}{2\,\bar{a}}\sin^{2}\bar{i}\cos 2\bar{\lambda} \\[2mm]
\Delta i_{s} = + \dfrac{3J_{2}}{4\,\bar{a}^{2}}\cos\bar{i}\sin\bar{i}\cos 2\bar{\lambda} \\[2mm]
\Delta\Omega_{s} = + \dfrac{3J_{2}}{4\,\bar{a}^{2}}\cos\bar{i}\sin 2\bar{\lambda} \\[2mm]
\Delta\xi_{s} = + \dfrac{3J_{2}}{2\,\bar{a}^{2}}\left(1-\dfrac{5}{4}\sin^{2}\bar{i}\right)\cos\bar{\lambda} + \dfrac{7J_{2}}{8\,\bar{a}^{2}}\sin^{2}\bar{i}\cos 3\bar{\lambda} \\[2mm]
\Delta\eta_{s} = - \dfrac{3J_{2}}{2\,\bar{a}^{2}}\left(1-\dfrac{7}{4}\sin^{2}\bar{i}\right)\sin\bar{\lambda} - \dfrac{7J_{2}}{8\,\bar{a}^{2}}\sin^{2}\bar{i}\sin 3\bar{\lambda} \\[2mm]
\Delta\lambda_{s} = - \dfrac{3J_{2}}{4\,\bar{a}^{2}}\left(1-\dfrac{5}{2}\sin^{2}\bar{i}\right)\sin 2\bar{\lambda}
\end{cases}
\tag{4.15}
$$

3. 利用 t 时刻的瞬时根数 σ 计算 t 时刻卫星在 J2000 系下的位置 $\boldsymbol{r}$、速度 $\boldsymbol{v}$

1)椭圆轨道

$$
\begin{cases}
\boldsymbol{r} = r(\boldsymbol{\Omega}\cos u + \boldsymbol{\Omega}'\sin u) \\[2mm]
\boldsymbol{v} = \dfrac{1}{\sqrt{p}}\left[(\eta-\sin u)\boldsymbol{\Omega} + (\xi+\cos u)\boldsymbol{\Omega}'\right]
\end{cases}
\tag{4.16}
$$

其中

$$
\begin{cases}
\boldsymbol{\Omega} = \begin{pmatrix} \cos\Omega \\ \sin\Omega \\ 0 \end{pmatrix} \\[4mm]
\boldsymbol{\Omega}' = \begin{pmatrix} -\cos i \cdot \sin\Omega \\ \cos i \cdot \cos\Omega \\ \sin i \end{pmatrix} \\[4mm]
r = \dfrac{p}{1+\xi\cos u - \eta\sin u} \\[2mm]
p = a(1-e^{2})
\end{cases}
\tag{4.17}
$$

u 的计算方法如下

$$
\begin{cases}
e = \sqrt{\xi^{2}+\eta^{2}} \\[2mm]
\omega = \operatorname{atan}2(-\eta,\ \xi) \\[2mm]
M = \lambda - \omega \\[2mm]
f = M + \left(2e - \dfrac{e^{3}}{4}\right)\sin M + \dfrac{5}{4}e^{2}\sin 2M + \dfrac{13}{12}e^{3}\sin 3M \\[2mm]
u = \omega + f
\end{cases}
\tag{4.18}
$$

2)近圆轨道

对于近圆轨道,在椭圆轨道的基础上,忽略 e 的一阶及以上的项。

注:上文中的 t 可以小于 t_{0},即可以向 t_{0} 时刻以前外推。

4.1.3 仿真与在轨测试结果

轨道外推的精度一方面取决于外推模型的精度,另一方面取决于初始轨道的精度。下面按照两种误差模型进行仿真验证。

1. 平根数加误差仿真验证

1) 仿真输入

(1) 仿真标准数据取 STK 仿真数据,仿真力学模型见图 4.1;

(2) 大气摄动模型选取 Jacchia-Roberts,并通过读取文件的形式选择 NASA 网站提供的地磁流量指数,网址为 http://celestrak.com/SpaceData/SpaceWx-format.asp for format details;

(3) 仿真的初始轨道根数见图 4.2。

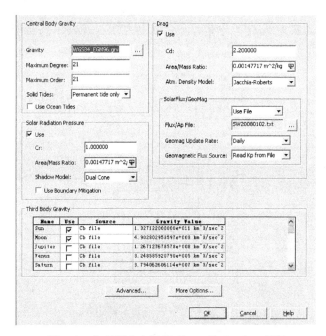

图 4.1　仿真所选力学模型——约 500 km 高度

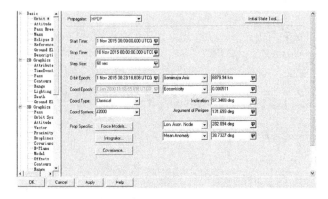

图 4.2　外推的初始瞬时根数——约 500 km 高度

由于客观注入轨道的根数总有一定误差,为了仿真客观情况,在 STK 生成的初始平根数基础上加上误差模拟实际注入轨道数据。设注入轨道的位置误差不大于 400 m(主要集中于横向(定义见本节"2. 径、横、法惯性坐标系下加误差仿真验证"的介绍),换算成快变量幅角差为 0.4/6 879.94=5.814×10⁻⁵ rad),根据第 4.3.2 节中的"误差模型建议",考虑保守估计,平根数的误差模型见表 4.1。

幅角差为 $0.4/6\ 879.94=5.814\times10^{-5}$ rad

表 4.1　各个平根数的误差

根　　数	$\bar{a}/6\ 378\ 137$m	$\bar{i}/\text{rad}$	$\bar{\Omega}/\text{rad}$	$\bar{\xi}$	$\bar{\eta}$	λ/rad
所加误差	2.907×10^{-6}	2.907×10^{-5}	2.907×10^{-5}	2.907×10^{-5}	2.907×10^{-5}	5.814×10^{-5}

2) 仿真输出

注入轨道基点向后外推 3 h 的位置与速度误差如图 4.3 所示。

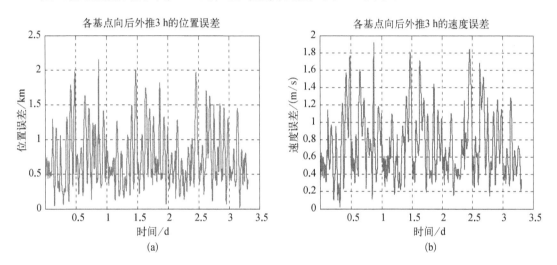

图 4.3　各注入轨道基点向后外推 3 h 的位置差与速度差

将注入轨道基点向后外推 3 h、6 h、12 h、24 h 的外推误差统计于表 4.2,可见外推误差随时间周期性地扩散,读者可根据实际轨道精度需求选取合理的外推时间。

表 4.2　外推误差与时间的关系

外推时间/h	3(向后)	6(向后)	12(向后)	24(向后)
最大位置误差/km	2.16	2.89	5.54	6.58
最大速度误差/(m/s)	1.93	2.68	5.54	6.24

2. 径、横、法惯性坐标系下加误差仿真验证

需要说明的是,此处的径、横、法惯性坐标系指的是不考虑 LVLH(local vertical, local horizontal)坐标系(参见 7.1 中的介绍)相对于惯性系的牵连速度的坐标系,仅是三个方向对应 LVLH 坐标系的 X(径)、Y(横)、Z(法)方向。

1) 仿真输入

(1) 仿真标准数据取 STK 仿真数据,仿真力学模型见图 4.4;

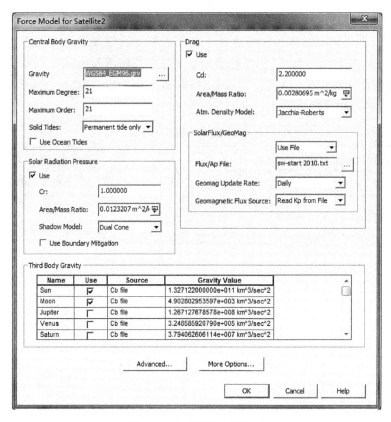

图 4.4　仿真所选力学模型

（2）大气摄动模型选取 Jacchia - Roberts，并通过读取文件的形式选择 NASA 网站提供的地磁流量指数；

（3）仿真的初始圆轨道轨道根数见图 4.5，小偏心率椭圆轨道轨道根数见图 4.6。

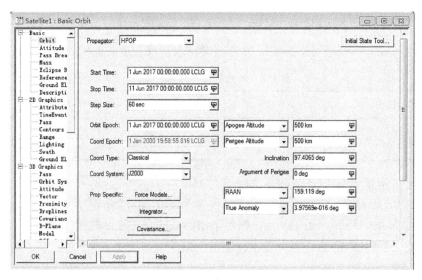

图 4.5　外推的初始瞬时根数——圆轨道

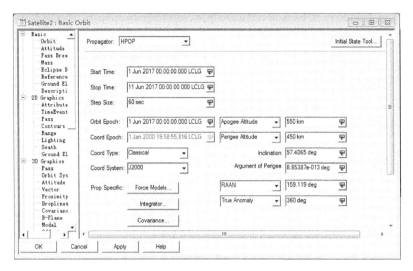

图 4.6　外推的初始瞬时根数——椭圆轨道

由于客观注入轨道根数总有一定误差,为了更准确地逼近客观情况,可以在径、横、法惯性坐标系下的位置速度上加误差。

一般来说,地面外推误差随外推时间增长而增大。通过对实际在轨卫星的外推数据和真实测轨数据比较,地面高精度轨道外推模型的外推精度随外推时间增长可以达到如表 4.3 所示量级。可以看出,地面上注频次越低,地面轨道外推误差累积就越大,所以在轨卫星的注入轨道对上注频次都有一定的要求。

表 4.3　地面高精度外推模型轨道外推误差与时间的关系

外推时间/天	位置误差/m	速度误差/(m/s)
1	200	-0.25
2	800	-1
3	2 000	-3
4	5 000	-10
5	15 000	-30

地面上注轨道的误差还与方向相关。一般来讲,位置误差主要集中在横向(径、横、法惯性坐标系 Y 轴方向),速度误差则主要集中在径向(径、横、法惯性坐标系 X 轴方向),通过对实际在轨卫星的外推误差分析,得到如表 4.4 所示的误差分布经验,本节的注入轨道初始输入误差按表 4.4 所示原则进行分配。

表 4.4　注入轨道初始输入误差分布原则

分布方向	横　　向	径　　向	法　　向
位置误差	90%	6%	4%
速度误差	6%	90%	4%

表 4.4 的注入轨道初始输入误差涉及径、横、法惯性坐标系与 J2000 系的转化,即在进行仿真时,需要将初始轨道误差按照表 4.4 所示的原则在径、横、法惯性坐标系下进行分配,然后转化到 J2000 系下,加到初始轨道上,再进行轨道外推。J2000 系和径、横、法惯性坐标系的转化矩阵推导如下。

若已知卫星在 J2000 系下的位置、速度矢量为:r_{J2000},v_{J2000},则 J2000 系向径、横、法惯性坐标系转化的转换方法为

$$u_r = \frac{r_{J2000}}{\| r_{J2000} \|}, \quad u_h = \frac{r_{J2000} \times v_{J2000}}{\| r_{J2000} \times v_{J2000} \|}, \quad u_t = u_h \times u_r \qquad (4.19)$$

$$r_X = r_{J2000} \cdot u_r, \quad r_Y = r_{J2000} \cdot u_t, \quad r_Z = r_{J2000} \cdot u_h$$

$$v_X = v_{J2000} \cdot u_r, \quad v_Y = v_{J2000} \cdot u_t, \quad v_Z = v_{J2000} \cdot u_h \qquad (4.20)$$

同理径、横、法惯性坐标系向 J2000 系转化的转换方法为

$$r_{J2000} = r_X u_r + r_Y u_t + r_Z u_h$$

$$v_{J2000} = v_X u_r + v_Y u_t + v_Z u_h \qquad (4.21)$$

2) 仿真输出

当前星上注入轨道外推算法支持前后外推,卫星地面上注点时间间隔为 6 h 一个点,则星上需要基于地面上注点进行 3 h 向前或向后外推轨道。得到卫星轨道为椭圆轨道时两天一次的上注频次对应的星上注入轨道外推误差如图 4.7 所示。

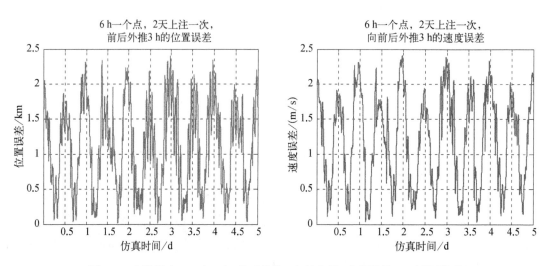

图 4.7 上注频次:2 天 1 次,前后外推 3 h 的位置、速度误差——椭圆轨道

将 2 天一次、3 天一次及 4 天一次的上注频次的圆轨道和椭圆轨道外推误差统计于表 4.5,可见,星上注入轨道外推算法充分考虑了卫星由于变轨产生的小偏心率影响,对于当前 6 h 的注入轨道数据间隔,外推算法对椭圆轨道和圆轨道的外推误差相差很小;外推误差随上注频次减小而增大,读者可根据实际轨道精度需求选取合理的上注频次。

表 4.5　不同地面上注频次对应的星上注入轨道外推误差

上注频次/天	圆轨道外推最大误差		椭圆轨道外推最大误差	
	位置/km	速度/(m/s)	位置/km	速度/(m/s)
2	2.357	2.476	2.399	2.409
3	7.067	6.921	7.148	7.185
4	29.850	28.517	30.987	30.070

3）遥测数据分析

上文介绍的星上轨道平根数外推算法在国内多颗卫星上得到了成功应用,星上软件根据本章给出的算法推得星上轨道。以某些在轨卫星为例,将在轨外推轨道的遥测数据与地面高精度的测定轨得到的精密星历作比对,得到星上注入轨道平根数外推误差。

A. XX3 卫星单点最长向后外推 6 h

2008 年(太阳活动谷年)在轨,卫星轨道高度 791 km,迎风面面积 1 m^2,质量 300 kg,面质比 0.003 33 m^2/kg,星上注入轨道外推误差如图 4.8 所示,可见该卫星星上轨道外推最大位置误差为 1.5 km,最大速度误差为 1.3 m/s。

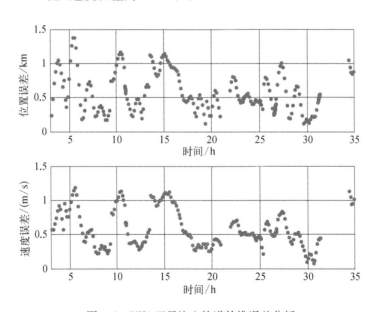

图 4.8　XX3 卫星注入轨道外推误差分析

B. 神舟七号伴星单点最长向后外推 6 h

2008 年(太阳活动谷年)在轨,卫星轨道高度 350 km,迎风面面积 0.193 5 m^2,质量 42 kg,面质比 0.004 61 m^2/kg,星上轨道外推误差如图 4.9 所示,可见该卫星星上轨道外推最大位置误差为 1.3 km,最大速度误差为 1.3 m/s。

由遥测轨道数据图 4.8、图 4.9 可见,星上注入轨道平根数外推精度要比地面仿真精度高,这是由于地面进行仿真时加入的初始平根数误差较在轨实际注入的平根数误差大。

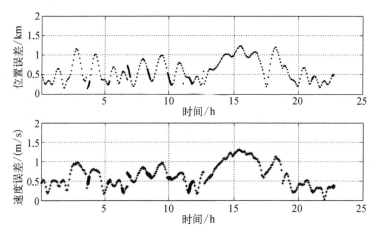

图 4.9　神舟七号伴星注入轨道外推误差分析

4.2　星上 GPS 定位轨道预报

　　针对星上 GPS 接收机输出的定位轨道数据，按照预报方法的不同可分为以下两类：分析方法和数值方法。对于分析方法，数学模型计算的预报值以解析表达式（又称分析表达式）的形式给出，因而能够直观地表现出卫星的轨道特征，而且分析方法的计算效率较高。但是由于进行高精度预报时的分析表达式非常烦琐，因此一般适用于预报精度要求不太高的情况。数值方法主要是用数值积分的方法来求解预报值，只要力学模型描述足够精确，一般可以得到高精度的预报值。现在国内外在解决高精度的预报问题时通常采用数值方法。但在解决卫星自主预报问题时，数值方法也有目前难以克服的困难，即数值方法的程序量庞大，数值积分耗费的计算时间长。

　　为满足星上轨道精度需求及计算能力的限制，对两种预报方法分别进行了合理地简化，下面将分别对简化的分析方法及数值方法进行介绍。

4.2.1　分析方法轨道预报

　　由于卫星可能的大幅姿态机动或者导航星信号强度突然减弱等原因，有可能会造成 GPS 接收机暂时失锁，需要星上具有短时间外推功能。由于大部分星上姿控系统对轨道精度的要求并不高，采用二体模型或 J_2 模型外推已经能够满足精度需求。需要注意的是，若 GPS 接收机输出为 WGS-84 坐标系下的位置、速度，则在进行外推前，需要先将位置、速度转换到 J2000 惯性坐标系下，以避免非惯性系中惯性力引起的外推误差。

　　1. WGS-84 坐标系转为 J2000 系

　　根据第 2.4.1 节介绍的内容，对 GPS 接收机输出的 WGS-84 坐标系下的位置、速度进行转换，考虑到星上的计算量承受有限，在进行坐标转换时，舍弃小量，仅考虑卫星入轨时刻的岁差章动，忽略入轨时刻以后的岁差章动，这样可以事先计算好标准历元到入轨时刻的岁差章动(参见 2.4.3 节),作为常数矩阵代入计算,可大大节省星上处理的时间和所占内存空间,具体仿真过程介绍如下。

利用 STK 软件生成 700 km 高度圆轨道卫星,力学模型见图 4.10,轨道根数见图 4.11。

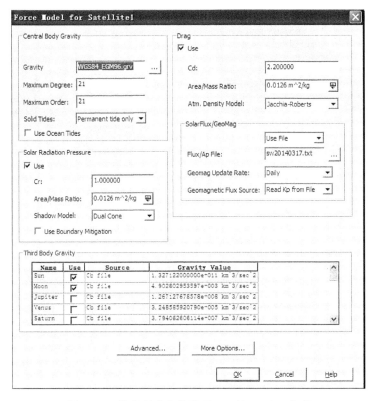

图 4.10　仿真所选力学模型——约 700 km 高度

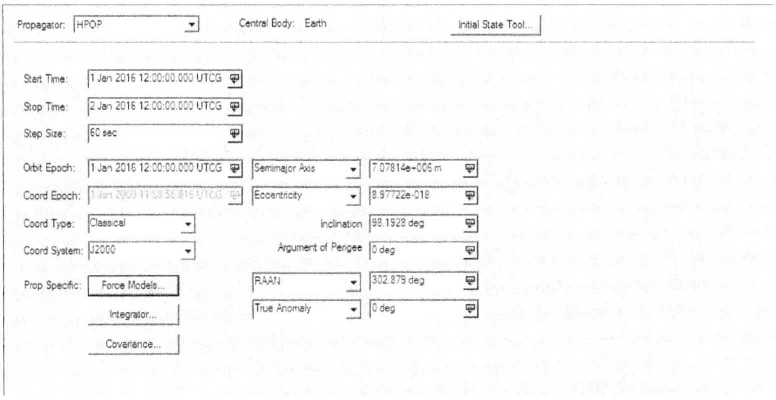

图 4.11　外推的初始瞬时根数——约 700 km 高度

设 GPS 接收机位置误差 30 m(1σ)、速度误差 0.3 m/s(1σ),在 WGS-84 坐标系下的位置、速度分量上加随机误差,将加了误差的 WGS-84 坐标系下的位置、速度作转化,与 STK 生成的 J2000 系下的位置、速度数据比对,外推误差如图 4.12 所示。

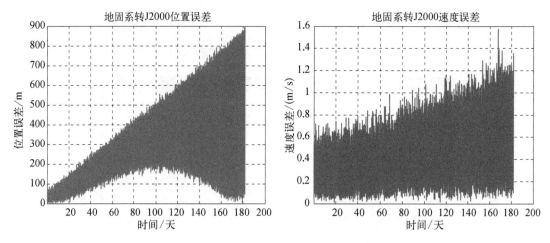

图 4.12　位置、速度坐标转换误差

由图 4.12 可知,加误差后,半年内由坐标转换带来的位置误差最大为 897 m,速度误差最大为 1.58 m/s。

2. 二体模型单点圆轨道外推

GPS 接收机在轨时由于姿态、信号强度等问题会造成短时间失锁,故星上系统需要确保有短时间外推的能力,在保证精度的前提下提供可用轨道,下文首先介绍方案,之后给出仿真结果。

1) 方案介绍

当 GPS 轨道的外推时间不长(不大于 60 s)时,采用二体模型外推,计算公式如下详述。

利用 t_0 时刻的位置、速度 $\boldsymbol{r}_0$,$\boldsymbol{v}_0$ 计算 t 时刻的位置、速度 $\boldsymbol{r}$,$\boldsymbol{v}$

$$\boldsymbol{r} = F(\boldsymbol{r}_0,\ \boldsymbol{v}_0,\ \Delta t)\boldsymbol{r}_0 + G(\boldsymbol{r}_0,\ \boldsymbol{v}_0,\ \Delta t)\boldsymbol{v}_0$$

$$\boldsymbol{v} = F'(\boldsymbol{r}_0,\ \boldsymbol{v}_0,\ \Delta t)\boldsymbol{v}_0 + G'(\boldsymbol{r}_0,\ \boldsymbol{v}_0,\ \Delta t)\boldsymbol{r}_0 \tag{4.22}$$

上式中

$$F(\boldsymbol{r}_0,\ \boldsymbol{v}_0,\ \Delta t) = 1 - \frac{1}{2r_0^3}\Delta t^2 + \frac{\boldsymbol{r}_0 \cdot \boldsymbol{v}_0}{2r_0^5}\Delta t^3$$

$$G(\boldsymbol{r}_0,\ \boldsymbol{v}_0,\ \Delta t) = \Delta t - \frac{1}{6r_0^3}\Delta t^3 + \frac{\boldsymbol{r}_0 \cdot \boldsymbol{v}_0}{4r_0^5}\Delta t^4$$

$$F'(\boldsymbol{r}_0,\ \boldsymbol{v}_0,\ \Delta t) = \dot{G} = 1 - \frac{1}{2r_0^3}\Delta t^2 + \frac{\boldsymbol{r}_0 \cdot \boldsymbol{v}_0}{r_0^5}\Delta t^3$$

$$G'(\boldsymbol{r}_0,\ \boldsymbol{v}_0,\ \Delta t) = \dot{F} = -\frac{1}{r_0^3}\Delta t + \frac{3\boldsymbol{r}_0 \cdot \boldsymbol{v}_0}{2r_0^5}\Delta t^2 \tag{4.23}$$

故

$$r = \left(1 - \frac{1}{2r_0^3}\Delta t^2 + \frac{\boldsymbol{r}_0 \cdot \boldsymbol{v}_0}{2r_0^5}\Delta t^3\right)\boldsymbol{r}_0 + \left(\Delta t - \frac{1}{6r_0^3}\Delta t^3 + \frac{\boldsymbol{r}_0 \cdot \boldsymbol{v}_0}{4r_0^5}\Delta t^4\right)\boldsymbol{v}_0$$

$$= \boldsymbol{r}_0 + \boldsymbol{v}_0\Delta t - \frac{\boldsymbol{r}_0}{2r_0^3}\Delta t^2 + \left(\frac{(\boldsymbol{r}_0 \cdot \boldsymbol{v}_0)\boldsymbol{r}_0}{2r_0^5} - \frac{\boldsymbol{v}_0}{6r_0^3}\right)\Delta t^3 + \frac{(\boldsymbol{r}_0 \cdot \boldsymbol{v}_0)\boldsymbol{v}_0}{4r_0^5}\Delta t^4$$

$$\boldsymbol{v} = \left(1 - \frac{1}{2r_0^3}\Delta t^2 + \frac{\boldsymbol{r}_0 \cdot \boldsymbol{v}_0}{r_0^5}\Delta t^3\right)\boldsymbol{v}_0 + \left(-\frac{1}{r_0^3}\Delta t + \frac{3\boldsymbol{r}_0 \cdot \boldsymbol{v}_0}{2r_0^5}\Delta t^2\right)\boldsymbol{r}_0$$

$$= \boldsymbol{v}_0 - \frac{\boldsymbol{r}_0}{r_0^3}\Delta t + \left(\frac{3(\boldsymbol{r}_0 \cdot \boldsymbol{v}_0)\boldsymbol{r}_0}{2r_0^5} - \frac{\boldsymbol{v}_0}{2r_0^3}\right)\Delta t^2 + \frac{(\boldsymbol{r}_0 \cdot \boldsymbol{v}_0)\boldsymbol{v}_0}{r_0^5}\Delta t^3 \tag{4.24}$$

略去小量 $\dfrac{\boldsymbol{r}_0 \cdot \boldsymbol{v}_0}{r_0^5}$，有

$$F(\boldsymbol{r}_0, \boldsymbol{v}_0, \Delta t) = 1 - \frac{1}{2r_0^3}\Delta t^2$$

$$G(\boldsymbol{r}_0, \boldsymbol{v}_0, \Delta t) = \Delta t - \frac{1}{6r_0^3}\Delta t^3$$

$$F'(\boldsymbol{r}_0, \boldsymbol{v}_0, \Delta t) = \dot{G} = 1 - \frac{1}{2r_0^3}\Delta t^2$$

$$G'(\boldsymbol{r}_0, \boldsymbol{v}_0, \Delta t) = \dot{F} = -\frac{1}{r_0^3}\Delta t \tag{4.25}$$

故

$$r = \left(1 - \frac{1}{2r_0^3}\Delta t^2\right)\boldsymbol{r}_0 + \left(\Delta t - \frac{1}{6r_0^3}\Delta t^3\right)\boldsymbol{v}_0 = \boldsymbol{r}_0 + \boldsymbol{v}_0\Delta t - \frac{\boldsymbol{r}_0}{2r_0^3}\Delta t^2 - \frac{\boldsymbol{v}_0}{6r_0^3}\Delta t^3$$

$$v = \left(1 - \frac{1}{2r_0^3}\Delta t^2\right)\boldsymbol{v}_0 + \left(-\frac{1}{r_0^3}\Delta t\right)\boldsymbol{r}_0 = \boldsymbol{v}_0 - \frac{\boldsymbol{r}_0}{r_0^3}\Delta t - \frac{\boldsymbol{v}_0}{2r_0^3}\Delta t^2 \tag{4.26}$$

上面公式中的物理量单位采用人卫单位系统，即令地心引力常数 $\mu = \mu_e = GM = 1$；长度单位采用人卫长度单位，1 人卫长度单位 $= 6\,378\,137$ m（地球赤道平均半径 R_e）；时间单位采用人卫时间单位，1 人卫时间单位 $= \sqrt{R_e^3/\mu} = \sqrt{\dfrac{6\,378\,137^3}{398\,600.441\,8 \times 10^9}}$ s $= 806.811\,123\,8$ s。若星上姿控系统需要的长度单位为米，时间单位为秒，需要将公式改为

$$r = \left(\boldsymbol{r}_0' + \boldsymbol{v}_0'\Delta t' - \frac{\boldsymbol{r}_0'}{2r_0'^3}\Delta t'^2 - \frac{\boldsymbol{v}_0'}{6r_0'^3}\Delta t'^3\right) \times 6\,378\,137$$

$$v = \left(\boldsymbol{v}_0' - \frac{\boldsymbol{r}_0'}{r_0'^3}\Delta t' - \frac{\boldsymbol{v}_0'}{2r_0'^3}\Delta t'^2\right) \times 6\,378\,137/806.811\,123\,8 \tag{4.27}$$

其中

$$\boldsymbol{r}_0' = \boldsymbol{r}_0/6\,378\,137$$

$$\boldsymbol{v}_0' = \boldsymbol{v}_0/6\,378\,137 \times 806.811\,123\,8$$

$$r'_0 = r_0/6\ 378\ 137$$

$$\Delta t' = \Delta t/806.811\ 123\ 8 \tag{4.28}$$

2）仿真结果

利用 STK 软件生成第 4.1.3 节中的卫星在 J2000 系下的位置、速度数据，在 J2000 系下的位置、速度分量上加上 GPS 接收机输出的 J2000 系下的数据误差，取位置误差 30 m(1σ)、速度误差 0.3 m/s(1σ)，将加了初始误差的 J2000 系下的位置、速度作短时间外推，与 STK 生成的 J2000 系下的位置、速度数据比对，外推 60 s 的误差如图 4.13 所示。

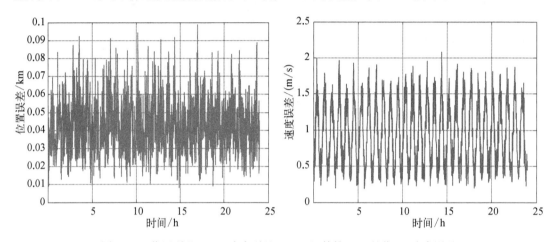

图 4.13 位置误差 30 m、速度误差 0.3 m/s 外推 60 s 的位置、速度误差

根据本书提出的二体模型单点圆轨道外推算法，将位置误差 30 m、速度误差 0.3 m/s 的 GPS 轨道数据外推 60 s、40 s、20 s、15 s、10 s、5 s 的外推误差统计于表 4.6。

表 4.6 外推误差统计表

外推时间/s	最大位置误差/m	$\sigma_{位置}$/m	最大速度误差/(m/s)	$\sigma_{速度}$/(m/s)
60	98.56	45.03	2.08	1.04
40	79.92	35.83	1.46	0.68
20	79.64	32.26	1.05	0.43
15	73.94	31.36	0.97	0.38
10	79.21	30.39	0.87	0.35
5	80.33	30.31	0.81	0.32

由表 4.6 可知：

（1）外推位置误差和速度误差与外推时间有一定的关系，外推时间越长，误差越大，但误差扩散缓慢；

（2）外推位置误差和速度误差和数据源的误差相关性较强，外推误差大于数据源的误差(30 m 和 0.3 m/s)，但在外推时间较短(<20 s)时，外推精度基本接近数据源的精度。

3. J_2 模型单点圆轨道外推

当 GPS 接收机出现较长时间的数据间断而需要长时间的外推时，可通过现有的最后一组 J2000 系下的位置速度数据进行 J_2 模型单点圆轨道外推,下文首先介绍方案,之后给出仿真结果。

1）方案介绍

在已知 J2000 系下位置、速度的前提下,给出简化的外推模型,如下详述。

(1) 将 t_0 时刻 J2000 系下的位置、速度进行人卫单位无量纲化;

(2) 利用无量纲化的 t_0 时刻 J2000 系下的 $\boldsymbol{r}_0$,$\boldsymbol{v}_0$ 计算 t_0 时刻的吻切根数 σ_0

$$\begin{cases} a_0 = \dfrac{1}{\dfrac{2}{r_0} - \boldsymbol{v}_0 \cdot \boldsymbol{v}_0} \\[2ex] i_0 = \operatorname{atan} 2\left(\sqrt{h_{0X}^2 + h_{0Y}^2},\ h_{0Z}\right) \\[1ex] \Omega_0 = \operatorname{atan} 2(h_{0X},\ -h_{0Y}) \\[1ex] \xi_0 = (\boldsymbol{v}_0 \cdot \boldsymbol{\Omega}_0')\sqrt{p_0} - \cos u_0 \\[1ex] \eta_0 = (\boldsymbol{v}_0 \cdot \boldsymbol{\Omega}_0)\sqrt{p_0} + \sin u_0 \\[1ex] \lambda_0 = \psi_0 - \xi_0 \cdot \sin \psi_0 - \eta_0 \cdot \cos \psi_0 \end{cases} \tag{4.29}$$

其中

$$\begin{cases} \boldsymbol{h}_0 = \boldsymbol{r}_0 \times \boldsymbol{v}_0 \\[1ex] \boldsymbol{\Omega}_0 = \begin{pmatrix} \cos \Omega_0 \\ \sin \Omega_0 \\ 0 \end{pmatrix} \\[3ex] \boldsymbol{\Omega}_0' = \begin{pmatrix} -\cos i_0 \cdot \sin \Omega_0 \\ \cos i_0 \cdot \cos \Omega_0 \\ \sin i_0 \end{pmatrix} \\[3ex] p_0 = \boldsymbol{h}_0 \cdot \boldsymbol{h}_0 \\[1ex] \cos u_0 = \dfrac{\boldsymbol{r}_0 \cdot \boldsymbol{\Omega}_0}{r_0} \\[2ex] \sin u_0 = \dfrac{\boldsymbol{r}_0 \cdot \boldsymbol{\Omega}_0'}{r_0} \\[2ex] u_0 = \operatorname{atan} 2(\sin u_0,\ \cos u_0) \\[1ex] \psi_0 = u_0 - 2\operatorname{atan} 2(\xi_0 \cdot \sin u_0 + \eta_0 \cdot \cos u_0, \\[1ex] \qquad\qquad 1 + \sqrt{1 - \xi_0^2 - \eta_0^2} + \xi_0 \cdot \cos u_0 - \eta_0 \cdot \sin u_0) \\[1ex] \boldsymbol{h}_0 = \begin{bmatrix} h_{0X} & h_{0Y} & h_{0Z} \end{bmatrix} \\[1ex] r_0 = \sqrt{r_{0X}^2 + r_{0Y}^2 + r_{0Z}^2} \end{cases} \tag{4.30}$$

(3) 利用 t_0 时刻的吻切根数 σ_0 计算 t_0 时刻的平根数 $\bar{\sigma}_0$

$$\bar{\sigma}_0 = \sigma_0 - \Delta\sigma_s \tag{4.31}$$

$\Delta\sigma_s$ 为一阶短周期项,计算公式详见 4.1.2 节。

需要说明的是,在通过瞬时根数计算平根数的过程中,首次迭代由于无初始的平根数,将瞬时根数作为迭代初值,自第二次迭代开始使用平根数迭代结果作为初值。

(4)利用 t_0 时刻的平根数 $\bar{\sigma}_0$ 计算 t 时刻卫星在 J2000 系下的位置 r、速度 v,计算公式详见 4.1.2 节。

2)仿真结果

(1)仿真标准数据取 STK 仿真数据,仿真力学模型如图 4.14 所示;

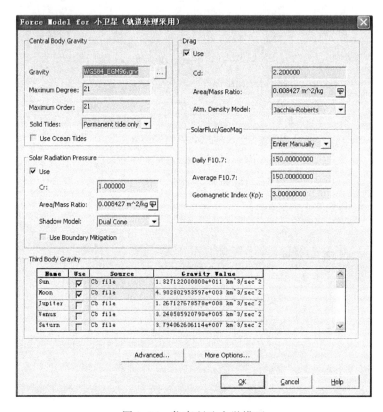

图 4.14　仿真所选力学模型

（2）大气摄动模型选取 Jacchia‐Roberts,并通过读取文件的形式选择 NASA 网站提供的地磁流量指数;

（3）仿真的初始轨道根数见图 4.15;

（4）近圆轨道仿真。利用 STK 软件生成图 4.15 卫星 J2000 系下的位置、速度数据,在 J2000 系下的位置、速度分量上加上 GPS 接收机输出的 J2000 系下的数据误差,取位置误差 30 m(1σ)、速度误差 0.3 m/s(1σ)。将加了初始误差的 J2000 系下的位置、速度外推 30 min,共分析了 7 天数据与 STK 生成的 J2000 系下的位置、速度数据比对,外推误差如图 4.16 所示。

根据本书提出的 J_2 模型单点圆轨道外推算法,将位置误差 30 m、速度误差 0.3 m/s 的轨道外推 1 min、5 min、10 min、20 min、30 min、1 h 的误差统计于表 4.7,可见外推误差随时间周期性地扩散,读者可根据实际轨道精度需求选取合理的外推时间。

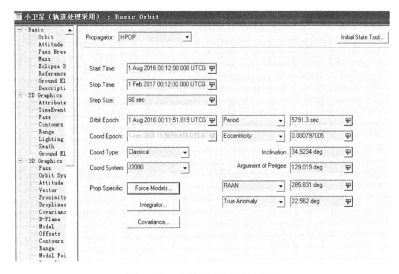

图 4.15　外推的初始瞬时根数

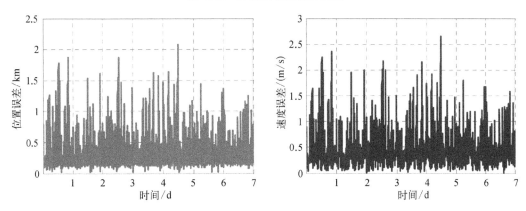

图 4.16　30 min 一个基点向后外推的位置差与速度差

表 4.7　外推误差与时间的关系

外推时间/min	最大位置误差/m	$\sigma_{位置}$/m	最大速度误差/(m/s)	$\sigma_{速度}$/(m/s)
60	7 348.07	2 497.22	7.01	2.41
30	2 085.87	751.04	2.63	0.92
20	908.26	372.94	1.48	0.49
10	394.48	172.89	0.83	0.35
5	187.40	79.02	0.76	0.31
1	79.10	30.02	0.75	0.30

4.2.2　数值方法轨道预报

1. 基本方法

针对部分 GPS 接收机输出轨道数据误差较大的情况,在卫星高精度的轨道预报需求下,需先对预报起点轨道数据进行轨道改进,数值方法轨道改进是指位置速度的理论值通过摄动加速度的数值积分获得,与分析方法相比精度较高,再结合序贯处理方法,适用于卫星在轨高精度实时处理,较为常用的序贯处理方法为"扩展卡尔曼滤波算法"(EKF),与最小二乘方法相比,该算法接收到一个新的观测数据后,马上就可以处理得出观测时刻的新的状态估值,因此其具有实时性强的特点,同时该算法避免了大维数矩阵的求逆运算,在扩展卡尔曼滤波算法中,需要求逆运算的矩阵的维数由观测矢量的维数确定。

下面列出应用 EKF 进行轨道改进的具体计算步骤。

(1) 已知初始参数 $\hat{x}(t_m, t_m)$ 及其协方差矩阵 $\boldsymbol{P}_{\Delta x}(t_m, t_m)$,根据卫星所受摄动力积分出 t_{m+1} 时刻的估值 $\hat{x}(t_{m+1}, t_m)$;

(2) 将 $\hat{x}(t_{m+1}, t_m)$、$\hat{x}(t_m, t_m)$ 代入到状态转移矩阵公式中计算出状态转移矩阵 $\boldsymbol{\Phi}(t_{m+1}, t_m)$;

(3) 读取观测量 $\boldsymbol{y}(t_{m+1})$,并计算偏导数 $\boldsymbol{F}_{m+1} = \left(\dfrac{\partial f}{\partial \boldsymbol{x}}\right)_{\boldsymbol{x}=\hat{x}(t_{m+1}, t_m)}$,对于观测量为位置速度时,偏导数矩阵为单位阵;

(4) 计算 t_{m+1} 时刻的预测协方差矩阵,即

$$\boldsymbol{P}_{\Delta x}(t_{m+1}, t_m) = \boldsymbol{\Phi}(t_{m+1}, t_m)\boldsymbol{P}_{\Delta x}(t_m, t_m)\boldsymbol{\Phi}^{\mathrm{T}}(t_{m+1}, t_m) + \boldsymbol{Q}_{m+1} \tag{4.32}$$

式(4.32)中 $\boldsymbol{Q}_{m+1}$ 为状态噪声的协方差矩阵,需根据实际情况确定。

(5) 计算滤波增益

$$\boldsymbol{K}(t_{m+1}) = \boldsymbol{P}_{\Delta x}(t_{m+1}, t_m)\boldsymbol{F}_{m+1}^{\mathrm{T}}\left[\boldsymbol{F}_{m+1}\boldsymbol{P}_{\Delta x}(t_{m+1}, t_m)\boldsymbol{F}_{m+1}^{\mathrm{T}} + \boldsymbol{W}_{m+1}^{-1}\right]^{-1} \tag{4.33}$$

式(4.33)中 $\boldsymbol{W}_{m+1}$ 为测量噪声的协方差矩阵,需根据实际情况确定。

(6) 计算 $m+1$ 时刻的状态

$$\hat{x}(t_{m+1}, t_{m+1}) = \hat{x}(t_{m+1}, t_m) + \boldsymbol{K}(t_{m+1})\left[\boldsymbol{y}(t_{m+1}) - \hat{x}(t_{m+1}, t_m)\right] \tag{4.34}$$

(7) 计算 t_{m+1} 时刻的更新误差协方差矩阵

$$\begin{aligned}\boldsymbol{P}_{\Delta x}(t_{m+1}, t_m) &= \left[\boldsymbol{I} - \boldsymbol{K}(t_{m+1})\boldsymbol{F}_{m+1}\right]\boldsymbol{P}_{\Delta x}(t_{m+1}, t_m)\left[\boldsymbol{I} - \boldsymbol{K}(t_{m+1})\boldsymbol{F}_{m+1}\right]^{\mathrm{T}} \\ &\quad + \boldsymbol{K}(t_{m+1})\boldsymbol{W}_{m+1}^{-1}\boldsymbol{K}(t_{m+1})\end{aligned} \tag{4.35}$$

至此已经计算了一个观测点,将 m 变成 $m+1$,重复上面的计算,直到 GPS 接收机无有效数据输出,最后得出的 $\hat{x}$ 和 $\boldsymbol{P}_{\Delta x}$ 即为所求的结果。

随着观测数据的增多,协方差矩阵的值将趋于零。结果使滤波对任何更多的新观测数据不再敏感。线性化带来的误差,动力学模型误差以及计算误差等,会使滤波过程发散。而扩展卡尔曼滤波算法用轨道的最新估值不断取代参考轨道,从而克服了线性化带来的误差。具体星上数值方法轨道改进及预报流程详见图 4.17。

2. 模型简化

数值方法采用高精度的力学模型和数值积分的方法,在测量资料精度较高时可以得到较高的预报精度,但是数值方法的程序量庞大,耗费的计算时间长。在保证预报精度的前提下,减少计算时间,就需对模型进行适当简化。

卫星在轨所受的摄动力详见第 3.3 节，卫星动力学模型越精确，卫星预报精度就越高，同时需要的计算量随之增大。考虑到星上处理器的计算能力和轨道实时性等条件限制，在选择动力学模型时，必须从观测中断期间的预报精度和计算量两方面进行分析和合理取舍。从表 3.6 给出的不同轨道高度卫星所受摄动统计可知，对于低轨卫星而言，除 J_2 项外，地球非球形引力和大气阻力产生的摄动力量级最大。地球非球形引力的计算量随重力场模型阶数的增加而迅速增加，另外低轨卫星随轨道高度的变化，所有摄动力产生的影响也有很大不同。因此，需要进行数值计算模拟，确定在不影响轨道积分精度的情况下，重力场模型需要选取的阶数、大气摄动需要选取的模型以及哪些摄动力可以忽略，同时通过轨道积分算法与相应精度的轨道插值算法相结合的方式来减少星上处理器的计算量。

利用 STK 软件以 500 km 高度太阳同步圆轨道卫星为例进行摄动力模型的综合选取分析。以 70×70 阶次的重力场模型、Jacchia-Roberts 大气模型，同时考虑日月等多天体引起的第三体摄动、太阳光压摄动、固体潮摄动等对卫星产生的摄动力，并以 STK 软件 HPOP 模型外推的 RKF7(8) 积分轨道作为参考轨道。

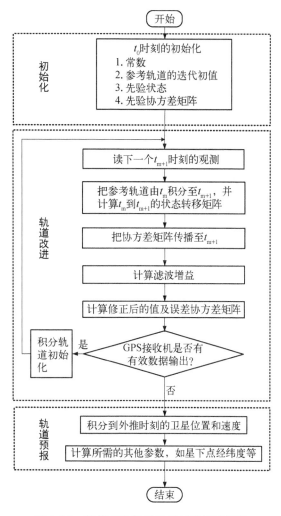

图 4.17　数值方法轨道改进与预报流程图

1) 摄动模型的选取

A. 重力场模型阶数的选取

对于 n 阶重力场模型来说，如果阶数增加一阶，每计算一次非球形引力加速度至少多循环 n 次。因此，在不影响轨道积分精度的前提下，尽量减小重力场模型的阶数，有利于提高自主预报的运行速度。

卫星轨道高度的不同，地球引力的量级差异很大，重力场模型的高阶项对轨道积分精度的影响差别很大。这里选择 500 km 轨道高度的低轨卫星进行数值计算模拟，确定适用于自主预报的重力场模型阶数。利用 STK 软件计算出的不同阶次的轨道积分误差 (图 4.18)。可以看出，要提高轨道积分的精度，就必须使用高阶次的重力场模型。对于 500 km 轨道高度卫星而言，轨道周期约 1.5 h，在观测中断的情况下，如果要求自主预报系统在 4 个轨道周期内的轨道预报误差保持在 1 000 m 以内，考虑到其他摄动力的影响，重力场

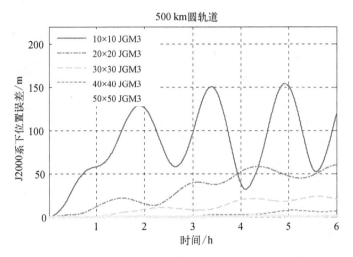

图 4.18　不同阶次的重力场模型对轨道积分误差的影响

模型需要选择 30×30 阶次。

　　B. 大气阻力模型的选取

　　除了重力场模型外,大气阻力摄动模型对轨道积分精度影响也非常大,因为大气阻力与卫星运行时不同方向的截面积有关,而且还与表面材料特性以及大气密度模型有关,所以对卫星表面特性的了解越多,非保守力的计算越准确,轨道预报精度就越高,STK 仿真计算采用面质比为 $0.01 \text{ m}^2/\text{kg}$,Jacchia‐Roberts 大气模型。图 4.19 为不考虑大气模型与仅考虑 1976 Standard 大气模型的误差对比图,从图中可以看出不考虑大气阻力摄动项将给 6 h 的轨道积分带来约 750 m 的误差,而 1976 Standard 大气模型 6 h 摄动误差约 150 m,相对 Jacchia‐Roberts 大气模型来说减少了较大的计算量且精度可满足轨道预报精度要求。故数值方法轨道预报算法中的大气模型选择 1976 Standard 大气模型。

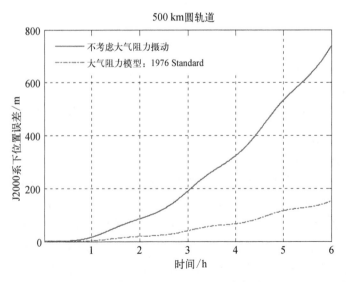

图 4.19　不考虑大气模型与仅考虑 1976 Standard 大气模型的摄动误差对比图

C. 其他摄动力的选取

在选定重力场模型为 30×30 阶次、大气阻力模型为 1976 Standard 大气模型的基础上，逐一增加日月引力等摄动力，比较积分误差。图 4.20 为不考虑第三体引力与仅考虑太阳引力、仅考虑月球引力以及同时考虑太阳和月球引力的误差对比图，从图中可以看出不考虑第三体引力将给 6 h 的轨道积分带来不到 30 m 的误差，而误差主要由日月引力摄动力引起，其他天体的摄动力几乎为零，其中月球摄动力引起的误差约是太阳的两倍。故数值方法轨道预报算法中的第三体引力摄动考虑日月摄动力。

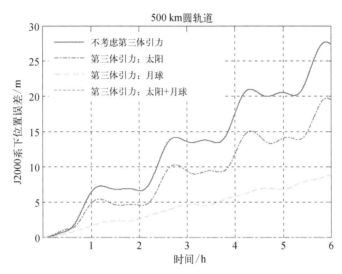

图 4.20　第三体引力摄动对轨道积分误差的影响

太阳光压摄动、固体潮摄动等对卫星产生的摄动力，以及龙格-库塔积分算法的阶次对 6 h 的轨道积分带来的影响见图 4.21，从图中可以看出太阳光压摄动、固体潮摄动以及四阶龙格-库塔积分算法带来的轨道积分误差较小，在进行轨道改进及预报时不予考虑，忽略其影响。

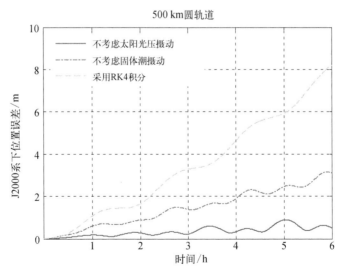

图 4.21　其他摄动力对轨道积分误差的影响

进行轨道预报时考虑的摄动力及积分算法带来的误差见图 4.22，可见能够满足 500 km 轨道卫星在 4 个轨道周期内的轨道预报误差保持在 1 000 m 以内。

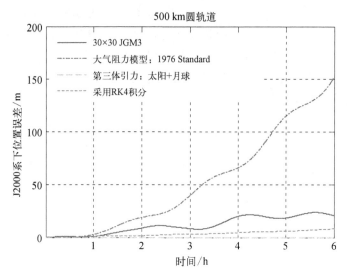

图 4.22　主要摄动力对轨道积分误差的影响

2）选取的摄动模型计算方法

具体简化后的摄动计算公式介绍如下。

（1）地球非球形引力摄动。地球非球形摄动的具体介绍参见第 3.3.1 节，归一化的引力位函数参见式（3.82），地球非球形引力加速度可通过非球形引力位函数的梯度计算获得，即

$$\ddot{\boldsymbol{r}} = \frac{\partial V}{\partial r}\left(\frac{\partial r}{\partial \boldsymbol{r}}\right) + \frac{\partial V}{\partial \varphi}\left(\frac{\partial \varphi}{\partial \boldsymbol{r}}\right) + \frac{\partial V}{\partial \lambda}\left(\frac{\partial \lambda}{\partial \boldsymbol{r}}\right) \tag{4.36}$$

其中，$\boldsymbol{r} = \boldsymbol{r}(X, Y, Z)$ 为质点的地心位置矢量，将上式表示为各分量的形式为

$$\begin{cases} \ddot{X} = \dfrac{\partial V}{\partial r}\dfrac{\partial r}{\partial X} + \dfrac{\partial V}{\partial \varphi}\dfrac{\partial \varphi}{\partial X} + \dfrac{\partial V}{\partial \lambda}\dfrac{\partial \lambda}{\partial X} \\[2mm] \ddot{Y} = \dfrac{\partial V}{\partial r}\dfrac{\partial r}{\partial Y} + \dfrac{\partial V}{\partial \varphi}\dfrac{\partial \varphi}{\partial Y} + \dfrac{\partial V}{\partial \lambda}\dfrac{\partial \lambda}{\partial Y} \\[2mm] \ddot{Z} = \dfrac{\partial V}{\partial r}\dfrac{\partial r}{\partial Z} + \dfrac{\partial V}{\partial \varphi}\dfrac{\partial \varphi}{\partial Z} + \dfrac{\partial V}{\partial \lambda}\dfrac{\partial \lambda}{\partial Z} \end{cases} \tag{4.37}$$

式（4.36）中各项具体表达式如下

$$\begin{cases} \dfrac{\partial V}{\partial r} = -\dfrac{\mu}{r^2}\sum_{n=2}^{\infty}\sum_{m=0}^{n}\left(\dfrac{a_{\mathrm{e}}}{r}\right)^n (l+1)\,\bar{P}_{nm}(\sin\varphi)\left[\bar{C}_{nm}\cos m\lambda + \bar{S}_{nm}\sin m\lambda\right] \\[3mm] \dfrac{\partial V}{\partial \varphi} = \dfrac{\mu}{r}\sum_{n=2}^{\infty}\sum_{m=0}^{n}\left(\dfrac{a_{\mathrm{e}}}{r}\right)^n (\bar{C}_{nm}\cos m\lambda + \bar{S}_{nm}\sin m\lambda)\left[\bar{P}_{n,\,m+1}(\sin\varphi) - m\tan\varphi\bar{P}_{nm}(\sin\varphi)\right] \\[3mm] \dfrac{\partial V}{\partial \lambda} = \dfrac{\mu}{r}\sum_{n=2}^{\infty}\sum_{m=0}^{n}\left(\dfrac{a_{\mathrm{e}}}{r}\right)^n m\bar{P}_{nm}(\sin\varphi)\left[\bar{S}_{nm}\cos m\lambda - \bar{C}_{nm}\sin m\lambda\right] \end{cases}$$

$$\tag{4.38}$$

$$\begin{cases} \dfrac{\partial r}{\partial \boldsymbol{r}} = \dfrac{\boldsymbol{r}}{r} \\[2mm] \dfrac{\partial \varphi}{\partial \boldsymbol{r}} = \dfrac{1}{\sqrt{X^2 + Y^2}} \left(-\dfrac{Z\boldsymbol{r}}{r^2} + \dfrac{\partial Z}{\partial \boldsymbol{r}} \right) \\[2mm] \dfrac{\partial \lambda}{\partial \boldsymbol{r}} = \dfrac{1}{X^2 + Y^2} \left(X \dfrac{\partial Y}{\partial \boldsymbol{r}} - Y \dfrac{\partial X}{\partial \boldsymbol{r}} \right) \end{cases} \tag{4.39}$$

根据上面两式即可计算地球非球形摄动在地固系下的摄动加速度,再通过地固系与惯性系之间的转换关系获得惯性系下的加速度。

(2) 大气阻力摄动参见 3.3.2 节。

(3) 日月引力摄动参见 3.3.3 节。

(4) 积分算法-四阶 Runge-Kutta 算法。Runge-Kutta 数值积分方法(简称 RK 方法)的基本思想是间接引用泰勒展开,即用积分区间 $[t_n, t_{n+1}]$ 上若干点的右函数值 f 的线性组合来代替 f 的导数,然后用泰勒展开式确定相应的系数,这样既能避免计算 f 的各阶导数,又能保证精度。m 阶 RK 方法的一般形式为

$$x_{n+1} = x_n + \sum_{i=1}^{m} c_i k_i \tag{4.40}$$

其中,k 满足下列方程:$k_i = hf\left(t_n + \alpha_i h, x_n + \sum_{j=1}^{i-1} \beta_{ij} k_j \right)$;$h$ 为积分步长;c_i,α_i,β_{ij} 为固定系数,它们的数值选择不是唯一,不同的选择就确定了不同的 RK 公式。考虑到计算量的大小,此处选择经典的 4 阶 Runge-Kutta(RK4),具体如下

$$x_{n+1} = x_n + \frac{1}{6}(k_1 + 2k_2 + 2k_3 + k_4) \tag{4.41}$$

$$\begin{cases} k_1 = hf(t_n, x_n) \\[2mm] k_2 = hf\left(t_n + \dfrac{1}{2}h, x_n + \dfrac{1}{2}k_1 \right) \\[2mm] k_3 = hf\left(t_n + \dfrac{1}{2}h, x_n + \dfrac{1}{2}k_2 \right) \\[2mm] k_4 = hf(t_n + h, x_n + k_3) \end{cases} \tag{4.42}$$

(5) 状态转移矩阵。注:对于状态转移矩阵的数值解与分析解精度相当,考虑到计算量的大小,此处选择分析解进行计算,并仅考虑无摄部分。在定轨中轨道变量取为 $\boldsymbol{r}$ 和 $\dot{\boldsymbol{r}}$,设 $\boldsymbol{r}_0$ 和 $\dot{\boldsymbol{r}}_0$ 为待估状态量,则相应的状态转移矩阵为

$$\boldsymbol{\Phi} = \boldsymbol{\Phi}^{(0)} + \boldsymbol{\Phi}^{(1)} \tag{4.43}$$

其中,$\boldsymbol{\Phi}^{(0)}$ 和 $\boldsymbol{\Phi}^{(1)}$ 分别为无摄部分和仅考虑 J_2 的一阶长期项的受摄部分。

$\boldsymbol{\Phi}^{(0)}$ 的表达式为

$$\boldsymbol{\Phi}^{(0)} = \begin{bmatrix} \boldsymbol{A}_1 & \boldsymbol{A}_2 \\ \boldsymbol{A}_3 & \boldsymbol{A}_4 \end{bmatrix} \tag{4.44}$$

其中，

$$\begin{cases} \boldsymbol{A}_1 = F\boldsymbol{I} + A_{11}(\boldsymbol{R}_1) + A_{12}(\boldsymbol{R}_2) + A_{13}(\boldsymbol{R}_3) + A_{14}(\boldsymbol{R}_4) \\ \boldsymbol{A}_2 = G\boldsymbol{I} + A_{21}(\boldsymbol{R}_1) + A_{22}(\boldsymbol{R}_2) + A_{23}(\boldsymbol{R}_3) + A_{24}(\boldsymbol{R}_4) \\ \boldsymbol{A}_3 = F'\boldsymbol{I} + A_{31}(\boldsymbol{R}_1) + A_{32}(\boldsymbol{R}_2) + A_{33}(\boldsymbol{R}_3) + A_{34}(\boldsymbol{R}_4) + A_{35}(\boldsymbol{R}_5) + A_{36}(\boldsymbol{R}_6) \\ \boldsymbol{A}_4 = G'\boldsymbol{I} + A_{41}(\boldsymbol{R}_1) + A_{42}(\boldsymbol{R}_2) + A_{43}(\boldsymbol{R}_3) + A_{44}(\boldsymbol{R}_4) + A_{45}(\boldsymbol{R}_7) + A_{46}(\boldsymbol{R}_8) \end{cases}$$

$$\tag{4.45}$$

$\boldsymbol{I}$ 是 (3×3) 阶单位矩阵

$$\begin{cases} F = 1 - \dfrac{a}{r_0}(1 - \cos \Delta E) \\ G = \dfrac{1}{n}(n\Delta t - \Delta E + \sin \Delta E) \\ F' = -\dfrac{1}{r}\left[\dfrac{\sqrt{\mu a}}{r_0} \sin \Delta E\right] \\ G' = 1 - \dfrac{r}{a}(1 - \cos \Delta E) \end{cases} \tag{4.46}$$

$$\begin{cases} \dfrac{1}{a} = \dfrac{2}{r_0} - \dfrac{v_0^2}{\mu} \\ n = \sqrt{\mu} a^{-\frac{3}{2}} \\ r_0 = |\boldsymbol{r}_0| \\ v_0 = |\dot{\boldsymbol{r}}_0| \\ \Delta t = t - t_0 \end{cases} \tag{4.47}$$

$$\Delta E = n\Delta t + \left(1 - \dfrac{r_0}{a}\right)\sin \Delta E - \dfrac{\boldsymbol{r}_0 \cdot \dot{\boldsymbol{r}}_0}{\sqrt{\mu a}}(1 - \cos \Delta E) \tag{4.48}$$

$$\begin{cases} A_{11} = \dfrac{1}{r_0^2}\left(\dfrac{a}{r_0}\right)\left\{(W_1) + \left[(1 - \cos \Delta E) + \left(\dfrac{r_0}{a}\right)\left(\dfrac{1}{U}\right)\sin^2 \Delta E\right]\right\} \\ A_{12} = \dfrac{1}{\sqrt{\mu a}}\left(\dfrac{a}{r_0}\right)^2\left\{(W_2) + \left[\left(\dfrac{r_0}{a}\right)\left(\dfrac{1}{U}\right)\sin \Delta E(1 - \cos \Delta E)\right]\right\} \\ A_{13} = \dfrac{1}{\sqrt{\mu a}}\left(\dfrac{a}{r_0}\right)\left[\left(\dfrac{1}{U}\right)\sin \Delta E(1 - \cos \Delta E)\right] \\ A_{14} = \dfrac{a}{\mu}\left[\left(\dfrac{1}{U}\right)(1 - \cos \Delta E)^2\right] \end{cases} \tag{4.49}$$

$$\begin{cases} A_{21} = A_{13} \\ A_{22} = A_{14} \\ A_{23} = \dfrac{a}{\mu}(W_1) \\ A_{24} = \dfrac{1}{n}\left(\dfrac{r_0}{\mu}\right)(W_2) \end{cases} \quad (4.50)$$

$$\begin{cases} A_{31} = -\dfrac{1}{r}\left[\dfrac{\sqrt{\mu a}}{r_0^3}\right]\left\{(W_3) - \sin \Delta E\left[1 + \left(\dfrac{r_0}{a}\right)\left(\dfrac{1}{U}\right)\cos \Delta E\right]\right\} \\ A_{32} = \left(\dfrac{a}{r}\right)\left(\dfrac{1}{r_0^2}\right)\left\{(W_1) + \left(\dfrac{r_0}{a}\right)\left(\dfrac{1}{U}\right)\sin^2 \Delta E\right\} \\ A_{33} = \dfrac{1}{r}\left(\dfrac{1}{r_0}\right)\left[\left(\dfrac{1}{U}\right)\cos \Delta E(1 - \cos \Delta E)\right] \\ A_{34} = \left(\dfrac{a}{r}\right)\dfrac{1}{\sqrt{\mu a}}\left[\left(\dfrac{1}{U}\right)\sin \Delta E(1 - \cos \Delta E)\right] \\ A_{35} = A_{45} = \left(\dfrac{1}{r^2}\right)\left(\dfrac{\sqrt{\mu a}}{r_0}\sin \Delta E\right) \\ A_{36} = A_{46} = \left(\dfrac{1}{r^2}\right)\left[a(1 - \cos \Delta E)\right] \end{cases} \quad (4.51)$$

$$\begin{cases} A_{41} = A_{33} \\ A_{42} = A_{34} \\ A_{43} = -\left(\dfrac{a}{r}\right)\dfrac{1}{\sqrt{\mu a}}(W_3) \\ A_{24} = \left(\dfrac{a}{r}\right)\left(\dfrac{r_0}{\mu}\right)(W_1) \end{cases} \quad (4.52)$$

$$U = 1 - \left(1 - \dfrac{r_0}{a}\right)\cos \Delta E + \dfrac{\boldsymbol{r}_0 \cdot \dot{\boldsymbol{r}}_0}{\sqrt{\mu a}}\sin \Delta E \quad (4.53)$$

$$\begin{cases} (W_1) = -2\left[\left(\dfrac{a}{r_0}\right)(1 - \cos \Delta E) + \left(\dfrac{1}{U}\right)\sin^2 \Delta E\right] - \sin \Delta E(H) \\ (W_2) = -\left[3\left(\dfrac{a}{r_0}\right)(\Delta E - \sin \Delta E) + 2\left(\dfrac{1}{U}\right)\sin \Delta E(1 - \cos \Delta E)\right] - (1 - \cos \Delta E)(H) \\ (W_3) = \left(\dfrac{a}{r_0}\right)\sin \Delta E\left[1 + 2\left(\dfrac{1}{U}\right)\left(\dfrac{r_0}{a}\right)\cos \Delta E\right] + \cos \Delta E(H) \\ (H) = \left(\dfrac{1}{U}\right)\dfrac{1}{\sqrt{\mu a}}\left(\dfrac{a}{r_0}\right)\left[\left(-3\dfrac{\mu}{a}\right)\Delta t + (1 - \cos \Delta E)(\boldsymbol{r}_0 \cdot \dot{\boldsymbol{r}}_0)\right] \end{cases} \quad (4.54)$$

$$
\begin{cases}
(\boldsymbol{R}_1) = (\boldsymbol{r}_0) \cdot (\boldsymbol{r}_0)^{\mathrm{T}}, \quad (\boldsymbol{R}_2) = (\dot{\boldsymbol{r}}_0) \cdot (\boldsymbol{r}_0)^{\mathrm{T}} \\[2mm]
(\boldsymbol{R}_3) = (\boldsymbol{R}_2)^T, \quad (\boldsymbol{R}_4) = (\dot{\boldsymbol{r}}_0) \cdot (\dot{\boldsymbol{r}}_0)^{\mathrm{T}} \\[2mm]
(\boldsymbol{R}_5) = (\boldsymbol{r}_0) \cdot \left(\dfrac{\partial r}{\partial \boldsymbol{r}_0}\right)^{(0)}, \quad (\boldsymbol{R}_6) = (\dot{\boldsymbol{r}}_0) \cdot \left(\dfrac{\partial r}{\partial \boldsymbol{r}_0}\right)^{(0)} \\[2mm]
(\boldsymbol{R}_7) = (\boldsymbol{r}_0) \cdot \left(\dfrac{\partial r}{\partial \dot{\boldsymbol{r}}_0}\right)^{(0)}, \quad (\boldsymbol{R}_8) = (\dot{\boldsymbol{r}}_0) \cdot \left(\dfrac{\partial r}{\partial \dot{\boldsymbol{r}}_0}\right)^{(0)}
\end{cases}
\tag{4.55}
$$

$$
\left(\frac{\partial r}{\partial (\boldsymbol{r}_0, \dot{\boldsymbol{r}}_0)}\right)^{(0)} = \frac{1}{r}\left[X \frac{\partial X}{\partial (\boldsymbol{r}_0, \dot{\boldsymbol{r}}_0)} + Y \frac{\partial Y}{\partial (\boldsymbol{r}_0, \dot{\boldsymbol{r}}_0)} + Z \frac{\partial Z}{\partial (\boldsymbol{r}_0, \dot{\boldsymbol{r}}_0)} \right]
\tag{4.56}
$$

(6) 内插算法-五阶 Hermite 多项式插值。已知 t_0 时刻的卫星位置速度为 $\boldsymbol{r}_0$、$\dot{\boldsymbol{r}}_0$，用轨道积分算法可计算出 $t_0 + h$ 时刻的卫星位置速度为 $\boldsymbol{r}_h$、$\dot{\boldsymbol{r}}_h$，则可通过下面的五阶 Hermite 多项式内插出 $(t_0, t_0 + h)$ 间的任一时刻的卫星位置速度。

$t_0 + nh$ 时刻的卫星位置内插值为

$$
\boldsymbol{r}(t + nh) = b_0(n)\boldsymbol{r}_0 + b_1(n)h\dot{\boldsymbol{r}}_0 + b_2(n)h^2\ddot{\boldsymbol{r}}_0 + b_3(n)\boldsymbol{r}_h + b_4(n)h\dot{\boldsymbol{r}}_h + b_5(n)h^2\ddot{\boldsymbol{r}}_h
\tag{4.57}
$$

式中，$0 < n < 1$，$\ddot{\boldsymbol{r}}_0$ 和 $\ddot{\boldsymbol{r}}_h$ 分别为积分开始和结束时刻对应的卫星加速度。

其中，系数项如下

$$
\begin{cases}
b_0(n) = 1 - 10n^3 + 15n^4 - 6n^5 \\[1mm]
b_1(n) = n - 6n^3 + 8n^4 - 3n^5 \\[1mm]
b_2(n) = \dfrac{1}{2}(n^2 - 3n^3 + 3n^4 - n^5) \\[1mm]
b_3(n) = 10n^3 - 15n^4 + 6n^5 = 1 - b_0(n) \\[1mm]
b_4(n) = -4n^3 + 7n^4 - 3n^5 \\[1mm]
b_5(n) = \dfrac{1}{2}(n^3 - 2n^4 + n^5)
\end{cases}
$$

$t_0 + nh$ 时刻的卫星速度内插值为

$$
\dot{\boldsymbol{r}}(t + nh) = d_0(n)\frac{\boldsymbol{r}_0}{h} + d_1(n)\dot{\boldsymbol{r}}_0 + d_2(n)h\ddot{\boldsymbol{r}}_0 + d_3(n)\frac{\boldsymbol{r}_h}{h} + d_4(n)\dot{\boldsymbol{r}}_h + d_5(n)h\ddot{\boldsymbol{r}}_h
\tag{4.58}
$$

其中，系数项如下

$$
\begin{cases}
d_0(n) = -30n^2 + 60n^3 - 30n^4 \\[1mm]
d_1(n) = 1 - 18n^2 + 32n^3 - 15n^4 \\[1mm]
d_2(n) = \dfrac{1}{2}(2n - 9n^2 + 12n^3 - 5n^4) \\[1mm]
d_3(n) = 30n^2 - 60n^3 + 30n^4 = -d_0(n) \\[1mm]
d_4(n) = -12n^2 + 28n^3 - 15n^4 \\[1mm]
d_5(n) = \dfrac{1}{2}(3n^2 - 8n^3 + 5n^4)
\end{cases}
$$

3. 仿真分析

将 500 km 高度太阳同步圆轨道卫星的初始轨道参数输入到导航星模拟器中(导航星模拟器用来模拟 GPS 导航星座及 500 km 高度太阳同步圆轨道卫星的运动),将 GPS 接收机输出的 J2000 系下的位置、速度(若 GPS 接收机输出的为 WGS-84 系下的卫星位置和速度,利用坐标转换矩阵将其转换到 J2000 系下),作为待改进的轨道,将导航星模拟器输出的 WGS-84 地固系下的卫星位置和速度转换为 J2000 系下的位置、速度,作为精确轨道数据,用以判断简化模型后的数值方法轨道改进及轨道预报的精度。

1) 轨道改进结果

选取 25 min GPS 接收机输出的轨道数据进行轨道改进,结果如图 4.23、图 4.24 所示。

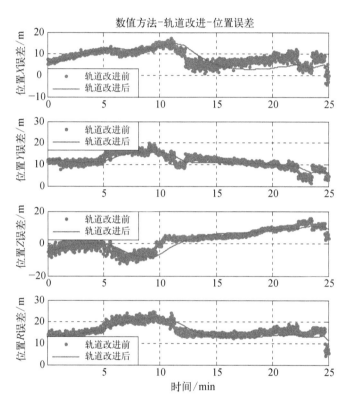

图 4.23 轨道改进位置误差(后附彩图)

2) 轨道预报结果

利用轨道改进前的数据进行轨道预报,预报 6 h 的精度如图 4.25、图 4.26 所示。

利用轨道改进后的数据进行轨道预报,预报 6 h 的精度如图 4.27、图 4.28 所示。

将轨道改进和预报的误差进行统计分析,统计结果如表 4.8 所示。

由于对摄动计算模型进行了大量简化,在计算中只考虑了主要摄动项的影响,针对 GPS 接收机输出的位置精度在 10^{-6} 量级、速度精度在 10^{-4} 量级情况,数值方法轨道改进对位置精度提升较少,速度精度提升了 2 倍以上。而利用改进后的轨道数据预报 6 h 的位置误差小

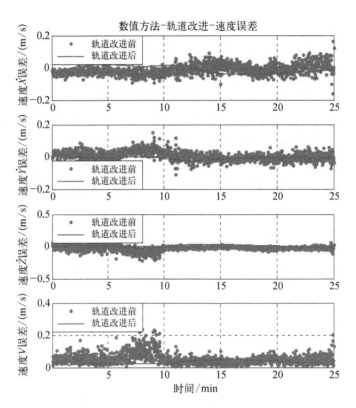

图 4.24　轨道改进速度误差(后附彩图)

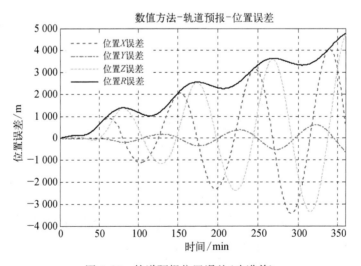

图 4.25　轨道预报位置误差(改进前)

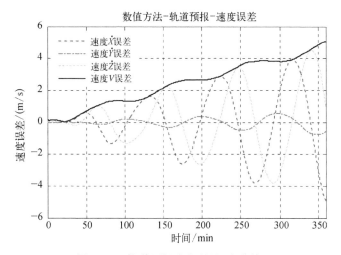

图 4.26　轨道预报速度误差（改进前）

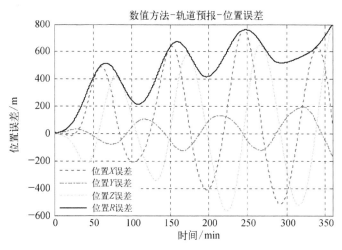

图 4.27　轨道预报位置误差（改进后）

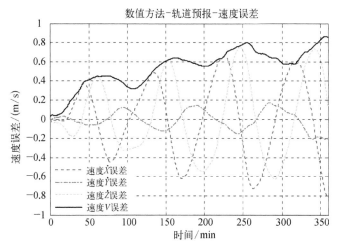

图 4.28　轨道预报速度误差（改进后）

表 4.8　数值方法轨道改进及预报精度统计

名　称	统计量	位置 X/m	位置 Y/m	位置 Z/m	位置 R/m	速度 $\dot{X}$/(m/s)	速度 $\dot{Y}$/(m/s)	速度 $\dot{Z}$/(m/s)	速度 $\dot{V}$/(m/s)
轨道改进前	平均值	8.608 2	11.739 0	2.579 1	16.362 3	−0.010 1	0.007 8	−0.026 1	0.055 1
	标准差	3.213 5	3.184 1	6.159 7	3.034 1	0.030 6	0.027 7	0.039 6	0.032 9
	均方根	9.191 2	12.166 9	6.678 2	16.646 6	0.032 3	0.028 8	0.047 4	0.064 2
轨道改进后	平均值	7.962 6	11.425 5	2.269 5	15.727 7	−0.009 8	−0.007 1	0.007 2	0.031 0
	标准差	4.023 4	2.461 6	5.956 2	3.070 1	0.022 8	0.009 3	0.016 3	0.010 5
	均方根	8.923 7	11.691 4	6.374 2	16.029 7	0.024 8	0.011 7	0.017 9	0.032 7
利用轨道改进前数据预报 6 h	最大值	4 050.506	607.061	4 665.321	4 752.210	3.913 2	0.571 7	4.527 6	5.059 5
利用轨道改进后数据预报 6 h	最大值	759.129 2	195.763 7	778.524 4	799.452 4	0.653 7	0.172 5	0.749 0	0.865 0

于 800 m，速度误差小于 0.87 m/s，与利用改进前的数据预报相比精度提高了 5 倍以上。从图 4.23～图 4.28 可以看出，数值方法轨道改进对速度精度的提高有帮助，而轨道预报的误差随预报时间的增加呈增长的趋势，考虑到数值积分的计算量，数值方法适用于高精度的轨道预报。

由于分析摄动解的限制，分析方法轨道预报算法适用于轨道精度要求不高、预报时间较长、实时性要求不高的情况。由于数值积分计算量的限制，数值方法轨道预报算法适用于轨道精度要求较高、星上处理能力较强的情况。因此，可根据实际情况选择相应的算法。

4.3　定轨和外推误差的分析

4.3.1　理论分析

定轨以及预报误差主要取决于测量资料和定轨方法以及轨道类型（主要和相应轨道的力学模型误差有关），其中位置误差和速度误差是非独立的，一般位置精度较高，但速度精度较低，例如，GPS 接收机在高动态情况下，速度是通过多普勒测速得到的，没有经过长时间的滤波，因此会比相对位置精度低一个数量级。

对于地面或星上较长时间的稳定定轨外推算法，位置误差和速度误差的相对误差数值相当，符号相反，推导如下。

1. 位置误差与速度误差的关系

对于所有的卫星轨道，速度误差主要取决于位置和半长轴的误差。利用活力公式进行的推导过程如下。

$$v^2 = \mu\left(\frac{2}{r} - \frac{1}{a}\right) \Rightarrow 2v\Delta v = \mu\left(-\frac{2\Delta r}{r^2} + \frac{\Delta a}{a^2}\right) \tag{4.59}$$

$$\Delta v = \mu\left(-\frac{2\Delta r}{r^2} + \frac{\Delta a}{a^2}\right)\bigg/ 2v \tag{4.60}$$

需要说明的是:这里的"Δ"代表误差,并非相应参数的改变量。

若卫星轨道为近圆轨道,有 $r \approx a$, $v \approx na$,因此

$$\Delta v = \frac{\mu}{2v}\left(-\frac{2\Delta r}{r^2} + \frac{\Delta a}{a^2}\right) = \frac{\mu}{2}\left(-\frac{2\Delta r}{na^3} + \frac{\Delta a}{na^3}\right) = n(0.5\Delta a - \Delta r) \tag{4.61}$$

为了继续简化方程,需要讨论 Δa 与 Δr 的关系。对于轨道外推来说,半长轴的精度较位置的精度高至少一个数量级(证明过程见本节最后),故有

$$\Delta v = n(0.5\Delta a - \Delta r) \approx -n\Delta r = -\frac{2\pi}{T}\Delta r \tag{4.62}$$

或者写成

$$\frac{\Delta v}{v} \approx -\frac{\Delta r}{r} \tag{4.63}$$

的简单形式,即相对速度误差约等于相对位置误差的负值。

由公式(4.63)可见,对于圆轨道而言,$-\Delta v/\Delta r \approx v/r \approx n$,即速度误差与位置误差的比例为轨道平均运动角速率 n,举例说明如下:

(1)对于平均轨道高度为 407 km 的 LEO 低轨卫星,周期约为 5 563 s,平均运动角速率 n 为 1.13×10^{-3} rad/s,若位置误差为 3 km,则对应速度误差约为 $-1.13 \times 10^{-3} \times 3\,000$ m/s = -3.39 m/s;

(2)对于平均轨道高度为 21 532 km 的 MEO 中轨卫星,周期约为 46 404 s,平均运动角速率 n 为 1.35×10^{-4} rad/s,若位置误差为 5 km,则对应速度误差约为 $-1.35 \times 10^{-4} \times 5\,000$ m/s = -0.675 m/s;

(3)对于平均轨道高度为 35 786 km 的 GEO 高轨卫星,周期约为 86 164 s,平均运动角速率 n 为 7.29×10^{-5} rad/s,若位置误差为 10 km,则对应速度误差约为 $-7.29 \times 10^{-5} \times 10\,000$ m/s = -0.729 m/s。

由以上分析,可知:

① LEO 的位置误差与速度误差的比值约为 -0.8×10^3;

② MEO 的位置误差与速度误差的比值约为 -0.7×10^4;

③ GEO 的位置误差与速度误差的比值约为 -1.4×10^4。

2. 轨道外推误差与初始位置、速度误差的关系

轨道误差的扩散和初始位置、速度矢量误差 $\Delta \boldsymbol{r}_0$、$\Delta \boldsymbol{v}_0$ 的方向有很大的关系,显然:

(1)当 $\Delta \boldsymbol{r}_0$ 主要集中于径向时,会导致卫星周期有误差,外推误差随时间扩散快;

（2）当 Δr_0 主要集中于横向或法向时，外推误差随时间扩散慢；

（3）当 Δv_0 主要集中于横向时，会导致卫星横向运动速度有误差，外推误差随时间扩散快；

（4）当 Δv_0 主要集中于径向或法向时，外推误差随时间扩散慢。

总之，定轨误差和外推误差与具体的定轨方法相关，但所有定轨方法的目的都是使在所采用资料的时间段内尽量使定轨结果和资料相吻合，满足统计方法定轨的内符合原则，且保证外推误差尽量缓慢发散，这是由迭代收敛的条件即标准差最小所决定的准则。因此，可以看出，所有的定轨方法的位置误差基本都使外推误差集中于非径向，速度误差集中于非横向，具体的误差方向分布与所采用的资料相关。下文将通过对低轨卫星实测数据的分析证明此结论。

半长轴的精度与位置预报精度关系证明过程

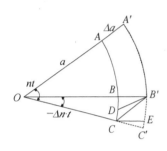

图 4.29　半长轴的精度与位置的精度关系示意图

如图 4.29 所示，假设 $\overset{\frown}{AC}$ 为理论卫星运行轨道。在实际情况中，卫星轨道存在位置与速度误差。因此实际卫星会偏离理论卫星运行轨道。此例中，假设 $\overset{\frown}{A'B'}$ 为存在半长轴误差为 Δa 的预报轨道。当理论卫星与实际卫星共同经历同一时间 t 后，理论卫星从 A 运动至 C，实际卫星从 A' 运动至 B'。为了研究理论卫星轨道与实际卫星轨道的差别，作如下辅助线：连接 B' 与地心 O，交弧线 $\overset{\frown}{AC}$ 于点 B。作 $CE \parallel BB'$，$B'D \parallel OA'$。根据定义 $\overset{\frown}{BC}$ 为沿迹方向的位移差，记为 $\Delta r'$。而理论卫星与实际卫星的位移差为 $B'C$，记为 Δr。Δa 与 Δr 的精度关系证明如公式（4.64）所示。

$$n^2 a^3 = \mu \Rightarrow 2n \cdot \Delta n \cdot a^3 + n^2 \cdot 3a^2 \cdot \Delta a = 0 \Rightarrow \Delta n \cdot a = -\frac{3}{2} n \cdot \Delta a$$

$$\overset{\frown}{BC} = -\Delta n \cdot t \cdot a = \frac{3}{2} n \cdot \Delta a \cdot t = 3\pi\Delta a \cdot Q = \Delta r' \tag{4.64}$$

公式（4.64）中 Q 为轨数，实际应用中，需要预报 1 轨以上的卫星轨道，即 $Q \geqslant 1$。

$\overset{\frown}{BC} = \Delta r' \geqslant 3\pi\Delta a \approx 9.425\Delta a$，即：即使是 1 轨预报，$\Delta a$ 比 $\Delta R'$ 都高一个数量级。而在 $\Delta B'BC$ 中，由于 $BB' = AA' = \Delta a = \overset{\frown}{BC} = \Delta r'$，故 $B'C = \Delta r \approx \overset{\frown}{BC} = \Delta r'$，即 Δr 与 $\Delta r'$ 数量级相同。因此，综合上述两个结论，可以得出：Δa 比 Δr 至少高一个数量级。

4.3.2　实测数据分析

本节通过卫星在轨的实际遥测数据分析定轨外推的误差，证明上述结论。其中采用的定轨数据源为 USB 数据，利用不同时间段测定轨部门提供的精密星历，将相同时间内的数据做差，得到定轨外推数据误差，结果如图 4.30、图 4.31 所示。

首先分析 J2000 系下的外推位置、速度误差，其次分析径、横、法惯性坐标系下的外推位置、速度误差，最后给出 J2000 系下的瞬时根数以及平根数的外推误差。

XX3 卫星的轨道高度约 670 km，预报 1 天的结果如图 4.30～图 4.33 所示。

1. J2000 系下位置速度误差

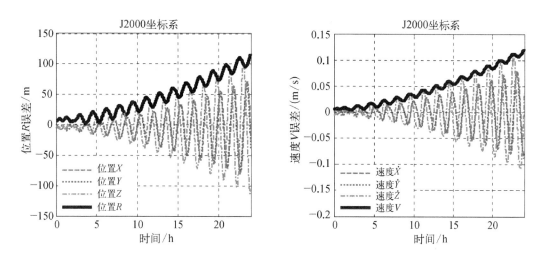

图 4.30　XX3 卫星 1 天预报位置速度误差（J2000 系）

2. 径、横、法惯性坐标系下位置速度误差

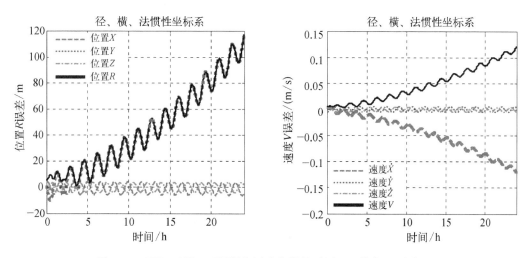

图 4.31　XX3 卫星 1 天预报位置速度误差（径向 X、横向 Y、法向 Z）

3. 瞬时根数误差

通过转换软件将 J2000 系下的位置、速度转换得到 J2000 系下的瞬时根数，统计 1 天预报的轨道瞬时根数误差如图 4.32 所示。

4. 平根数误差

通过瞬平转换软件将 J2000 系下的位置速度转换得到 J2000 系下的平根数，统计 1 天预报的轨道平根数误差如图 4.33 所示。

将 XX3 卫星预报 1 天和预报 3 天的轨道数据误差统计于表 4.9～表 4.12。

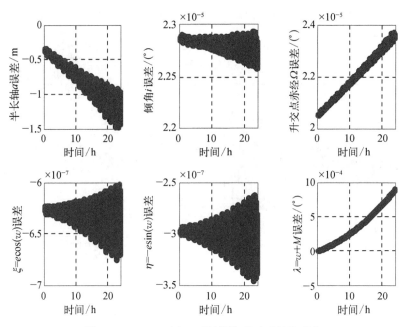

图 4.32 XX3 卫星 1 天预报轨道瞬时根数误差

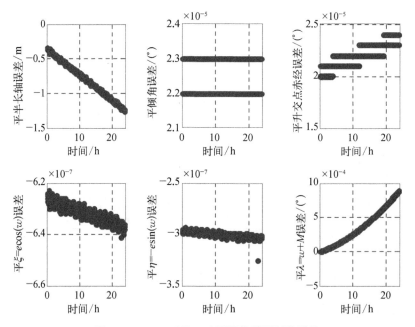

图 4.33 XX3 卫星 1 天预报轨道平根数误差

表 4.9 位置速度预报误差统计(J2000 系最大值)

预报时间/d	X/m	Y/m	Z/m	$\dot{X}$/(m/s)	$\dot{Y}$/(m/s)	$\dot{Z}$/(m/s)	R/m	V/(m/s)
1	−80.585	−75.273	−113.051	−0.088 531	−0.081 557	0.111 177	117.100	0.121 157
3	347.462	531.398	605.174	0.363 044	0.552 012	−0.657 343	629.442	0.665 363

表 4.10　位置速度预报误差统计(径、横、法惯性坐标系最大值)

预报时间/d	X/m	Y/m	Z/m	$\dot{X}$/(m/s)	$\dot{Y}$/(m/s)	$\dot{Z}$/(m/s)	R/m	V/(m/s)
1	−6.048 536	116.992	4.001 179	−0.121 019	0.006 090	0.004 291	117.100	0.121 157
3	−8.151 858	629.433	4.433 292	−0.665 354	0.007 334	0.005 166	629.442	0.665 363

表 4.11　瞬时根数预报误差统计(J2000 系最大值)

预报时间/d	单　位	a	i	Ω	$\xi = e\cos\omega$	$\eta = -e\sin\omega$	$\lambda = M+\omega$
1	米(a) 度(i, Ω, λ)	−1.480 437	2.293 771 ×10⁻⁵	2.372 188 ×10⁻⁵	−6.753 919 ×10⁻⁷	−3.456 130 ×10⁻⁷	0.000 900
1	地球赤道平均半径(a) 弧度(i, Ω, λ)	−2.321 112 ×10⁻⁷	4.003 386 ×10⁻⁷	4.140 249 ×10⁻⁷	−6.753 919 ×10⁻⁷	−3.456 130 ×10⁻⁷	1.569 168 ×10⁻⁵
3	米(a) 度(i, Ω, λ)	−5.104 598	−2.300 306 ×10⁻⁵	−3.463 6 20 ×10⁻⁵	1.036 437 ×10⁻⁶	−4.567 497 ×10⁻⁷	0.005 015
3	地球赤道平均半径(a) 弧度(i, Ω, λ)	−8.003 274 ×10⁻⁷	−4.014 792 ×10⁻⁷	−6.045 157 7 ×10⁻⁷	1.036 437 ×10⁻⁶	−4.567 497 ×10⁻⁷	8.752 376 ×10⁻⁵

表 4.12　平根数预报误差统计(J2000 系最大值)

预报时间/d	单　位	$\bar{a}$	$\bar{i}$	$\bar{\Omega}$	$\bar{\xi} = \bar{e}\cos\bar{\omega}$	$\bar{\eta} = -\bar{e}\sin\bar{\omega}$	$\bar{\lambda} = \bar{M}+\bar{\omega}$
1	米($\bar{a}$) 度($\bar{i}, \bar{\Omega}, \bar{\lambda}$)	−1.258 000	2.300 000 ×10⁻⁵	2.400 000 ×10⁻⁵	−6.410 000 ×10⁻⁷	−3.250 000 ×10⁻⁷	0.000 898
1	地球赤道平均半径($\bar{a}$) 弧度($\bar{i}, \bar{\Omega}, \bar{\lambda}$)	−1.972 363 ×10⁻⁷	4.014 257 ×10⁻⁷	4.188 790 ×10⁻⁷	−6.410 000 ×10⁻⁷	−3.250 000 ×10⁻⁷	1.567 306 ×10⁻⁵
3	米($\bar{a}$) 度($\bar{i}, \bar{\Omega}, \bar{\lambda}$)	−3.530 000	−2.300 000 ×10⁻⁵	−3.600 000 ×10⁻⁵	8.980 000 ×10⁻⁷	−4.330 000 ×10⁻⁷	0.005 024
3	地球赤道平均半径($\bar{a}$) 弧度($\bar{i}, \bar{\Omega}, \bar{\lambda}$)	−5.534 531 ×10⁻⁷	−4.014 257 ×10⁻⁷	−6.283 185 ×10⁻⁷	8.980 000 ×10⁻⁷	−4.330 000 ×10⁻⁷	8.768 534 ×10⁻⁵

由图 4.30～图 4.33 与表 4.9～表 4.12 可以得到如下结论:

(1) 径、横、法惯性坐标系下,位置误差主要集中于横向(近圆轨道的沿迹向)、速度误差主要集中于径向,与理论分析的结果一致,出现这种结果的原因主要有: ① 定轨。由于径向的距离变化不明显,变化不易测量,相应的径向定轨速度误差较大。② 预报。由于摄动模型的误差,对径向的速度预报不准,从而对半长轴预报不准,因此对周期预报不准确,导致横向的位置就预报不准。

(2) J2000 系下位置、速度误差无显著规律,但位置、速度的误差最大值都出现在 Z 向,原因为:根据径、横、法惯性坐标系下的误差分析可知,位置误差主要集中于横向(近圆轨道的沿迹向),速度误差主要集中于径向。由于这里分析的数据为倾角 98°左右的卫星轨道数据,当卫星过赤道时,J2000 系 Z 向近似为沿迹向,此刻为位置误差主要集中于 Z 向的时刻;过南北极时 Z 向近似为径向,此刻为速度误差主要集中于 Z 向的时刻。需要说明的是,J2000 系的误差规律仅和倾角有一定的关系,这里出现的所谓"规律"完全是 98°倾角的近极轨轨道引起的。

（3）对于单位为"地球赤道平均半径，弧度"的根数，一天的量级除快变量 λ 为 10^{-5} 外，其余都为 10^{-7} 量级。原因在于轨道平均角速率（体现在 a 上）预报不准导致 λ 与时间的关系近似线性，预报一天的比例系数近似为 10^{-2} 量级。以半长轴 a 为 7 000 km 估算，比例系数的计算如公式（4.65）所示

$$\Delta L = \Delta\lambda a = 3\pi\Delta a Q \Rightarrow \frac{\Delta\lambda}{\Delta a} = \frac{3\pi Q}{a} \tag{4.65}$$

式（4.65）中 ΔL 为横向误差，Q 为轨数，将具体数据代入，得到

$$\frac{\Delta\lambda}{\Delta a} = \frac{3\pi Q}{a} = \frac{3\pi \times 86\,400/2\pi \times \sqrt{\mu/7\,000^3}}{7\,000/6\,378.137} = 127.3 \tag{4.66}$$

由式（4.66）明显看出，轨道越高，比例系数越小。

误差模型建议

根据上文分析，实际工程应用中，可以根据上文的理论分析以及实测结果建立误差模型。

若轨道数据输入类型为位置速度，建议根据外推时间对位置速度加误差，误差的量级由相关测定轨预报部门给定。关于误差方向，首先通过坐标系转换转到径向、横向、法向三个方向。位置的横向误差模型为线性项与三角周期函数项的叠加，径向和法向为三角周期函数误差模型；速度的径向误差模型为线性项与三角周期函数项的叠加，横向和法向为三角周期函数误差模型。具体的误差模型参数可以根据所给的误差量级估算。

若轨道输入类型为瞬时根数或平根数，建议根据外推时间对快变量 λ 加误差，对于低轨轨道，其误差的量级一般为 1 天 10^{-5}，其余根数量级为 10^{-7}，需要注意的是，这里的量级对应的单位为弧度和地球赤道平均半径（6 378 137 m），考虑工程计算过程中的保守估算，除 λ 外的其余根数可以给定 10^{-6} 或 10^{-5}。

另外，上文的分析仅适合于圆轨道，对于椭圆轨道误差规律较复杂，此不再研究。

卫星运行轨道是开展在轨任务的基础。本章介绍几种常用的卫星运行轨道,包括地球静止轨道、太阳同步轨道、回归轨道和卫星星座,分别给出它们的基本原理、轨道特性和应用范围,并择要说明了 STK 软件中对应变量的含义和详细设置方法。对于本章中用到的轨道根数,如不加特别说明,都指的是去掉短周期项的平根数(参见第 3 章相关定义)。

5.1 地球静止轨道

5.1.1 基本定义

地球同步轨道(GEO),顾名思义,其轨道周期和地球自转周期相同,均为一个恒星日,即 86 164.1 s(23 h 56 min 4.1 s)。利用二体模型轨道半长轴与周期的关系,计算得到理想地球同步轨道的半长轴为

$$a = \left(\frac{\mu}{n^2}\right)^{\frac{1}{3}} = \left(\frac{398\,600.441\,8 \times T^2}{4\pi^2}\right)^{\frac{1}{3}}$$

$$= \left(\frac{398\,600.441\,8 \times 86\,164.1^2}{4\pi^2}\right)^{\frac{1}{3}} = 42\,164.17 \text{ km} \tag{5.1}$$

式中 n 为平均轨道角速率,T 为轨道周期。运行在地球同步轨道上的卫星,经过一个轨道周期后,星下点位置回到原位置。

若卫星不仅轨道周期与地球自转周期相同,且偏心率和倾角均为零,即满足

$$a = 42\,164.17 \text{ km}, \quad e = 0, \quad i = 0 \tag{5.2}$$

则卫星在任何时刻都相对地球静止,其星下点轨迹退化为地面一定点。将这种特殊的地球同步轨道称为地球静止轨道。此时,升交点赤经 Ω 与近地点幅角 ω 失去意义,卫星的位置可用星下点地理经度代替,即定位点经度。

入轨偏差以及卫星在轨道上受到的各种摄动力会导致地球静止轨道卫星的半长轴、偏心率和倾角发生微小变化,卫星星下点并非固定不动,而是呈现出东西和南北方

向漂移。地球同步轨道上的主要摄动为 J_2 项摄动、日月引力摄动以及田谐项摄动,其具体的量级可参见表 3.6。下文将详细介绍地球静止轨道根数受摄动的影响和星下点轨迹的偏移。

5.1.2 轨道根数受到的摄动影响

1. 日月摄动对轨道倾角的影响

地球同步轨道卫星倾角变化的主要原因为日月摄动。由于倾角为轨道法线与北极的夹角,通过研究卫星轨道法线的运动,可以更好地理解摄动对倾角的影响。太阳摄动引起卫星

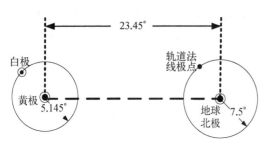

图 5.1　地球静止轨道倾角受摄动影响示意图

轨道法线绕黄极转动;月球摄动引起卫星轨道法线绕白极(月球绕地球公转面的法向)转动;地球扁率摄动引起卫星轨道法线绕北极转动,参见图 5.1。

三种转动的合成运动即轨道法线的最终运动为绕黄极与北极构成的平面内、与北极夹角为 $7.5°$ 的中心轴转动,一个转动周期约 52 年。因此,对于初始倾角为 $0°$ 的地球同步轨道

卫星,经过约 26 年后,倾角达到 $15°$ 的极大值。

关于日月摄动对地球同步轨道卫星倾角影响的定量分析,一些文献[15]有详细分析,在此对摄动影响结果做简要介绍。

1) 太阳摄动

若仅考虑太阳摄动的长期项,得到倾角摄动方程为

$$\frac{\mathrm{d}i}{\mathrm{d}t} = \frac{3}{4} \frac{\mu_s r^2}{h r_s^3} (\sin\Omega \cos\Omega \sin i \sin^2 i_s + \sin\Omega \cos i \cos i_s \sin i_s) \tag{5.3}$$

公式(5.3)中的下标 s 代表太阳的相关参数。对于大部分地球同步轨道卫星,$i \approx 0$,故 $\sin i \approx 0$ 且 $\cos i \approx 1$,则方程(5.3)可以简化为

$$\frac{\mathrm{d}i}{\mathrm{d}t} = \frac{3}{4} \frac{\mu_s r^2}{h r_s^3} \sin\Omega \cos i_s \sin i_s \tag{5.4}$$

可以看出,倾角的变化主要取决于升交点赤经的值。当 $\Omega = 90°$ 或 $270°$时,倾角变化率最大,但当 $\Omega = 90°$ 时,倾角增大,而当 $\Omega = 270°$ 时,倾角减小。

公式(5.4)中的参数具体值为

$$\mu_s = 1.327\,124\,4 \times 10^{11} \ \mathrm{km^3/s^2}$$

$$r = 4.216\,417 \times 10^4 \ \mathrm{km}$$

$$r_s = 1.495\,92 \times 10^8 \ \mathrm{km}$$

$$h = 1.296\ 4 \times 10^5 \ \text{km}^2/\text{s}$$

$$i_s = 23.45° \tag{5.5}$$

将常数值代入公式(5.4),并令 $\Omega = 270°$ 得到

$$\left|\frac{\mathrm{d}i}{\mathrm{d}t}\right|_{\Omega=270°} = -0.269\ 0°/\text{年} \tag{5.6}$$

易见,当 $\Omega = 90°$ 时

$$\left|\frac{\mathrm{d}i}{\mathrm{d}t}\right|_{\Omega=90°} = 0.269\ 0°/\text{年} \tag{5.7}$$

倾角控制的基本策略为在倾角容许范围内不控制,当超过倾角的容许范围后,将升交点赤经控制到 $270°$,使倾角为减小的趋势,且为最大值,或至少使倾角为减小的趋势,即控制 $\Omega > 180°$。但需要根据倾角 i 与升交点赤经 Ω 的实际情况控制,若直接控制 i 所需速度增量较控制 Ω 小,即直接控制倾角 i。

2) 月球摄动

同样,若仅考虑月球摄动的长期项,倾角摄动方程为

$$\frac{\mathrm{d}i}{\mathrm{d}t} = \frac{3}{4} \frac{\mu_1 r^2}{h r_1^3} \sin(\Omega - \Omega_1) \sin i_1 \cos i_1 \tag{5.8}$$

与太阳摄动同理,受月球摄动影响的倾角变化也与升交点赤经的值相关。当 $\Omega - \Omega_1 = 90°$ 或 $270°$ 时,倾角变化率最大,但当 $\Omega - \Omega_1 = 90°$ 时,倾角增大,而当 $\Omega - \Omega_1 = 270°$ 时,倾角减小。

公式(5.8)中的下标 1 代表月球的相关参数,具体值为

$$\mu_1 = 4.902\ 8 \times 10^3 \ \text{km}^3/\text{s}^2$$

$$r = 4.216\ 417 \times 10^4 \ \text{km}$$

$$r_1 = 3.844 \times 10^5 \ \text{km}$$

$$h = 1.296\ 4 \times 10^5 \ \text{km}^2/\text{s}$$

$$i_1 = 18.3° \sim 28.6° \tag{5.9}$$

公式(5.8)代入具体数值,得到

$$\left|\frac{\mathrm{d}i}{\mathrm{d}t}\right|_{i_1=18.3°,\Omega-\Omega_1=90°} = 0.478\ 2°/\text{年}$$

$$\left|\frac{\mathrm{d}i}{\mathrm{d}t}\right|_{i_1=28.6°,\Omega-\Omega_1=90°} = 0.674\ 2°/\text{年}$$

$$\left|\frac{\mathrm{d}i}{\mathrm{d}t}\right|_{i_1=18.3°,\Omega-\Omega_1=270°} = -0.478\ 2°/\text{年}$$

$$\left|\frac{\mathrm{d}i}{\mathrm{d}t}\right|_{i_1=28.6°,\Omega-\Omega_1=270°} = -0.674\ 2°/\text{年} \tag{5.10}$$

3）小结

综上分析，太阳摄动对地球同步轨道倾角影响的最大值为 0.269 0°/年；月球摄动影响的最大值为 0.478 2°/年～0.674 2°/年（和月球轨道倾角相关），则倾角的综合变化率为 0.747 2°/年～0.943 2°/年。

2. J_2 项摄动对轨道半长轴的影响

考虑地球扁率摄动 J_2 项的影响，卫星的运动方程为

$$rn^2 = \frac{\mu}{r^2} + \frac{3}{2} \frac{\mu J_2 R_e^2}{r^4} \tag{5.11}$$

对于地球同步轨道卫星，为保持卫星时刻与地球同步，应有

$$n = n_e \tag{5.12}$$

联立公式（5.11）和公式（5.12），解得地球同步轨道卫星的瞬时地心距为一定值 $r = 42\,164.695\,\mathrm{km}$，较二体模型下地球同步轨道卫星的标称地心距 $r = 42\,164.17\,\mathrm{km}$ 高 525 m；还可求得地球同步轨道卫星的瞬时轨道线速度为 $v = nr = n_e r = 3.074\,698\,\mathrm{km/s}$；再利用活力公式求得地球同步轨道卫星的瞬时半长轴为 $a = 42\,166.261\,\mathrm{km}$，较二体模型下地球同步轨道卫星的标称半长轴 $a = 42\,164.17\,\mathrm{km}$ 高 2.091 km。

由于瞬时地心距为一定值，可知地球同步轨道卫星运行在一半径为 $r = 42\,164.695\,\mathrm{km}$ 的圆轨道上；但由于瞬时地心距和瞬时半长轴不相等，可知地球同步轨道卫星的瞬时轨道为一椭圆轨道；由于瞬时半长轴 a 大于瞬时地心距 r，可知卫星处于瞬时轨道的近地点，则利用公式（3.34）可求得瞬时轨道偏心率为 $e = 0.000\,037\,158\,749\,1$。

也就是说，在考虑地球扁率摄动 J_2 项的影响时，地球同步轨道卫星的瞬时轨道为半长轴为 $a = 42\,166.261\,\mathrm{km}$、偏心率为 $e = 0.000\,037\,158\,749\,1$ 的椭圆轨道。但卫星一直运行在瞬时轨道的近地点，而近地点的进动速度恰好与地球自转速度相同，所以导致地球同步轨道卫星的最终运行轨迹为一半径为 $r = 42\,164.695\,\mathrm{km}$ 的圆轨道，如图 5.2 所示。

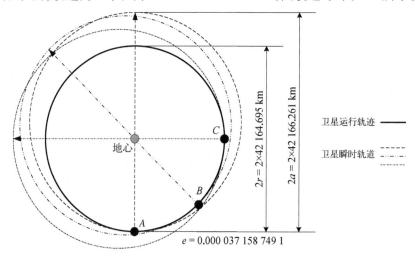

图 5.2　考虑 J_2 项摄动的地球同步轨道的瞬时轨道与运行轨迹

产生这一现象的原因是：地球赤道平均半径比极轴半径长约 21.4 km，为南北方向略扁的椭球体，对卫星产生仅与地理纬度相关的带谐项摄动（又称地球扁率摄动），仅有径向与法向分量，如图 5.3 所示。对于地球静止轨道卫星，轨道面与赤道面重合，法向分量为零，仅有径向分量。径向摄动相当于加大了地球对卫星的中心引力（相对于均匀球体而言），对应加速度约为 0.83×10^{-5} m/s^2 量级，导致地球静止轨道的运行轨迹半径和轨道半长轴相比于二体问题均增大。

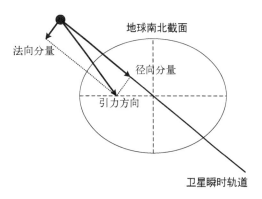

图 5.3　带谐项摄动产生的引力分量

也就是说，考虑地球扁率摄动 J_2 项的影响时，相比于二体模型，卫星所受引力增大，导致向心加速度 $n^2 r$ 增大，但由于其需要与"地球同步"，即其轨道角速度 n 依然等于 n_e，因此地心距 r 必然大于二体模型下的理想地心距，进而轨道线速度 $v = n_e r$ 增大，从而轨道半长轴 a 较二体模型下的理想半长轴值增大。

3. 田谐项摄动对星下点地理经度的影响

地球非但在过质心南北方向的截面为椭圆，在赤道平面内的截面也是椭圆，导致上述地球同步轨道卫星受地球田谐项的影响，星下点地理经度仍会发生漂移。

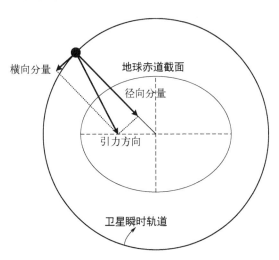

图 5.4　田谐项摄动产生的引力分量

地球赤道平面，长半轴较短半轴长约 69.4 m，对卫星产生仅与地理经度相关的田谐项摄动（又称地球椭状摄动），仅有径向与横向分量，如图 5.4 所示。当卫星的轨道面与赤道面重合时，径向分量为一阶小量，远小于带谐项产生的径向分量。但田谐项摄动产生的横向加速度不可忽略，最大约为 0.6×10^{-7} m/s^2，约比带谐项产生的加速度小两个数量级。

田谐项摄动的横向分量会导致地球静止轨道卫星的星下点经度发生漂移。下面通过简单的图形示意来定性说明漂移的原因。

已知圆轨道卫星的星下点的经度漂移加速度为

$$\ddot{\lambda} = \frac{\mathrm{d}n}{\mathrm{d}t} \tag{5.13}$$

由开普勒第三定律可知，卫星的平均轨道角速度为

$$n = \sqrt{\frac{\mu}{a^3}} \tag{5.14}$$

由活力公式可以推得

$$E = -\frac{\mu}{2a} \Rightarrow dE = \frac{\mu}{2a^2} da = (\boldsymbol{f} \cdot \boldsymbol{V}) dt \Rightarrow \frac{da}{dt} = \frac{2a^2}{\mu} (\boldsymbol{f} \cdot \boldsymbol{V}) \tag{5.15}$$

联立公式(5.13)、公式(5.14)和公式(5.15),可以求得

$$\ddot{\lambda} = -\frac{360}{2\pi} \frac{3}{na^2} (\boldsymbol{f} \cdot \boldsymbol{V}) (°)/s^2 \tag{5.16}$$

可知,卫星在轨道上所受中心天体的引力 $\boldsymbol{f}$ 与轨道速度 $\boldsymbol{V}$ 的夹角决定其星下点经度漂移加速度的方向。如图 5.5 所示为考虑田谐项摄动的地球静止轨道卫星在轨道上不同位置处所受的中心天体引力与星下点经度漂移加速度的关系。可以看出,地球静止轨道卫星在轨道上存在 4 个星下点经度漂移加速度为 0 的点,称其为平衡点。4 个平衡点中,两个为稳定平衡点,如 A 点和 C 点,两个为不稳定平衡点,如 B 点和 D 点。所谓稳定平衡点,指卫星在无主动控制时,星下点经度自然漂移振荡运动的中心点。下面用一实例说明。

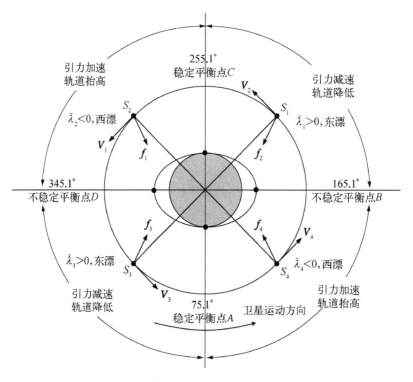

图 5.5　地球静止轨道平衡点示意图(考虑 J_2 项和 J_{22} 项影响)

假设有一地球静止轨道卫星,发射至图 5.5 所示的 S_1 点,S_2 点与 S_1 点相对平衡点 C 对称。在无轨道维持的情况下,考虑带谐项摄动 J_2 项和田谐项摄动 J_{22} 项的影响,卫星的星下点轨迹最终在 S_1 点和 S_2 点间反复振荡运动,具体情况如表 5.1 所示。

表 5.1　经度漂移分析

区　间	摄　动　力	经度漂移加速度	经度漂移速度	半　长　轴
S_1到 C	横向分量与卫星运动方向相反，并逐渐减小至 0	正值，逐渐减小至 0	速度向东且增大至极大值	标称值逐渐减小至极小值，至 C 处减速度为 0
C 到 S_2	横向分量与卫星运动方向相同，并逐渐增大至与 S_1 处相同	负值，绝对值逐渐增大至与 S_1 处相同	速度向东且减小至 0	极小值逐渐增大至标称值，至 S_2 处加速度与 S_1 处相同
S_2 到 C	横向分量与卫星运动方向相同，并逐渐减小至 0	负值，绝对值逐渐减小至 0	速度向西且增大至极大值	标称值增大至极大值，至 C 处加速度为 0
C 到 S_1	横向分量与卫星运动方向相反，并逐渐增大至极大值	正值，逐渐增大至最大值	速度向西且减小至 0	极大值逐渐减小至标称值

对表 5.1 中描述的运动示意如图 5.6所示。

下面对地球静止轨道卫星星下点经度漂移加速度进行推导。

联立公式(5.13)和公式(5.14)，可得

$$\ddot{\lambda} = -\frac{3}{2}\sqrt{\frac{\mu}{a^5}}\frac{\mathrm{d}a}{\mathrm{d}t} \qquad (5.17)$$

由拉格朗日运动方程可知

$$\frac{\mathrm{d}a}{\mathrm{d}t} = \frac{2}{na}\frac{\partial V}{\partial M} \qquad (5.18)$$

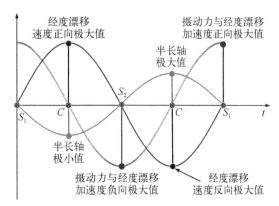

图 5.6　初始标称轨道经度漂移分析示意图

其中 V 为地球引力场位函数，其具体表达参见公式(3.72)。

联立公式(5.17)和公式(5.18)，可得

$$\ddot{\lambda} = -\frac{3}{a^2}\frac{\partial V}{\partial M} \qquad (5.19)$$

卫星的星下点地理经度可用如下公式表达

$$\lambda = \Omega + \omega + M - \theta_{\mathrm{G}} \qquad (5.20)$$

其中 θ_{G} 为地球自转角，参见第 2.4.2 节。由公式(5.20)可知

$$\frac{\partial \lambda}{\partial M} = 1 \qquad (5.21)$$

则公式(5.19)还可以表达为

$$\ddot{\lambda} = -\frac{3}{a^2}\frac{\partial V}{\partial M} = -\frac{3}{a^2}\frac{\partial V}{\partial \lambda}\frac{\partial \lambda}{\partial M} = -\frac{3}{a^2}\frac{\partial V}{\partial \lambda} \tag{5.22}$$

若考虑地球非球形摄动 J_{22}，J_{31}，J_{33} 项的影响，由公式(3.72)推得

$$
\begin{aligned}
V(r, \varphi, \lambda) = & -J_{22}P_{22}(\sin\varphi)\frac{\mu}{r}\left(\frac{R_e}{r}\right)^2\cos 2(\lambda-\lambda_{22}) \\
& -J_{31}P_{31}(\sin\varphi)\frac{\mu}{r}\left(\frac{R_e}{r}\right)^3\cos(\lambda-\lambda_{31}) \\
& -J_{33}P_{33}(\sin\varphi)\frac{\mu}{r}\left(\frac{R_e}{r}\right)^3\cos 3(\lambda-\lambda_{33})
\end{aligned}
\tag{5.23}
$$

由公式(3.77)和公式(3.78)可以推得

$$
\begin{cases}
P_{22}(\sin\varphi) = 3\cos^2\varphi \\
P_{31}(\sin\varphi) = \dfrac{15}{2}\sin^2\varphi\cos^2\varphi - \dfrac{3}{2}\cos\varphi \\
P_{33}(\sin\varphi) = 15\cos^3\varphi
\end{cases}
\tag{5.24}
$$

联立公式(5.22)、公式(5.23)和公式(5.24)，并考虑地球静止轨道 $r = a$，$\varphi = 0$，得到

$$
\begin{aligned}
\ddot{\lambda} = & -18J_{22}n^2\left(\frac{R_e}{a}\right)^2\sin 2(\lambda-\lambda_{22}) \\
& +\frac{9}{2}J_{31}n^2\left(\frac{R_e}{a}\right)^3\sin(\lambda-\lambda_{31}) \\
& -135J_{33}n^2\left(\frac{R_e}{a}\right)^3\sin 3(\lambda-\lambda_{33})
\end{aligned}
\tag{5.25}
$$

令 a 和 n 取地球同步轨道卫星的值，即 $a = 42\,164.17$ km，$n = 7.292\,115\,146\,7 \times 10^{-5}$ rad/s。采用地球引力场模型 JGM-3，常数取

$$
\begin{cases}
J_{22} = -1.815\,53 \times 10^{-6}, & \lambda_{22} = -0.260\,56 \text{ rad} \\
J_{31} = -2.209\,12 \times 10^{-6}, & \lambda_{31} = 0.121\,62 \text{ rad} \\
J_{33} = -2.213\,60 \times 10^{-7}, & \lambda_{33} = 0.366\,41 \text{ rad}
\end{cases}
\tag{5.26}
$$

代入公式(5.25)，得到卫星的星下点地理平均经度(指的是一天内的平均经度，下文同)漂移加速度的表达式为

$$
\begin{aligned}
\ddot{\lambda} = & 2.968\,321\,8 \times 10^{-5}\sin[2(\lambda+14.928\,988\,3°)] \\
& -1.365\,894\,4 \times 10^{-6}\sin(\lambda-6.968\,312\,7°) \\
& +4.105\,99 \times 10^{-6}\sin[3(\lambda-20.993\,747°)]
\end{aligned}
\tag{5.27}
$$

求解得到四个平衡点的位置为($75.059\,540°$，$162.081\,278°$，$255.088\,443°$，$348.595\,988°$)。

若只考虑 J_{22} 项的影响,星下点地理平均经度漂移加速度的表达式为

$$\ddot{\lambda} = 0.001\,7\sin[2(\lambda + 14.928\,988\,3°)] \tag{5.28}$$

求解得到四个平衡点的位置为 $(75.071\,011°,\ 165.071\,011°,\ 255.071\,011°,\ 345.071\,011°)$。公式 (5.27) 中 $\ddot{\lambda}$ 的单位为 $(\text{rad}/天^2)$,公式 (5.28) 中 $\ddot{\lambda}$ 的单位为 $(°/天^2)$。

图 5.7 为考虑 J_{22},J_{31},J_{33} 项摄动与只考虑 J_{22} 项摄动求解得到的不同经度处的经度漂移加速度曲线。图中,B 点与 D 点近似位于赤道椭圆的长半轴上,为不稳定平衡点;A 点与 C 点近似位于赤道椭圆的短半轴上,为稳定平衡点。

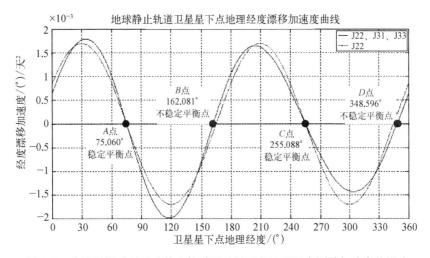

图 5.7　非球形摄动对地球静止轨道卫星星下点地理经度漂移加速度的影响

5.1.3　轨道根数偏差对星下点轨迹影响

第 5.1.1 节的分析指出,在二体模型下,理想的地球静止轨道卫星相对地面静止,其星下点轨迹为一定点。但实际上,理想的地球静止轨道是不存在的,由于各种空间摄动的作用,实际卫星的倾角、半长轴和偏心率都会发生变化,轨道周期也不完全与地球同步,从地面上看,实际地球静止轨道卫星的星下点轨迹并不是一个定点,而是在东西(经度)方向和南北(纬度)方向的偏移运动。下面对几种典型的轨道进行分析。

1. 轨道倾角有差

实际卫星仅轨道倾角与理想地球静止轨道卫星不同时,即当 $a = 42\,164.17\ \text{km}$,$e = 0$,$i \neq 0$ 时,实际卫星的星下点轨迹绕定位点在经度方向和纬度方向均呈现出周期性振荡,二者的合成运动使星下点轨迹在当地水平面内呈"8 字形",如图 5.8 所示。

由球面三角公式可知

$$\sin \Delta\varphi = \sin i \sin nt \tag{5.29}$$

当 i 和 $\Delta\varphi$ 均为小量时,得到实际卫星在纬度方向的振荡为

$$\Delta\varphi \approx i\sin nt \Rightarrow |\Delta\varphi|_{i-\max} \approx i \tag{5.30}$$

由球面三角公式还可知

$$\cos i = \tan(nt + \Delta\lambda)\cot nt \Rightarrow \tan\Delta\lambda = -\sin 2nt \frac{(1-\cos i)}{2(\cos^2 nt + \cos i \, \sin^2 nt)} \tag{5.31}$$

当 i 和 $\Delta\lambda$ 均为小量时,将 $\cos i$ 的级数展开形式 $\cos i \approx 1 - i^2/2$ 代入公式(5.31),并忽略二阶小量,得到实际卫星在经度方向的振幅为

$$\Delta\lambda \approx -\frac{i^2}{4}\sin 2nt \Rightarrow |\Delta\lambda|_{i-\max} \approx \frac{i^2}{4} \times \frac{2\pi}{360} \tag{5.32}$$

公式(5.30)和公式(5.32)中的 t 的起点为卫星过升交点的时刻,$\Delta\varphi$、$\Delta\lambda$ 和 i 的单位均为角度。公式结论可以通过 STK 软件内的"Two body"模型验证。

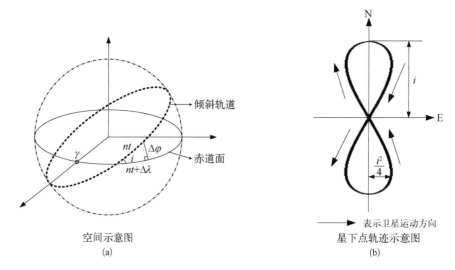

图 5.8　倾角对定位点经纬度的影响示意图

2. 轨道半长轴有差

当实际卫星仅轨道半长轴与理想地球静止轨道卫星不同时,即当 $a \neq 42\,164.17$ km,$e = 0$,$i = 0$ 时,实际卫星的星下点轨迹会在经度方向发生漂移。当 $a > 42\,164.17$ km 时,轨道周期大于恒星日,星下点轨迹西漂;当 $a < 42\,164.17$ km 时,轨道周期小于恒星日,星下点轨迹东漂。利用卫星轨道半长轴与周期的关系可得到漂移速率

$$n = \left(\frac{\mu}{a^3}\right)^{\frac{1}{2}} \Rightarrow \Delta n = -\frac{3n_s}{2a_s}\Delta a = -\frac{3}{2}\frac{360°/86\,164.1\,\text{s}}{42\,164.17\,\text{km}}\Delta a = 0.012\,8\Delta a(°)/\text{天} \tag{5.33}$$

公式(5.33)中的下标 s 代表理想的地球静止轨道参数,Δa 的单位为 km。公式(5.33)也可以通过 STK 软件内的"Two body"模型验证。实际卫星星下点轨迹的漂移示意如图 5.9 所示。

需要说明的是,图 5.9 中实际卫星的星下点轨迹在纬度方向也有振荡是 J2000 坐标系与瞬时地球固连坐标系的 XOY 平面的差异造成的,其影响因素为岁差章动(参见2.2.2节),任务时间离 2000 年 1 月 1 日 12:00:00.000 TDB 越远,其振荡幅值也越大。

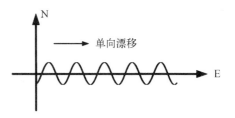

图 5.9 半长轴偏差对定位点经度的影响示意图

3. 轨道偏心率有差

当实际卫星仅轨道偏心率与理想地球静止轨道卫星不同时,即当 $a = 42\,164.17\,\mathrm{km}$, $e \neq 0$, $i = 0$ 时,实际卫星的星下点轨迹绕定位点在经度方向周期性振荡。由开普勒第二定律可知,卫星的轨道角速度在近地点处最大,在远地点处最小;而在 A 点($E=90°$)与 B 点($E=270°$)处,由于地心距 $r = a(1-e\cos E)\Big|_{E=90°或270°} = a$,可知卫星的轨道角速率就等于与地球的自转角速率。即从近地点到 A 点,实际卫星相对理想地球静止轨道卫星,转动速度较快,星下点轨迹相对定位点东漂,到 A 点时到达最东边界;同理可知,实际卫星在 B 点时星下点轨迹相对定位点西漂到达最西边界,如此往返振荡运动。星下点轨迹示意图如图 5.10 所示。

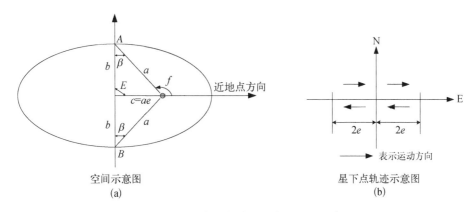

空间示意图　　　　　　　　　　　　　　星下点轨迹示意图
(a)　　　　　　　　　　　　　　　　　　(b)

图 5.10 偏心率对定位点经度的影响示意图

偏心率对星下点经度的影响为

$$\Delta\lambda = f - M \tag{5.34}$$

依据开普勒运动方程

$$E - e\sin E = M \tag{5.35}$$

在 A、B 两点星下点处于最东边界与最西边界,因此有

$$\Delta\lambda_{\max} = f - M\Big|_{E=90°} = 90° + \beta - (90° - e\sin 90°) = \beta + e$$

$$\Delta\lambda_{\min} = f - M\Big|_{E=270°} = 360° - (90° + \beta) - (270° - e\sin 270°) = -\beta - e \tag{5.36}$$

根据图 5.10 中的直角三角形,很容易推得

$$\sin \beta = \frac{ae}{a} = e \tag{5.37}$$

当 e 为小量时，$\sin\beta$ 也为小量，有 $e = \sin\beta \approx \beta$，得到实际卫星的星下点轨迹经度方向的振荡幅度为

$$|\Delta\lambda|_{e-\max} = \beta + e = 2e \tag{5.38}$$

4. 综合影响

根据前面的分析，可知实际卫星与理想地球同步轨道卫星的倾角差、半长轴差和偏心率差对实际卫星的星下点轨迹的影响是解耦的，其中：

(1) 倾角差使卫星的星下点轨迹在纬度方向绕定位点往返振荡运动，振幅为 $|\Delta\varphi| \approx i$；

(2) 偏心率差使卫星的星下点轨迹在经度方向绕定位点往返振荡运动，振幅为 $|\Delta\lambda| \approx 2e$；

(3) 半长轴差使卫星的星下点轨迹在经度方向从定位点单向漂移远离，漂移速度为 $\Delta n = 0.0128\Delta a (°) / $天。

若实际卫星的倾角、半长轴和偏心率至少有两项与理想地球静止轨道都不同，可根据上面结论对单项影响的结果进行复合。当三者均有差时，星下点轨迹还与近地点幅角有关，下面对这种综合影响进行详细介绍。

1) 半长轴和倾角有差

当实际卫星的半长轴和倾角与理想地球静止轨道卫星不同时，实际卫星相对理想卫星的空间相对运动可分解为轨道面内的横向漂移运动和垂直于轨道面的法向振荡运动；呈现在当地水平面内，实际卫星的星下点轨迹在经度方向漂移远离定位点、纬度方向绕定位点周期性振荡，二者的合成运动使星下点轨迹在当地水平面内呈现类似"正弦曲线"运动。以 $\Delta a = -100$ km，$\Delta i = 0.1°$ 为例，实际卫星相对理想卫星的空间相对运动和星下点轨迹如图5.11所示。

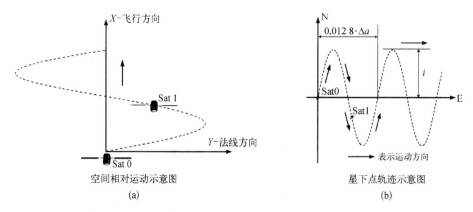

图 5.11　半长轴和倾角有差时实际卫星相对理想卫星的相对运动（$\Delta a = -100$ km，$\Delta i = 1°$）

2) 半长轴和偏心率有差

当实际卫星的半长轴和偏心率与理想地球静止轨道卫星不同时，实际卫星相对理想卫星的空间相对运动为轨道面内的漂移椭圆运动（详细参见第7章）；呈现在当地水平面内，实际卫星的星下点轨迹在经度方向振荡漂移远离定位点。以 $\Delta a = -100$ km，$\Delta e = 0.01$ 为例，实际卫星相对理想卫星的空间相对运动和星下点轨迹如图5.12所示。

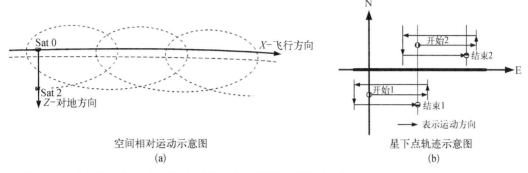

图 5.12 半长轴和偏心率有差时实际卫星相对理想卫星的相对运动($\Delta a = -100$ km, $\Delta e = 0.01$)

3）倾角和偏心率有差

当实际卫星的倾角和偏心率与理想地球静止轨道卫星不同时,实际卫星相对理想卫星的空间相对运动为一空间封闭椭圆运动,椭圆平面、偏心率矢量方向和相对轨迹绕行方向与实际卫星的近地点幅角 ω 相关;呈现在当地水平面内,实际卫星的星下点轨迹在经度方向和纬度方向均绕定位点周期性振荡,但合成运动的最终形式与实际卫星的近地点幅角 ω 相关。

由前三节分析可知,倾角有差或偏心率有差引起的星下点轨迹的漂移是振荡闭合的,而半长轴有差引起的星下点轨迹漂移是单向发散的。所以倾角和偏心率有差的情况,相比于半长轴、偏心率和倾角均有差的情况,唯一的差别在于空间相对运动轨迹和星下点轨迹不会在飞行方向和经度上单向漂移。因此关于近地点幅角对相对运动轨迹的影响在下文给出介绍,本部分内容可视为一种特殊情况。

虽然近地点幅角会影响实际卫星相对理想卫星的空间相对运动和星下点轨迹形状,但星下点轨迹在纬度和经度方向的振幅是固定的。由 5.1.3 小节中的"1. 轨道倾角有差"和"3. 轨道偏心率有差"的分析可知,实际卫星的星下点轨迹在纬度方向的振幅由倾角决定,约为 $|\Delta\varphi|_{\max} = |\Delta\varphi|_{i-\max} \approx i$;实际卫星的星下点轨迹在经度方向的振幅由偏心率决定,约为 $|\lambda|_{\max} = |\lambda|_{e-\max} \approx 2e$,如图 5.13 所示。

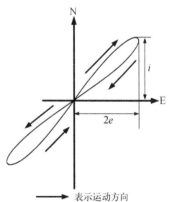

图 5.13 倾角和偏心率有差时实际卫星相对理想卫星的相对运动（对应于某一 ω 值）

4）倾角、半长轴和偏心率有差

当实际卫星的半长轴、偏心率和倾角均与理想地球静止轨道卫星不同时,实际卫星相对理想卫星的空间相对运动为一"不规则螺线运动",螺线法矢量、螺线倾斜方向和螺线旋转方向与实际卫星的近地点幅角相关;呈现在当地水平面内,实际卫星的星下点轨迹在经度方向漂移远离定位点、纬度方向绕定位点周期性振荡,二者的合成运动使星下点轨迹在当地水平面内呈现出"不规则漂移椭圆运动",椭圆的形状和旋转方向与实际卫星的近地点幅角相关。

以 $\Delta a = -100$ km,$\Delta i = 1°$,$\Delta e = 0.01$ 为例,分析不同近地点幅角 ω 对应的实际卫星相对理想卫星的空间相对运动和星下点轨迹,如图 5.14 所示。

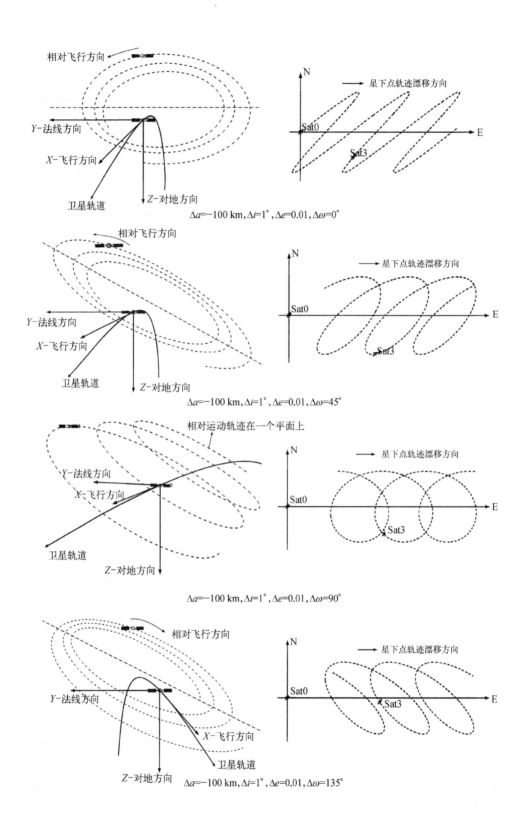

$\Delta a=-100 \text{ km}, \Delta i=1°, \Delta e=0.01, \Delta \omega=0°$

$\Delta a=-100 \text{ km}, \Delta i=1°, \Delta e=0.01, \Delta \omega=45°$

$\Delta a=-100 \text{ km}, \Delta i=1°, \Delta e=0.01, \Delta \omega=90°$

$\Delta a=-100 \text{ km}, \Delta i=1°, \Delta e=0.01, \Delta \omega=135°$

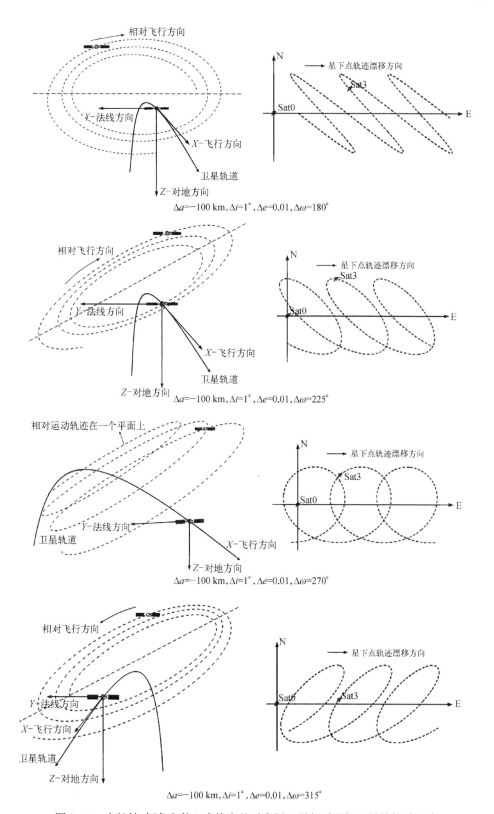

图 5.14 半长轴、倾角和偏心率均有差时实际卫星相对理想卫星的相对运动

由图 5.14 可以得到如下结论：

（1）实际卫星相对理想地球静止轨道卫星的空间相对运动轨迹为"不规则螺线"运动。从飞行方向（$+x$ 轴）看：① 当 $90° < \Delta\omega < 270°$ 时，螺线绕行方向为顺时针方向；② 当 $270° < \Delta\omega < 360° + 90°$ 时，螺线绕行方向为逆时针方向；③ 当 $\Delta\omega = 90°$ 或 $\Delta\omega = 270°$ 时，螺线运动退化到一个垂直于飞行方向的平面上，螺线方向发生切换。

（2）实际卫星的星下点轨迹为"不规则漂移椭圆"运动。从对地方向（$+z$ 轴）看：① 当 $0° \leqslant \Delta\omega < 180°$ 时，椭圆绕行方向为顺时针方向；② 当 $180° \leqslant \Delta\omega < 360°$ 时，椭圆绕行方向为逆时针方向。

5.1.4　位置保持

地球静止轨道可由三个根数确定：a,e,i。但由于各种轨道摄动以及初始入轨偏差的影响，三个根数必然会偏离理论值。无论何种原因引起的根数偏离，超过一定范围后，都需要通过轨道机动进行位置保持。

轨道半长轴偏离理论值会引起星下点轨迹在经度方向的运动（东-西运动），需要进行东-西位置保持，简称东-西位保。轨道倾角偏离理论值会引起星下点轨迹在纬度方向的运动（南-北运动），需要进行南-北位置保持，简称南-北位保。轨道偏心率偏离理论值，一般通过修正半长轴兼顾实现偏心率的修正。

需要说明的是：实际的理论轨道需要考虑地球非球形摄动、日月摄动修正二体模型的理论值；若倾角不为 0，还需要考虑由地球扁率摄动引起的升交点赤经变率导致的星下点经度变化，进而需要对理论半长轴值进行修正。轨道初始值一般为理论值。

下文将详述东-西位保与南-北位保两种位置保持的方法以及速度增量预算。

1. 地理经度保持（东-西位保）

地球静止轨道卫星东西方向偏移主要有两个因素，一是太阳辐射压摄动引起的偏心率变化，二是地球非球形摄动引起的星下点经度方向的加速度。下面利用类似"匀加速直线运动"的规律介绍"修正循环控制"的概念。

如图 5.15 所示，λ_0 为卫星要求的定位点经度，$\Delta\lambda$ 为允许的经度偏差，由于 $\Delta\lambda$ 一般不会太大，根据公式（5.27）或公式（5.28），可认为经度漂移加速度 $\ddot\lambda$ 在经度允许范围内为定值，即经度漂移速率匀速增大或减小。

若经度漂移加速度为负值，即 $\ddot\lambda < 0$（图 5.15（a）），在西区边界进行轨道机动，使卫星的经度漂移速率为 $\dot\lambda_0$，$\dot\lambda_0$ 的大小以卫星由西区边界运动到东区边界时，$\dot\lambda$ 恰好为零为好。则以东区边界为起始点，此时卫星的经度漂移速率 $\dot\lambda_{东区边界} = 0$，经度漂移加速度 $\ddot\lambda_{东区边界} < 0$，卫星西漂；在卫星经度自东区边界西漂至西区边界的过程中，经度漂移速率负向匀速增大，在西区边界时达到最大值 $\dot\lambda_{西区边界-控前} = -\dot\lambda_0$，此时施加与飞行方向相反的控制量，减小轨道半长轴，使漂移速率由 $-\dot\lambda_0$ 变为 $\dot\lambda_0$，即 $\dot\lambda_{西区边界-控后} = \dot\lambda_0$，卫星改为向东漂移；在卫星自西区边界东漂至东区边界的过程中，经度漂移速率正向匀速减小，在东区边界时达到最小值 $\dot\lambda_{东区边界} = 0$，… 如此进行控制，循环反复。

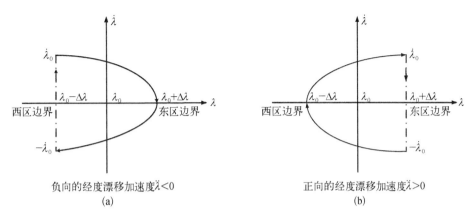

图 5.15　定位点经度位置保持修正循环示意图

若经度漂移加速度为正值，即 $\ddot{\lambda}>0$（图 5.15(b)），在东区边界进行轨道机动，使卫星的经度漂移速率为 $-\dot{\lambda}_0$，$-\dot{\lambda}_0$ 的大小以卫星由东区边界运动到西区边界时，$\dot{\lambda}$ 恰好为零为好。则以西区边界为起始点，此时卫星的经度漂移速率 $\dot{\lambda}_{西区边界}=0$，经度漂移加速度 $\ddot{\lambda}_{西区边界}>0$，卫星东漂；在卫星经度自西区边界东漂至东区边界的过程中，经度漂移速率正向匀速增大，在东区边界时达到最大值 $\dot{\lambda}_{东区边界-控前}=\dot{\lambda}_0$，此时施加与飞行方向相同的控制量，增大轨道半长轴，使漂移速率由 $\dot{\lambda}_0$ 变为 $-\dot{\lambda}_0$，即 $\dot{\lambda}_{西区边界-控后}=-\dot{\lambda}_0$，卫星改为向西漂移；在卫星自东区边界西漂至西区边界的过程中，经度漂移速率正向匀速增大，在西区边界时达到最大值 $\dot{\lambda}_{西区边界}=0$，… 如此进行控制，循环反复。

由于图 5.15(a) 的东区边界与图 5.15(b) 的西区边界处均有 $\dot{\lambda}=0$，可知此处的轨道半长轴等于理论值。

类似"匀加速直线运动"的位移、速度、加速度的关系，可以得到

$$\dot{\lambda}_0^2=2\mid\ddot{\lambda}\mid 2\Delta\lambda\Rightarrow\dot{\lambda}_0=2\left(\mid\ddot{\lambda}\mid\Delta\lambda\right)^{1/2} \tag{5.39}$$

控制周期 T 与 $\dot{\lambda}_0$、$\ddot{\lambda}$ 的关系为

$$-\dot{\lambda}_0=\dot{\lambda}_0-\mid\ddot{\lambda}\mid T\Rightarrow T=\frac{2\dot{\lambda}_0}{\mid\ddot{\lambda}\mid}=\frac{4(\mid\ddot{\lambda}\mid\Delta\lambda)^{1/2}}{\mid\ddot{\lambda}\mid}=4\left(\frac{\Delta\lambda}{\mid\ddot{\lambda}\mid}\right)^{1/2} \tag{5.40}$$

每次机动的控制量由平均角速率方程 $n=(\mu/a^3)^{1/2}$ 与活力公式 $v^2=\mu(2/r-1/a)$ 联立推导得到。

$$\left.\begin{array}{l}n=(\mu/a^3)^{1/2}\Rightarrow\Delta n=-\dfrac{3}{2}\dfrac{\sqrt{\mu}}{a^{5/2}}\Delta a\\[3mm]v^2=\mu\left(\dfrac{2}{r}-\dfrac{1}{a}\right)\Rightarrow 2v\Delta v=\dfrac{\mu}{a^2}\Delta a\end{array}\right\}\Rightarrow\left\{\begin{array}{l}\Delta n=-\dfrac{3v}{\sqrt{\mu a}}\Delta v\\[3mm]\Delta v=-\dfrac{\sqrt{\mu a}}{3v}\Delta n=-\dfrac{a^2 n}{3v}\Delta n\end{array}\right. \tag{5.41}$$

代入地球同步卫星相关参数

$$\mu=398\,600.441\,8\ \mathrm{km^3/s^2}$$

$$a=42\,164.17\ \mathrm{km}$$

$$v = 3.074\ 66\ \text{km/s}$$

$$n = 7.292\ 115\ 146\ 7 \times 10^{-5}\ \text{rad/s} \tag{5.42}$$

得到

$$\Delta v = 14\ 054.72 \Delta n\ \text{km/s} = 2.84 \Delta \dot{\lambda}\ \text{m/s} \tag{5.43}$$

公式(5.43)中的 Δn 的单位为 rad/s，$\Delta \dot{\lambda}$ 的单位为(°)/天。

假设改变 $2\dot{\lambda}_0$ 的经度漂移速率，将公式(5.39)代入公式(5.43)得到

$$\Delta v \mid_{次} = 5.68 \dot{\lambda}_0\ \text{m/s} = 11.36\ (\mid \ddot{\lambda} \mid \Delta \lambda)^{1/2}\ \text{m/s} \tag{5.44}$$

公式(5.44)联立公式(5.40)可得到每年的速度增量为

$$\Delta v \mid_{年} = 11.36\ (\mid \ddot{\lambda} \mid \Delta \lambda)^{1/2} \cdot \frac{365}{T} = 1\ 036.28 \mid \ddot{\lambda} \mid\ \text{m/s} \tag{5.45}$$

由公式(5.16)可知，若摄动力在惯性空间中方向固定，对圆轨道卫星而言，其轨道线速度为常值，摄动力在一个轨道周期内方向变化 $360°$，对经度漂移加速度的影响为零。由于太阳每天相对地球的转动速度为 $0.985\ 6°$/天，对经度漂移加速度的影响很小，而月球每天相对地球的转动速度约为 $13.2°$/天，对一个轨道周期的经度漂移加速度项的影响约等于其转动周期(27.3 天)的 $1/2$，可知月球的影响不能忽略。因此，静止轨道卫星经度漂移加速度主要包含赤道处地球椭率引起的长期性加速度和月球引起的周期性加速度。

对于较大的经度允许偏差，相邻两次机动之间的时间间隔可以跨越若干月球影响周期。但对于小的经度允许偏差，由于月球影响不可忽略，其影响的量值需要根据具体的月球位置确定，需要用数值方法确定。

由上面的分析可知，控制时间间隔 T、控制速度增量 Δv 与卫星的星下点地理经度 λ 和允许的经度漂移范围 $\Delta \lambda$ 直接相关。只考虑 J_{22} 项摄动的影响，保守估算东-西位保所需速度增量，即公式(5.28)取最大值，即 $\mid \ddot{\lambda} \mid = 0.001\ 7°$/天^2，则由公式(5.44)和公式(5.45)估算燃料消耗，再通过公式(5.40)计算两次控制间的时间间隔，结果如表 5.2 所示。

表 5.2　东-西位保

经度允许范围/(°)	每次速度增量/(m/s)	相隔时间/d	每年机动次数	一年总速度增量/(m/s)
0.10	0.15	30.79	12	1.761 3
0.50	0.33	68.84	5	1.761 3
1.00	0.47	97.36	4	1.761 3
1.50	0.57	119.24	3	1.761 3
2.00	0.66	137.69	3	1.761 3
2.50	0.74	153.94	2	1.761 3
3.00	0.81	168.63	2	1.761 3

2. 轨道倾角保持(南-北位保)

地球静止轨道卫星南北方向的偏移等于轨道倾角,倾角变化主要受日月摄动的影响。如第 5.1.2 节中的"1. 日月摄动对轨道倾角的影响"所述,日月摄动引起的倾角变化率范围为 $0.747\,2°/$年~$0.943\,2°/$年,取平均值 $0.845\,2°/$年,则南北位保的机动平均时间间隔 T 可以表示为

$$T = \frac{2i_{max}}{0.845\,2} \times 365 = 863.7i_{max} \text{ 天} \tag{5.46}$$

可见,轨道控制次数 N 与任务要求的倾角允许范围 i_{max} 直接相关。轨道控制量可由下式估算

$$\Delta v = 2v \times \sin\left(\frac{2i_{max}}{2}\right) = 6.148\sin i_{max} \text{ km/s} \approx 107.3i_{max} \text{ m/s} \tag{5.47}$$

公式(5.47)中的 i_{max} 的单位为 $(°)$。

同样采用修正循环方式控制,控制后倾角不变,但升交点赤经变化 $180°$,根据公式(5.4)可知倾角变化率的符号改变。得到轨道机动的相关参数如表 5.3 所示。

表 5.3　南-北位保

倾角允许范围/$(°)$	每次速度增量/(m/s)	相隔时间/d	两次机动之间的平均时间/d	一年总速度增量/(m/s)
0.10	10.73	86.37	86	45.35
0.50	53.65	431.85	432	45.35
1.00	107.30	863.70	864	45.35
1.50	160.95	1 295.55	1 296	45.35
2.00	214.60	1 727.40	1 727	45.35
2.50	268.25	2 159.25	2 159	45.35
3.00	321.90	2 591.10	2 591	45.35

由表 5.2 与表 5.3 可见,东-西位保较南-北位保所需的速度增量小得多,主要原因是东-西位保是轨道面内的轨道调整,而南-北位保则是调整卫星运行的轨道面,但东-西位保控制频度要求较高。

5.2　太阳同步轨道

5.2.1　基本定义

所谓太阳同步轨道,指卫星轨道面进动的角速度与平太阳绕地球转动的角速度相同。

由第 3.2 节的内容可知,由于地球非球形引力摄动的影响,卫星轨道面在惯性空间不断进动,仅考虑带谐项 J_2 项的长期摄动,轨道面的进动角速率为

$$\dot{\Omega} = -\frac{3nJ_2R_e^2}{2(1-e^2)^2a^2}\cos i \tag{5.48}$$

式中，$\dot{\Omega}$ 的单位为 rad/s。将 $J_2 = 1.08263 \times 10^{-3}$，$n = \sqrt{\mu/a^3}$ 代入公式(5.48)，得到轨道面的进动速率为

$$\dot{\Omega} = -9.964 \times \left(\frac{R_e}{a}\right)^{3.5} \times (1-e^2)^{-2} \times \cos i (°/ 天) \tag{5.49}$$

对于太阳同步轨道，即满足

$$\dot{\Omega} = -9.964 \times \left(\frac{R_e}{a}\right)^{3.5} \times (1-e^2)^{-2} \times \cos i = 0.985612288 (°/ 天) \tag{5.50}$$

由公式(5.50)可以得到太阳同步轨道的几个特点：

(1) 卫星在经过同一纬度地区且同一运动方向(由南向北或由北向南)时，当地地方时相同；

(2) 太阳同步轨道的轨道半长轴 a、偏心率 e 与轨道倾角 i 之间满足固定关系；对于偏心率 $e = 0$ 的太阳同步轨道，即轨道半长轴 a 与轨道倾角 i 之间具有固定匹配，若轨道半长轴 a 已知，则倾角 i 也随之确定下来；

(3) 太阳同步轨道的轨道倾角一定大于 95.675°，此时轨道高度为 0，为逆行轨道；

(4) 太阳同步轨道的轨道高度有上限值，最大不超过 5959 km，此时轨道倾角为 180°。偏心率为 0 的太阳同步轨道的轨道高度与轨道倾角的关系如图 5.16 所示。

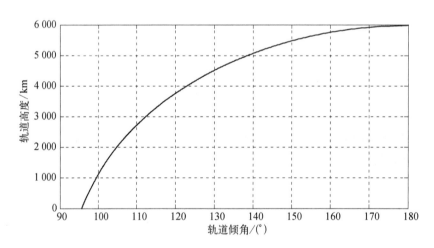

图 5.16　太阳同步轨道高度与倾角的关系

由于太阳同步轨道卫星经过同一纬度地区且同一运动方向时具有相同的当地地方时，引入"降交点地方时"(或"升交点地方时")的概念来代替开普勒 6 根数中的"升交点赤经"，更能体现太阳同步轨道的特点。太阳同步轨道的升、降交点地方时之间具有固定关系，下面进行详细推导。

升交点地方时 T_a 和过升交点时刻的世界时 UT_a，以及过升交点时刻升交点处的地理经度 Lon_a 的关系为

$$T_a = UT_a + \frac{\text{Lon\_a}}{15°/\text{h}} \tag{5.51}$$

同理可得到降交点地方时 T_d 和过降交点时刻的世界时 UT_d，以及过降交点时刻降交点处的地理经度 Lon_d 的关系为

$$T_d = UT_d + \frac{\text{Lon\_d}}{15°/\text{h}} \tag{5.52}$$

过升、降交点时刻的世界时满足关系

$$UT_d = UT_a + \frac{T_N}{2} \tag{5.53}$$

式(5.53)中 T_N 为交点周期，将在 5.3 节中介绍。

升、降交点处的地理经度满足关系

$$
\begin{aligned}
\text{Lon\_d} &= \text{Lon\_a} + 180° - n_e \times \frac{T_N}{2} + \dot{\Omega} \times \frac{T_N}{2} \\
&= \text{Lon\_a} + 180° - \frac{360.985\,612\,288°}{24\ \text{h}} \times \frac{T_N}{2} + \frac{0.985\,612\,288°}{24\ \text{h}} \times \frac{T_N}{2} \\
&= \text{Lon\_a} + 180° - \frac{T_N}{2} \times 15°/\text{h}
\end{aligned}
\tag{5.54}
$$

联立公式(5.51)~公式(5.54)，可以得到

$$T_d = T_a + 12\ \text{h} \tag{5.55}$$

可以看出，太阳同步轨道的升、降交点地方时相差整整 12 h。

降交点地方时是太阳同步轨道一个非常重要的设计指标，它直接表征卫星在轨道上的太阳受照情况，如图 5.17 所示。例如要使卫星具有良好的能源条件，可以选择降交点地方

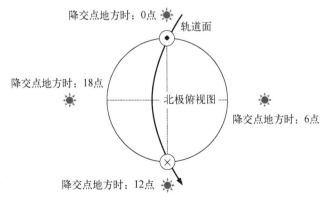

图 5.17 太阳同步轨道降交点时与太阳方位的关系

时为 6 点的晨昏太阳同步轨道,此时太阳光照方向与卫星轨道面近似垂直,保持帆板展开方向在轨道面内,即可保证能源条件始终良好。对于对地遥感观测卫星,则尽量选择降交点地方时接近 12 点的子午太阳同步轨道,此时太阳光照方向与卫星轨道面基本平行,保证卫星对地面成像时具有良好的顺光观测条件。

但这里需要注意的是,由于太阳同步轨道是通过平太阳来定义的,而光照条件是由真太阳决定的,同时,由于地球绕日轨道与赤道面有 23.45° 的交角,卫星在轨道上的光照条件一年四季也有不小的变化,以 600 km 高度晨昏太阳同步轨道为例,一年内(2014 年 11 月 1 日~2015 年 11 月 2 日)太阳光照角(太阳矢量与轨道面的夹角)近似在 59°~87° 内变化,变化幅度达 28°。

5.2.2 降交点地方时的漂移和修正

对于小偏心率的太阳同步轨道,其实质为通过匹配轨道半长轴 a 和轨道倾角 i,使轨道面与太阳保持相同的进动速度,从而保证卫星在轨道上的光照条件始终较为一致。

太阳同步轨道在推导时仅考虑了地球非球形摄动 J_2 项的影响,实际在轨时,卫星还受其他摄动力的作用;再加上发射入轨偏差的影响,轨道面的进动速度不可能与太阳的进动速度完全相同,表现为降交点地方时的漂移。

忽略小偏心率二阶小量的影响,由公式(5.49)可求得半长轴偏差和倾角偏差对升交点赤经的影响为

$$\Delta \dot{\Omega} = \frac{\mathrm{d}\dot{\Omega}}{\mathrm{d}a}\Delta a + \frac{\mathrm{d}\dot{\Omega}}{\mathrm{d}i}\Delta i = 9.964 \left(\frac{R_\mathrm{e}}{a}\right)^{3.5}\left[\frac{3.5\cos i}{a} \cdot \Delta a + \sin i \cdot \Delta i\right](°/ 天)$$

(5.56)

式中 Δa 和 Δi 表示实际半长轴 a 和实际倾角 i 偏离太阳同步轨道标称半长轴 a^* 和标称倾角 i^* 的值

$$\Delta a = a - a^*$$

(5.57)

$$\Delta i = i - i^*$$

(5.58)

所谓标称半长轴和标称倾角,即满足公式(5.50)的太阳同步轨道半长轴和倾角。这里需要注意的是,公式(5.56)在 Δa 和 Δi 为小量时适用。

将半长轴偏差和倾角偏差对升交点赤经的影响转化为降交点地方时的漂移量,并分开考虑,得到降交点地方时漂移率的改变量为

$$\Delta t_{a\text{-1day}} = \Delta \dot{\Omega}_a(°/ 天) \times \frac{24 \times 60\ \mathrm{min}/ 天}{360°} \times 1\ 天 = 0.021\ 9 \left(\frac{R_\mathrm{e}}{a}\right)^{4.5}\cos i \cdot \Delta a\ \mathrm{min}/ 天$$

(5.59)

$$\Delta t_{i\text{-1day}} = \Delta \dot{\Omega}_i(°/ 天) \times \frac{24 \times 60\ \mathrm{min}/ 天}{360°} \times 1\ 天 = 0.695\ 6 \left(\frac{R_\mathrm{e}}{a}\right)^{3.5}\sin i \cdot \Delta i\ \mathrm{min}/ 天$$

(5.60)

式中 Δa 的单位为 km,Δi 的单位为(°)。

由公式(5.59)和公式(5.60)可知:

(1) 当 $\Delta a > 0$ 时，$\Delta t_{a\text{-}1\text{day}} < 0$，降交点地方时西漂;

(2) 当 $\Delta a < 0$ 时，$\Delta t_{a\text{-}1\text{day}} > 0$，降交点地方时东漂;

(3) 当 $\Delta i > 0$ 时，$\Delta t_{i\text{-}1\text{day}} > 0$，降交点地方时东漂;

(4) 当 $\Delta i < 0$ 时，$\Delta t_{i\text{-}1\text{day}} < 0$，降交点地方时西漂。

上面的分析指出,引起降交点地方时漂移的原因为轨道半长轴和轨道倾角相对标称半长轴和标称倾角的偏差 Δa 和 Δi,导致半长轴和倾角有偏差的原因不外乎两点:

(1) 入轨实际轨道与标称轨道的偏差;

(2) 除 J_2 项外其他摄动引起的半长轴和倾角的衰减。

下面以 400 km 高度太阳同步轨道(对应倾角为 97.03°)为例,定量分析以上两个因素对降交点地方时漂移的影响。

1. 入轨偏差引起的降交点地方时的漂移

正常情况下,运载入轨偏差半长轴偏差不超过 ± 5 km(3σ),倾角偏差不超过 $\pm 0.1°$(3σ),分析不同半长轴和倾角入轨偏差组合引起的降交点地方时漂移量如表 5.4 所示。

表 5.4 入轨偏差引起的降交点地方时的漂移量-1 年

入 轨 偏 差		降交点地方时的漂移量/min			漂移方向
Δa /km	Δi /(°)	$\Delta t_{a\text{-}1\text{year}}$	$\Delta t_{i\text{-}1\text{year}}$	合 计	
5	0.1	-3.7178	20.3807	16.6974	东漂
5	-0.1	-3.7178	-20.3807	-24.1485	西漂
-5	0.1	3.7178	20.3807	24.1485	东漂
-5	-0.1	3.7178	-20.3807	-16.6974	西漂

由表 5.4 可知,对 400 km 高度的太阳同步轨道,运载偏差($\Delta a = \pm 5$ km,$\Delta i = \pm 0.1°$)引起的降交点地方时漂移量为 $-24 \sim 24$ min。

对运载偏差 $\Delta a = \pm 5$ km,$\Delta i = \pm 0.1°$ 的四种组合,用 STK 的 J_2 模型仿真一年,实际降交点地方时的漂移量如表 5.5 所示。

表 5.5 理论计算与实际仿真的比较

Δa /km	Δi /(°)	理论漂移量/min	实际漂移量/min	偏差=(实际-理论)/s
5	0.1	16.6974	16.6227	-4.5
5	-0.1	-24.1485	-24.0899	3.5
-5	0.1	24.1485	24.1834	2.1
-5	-0.1	-16.6974	-16.7464	-2.9

由表 5.5 可知,用理论公式计算入轨偏差引起的降交点地方时漂移与实际仿真差别很小,不超过 5 s,可以用公式(5.59)和公式(5.60)计算入轨偏差引起的降交点地方时漂移量。

2. 其他摄动导致半长轴和倾角衰减引起的降交点地方时的漂移

实际卫星在轨飞行时还受到其他摄动影响,长期作用会引起半长轴和倾角的变化,进而引起降交点地方时的漂移。

低轨卫星轨道半长轴受大气阻力作用发生衰减十分明显。用 STK 的 HPOP 模型对轨道高度（平高度）分别为 400 km 和 600 km 的太阳同步轨道进行仿真，取面质比为 0.002 m²/kg，表征太阳活动高低的 F10.7 取 100、200 和 275，对应 K_P 取 2、3、6，一年内半长轴衰减情况如表 5.6 所示。

表 5.6　大气阻力引起的半长轴衰减- 1 年

太 阳 活 动 情 况	不同轨道高度对应的半长轴衰减 Δa /km	
	400 km	600 km
F10.7=100, K_P = 2	11.465	0.329
F10.7=200, K_P = 3	83.188	3.623
F10.7=275, K_P = 6	>400	13.248

由表 5.6 可知，400 km 高度大气阻力摄动的影响非常明显，太阳活动高年，轨道寿命不能维持一年；轨道高度抬升到 600 km，这种影响就会大大减弱，即使在太阳活动高年，半长轴衰减也不超过 15 km。知道大气阻力引起的半长轴衰减量，就可以评估大气摄动引起的降交点地方时漂移。但一般来讲，若大气摄动引起的半长轴衰减幅度较大，卫星会作轨道维持，保证大气摄动导致的降交点地方时漂移维持在较小量级。

轨道倾角则主要受日月摄动的影响发生变化，由于太阳同步轨道高度有上限（图 5.16），日月摄动对其改变的量级较小，对 600 km 太阳同步轨道，一年内受日月摄动引起的倾角改变量级为 0.003°，相比于入轨偏差，基本可以忽略。

一般情况下，入轨偏差和摄动导致的降交点地方时漂移不会影响任务的进行，但工程上依然需要在任务分析阶段对降交点地方时的漂移进行评估。对一些寿命较长的光学遥感卫星，在轨长期运行引起的降交点地方时漂移不容忽视，但一般情况下不一定都要在轨机动修正，可以通过入轨偏置的方式来缓解降交点地方时相对标称值的漂移。举一例子，假设任务要求某一卫星的轨道为降交点地方时为 6:00 的太阳同步轨道，通过任务分析发现寿命末期降交点地方时将漂移达到 6:40，则在发射入轨时就将此卫星的降交点地方时偏置为 5:40，这样整个寿命期间卫星的降交点地方时从 5:40 漂移到 6:20，始终比较接近 6:00 的设计轨道。

5.3　回 归 轨 道

5.3.1　基本定义

将卫星的星下点轨迹（地理坐标）周期性重叠的轨道定义为回归轨道，工程应用中也称重访轨道、循环轨道。重复的周期即回归周期。

星下点轨迹在地球球面上的横移是地球自转、轨道面进动和卫星在轨道面内的运动的合成，卫星在轨道上运行一周星下点轨迹在赤道上的横移角，即连续相邻轨迹在赤道上的间

隔 $\Delta\lambda$ 可表示为

$$\Delta\lambda = T_{\mathrm{N}}(n_{\mathrm{e}} - \dot{\Omega}) \tag{5.61}$$

公式(5.61)中，T_{N} 为交点周期，有[16]

$$T_{\mathrm{N}} = 2\pi \left(\frac{a^3}{\mu} \right)^{\frac{1}{2}} \left[1 - \frac{3 J_2 R_{\mathrm{e}}^2}{2 a^2} (3 - 4 \sin^2 i) \right] \tag{5.62}$$

n_{e} 为地球自转角速度，$\dot{\Omega}$ 为升交点赤经的变化率，参见公式(5.48)。对于回归轨道，在经过一个回归周期后，卫星的星下点轨迹又回到原来位置，即满足

$$D^* \cdot 2\pi = N \cdot \Delta\lambda \tag{5.63}$$

式中 N 为一个回归周期内卫星绕地飞行的轨数，D^* 为回归周期内的升交日[17]数，也称节点日[18]。即卫星在 D^* 个升交日内运行 N 轨后回到原星下点位置。

升交日是考虑地球旋转与摄动后，升交点连续两次上中天的时间间隔。当不计摄动时，升交日即恒星日；当考虑摄动，且摄动使轨道面西移时（对应倾角＜90°），升交日短于恒星日；反之轨道面东移（对应倾角 $i < 90°$），升交日长于恒星日；当倾角为 90°时，轨道面进动速度为 0，升交日等于恒星日。对于太阳同步回归轨道，升交日等于平太阳日。

将公式(5.61)代入公式(5.63)，得到一定轨道半长轴 a 和轨道倾角 i 下的 N 与 D^* 的匹配

$$\frac{N}{D^*} = \frac{2\pi}{T_{\mathrm{N}} \mid_{a,i} (n_{\mathrm{e}} - \dot{\Omega} \mid_{a,i})} \tag{5.64}$$

从公式(5.64)可以看出，与太阳同步轨道相似，回归轨道若给定回归周期 D^* 和回归圈数 N，则卫星的轨道半长轴 a、偏心率 e 和轨道倾角 i 满足固定匹配，当偏心率 $e = 0$ 时，即轨道半长轴 a 与轨道倾角 i 满足固定匹配。

D^* 天回归即连续相邻轨迹在赤道上的间隔 $\Delta\lambda$ 被等分成 D^* 等份，定义一等份的间隔为星下点轨迹幅宽

$$\gamma = \frac{\Delta\lambda}{D^*} \tag{5.65}$$

在进行回归轨道设计时，令观测载荷的幅宽大于 γ，就可实现在一个回归周期内对地面的全部覆盖。

定义

$$Q = \frac{N}{D^*} = I + \frac{C}{D^*} \tag{5.66}$$

为回归系数，I、C、D^* 为表征回归特性的三个要素。其中，D^* 为回归周期，单位为升交日，若不特别说明，本节涉及的"天"都指的是"升交日"；I 为接近一天的轨道圈数；C 的大小代表每天的轨迹移动与幅宽的关系，$|C| = N$ 则表示每天的轨迹移动为幅宽的 N 倍；C 的符号表示每天的轨迹移动方向，"＋"号表示自西向东移动，"－"号表示自东向西移动。C 决定了回归轨道在一个回归周期内的轨迹覆盖方式，下面举例说明。

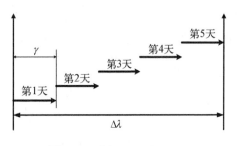

图 5.18　$D^* = 5$, $I = 3$, $C = 1$ 的回归轨道

$Q = \dfrac{16}{5} = 3 + \dfrac{1}{5}$，即 $D^* = 5$, $I = 3$, $C = 1$ 的

回归轨道代表卫星 5 天运行 16 圈后回归，卫星每天的轨迹移动与幅宽的关系如图 5.18 所示，即卫星在一个回归周期内每天的轨迹移动等于幅宽 γ，自西向东顺次覆盖 $\Delta\lambda$ 的间距。

$Q = \dfrac{17}{5} = 3 + \dfrac{2}{5}$，即 $D^* = 5$, $I = 3$, $C = 2$

的回归轨道代表卫星 5 天运行 17 圈后回归，卫星每天的轨迹移动与幅宽的关系如图 5.19 所示，即卫星在一个回归周期内每天的轨迹移动等于 2 倍的幅宽，自西向东移动断续覆盖 $\Delta\lambda$ 的间距。

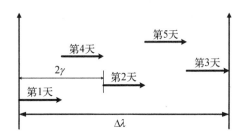

图 5.19　$D^* = 5$, $I = 3$, $C = 2$ 的回归轨道

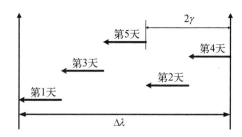

图 5.20　$D^* = 5$, $I = 4$, $C = -2$ 的回归轨道

$Q = \dfrac{18}{5} = 4 - \dfrac{2}{5}$，即 $D^* = 5$, $I = 4$, $C = -2$ 的回归轨道代表卫星 5 天运行 18 圈后回归，卫星每天的轨迹移动与 $\Delta\lambda$ 的关系如图 5.20 所示，即卫星在一个回归周期内每天的轨迹移动等于 2 倍的幅宽，自东向西移动断续覆盖 $\Delta\lambda$ 的间距。

实际回归轨道设计时，合理设置 I、C、D^* 的值，就可以得到满足覆盖性需求的轨道。这里需要说明的是，当升交点赤经的变化率 $\dot{\Omega}$ 满足公式(5.50)时，回归轨道同时也是太阳同步轨道，即太阳同步回归轨道。很多资源卫星和对地遥感卫星都采用太阳同步回归轨道。

5.3.2　回归轨道的衰减和保持

1. 轨道衰减对回归特性的影响

对于小偏心率的回归轨道，其实质为通过匹配轨道半长轴 a 和轨道倾角 i，使卫星的星下点轨迹在地面上固定，周期性重复。与太阳同步轨道类似，轨道复杂摄动和发射入轨偏差会使轨道发生衰减，从而导致星下点轨迹沿经度方向漂移，失去原有的回归特性。

对摄动引起的轨道衰减进行分析，入轨偏差对星下点轨迹漂移的影响可参照摄动的影响进行分析。以 500 km 高度回归轨道为例，用 STK 的 HPOP 模型进行仿真，轨道参数如表 5.7 和图 5.21 所示，仿真力学模型设置如图 5.22 所示。

表 5.7 轨道参数设置-平根数

物理量	回归天数/升交日	运行圈数/圈	轨道高度/km	交点周期/s	轨道倾角/(°)	偏心率
数 值	1	15	500	5 674	54.309 7	0

外推不同时间,星下点轨迹沿经度方向的漂移特性如图 5.23～图 5.27 所示,不同时间星下点沿经度方向的漂移值统计如表 5.8 所示。

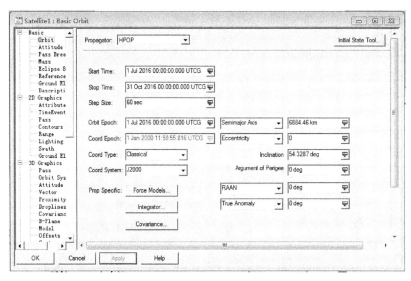

图 5.21　轨道参数设置-瞬时根数

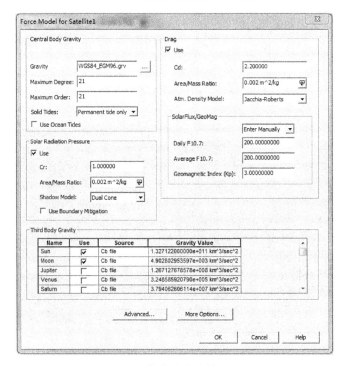

图 5.22　仿真动力学模型设置

图 5.23　HPOP 模型外推 30 天回归特性

图 5.24　HPOP 模型外推 45 天回归特性

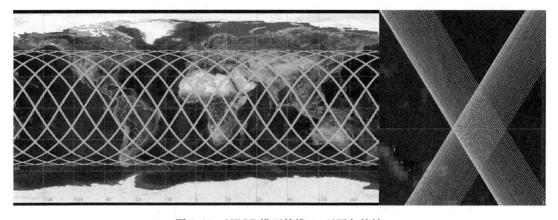

图 5.25　HPOP 模型外推 60 天回归特性

图 5.26　HPOP 模型外推 75 天回归特性

图 5.27　HPOP 模型外推 90 天回归特性

表 5.8　不同外推时间对应的星下点轨迹漂移

外推时间/d	起始经度/(°)	结束经度/(°)	漂移经度/(°)	漂移距离/km
30		177.006	0.369	44.297
45		177.635	0.998	119.806
60	176.637	178.631	1.994	239.372
75		−179.954	3.409	409.237
90		−177.994	5.369	644.528

对于某些要求对地面区域目标或特定目标通过姿态机动成像的任务,设计回归轨道可以简化姿态导引率,但前提是实际星下点轨迹与设计星下点轨迹的差小于成像幅宽。由表5.8 可知,对低轨回归轨道,在太阳活动中高年,轨道衰减导致的星下点轨迹沿经度方向的漂移不容忽视,可能在较短时间内就漂移超出成像的幅宽,此时需要每隔一段时间就进行轨道修正,保持到原来的回归轨道。

2. 回归轨道的保持

任务目标不同,对回归轨道的保持策略也不同。一般来讲,设计回归轨道主要用来解决覆盖或重访问题。对于全球覆盖问题,回归轨道的保持即轨道半长轴的保持。若是要求对某一地面区域或若干地面目标进行覆盖或重访,一旦轨道衰减引起的星下点轨迹沿经度方向的漂移超出成像幅宽,即使将半长轴维持到原来的设计值,但卫星星下点轨迹偏离设计轨迹,也会改变对目标的覆盖和重访特性,此时还需要对升交点赤经进行修正,使星下点轨迹回到设计轨迹。

1) 修正轨道高度

为节省燃料,半长轴的修正一般通过横向变轨来完成。工程上受推力器推力大小和推力时间的限制,半长轴的修正一般通过多次机动(不小于两次)完成。多次机动一方面可减小测定轨误差对控制效果的影响,另一方面,大部分的回归轨道均为偏心率为零的圆轨道,轨道衰减也会导致偏心率发生变化,多次控制可以同时兼顾对偏心率的修正。

一般来讲,轨道保持需要修正的根数差均为小量,根据活力公式 $\frac{1}{2}v^2 - \frac{\mu}{r} = -\frac{\mu}{2a}$,推力产生的速度不会改变瞬时的卫星位置,对活力公式求全微分,有

$$\Delta a = \frac{2}{2\pi/T} \cdot \Delta V \Rightarrow \Delta V = \frac{\pi \Delta a}{T} \tag{5.67}$$

这在任务分析阶段用以评估半长轴修正需要的燃料消耗非常方便。

另外,可通过下式简单估计半长轴、周期的改变与速度增量的关系

$$\frac{\Delta V}{V} = \frac{\Delta a}{2a} = \frac{\Delta T}{3T} \tag{5.68}$$

2) 修正升交点赤经

由于直接进行法向机动调整升交点赤经需要消耗大量的燃料,考虑采用通过改变半长轴来改变当前轨道的漂移方向,使其回漂至目标轨道时,再将半长轴调整至原来的设计值,继续保持其回归特性。采用这种方法,可以在修正升交点赤经的同时,将轨道高度修正到位。

半长轴的微小变化长期累积会导致星下点轨迹在经度方向上较大的漂移,在第 5.3.2 节的例子中,摄动在一个月引起的轨道半长轴衰减只有 0.565 km,但对应星下点轨迹在经度方向上漂移 0.369°,对应地表宽度 44.297 km,这对幅宽较窄的高分辨率成像卫星来讲,必须进行轨道修正。摄动对半长轴的影响相比入轨偏差是一个微小的、缓慢的过程,入轨偏差对半长轴的影响相比摄动是直接的、瞬间的,实际星下点轨迹漂离标称设计轨迹越远,在进行轨迹修正时,一定时间内需要消耗的燃料就越多,所以半长轴的入轨偏差要在发射入轨后尽快进行修正。

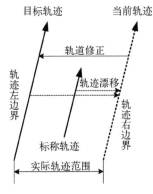

图 5.28　回归轨道星下点轨迹修正原理

摄动引起的半长轴衰减导致的星下点轨迹漂移视具体任务要求每隔一段时间修正一次。为减少控制频次,设置以标称星下点轨迹为中心的轨迹边界,实际星下点轨迹漂移到达边界时,将当前轨迹相对标称轨迹过修正到另一轨迹边界,这样卫星的实际星下点轨迹在标称轨迹附近的轨迹边界中漂移振荡,修正原理如图 5.28 所示,这也是一种修正循环,与第 5.1.4 节的思想类似。

过修正可减少控制频次,但燃料消耗并不会因此减小。实际上若要求在较短时间内将星下点轨迹修正到位,即使采用调整半长轴的方式,燃料消耗也是非常可观的。还以第 5.3.2 节的例子进行分析。假设一个月进行一次星下点轨迹修正,每次都过修正,修正量为漂移量的两倍:$\Delta\Omega = 2 \times 0.369° = 0.738°$,以两次控制进行升交点赤经修正为例,由公式(5.49)计算所需速度增量与调整时间的关系如表 5.9 所示。

表 5.9 速度增量和调整时间的关系

调整半长轴/km	速度增量/(m/s)	调整频率/d
10	10.831 2	32.60
20	21.662 4	16.35
30	32.493 6	10.94
40	43.324 8	8.23
50	54.156 1	6.60
60	64.987 3	5.52
70	75.818 5	4.75
80	86.649 7	4.17
90	97.480 9	3.72
100	108.312 1	3.36

由表 5.9 可以看出,进行升交点赤经修正需要调整的半长轴幅度较大,在轨长期运行,燃料消耗是巨大的。

5.4 卫星星座

一些具有特殊任务需求的项目要求卫星对地面的空间覆盖率和时间分辨率都要达到较高水平,此时单颗卫星无论设计怎样的轨道,都往往很难实现任务需求。为解决这一问题,常采用多颗卫星进行组网,共同完成任务目标,将这种卫星网络称为卫星星座。确定单星轨道和星座规模的过程则称为卫星星座设计。

5.4.1 基本定义

所谓星座即完成某一特定空间任务而协同工作的多颗卫星的集合,主要目的是增加对地面的覆盖面积,或者缩短重访时间(revisite time)。星座这个名词来自天文学,按其定义,是群星在天球上的分布形态,最早来自一个拉丁字,意即"星星聚集"。随着空间技术的发展,人们把这一天文学名词加以引申,根据各种应用的需要,建立各种卫星星座。

星座的具体分类方法有:

1）按应用分类

分为导航星座,通信或数据中继星座,遥感星座(侦察、预警、环境监测等),科学试验星座等。

2）按覆盖要求分类

可用对地覆盖区域、覆盖重数、时间分辨率这三个指标来划分。

（1）按覆盖区域分为全球覆盖、纬度带覆盖(纬度限制、经度不限)、区域覆盖(纬度和经度均限制)；

（2）按覆盖重数可取值为单重覆盖和多重覆盖；

（3）按时间分辨率可分为连续覆盖、间歇覆盖(10分钟、半小时、几小时等)。

3）按轨道分类

分为近地轨道、中轨道、地球同步轨道、椭圆轨道、混合轨道等。典型星座如表5.10所示。

表 5.10　典型星座

名　　　称	描　　　　　述	功　　　　　能
通信	地球同步轨道上的3颗卫星	对−70°～70°纬度范围内的地球表面连续覆盖
TDRSS	地球同步轨道上的2颗卫星	对低轨卫星的连续覆盖
GPS	6个轨道面,每个轨道面4颗卫星,倾角55°,轨道高度20 200 km	任意时刻地面或低轨卫星可见4颗或以上GPS卫星

注：TDRSS(tracking and data relay satellite system)为跟踪与数据中继卫星系统。

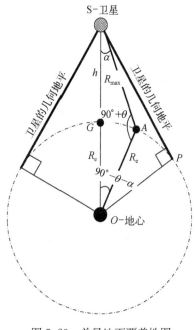

图 5.29　单星地面覆盖性图

5.4.2　覆盖性能

1. 对地覆盖区域

1）对地圆锥敏感器

敏感器在某一时刻观测到的有效区域对应的角度称为视场角 FOV,敏感器通过转动在任一时刻可能观测到的地面区域的总和称为寻访区(access aera),其对应的角度称为全视场角 AFOV。

在星座设计过程中,对地覆盖面积 A_{rea} 是一个重要的指标,与轨道高度 h、全视场角 AFOV 以及地面仰角 θ 约束都有关系,以地球赤道平均半径 $R_e = 6\ 378.137$ km 估算,单星地面覆盖性示意如图 5.29 所示。

图 5.29 中,A 为地面上覆盖边界点,卫星与地心的连线与地球椭球体的交点 G 称为卫星的星下点；卫星与地球的切线称为卫星的几何地平,P 称为水平点。

根据简单的三角函数正弦关系,有

$$\frac{R_e + h}{\sin(90° + \theta)} = \frac{R_e}{\sin \alpha} = \frac{R_{\max}}{\sin(90° - \alpha - \theta)} \tag{5.69}$$

即

$$\frac{R_e + h}{\cos \theta} = \frac{R_e}{\sin \alpha} = \frac{R_{\max}}{\cos(\alpha + \theta)} \tag{5.70}$$

由式(5.70)可以看出,当 α 确定时, θ 随 h 的增大而减小,以 $\alpha = 75°$ 为例计算,得到:当 $h = 200 \text{ km}$ 时, $\theta = 5°$;当 $h = 216 \text{ km}$ 时, $\theta = 3°$;当 $h = 225 \text{ km}$ 时, $\theta = 0°$ 。

在星上 AFOV 确定的前提下,当卫星轨道高度达到一定值时,卫星的几何地平一定在 AFOV 内(图 5.30),此时,对地覆盖性分析中起约束作用的仅为地面仰角。

在星上敏感器的全视场角 AFOV 以及地面仰角 θ 约束都给定的前提下,图 5.29 的三角形 OPS 由 AFOV 以及 θ 中约束较强的条件确定,如图 5.30、图 5.31 所示。其中,当卫星轨道高度较高时,点 A 为地面目标(图 5.30)。

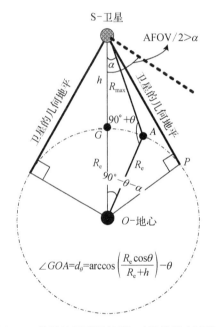

图 5.30　单星地面覆盖性图-卫星轨道高度较高

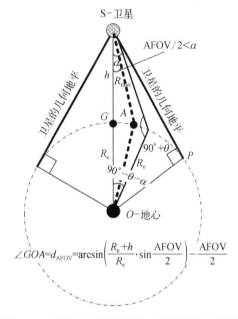

图 5.31　单星地面覆盖性图-卫星轨道高度较低

对地覆盖带宽 S_W 为

$$S_W = 2\widehat{GA} = 2R_e \cdot \frac{\angle GOA}{360°} \cdot 2\pi = R_e \cdot d \cdot \frac{\pi}{90°} \tag{5.71}$$

对地面的最长覆盖时间为

$$t_d = T_N \cdot \frac{2\angle GOA}{360°} = T_N \cdot \frac{d}{180} \tag{5.72}$$

公式(5.72)中的 T_N 为卫星的交点周期,参见公式(5.62)。

对地覆盖面积 A_{rea} 可通过球冠的面积公式得到,有

$$A_{rea} = 2\pi R_e^2 (1 - \cos d) \qquad (5.73)$$

公式(5.71)～公式(5.73)中的对地覆盖角 d 的单位为(°),根据图 5.30、图 5.31 中的两种情况取 d_θ 或 d_{AFOV}。

2) 侧视矩形敏感器

上文介绍的敏感器视场为典型的圆锥形,且视场正对地心,圆锥面与地球的交线称为有效地平(如图 5.29 中 A 点所在的小圆)。本部分内容主要阐述矩形视场、侧视指向的敏感器的对地覆盖情况。

当圆锥敏感器侧视时,产生侧视视场(图 5.32);对于特殊的设备(如雷达),工作时不能离星下点太近,也要侧视,有效地平分内地平与外地平(图 5.33);对于合成孔径雷达(SAR)采用双侧视线扫描方式(图 5.34);另外还有些敏感器的扫描方式为侧摆线扫描形式(图 5.35)。

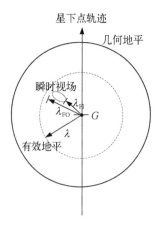

图 5.32 侧视瞬时视场

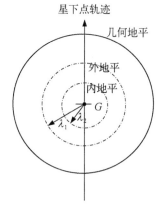

图 5.33 雷达侧视

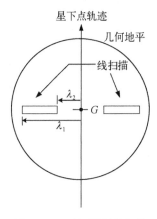

图 5.34 SAR 侧视线扫描

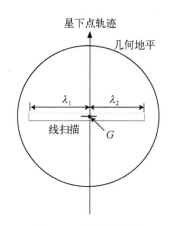

图 5.35 侧摆线扫描

观测设备侧视时,根据侧视角 β 可计算得到对地覆盖角 d_1 与 d_O,示意图如图 5.36 所示。

得到对地覆盖角为

$$\begin{cases} d_1 = \arcsin\left(\dfrac{R_e + h}{R_e} \cdot \sin\beta_1\right) - \beta_1 \\[3mm] d_O = \arcsin\left(\dfrac{R_e + h}{R_e} \cdot \sin\beta_O\right) - \beta_O \end{cases} \quad (5.74)$$

对地覆盖带宽为

$$\begin{aligned} S_W &= 2R_e \cdot \frac{d_O - d_1}{360°} \cdot 2\pi \\ &= R_e \cdot (d_O - d_1) \cdot \frac{\pi}{90°} \end{aligned} \quad (5.75)$$

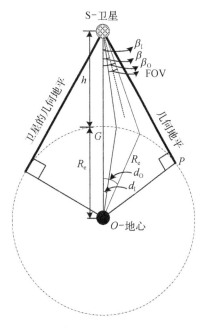

图 5.36　单星地面覆盖性图-卫星较高

2. 覆盖性能指标

卫星相对地球的运动非常复杂,这在上文的推导已有体现,且由于地球并非标准球体,敏感器对地球表面的覆盖通过解析法计算难免有各种偏差,因此寻求数值仿真的方法来计算星座对地面的覆盖性,并通过统计学的方法得到评估星座性能优劣的参数(星座的覆盖性能指标)就显得尤为必要。数值仿真需要对被分析区域进行网格划分,对所有网格点进行覆盖性能指标的统计分析,具体的常用指标介绍如下。

1) 覆盖百分比(percent coverage)

即单个网格点被一颗或多颗卫星覆盖的次数除以仿真时间步长的总数。此性能指标能够直接表示地面上某一点或某一区域被覆盖多少次,但不能提供有关覆盖间隙分布的任何信息。其本质是单个网格点的覆盖时间百分比。

STK 软件内的"Coverage Definition/Coverage Definition Tools/Report"中的"Percent Coverage"是对任何一个时间采样点,被卫星覆盖的区域占整个被分析区域的区域百分比,与此处提到的覆盖时间百分比并不相同。

2) 最大覆盖间隙(等于最长响应时间)(maximum coverage gap=maximum response time)

最大覆盖间隙简称最大间隙,即网格点的最长覆盖间隙,当研究多个网格点的统计特性时,可以取多点的最大覆盖间隙的平均值或最大值。如全球平均最大间隙即全部采样网格点的最大间隙的平均值。但是这个性能指标只能给出星座对地面覆盖的最恶劣情况,对星座的整体覆盖性能的评估并非好的指标。

STK 软件内的"Revisite Time"即此处的覆盖间隙,"Revisite Time"下的"Maximum"选项即此处的最大覆盖间隙,这将在第 5.4.4 节中详细介绍。

3) 平均覆盖间隙(mean coverage gap)

平均覆盖间隙简称平均间隙,即网格点覆盖中断时间的平均长度,即总的覆盖间隙长度

除以间隙个数。其表达式为

$$平均覆盖间隙 = \frac{\sum_{i=1}^{N} 覆盖间隙_i}{N} \tag{5.76}$$

STK 软件内的"Revisite Time"下的"Average"选项即此处的平均覆盖间隙,这将在第5.4.4节中详细介绍。

4) 时间平均间隙(time average gap)

即按时间采样求取覆盖间隙的平均值,其表达式为

$$时间平均间隙 = \frac{\sum_{i=1}^{N} 覆盖间隙_i^2}{总时间} \tag{5.77}$$

STK 软件内的"Time Average Gap"即此处的时间平均间隙,这将在5.4.4节中详细介绍。

5) 平均响应时间(mean response time)

响应时间(response time)为网格点距离本次覆盖间隙结束(下次覆盖开始)的时间,平均响应时间即对此网格点的响应时间的平均值,当采样点足够多时,有平均响应时间与时间平均间隙的关系为

$$平均响应时间 = \frac{\sum_{i=1}^{N} 响应时间}{N} \xrightarrow{N \to \infty} \frac{时间平均间隙}{2} \tag{5.78}$$

这一性能指标既考虑了覆盖的统计特性,又考虑了间隙的统计特性,因此很全面地反映了整个系统的性能,是评价响应性最好的覆盖性能指标。此性能指标对处理通信时延(包括数据的请求和接收时延)非常方便,可以将通信时延直接加到覆盖响应时间中,得到总的响应时间,它表示自用户请求数据到用户接收到该数据的总时间。

STK 软件内的"Response Time"下的"Average"选项即此处的平均响应时间,这将在5.4.4节中详细介绍。

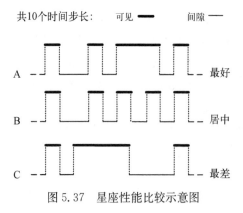

图 5.37 星座性能比较示意图

为了说明覆盖性能指标的意义及相对优劣,用简化的图示法(图 5.37)说明三个星座系统 A、B、C 的简化覆盖仿真。例如这三个卫星系统可能是三个典型的火灾卫星星座,我们的目的是尽可能快地发现火灾事件,因此要尽量减小覆盖间隙。

根据我们定性的观察,有如下结论:

(1) A 优于 B,原因在于:B 多了一个间隙;

(2) A 优于 C,原因在于:A 中间的间隙在 C 中被重新分配,产生了较长的间隙(3 个时间步长),

对定期观察较差；

（3）B 和 C 较难确定优劣。

星座 A、B、C 的覆盖性能指标统计值如表 5.11 所示。

表 5.11　星座覆盖性能指标比较

	覆盖百分比/%	最大间隙	平均间隙	时间平均间隙	平均响应时间	星座优劣
A	60	2	1.34	0.6	0.5	最好
B	50	2	1.25	0.7	0.6	居中
C	60	3	2.00	1.0	0.7	最差

由表 5.11 可见：

（1）A 优于 B，原因在于：① A 覆盖百分比比 B 大；② A 时间平均间隙比 B 小；③ A 平均响应时间比 B 小。

（2）A 优于 C，原因在于：① A 最大间隙比 C 小；② A 平均间隙比 C 小；③ A 时间平均间隙比 C 小；④ A 平均响应时间比 C 小。

（3）B 优于 C，原因在于：① B 最大间隙比 C 小；② B 平均间隙比 C 小；③ B 时间平均间隙比 C 小；④ B 平均响应时间比 C 小。

至此，通过定量指标，可将星座 A、B、C 正确排序。但细心的读者会发现，覆盖百分比与平均间隙并不是一个好的性能指标，而且很可能引起误判。例如 A 的平均间隙比 B 大，导致错误的判断；B 的覆盖百分比比 C 小，同样导致错误的判断。由此可见，一般的星座优劣比较中选时间平均间隙与平均响应时间作为判据，最大间隙可作参考。

需要说明的是，本节提到的覆盖性能指标是以某一确定区域的单个网格点为对象，与 5.4.4 节中"区域性覆盖参数"中的覆盖性能指标并不完全相同，读者在应用软件做数值统计过程中应特别注意。

5.4.3　基本星座介绍

在星座设计中有一种最常见的卫星星座，称为均匀对称圆轨道星座，即 Walker 星座，包括 δ 星座、σ 星座、玫瑰星座等。其共同特点是卫星星座中各轨道面在空间均匀分布，卫星在各轨道面内也均匀分布，不同轨道面间卫星的相位（纬度幅角）保持一定的相对关系。均匀对称圆轨道星座对全球有均匀覆盖特性，在全球一重或多重连续覆盖类航天任务中常常采用这种星座。

1. δ 星座

δ 星座的概念最早由 J.G 沃克（Walker）提出，因而也称为沃克星座。δ 星座用参考码中 $T/P/F$ 和一个角度 δ 标记。参考码中 F 是用来确定相邻轨道面卫星相对相位的因子（$F=0，1，2，3，\cdots，P-1$，对应 STK 软件中 Walker 星座设计过程中的"Inter Plane Spacing"）；角度 δ 是卫星星座中所有轨道面相对参考平面（本书若不特别说明，默认为赤道平面）的夹角。

对于参考码为 $T/P/F$ 的 δ 星座，每个轨道面内均匀分布 S 颗卫星，$S = T/P$；相邻轨道面卫星的相位相差为 F 个星座基本单位 PU(pattern unit)，$PU = 360°/T$。参考码为 $18/3/1$，$\delta = 55°$ 的 δ 星座，各颗卫星轨道倾角均为 $55°$，相应的参数见表 5.12。

表 5.12　参考码为 $18/3/1$，$\delta = 55°$ 的 δ 星座参数

轨 道 面	各轨道面卫星	升交点赤经/(°)	纬度幅角/(°)
1	1	0	0
	2	0	60
	3	0	120
	4	0	180
	5	0	240
	6	0	300
2	1	120	20
	2	120	80
	3	120	140
	4	120	200
	5	120	260
	6	120	320
3	1	240	40
	2	240	100
	3	240	160
	4	240	220
	5	240	280
	6	240	340

2. σ 星座

σ 星座也是一种特殊的 δ 星座，其与非 σ 星座的 δ 星座的区别在于所有卫星的地面轨迹重合且这条轨迹不自相交，即所有卫星轨道都是近似回归轨道。这里需要说明的是此处的回归轨道只能算作近似回归轨道，并非严格回归，原因是下文计算中考虑的是平太阳日 24 h，并非升交日的时长。

假设卫星经过 M 天运行 L 圈后地面轨迹开始重复（M 和 L 为互质数），考虑工程实际，高于 24 h 周期的轨道不实用，而对于周期小于 24 h 的轨道情况，为了满足地面轨迹不自相交的要求，必须使 $L - M = 1$。例如：

（1）$L = 3$，$M = 2$，轨道周期约 16 h；

（2）$L = 4$，$M = 3$，轨道周期约 18 h；

（3）$L = 5$，$M = 4$，轨道周期约 19.2 h；

（4）$L = 6$，$M = 5$，轨道周期约 20 h。

σ 星座所有卫星的星下点轨迹重合且均匀分布，形成一条类似余弦曲线的不自相交的封

闭曲线,决定了其覆盖特性均匀,覆盖效率很高,是非常好的星座构型,图 5.38 为倾角为 28.5°,周期为 16 h(严格的回归轨道其交点周期为 15.954 8 h)参数为 13/13/5 的 σ 星座星下点示意图。

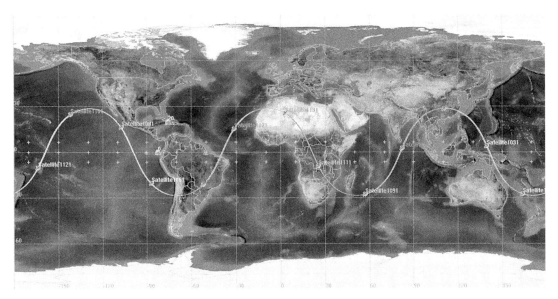

图 5.38　周期 16 h,倾角 28.5°,13/13/5 的 σ 星座

σ 星座既然也是 δ 星座,同样可以用 $T/P/F$ 来描述,但是为了满足所有星下点轨迹重复的要求,P 和 F 由公式(5.79)确定

$$\begin{cases} P = \dfrac{T}{H[M, T]} \\ F = \dfrac{T}{PM}(kP - M - 1) \end{cases} \tag{5.79}$$

式中,$H[M, T]$ 表示取 M 和 T 的最大公因数;k 取整数使 F 取 $0 \sim (P-1)$ 的整数可唯一确定。另外,由公式(5.79)可知 T/M 可唯一地确定 σ 星座,例如 14/2 对应的 δ 星座参考码为 14/7/4。

3. 玫瑰星座

玫瑰星座是轨道面数目 $P = T$ 的一种特殊的 δ 星座,即每个轨道面上仅有一颗卫星,因其轨道在天球上的投影像一朵盛开的玫瑰花而得名。其第 j 颗卫星的参数升交点赤经 Ω_j、轨道倾角 i_j、维度幅角 u_j 可表示为

$$\begin{cases} \Omega_j = j(360°/T) \\ i_j = i \qquad\qquad (j = 0, 1, 2, \cdots, T-1) \\ u_j = m\Omega_j + nt \end{cases} \tag{5.80}$$

其中,m 可取 $0 \sim (T-1)$ 范围内的任意整数,$m\Omega_j$ 为第 j 颗卫星的初始纬度幅角;n 为卫星运动的平均角速度,t 为时间,玫瑰星座的参考码可表示为 (T, m)。

5.4.4 STK 中的相关参数

星座的轨道设计需要根据任务的具体需求来确定,星座性能的优劣取决于任务需求,星座设计中应用最多的为对地面目标的覆盖,包含区域性覆盖以及点目标覆盖。分析地面覆盖时用到 STK 中的对象主要是链路(chain)、星座(constellation)、覆盖定义(coverage defination)与覆盖品质参数(figure of merit)。STK 提供了这些对象用于分析两个或两组目标之间的覆盖性分析[19]。本节重点对 STK 软件中分析星座设计过程中用到的重要覆盖性能指标以及对象做说明,并且举一些应用实例,最后以一个仿真场景对应用过程中的细节作详细说明。

1. 网格点覆盖性能指标

一般针对地面覆盖来确定星座性能的优劣,其中最重要的就是重访时间、时间平均间隙与响应时间,这就需要具体的物理参数来衡量,表 5.13 对重访时间、时间平均间隙与响应时间的相关参数进行说明。

表 5.13 部分重要星座覆盖性能指标说明

序 号	STK 内名称	解 释	说 明
1	Revisite Time	重访时间,即当前时刻的覆盖间隙	若当前时刻在可见时间段内,为 0;若在不可见时间段内,为本覆盖间隙的时间长度。可参见表 5.15 中的数据结果
2	Revisite Time 下 Minimum	最小重访时间	
3	Revisite Time 下 Maximum	最大重访时间	
4	Revisite Time 下 Average	平均重访时间	
5	Revisite Time 下 Std Diviation	重访时间的标准差	参见公式(5.82)
6	Revisite Time 下 % Below	小于或等于设定百分比的重访时间	示例详见图 5.41、图 5.42
7	Revisite Time 下 % Below Gaps Only	小于或等于设定百分比的重访时间(仅包含可见间隙,即可见时间段内的重访时间为 0 的采样点不统计)	示例详见图 5.43、图 5.44
8	Revisite Time 下 Num % Below	小于设定百分比的重访时间(按照间隙次数计算的百分比)	计算出的间隙次数向上取整,且小数位若为 0,向上进位。示例详见图 5.45~图 5.47
9	Time Average Gap	时间平均间隙,覆盖间隙的平方和与采样总时间的比值	可以通过生成可见时间间隙求得,示例详见表 5.17
10	Response Time	响应时间,指网格点距离本次覆盖间隙结束(下次覆盖开始)的时间,与重访时间的差别在于随着时间的推移,响应时间越来越短	这里的响应时间是对每一个采样时刻点的统计,由于统计的是离散点,会和采样频率相关,见表 5.15
11	Response Time 下 Average	平均响应时间,与 Time Average Gap 值的一半相等	可以通过生成可见时间间隙求得,示例详见图 5.48 与表 5.17

序 号	STK 内名称	解　　释	说　　明
12	Response Time 下 % Below	小于或等于设定百分比的响应时间	
13	Response Time 下 % Below Gaps Only	小于或等于设定百分比的响应时间（仅包含可见间隙，即可见时间段内的响应时间为 0 的采样点不统计）	

针对表 5.13 中的重要覆盖性能指标，下面通过 STK 软件进行仿真验证，并给出具体的分析说明。

1）仿真输入条件

（1）地面站属性（图 5.39）。地面站没有任何限制条件。

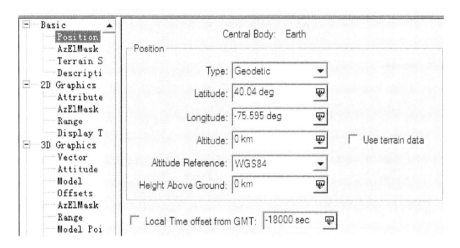

图 5.39　地面站 Facility1 属性

（2）卫星属性（图 5.40）。卫星没有任何限制条件。

（3）仿真起止时间。1 Jul 2007 12:00:00.000 UTCG～2 Jul 2007 12:00:00.000 UTCG。

2）仿真输出结果

通过 Facility Tools（地面站工具菜单）内的 Access 选项分析地面站与卫星的可见性，得到如表 5.14、表 5.15 的分析结果。

表 5.14　1 天可见性结果

可 见 次 数	可见开始时刻/EpSec	可见结束时刻/EpSec	持续时间/s	间隙持续时间/s
1	459.297	954.808	495.511	459.297
2	6 409.945	7 150.851	740.906	5 455.137
3	12 478.594	13 275.627	797.033	5 327.743
4	18 585.923	19 381.007	795.084	5 310.296

续表

可 见 次 数	可见开始时刻/EpSec	可见结束时刻/EpSec	持续时间/s	间隙持续时间/s
5	24 713.356	25 443.416	730.06	5 332.349
6	30 926.007	31 372.883	446.876	5 482.591
7	—	—	—	55 027.117
合 计			4 005.470	82 394.530
不含开始和结束的间隙的标准差(std. diviation ignore)				80.649
含开始和结束的间隙的标准差(std. diviation include)				19 162.433

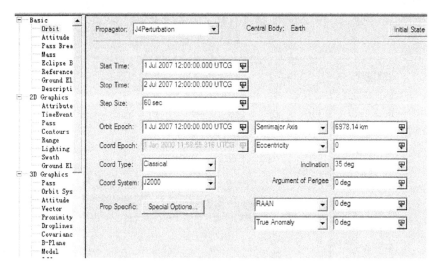

图 5.40　卫星 Satellite1 属性

表 5.15　30 min 内的重访时间与响应时间结果

时间/EpSec	响应时间/s	重访时间/s
0	459.297	459.297
60	399.297	459.297
120	339.297	459.297
180	279.297	459.297
240	219.297	459.297
300	159.297	459.297
360	99.297	459.297
420	39.297	459.297
480	0	0
540	0	0
600	0	0

时间/EpSec	响应时间/s	重访时间/s
660	0	0
720	0	0
780	0	0
840	0	0
900	0	0
960	5 449.945	5 455.137
1 020	5 389.945	5 455.137
1 080	5 329.945	5 455.137
1 140	5 269.945	5 455.137
1 200	5 209.945	5 455.137
1 260	5 149.945	5 455.137
1 320	5 089.945	5 455.137
1 380	5 029.945	5 455.137
1 440	4 969.945	5 455.137
1 500	4 909.945	5 455.137
1 560	4 849.945	5 455.137
1 620	4 789.945	5 455.137
1 680	4 729.945	5 455.137
1 740	4 669.945	5 455.137
1 800	4 609.945	5 455.137

A. 忽略(ignore)开始和结束的可见间隙(gap)

地面站与卫星的可见性分析结果如表 5.16 所示。

表 5.16 忽略开始和结束的可见间隙结果-排序后

序　号	间隙时间 (gap duration)/s	间隙百分比 (percentage of coverage interval)/%	累积百分比 (cumulative percentage)/%	累积百分比(仅含间隙) (cumulative percentage (gaps only))/%
1	0	12.957	12.957	N/A
2	5 310.296	17.178	30.135	19.735
3	5 327.743	17.234	47.369	39.535
4	5 332.349	17.249	64.618	59.352
5	5 455.137	17.646	82.265	79.625
6	5 482.591	17.735	100.000	100.000

表 5.16 中物理量的计算介绍如下：

(1) 间隙百分比。

① 第一行(间隙为 0,即总的可见时间百分比)：总的可见时间/(末次可见的结束时间—首次可见的开始时间)举例：4 005.47/(31 372.883—459.297)=12.957%;

② 非第一行：间隙时间/(末次可见的结束时间—首次可见的开始时间)以第二行为例：5 310.296/(31 372.883—459.297)=17.178%。

(2) 累积百分比：即目前间隙累积的百分比,以第二行为例：30.135%=17.178%+12.957%,依此类推。

(3) 累积百分比(仅含间隙)。与"累积百分比"的差别在于将第一行间隙时间为 0(即可见时间)的数据去掉做统计,以第三行为例：39.535%=(47.369%—12.957%)/(100%—12.957%),依此类推。

利用 Facility Tools(地面站工具菜单)中的 Coverage 计算得到图 5.41~图 5.48 所示 Revisit Time 和 Response Time 的分析结果。

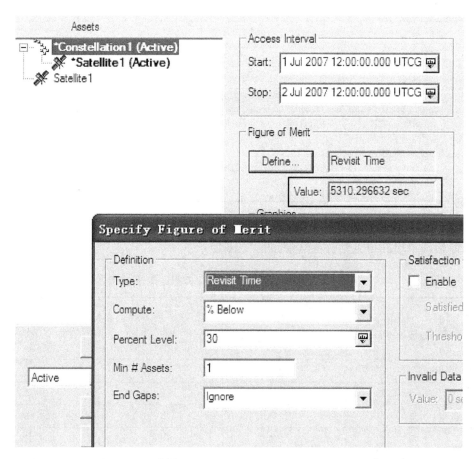

图 5.41　地面站 Coverage 菜单 Figure of Merit-Revisit Time 下的 30% Below(Ignore)

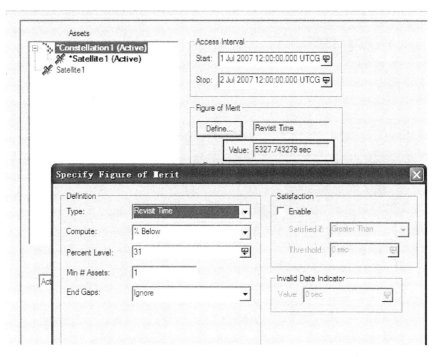

图 5.42　地面站 Coverage 菜单 Figure of Merit-Revisit Time 下的 31% Below(Ignore)

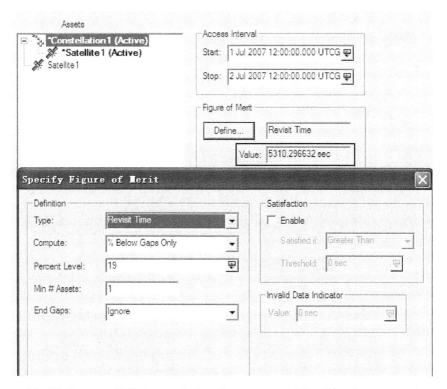

图 5.43　地面站 Coverage 菜单 Figure of Merit-Revisit Time 下的 19% Below Gaps Only(Ignore)

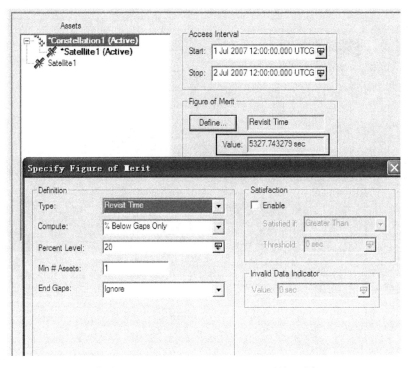

图 5.44　地面站 Coverage 菜单 Figure of Merit-Revisit Time 下的 20％ Below Gaps Only(Ignore)

图 5.45 共 5 次间隙,有 21％×5＝1.05,进位得 2,即 FOM 值为表 5.16 中的第 2 个间隙即第 3 行的数值 5 327.743 s。

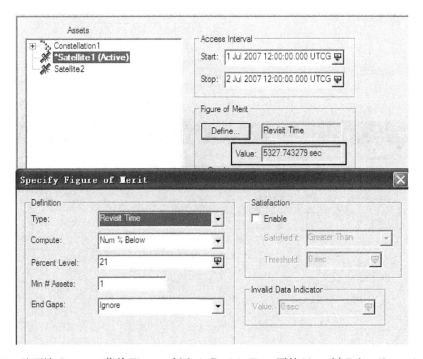

图 5.45　地面站 Coverage 菜单 Figure of Merit-Revisit Time 下的 Num ％ Below(Ignore)—21％

图 5.46 共 5 次间隙,有 $20\% \times 5 = 1.00$,进位得 2,即 FOM 值为表 5.16 中的第 2 个间隙即第 3 行的数值 5 327.743 s。

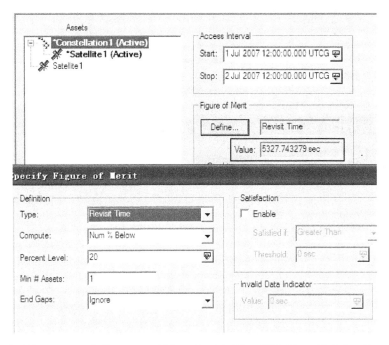

图 5.46　地面站 Coverage 菜单 Figure of Merit-Revisit Time 下的 Num ％ Below(Ignore)—20％

图 5.47 共 5 次间隙,$19\% \times 5 = 0.95$,进位得 1,即 FOM 值为表 5.16 中的第 1 个间隙,即第 2 行的数值 5 310.296 s。

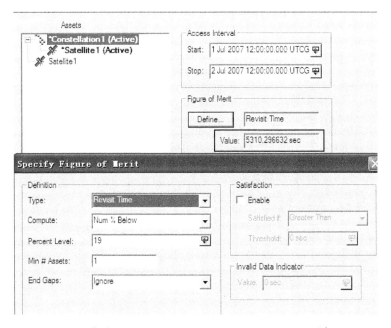

图 5.47　地面站 Coverage 菜单 Figure of Merit-Revisit Time 下的 Num ％ Below(Ignore)—19％

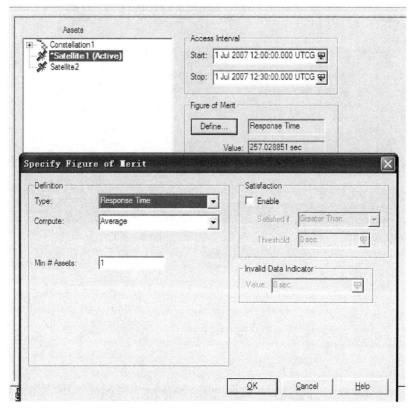

图 5.48　品质参数定义为 Response Time Average 时的 FOM Value

Mean Response Time＝Time Average Gap/2＝$(459.278^2 + 845.213^2)/1\,800/2 =$ 257.034 s,数据来源见表 5.17,计算结果与 STK 的计算值 257.028 851 s 基本一致 (表 5.17)。

表 5.17　**Mean Response Time 的计算方法(1 800 s)**

间隙	开始时刻(UTCG)	结束时刻(UTCG)	持续时间/s
1	2007 - 7 - 1 12:00:00	2007 - 7 - 1 12:07:39	459.278
2	2007 - 7 - 1 12:15:55	2007 - 7 - 1 12:30:00	845.213

B. 包含开始和结束的可见间隙

地面站与卫星的可见性分析结果如表 5.18 所示。

表 5.18　**包含开始和结束的可见间隙结果-排序后**

序　号	间隙时间/s	间隙百分比/%	累积百分比/%	累积百分比(仅含间隙)/%
1	0	4.636	4.636	N/A
2	459.297	0.532	5.168	0.557
3	5 310.296	6.146	11.314	7.002

续表

序　号	间隙时间/s	间隙百分比/%	累积百分比/%	累积百分比(仅含间隙)/%
4	5 327.743	6.166	17.480	13.469
5	5 332.349	6.172	23.652	19.940
6	5 455.137	6.314	29.966	26.561
7	5 482.591	6.346	36.311	33.215
8	55 027.117	63.689	100.000	100.000

具体的物理参数的统计结果与"A. 忽略(ignore)开始和结束的可见间隙(gap)"的情况相同,这里不再详细介绍。

2. 区域性覆盖性能指标

对于区域性覆盖可以通过 STK 内的覆盖定义与覆盖品质参数实现。

需要说明的是,本节提到的区域性覆盖性能指标,与 5.4 节中提到的对单个网格点(相当于单个地面测站)的覆盖性能指标并不完全相同,在选取"Report"或"Graph"输出性能指标时要考虑时间采样的因素,读者应特别注意。

对于覆盖定义内的区域性覆盖,星座系统需要对区域内的所有网格点都覆盖均匀,而所有网格点统计得到的标准差能够直观地反映星座性能的优劣。但 STK 软件仅会统计出每个网格点的覆盖品质参数,不会对所有网格点求统计值,可以通过对生成的数据进行再次统计得到需要的物理参数,下文以体现覆盖均匀性的标准差为例进行介绍。

通过区域性覆盖可得到每个网格点(共 m 个)的重访时间平均值(共 N 个采样点),第 j 个网格点的重访时间平均值为

$$\bar{x}_j = \sum_{i=1}^{N} x_{ij} \Big/ N \tag{5.81}$$

第 j 个网格点的重访时间标准差为

$$\sigma_j = \sqrt{\sum_{i=1}^{N}(x_{ij}-\bar{x}_j)^2\Big/N} = \sqrt{\sum_{i=1}^{N}x_{ij}^2\Big/N - \bar{x}_j^2} \tag{5.82}$$

可推得

$$\sum_{i=1}^{N}x_{ij}^2\Big/N = \sigma_j^2 + \bar{x}_j^2 \tag{5.83}$$

对于所有 m 个网格点,其标准差为

$$\sigma = \sqrt{E(x_{ij}-\bar{x}_{ij})^2} = \sqrt{E(x_{ij}^2)-\bar{x}_{ij}^2} = \sqrt{\sum_{j=1}^{m}\sum_{i=1}^{N}x_{ij}^2\Big/Nm - (E(\bar{x}_j))^2} \tag{5.84}$$

整理得

$$\sigma = \sqrt{\sum_{j=1}^{m}(\sigma_j^2+\bar{x}_j^2)\Big/m - (E(\bar{x}_j))^2} = \sqrt{E(\sigma_j^2+\bar{x}_j^2)-(E(\bar{x}_j))^2} \tag{5.85}$$

至此,得到重访时间标准差的表达式(5.85),下文在仿真实例的最后,会应用此表达式比较星座的优劣。

对于区域性覆盖,可通过覆盖定义属性中的"Point Defination"菜单下的"Specify Custom Locations"选项的"Specify"按钮设置点目标,可以通过增加.pnt 文件设置目标点的纬度和经度,见图 5.49。这样左边的 Resolution 不再起作用,以 Point File 内的.pnt 文件中包含在"Grid Defination/Bounds"内的纬度经度目标点作为覆盖计算的网格点。

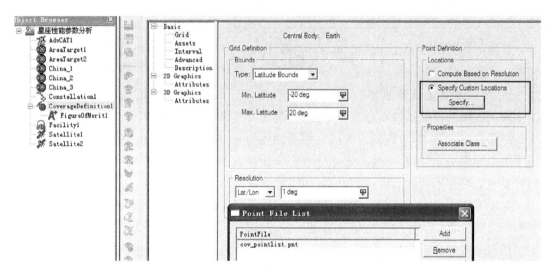

图 5.49 通过 Specify 按钮导入点目标列表

可通过 Associate Class 按钮设置点目标属性,见图 5.50。

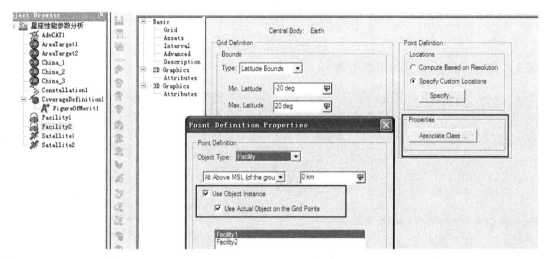

图 5.50 通过 Associate Class 按钮设置点目标属性

图 5.50 中需要选中"Use Object Instance"以及"Use Actual Object on the Grid Points"(可以提高计算速度,防止重复计算),并选中相应的 Object,点目标所受的可见限制与选择的"Object Instance"的可见限制情况一致,对于图 5.50 即为地面站 Facility1。

另外,覆盖定义属性中的"Assets"菜单内的"Constellation-Grouping"的"Separate"选项代表星座里面包含的卫星是独立的,如果 2 颗卫星与地面可见的时间有交集视为 2 次可见;而"Grouped"则代表星座里面包含的卫星是一个整体,如果 2 颗卫星与地面可见的时间有交集视为 1 次可见,如图 5.51 所示。

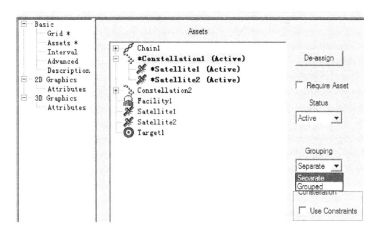

图 5.51　Constellation 中的 Grouping 下拉菜单中的 Separate 或 Grouped 设置

3. 链路与覆盖计算

下文不详细介绍链路与覆盖计算的过程,仅对其中需要注意的细节以及容易出错的地方作具体介绍。

1) 生成场景

生成星座覆盖性能指标场景,具体如图 5.52 所示。

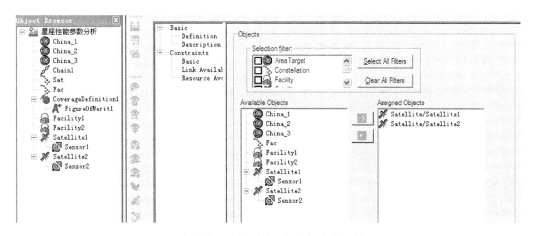

图 5.52　星座覆盖性能指标分析场景

场景中包含:

(1) 2 个地面站;

(2) 2 颗卫星,每颗卫星上 1 个对地敏感器,分别为 Sensor1 和 Sensor2,对地半锥角为 45°;

(3) 2 个星座,Sat 星座包含卫星 Satellite1(属性见图 5.40)与 Satellite2(只有真近点角

是 5°,其余和 Satellite1 相同)、Fac 星座包含地面站 Facility1(属性见图 5.39)与 Facility2(纬度 11.8°,经度 274.138°,见图 5.53);

(4) 1 个通信链路,包含 2 个星座;

(5) 3 个区域目标 China_1、China_2、China_3;

(6) 1 个覆盖定义,包含 1 个覆盖品质参数。

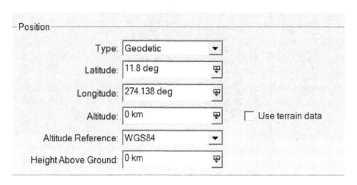

图 5.53　Facility2 属性设置

地面站属性中的约束限制(constraints)用得较多的有地面仰角(elvation angle)限制、阳照限制、可见时长与当地地方时限制,具体见图 5.54～图 5.56,这里不再详细介绍各个具体参数的含义,可参见 STK 软件的帮助文件或通过实际的应用过程理解参数的含义。

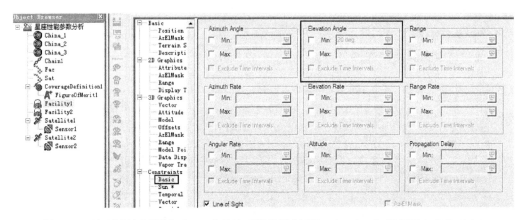

图 5.54　地面站约束限制- Basic 中的地面仰角限制(Elevation Angle 以朝天方向为正向)

2) 单个地面站到单颗卫星的可见性

对于单个地面站到单颗卫星的可见性,可用两个工具实现,在 Facility Tools 菜单下的 Access 与 Coverage 选项是最常用的工具。Access 生成的 Report 见表 5.14。通过 Coverage 可得到一些具体的覆盖品质参数,这在 5.4.4 节中的"1. 重要覆盖性能指标"中已经有所介绍,这里不再赘述。

本部分内容需要强调的一点是在利用链路与星座对地面站与卫星的可见性进行分析时,需要注意构成链路的星座的顺序,链路中的第一个星座中包含的对象即参考的坐标系基于的对象,举例如图 5.57 所示。

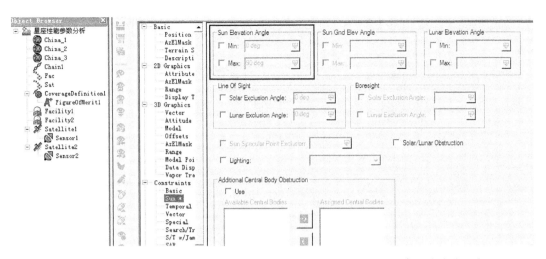

图 5.55　地面站约束限制- Sun 中的阳照限制（Sun Elvation Angle 以朝天方向为正向）

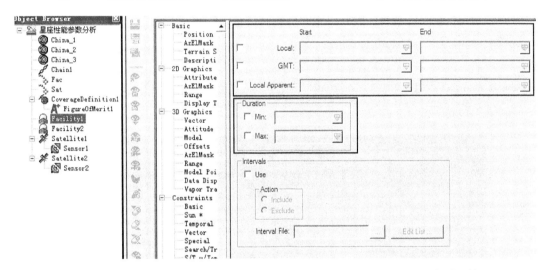

图 5.56　地面站约束限制- Temporal 中的可见时长（Duration）、当地地方时限制

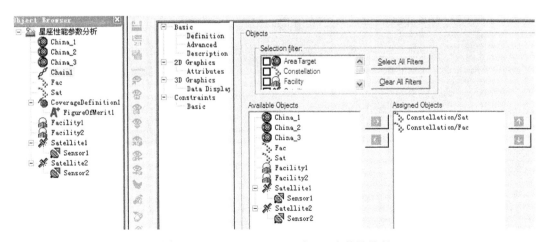

图 5.57　Assigned Objects 中 Sat 在前的情况

通过链路 Chain 中的 Report 生成的 Sat 在前的 Access AER Report 结果如表 5.19 所示。

表 5.19　Assigned Objects 中 Sat 在前的 Access AER

时间(time)(UTCG)	方位角(azimuth)/(°)	仰角(elevation)/(°)	距离(range)/km	关联名称(strand name)
2007 - 7 - 1 12:07:39	304.189	-24.112	2 829.668	Satellite1 to Facillity1
2007 - 7 - 1 12:08:39	297.145	-24.204	2 618.495	Satellite1 to Facillity1
2007 - 7 - 1 12:00:00	352.848	-25.021	2 123.277	Satellite1 to Facillity2
2007 - 7 - 1 12:01:00	351.678	-27.084	1 738.729	Satellite1 to Facillity2
2007 - 7 - 1 12:00:00	286.264	-24.281	2 540.766	Satellite2 to Facillity1
2007 - 7 - 1 12:01:00	277.195	-24.409	2 448.284	Satellite2 to Facillity1
2007 - 7 - 1 12:00:00	187.099	-24.969	2 138.315	Satellite2 to Facillity2
2007 - 7 - 1 12:01:00	185.579	-24.12	2 525.064	Satellite2 to Facillity2

注：表中的 AE 角(方位角 Azimuth 和俯仰角 Elevation 在 STK 软件中简称 AE 角)基于的坐标系虽然为卫星的 VVLH 坐标系，但 E 角的值是 VVLH 中数学意义上的俯仰角的负值，也可以理解为 AE 角基于的坐标系为 XY 轴为 VVLH 坐标系的 XY 轴，Z 轴与 VVLH 系的 Z 轴相反，即朝天为正方向的左旋坐标系，见图 5.58。

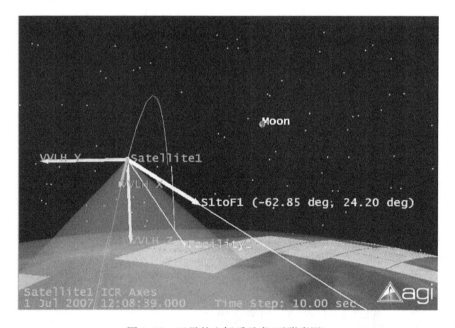

图 5.58　卫星的坐标系示意(后附彩图)

另外需要注意的是，图中显示的卫星到地面站的矢量 AE 角却为 VVLH 下的 AE 角，与表 5.19 中所示的 Report 中的仰角 Elevation 的数值相反。

生成 Sat 在后的 Access AER Report 结果如表 5.20 所示。

表 5.20　Assigned Objects 中 Sat 在后的 Access AER

时间(time)(UTCG)	方位角(azimuth)/(°)	仰角(elevation)/(°)	距离(range)/km	关联名称(strand name)
2007 – 7 – 1 12:07:39	183.275	0	2 829.668	Facillity1 to Satellite1
2007 – 7 – 1 12:08:39	175.707	1.993	2 618.467	Facillity1 to Satellite1
2007 – 7 – 1 12:00:00	163.251	2.777	2 540.75	Facillity1 to Satellite2
2007 – 7 – 1 12:01:00	153.644	3.75	2 448.278	Facillity1 to Satellite2
2007 – 7 – 1 12:00:00	229.204	7.412	2 123.226	Facillity2 to Satellite1
2007 – 7 – 1 12:01:00	227.989	12.984	1 738.689	Facillity2 to Satellite1
2007 – 7 – 1 12:00:00	62.809	7.307	2 138.366	Facillity2 to Satellite2
2007 – 7 – 1 12:01:00	61.286	2.971	2 525.125	Facillity2 to Satellite2

注：表中的 AE 角基于的坐标系为地面站坐标系，其与 Facility Body 系的差别在于 Z 轴与 Body 系的 Z 轴相反，即朝天为正方向的左旋坐标系，或者说是 NEZ(北、东、天顶)坐标系，见示意图 5.59。

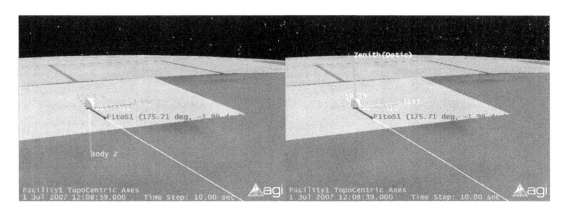

图 5.59　地面站坐标系示意图(Body 系与 NEZ 系)(后附彩图)

　　另外需要注意的是，图中显示的地面站到卫星的矢量坐标为 Body 系下的坐标，其显示的数据中的仰角值与 Report 中的仰角 Elevation 的数值相反。

　　3) 多个地面站到多颗卫星的可见性

　　此即星座的应用实例，即卫星构成的星座与地面的可见性分析。将两个地面站构成星座 Fac，将两个卫星构成星座 Sat，将其下的敏感器构成星座 Sen，首先分析 Fac 与 Sen 的可见性，将 Fac 与 Sen 构成链路 FacSen，具体如图 5.60～图 5.62 所示。

　　链路计算中最常用的 Report 为"Complete Chain Access"，如图 5.63、图 5.64 所示。

　　图 5.64 中所示结果为两个地面站中的任何一个与两个敏感器中的任何一个可见的时间段统计，反映可见总时间，若要分析具体的可见对象，可采用 Report 中的"New"按钮新建样式，其中信息量最丰富的是"Access Data"，如图 5.65 所示。生成的数据报告(图 5.66)能够很清楚地反映可见的情况，包含可见的具体对象以及卫星所在的过升交点时刻为起点的圈数。

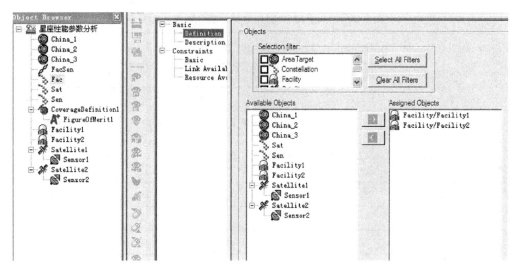

图 5.60　星座 Fac 构型示意

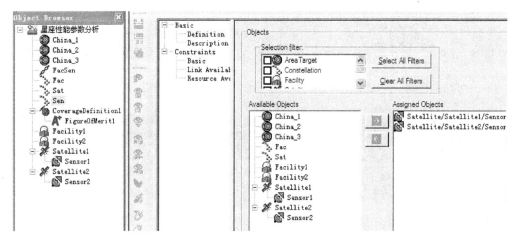

图 5.61　星座 Sen 构型示意

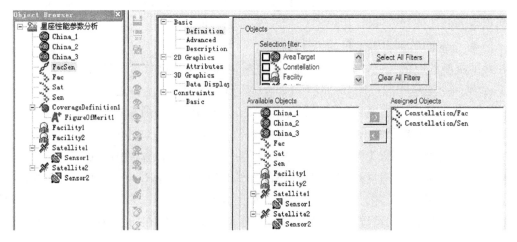

图 5.62　链路 FacSen 构型示意

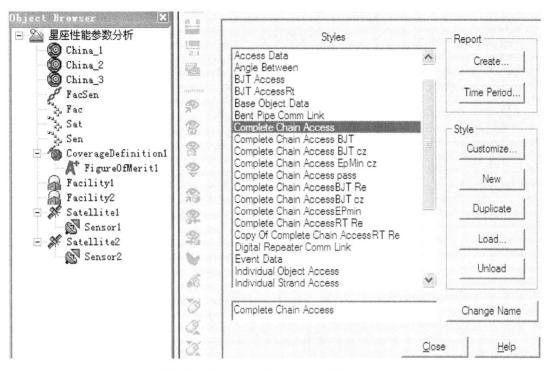

图 5.63 "Complete Chain Access" Report 示意

```
                                                              02 Jul 2014 17:32:01
Chain-FacSen:   Complete Chain Access


                    Access         Start Time (UTCG)              Stop Time (UTCG)          Duration (sec)
                    ------    ----------------------------   ----------------------------   --------------
                         1    1 Jul 2007 12:02:00.135        1 Jul 2007 12:06:31.266            271.131
                         2    1 Jul 2007 15:32:37.681        1 Jul 2007 15:33:46.143             68.462
                         3    1 Jul 2007 15:34:01.010        1 Jul 2007 15:35:12.416             71.405
                         4    1 Jul 2007 17:14:33.603        1 Jul 2007 17:15:24.641             51.039
                         5    1 Jul 2007 17:16:00.957        1 Jul 2007 17:16:46.865             45.908
                         6    1 Jul 2007 22:21:13.088        1 Jul 2007 22:24:07.737            174.649


Global Statistics
-----------------
Min Duration            5    1 Jul 2007 17:16:00.957        1 Jul 2007 17:16:46.865             45.908
Max Duration            1    1 Jul 2007 12:02:00.135        1 Jul 2007 12:06:31.266            271.131
Mean Duration                                                                                 113.766
Total Duration                                                                                682.594
```

图 5.64 "Complete Chain Access" Report 结果示意

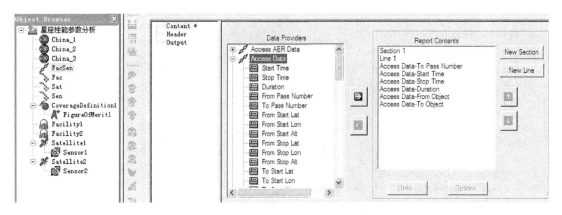

图 5.65　Access Data 示意

02 Jul 2014 17:31:53

Chain-FacSen: Complete Chain Access

To Pass	Start Time (UTCG)	Stop Time (UTCG)	Duration (sec)	From Object	To Object
3	1 Jul 2007 15:34:01.010	1 Jul 2007 15:35:12.416	71.405	From Facility Facility1	To Sensor Sensor1
4	1 Jul 2007 17:16:00.957	1 Jul 2007 17:16:46.865	45.908	From Facility Facility1	To Sensor Sensor1

To Pass	Start Time (UTCG)	Stop Time (UTCG)	Duration (sec)	From Object	To Object
3	1 Jul 2007 15:32:37.681	1 Jul 2007 15:33:46.143	68.462	From Facility Facility1	To Sensor Sensor2
4	1 Jul 2007 17:14:33.603	1 Jul 2007 17:15:24.641	51.039	From Facility Facility1	To Sensor Sensor2

To Pass	Start Time (UTCG)	Stop Time (UTCG)	Duration (sec)	From Object	To Object
1	1 Jul 2007 12:03:24.167	1 Jul 2007 12:06:31.266	187.099	From Facility Facility2	To Sensor Sensor1
7	1 Jul 2007 22:22:44.581	1 Jul 2007 22:24:07.737	83.156	From Facility Facility2	To Sensor Sensor1

To Pass	Start Time (UTCG)	Stop Time (UTCG)	Duration (sec)	From Object	To Object
1	1 Jul 2007 12:02:00.135	1 Jul 2007 12:05:05.321	185.186	From Facility Facility2	To Sensor Sensor2
7	1 Jul 2007 22:21:13.088	1 Jul 2007 22:22:49.356	96.268	From Facility Facility2	To Sensor Sensor2

图 5.66　Access Data Report 示意

4) 多颗卫星的区域性覆盖

根据 5.4.4 节"2. 区域性覆盖性能指标"中的相关定义,给出仿真实例。以应用最广泛的对地观测卫星为例进行分析,首先按照图 5.49 与图 5.50 的示意设置点目标列表与点目标属性,地面站 Facility 的限制条件都将对所有的"cov_pointlist.pnt"内的点目标起作用,即点目标的限制条件与 Facility 的限制条件相同,见图 5.67~图 5.69。

需要说明的是图 5.69 中的"Local"指的是以 24 时区计算的地方时,而"Local Apparent"指的是真实的地方时,即 UTCG＋当地的地理经度/15。下文利用 Coverage Defination 以及 Figure of Merit 分析星座的优劣。

对于星座设计来说,对地面的重访性是最重要的考核指标,而对整个覆盖区域的覆盖均匀性是星座需要考虑的设计依据,此处设计两种星座做比较,对重访性指标做覆盖区域的统计分析,得到两个星座的优劣比较。

1) 星座 1:Sen1

包含 4 个敏感器,其所从属的卫星在同一轨道面内,4 星 90°相位均分,为降交点地方时 13:00、轨道高度 400 km 太阳同步圆轨道。

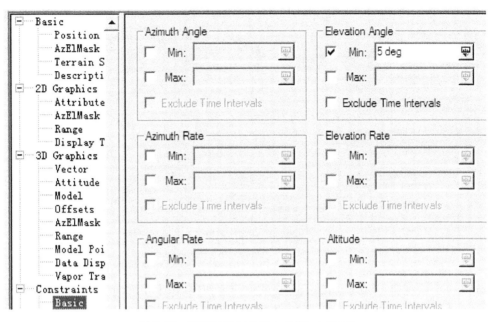

图 5.67　地面站限制条件中的"Basic"示意

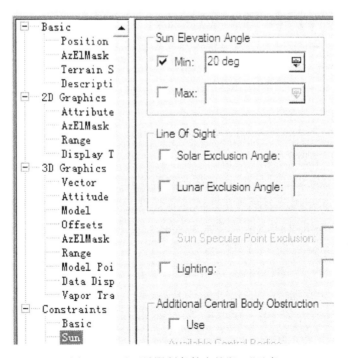

图 5.68　地面站限制条件中的"Sun"示意

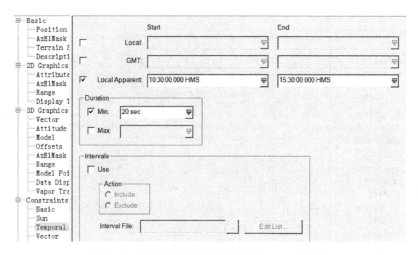

图 5.69　地面站限制条件中的"Temporal"示意

2）星座 2：Sen2

包含 4 个敏感器，其所从属的卫星在两个轨道面内，每个轨道面内两星 180° 相位均分，为降交点地方时 12：00 和 14：00、轨道高度 400 km 太阳同步圆轨道。

在分析 Sen1 和 Sen2 对地面的重访性时，可生成相应的 Figure of Merit 的相应 Report，常用的有：

（1）Percent Satisfied：百分率满足报告。从中可以得到实际被覆盖的栅格的面积。

（2）Satis by Region：区域满足报告。从中可以得到每一个栅格被访问的次数，以及当它被覆盖时，覆盖品质参数的最小值、最大值和平均值。

（3）Value by Grid Point：网格点覆盖品质参数报告。从中可以得到整个覆盖区域中每一个点的经纬度，以及当它被覆盖时，覆盖品质参数的最小值、最大值和平均值。

（4）Value by Latitude：纬度报告。从中可以得到，当各纬度被覆盖时，覆盖品质参数的最小值、最大值和平均值。

（5）Value by Longitude：经度报告。从中可以得到，当各经度被覆盖时，覆盖品质参数的最小值、最大值和平均值。

设置 Figure of Merit 中的 Definition 为"Revisit Time"进行分析，如图 5.70～图 5.71 所示。

为了系统地分析星座对地面选定区域的重访性，生成"Value By Grid Point"Report 进行统计，可得到每个点的重访时间平均值 $\bar{x}_j$，即公式（5.81）所示物理量。Sen1 与 Sen2 的区域性覆盖重访时间统计如表 5.21 所示。

需要注意的是，对于一般的卫星到地面网格点的访问，都不会做到无间断访问，故重访时间平均值若出现 0 值，很有可能是图 5.70 中限制了"Ignore"，即对首尾的不可见时间不做统计，而整个时间区间内又仅有一次可见，导致重访时间出现全为 0 的情况这是由于统计时间较短造成的。解决这个问题的方案是将统计时间加长，此处以 10 天和 20 天两种情况为例进行统计，当然，时间越长，统计结果越准确，但在实际工作中应该以卫星回归周期为准，进行 n 个周期的统计相对较准确。

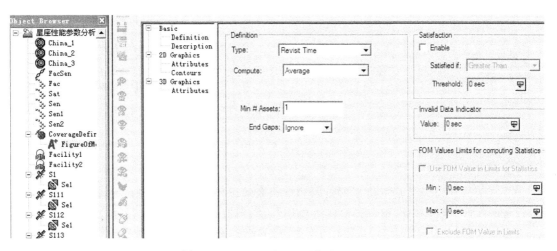

图 5.70　Figure of Merit 设置 Average

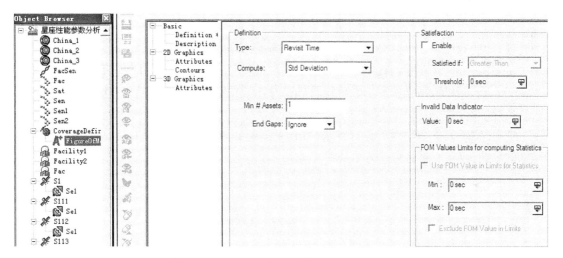

图 5.71　Figure of Merit 设置 Std Deviation

表 5.21　Sen1 与 Sen2 的区域性覆盖重访时间统计(共 m 个网格点)

	Sen1 - 10 天	Sen2 - 10 天	Sen1 - 20 天	Sen2 - 20 天
网格点标准差平方与平均值平方和的平均值 $E(\sigma_j^2 + \bar{x}_j^2)$	275.498	249.673	278.003	251.855
网格点平均值的平方 $(E(\bar{x}_j))^2$	133.431	136.343	139.561	141.439
标准差 $\sigma = \sqrt{E(\sigma_j^2 + \bar{x}_j^2) - (E(\bar{x}_j))^2}$	11.92	10.65	11.77	10.51

由表 5.21 可见,Sen2 覆盖均匀性明显优于 Sen1。

卫星轨道设计是卫星方案阶段非常重要的工作内容。卫星的运行轨道不仅影响卫星的能源、测控条件,更与任务模式密切相关,可以说,卫星的轨道特性决定卫星的应用范围。例如,地球同步轨道多应用于通信和气象;太阳同步轨道多应用于对地观测和气象;回归轨道多应用于要求稳定对地覆盖的观测任务……诸多应用决定了卫星轨道设计的约束。

简单来说,卫星的运行轨道设计就是根据具体任务需求,选择卫星的初始轨道要素、分析轨道特性、选择发射窗口等,甚至还包括协调卫星、运载火箭、测控系统与用户之间的关系,并对它们提出合理的约束条件,使卫星在轨运行后可以满足用户的要求。

不同卫星,其任务需求和应用目的往往不同,轨道设计的思想和方法也呈现出灵活多样的特点。本章基于几种常见的轨道,设计了三个假想任务实例,结合不同的任务目标,介绍不同类型轨道的设计方法,和读者一起在解决具体问题的过程中体会轨道设计的思路。

6.1 轨道设计思路

6.1.1 一般方法

轨道设计与卫星的任务息息相关,卫星研制、发射、长期运行管理等工作都包括多学科内容,轨道设计师需对卫星使命进行深入研究,找出总体设计中需要研究的问题。其过程为问题的提出、相关数学模型的建立、数学解算、结果分析等步骤[20]。

一般来说,轨道决定了空间飞行任务的寿命、成本、环境、观测几何,同时也影响有效载荷的性能,涉及许多不同参数间的综合权衡。同时须权衡运载的能力。

有效的轨道设计需要清楚地理解轨道选择的依据,并且随着任务要求的改变,动态调整这些依据。满足任务要求的轨道可能有好几种不同的设计方案,需要评价权衡给出较优方案。

决定轨道类型的主要参数有半长轴 a、倾角 i、偏心率 e 和降交点地方时,具体的轨道设计内容即根据任务需求以及卫星设计的简单可靠原则来确定轨道根数。本节将以工程实例介绍单星和星座的设计。

　　总之,轨道设计师应该具备总体设计的思想,不能片面地局限于轨道设计的层面,要综合考虑,设计出满足任务需求且性价比最高的轨道。

6.1.2　单星

　　当用户提出一个应用需求后,首先要根据任务选择:是应用单星还是星座来满足任务需求。例如,单颗地球同步卫星与多颗低轨大倾角卫星对地覆盖能够满足同样的通信需求,在任务分析的初级阶段要解决的就是性价比的问题,发射成本、空间辐射环境(影响卫星寿命)等成为要着重考虑的因素。由于轨道设计是一个反复迭代的过程,必须综合考虑各种轨道权衡的效果,得到单星或星座的最终选择。

　　当选择好单星或星座后,就要选择单星(如果是星座,要设计所有成员星)的轨道根数。基于工程简化思想,一般选择圆轨道设计,此时仅需要考虑卫星的轨道高度和倾角对任务需求的满足情况即可。表 6.1 列出了影响轨道选择的一些任务需求。

表 6.1　影响单星轨道设计的主要任务需求

任　务　需　求		影　　响
覆　盖	连续性	高度、倾角
	频率	高度、倾角
	持续时间	高度、倾角
	视场(或幅宽)	高度、倾角
	面积覆盖率	高度、倾角
	地面轨迹	高度、倾角、升交点赤经
	感兴趣的地点	高度、倾角、升交点赤经
灵敏度或性能	曝光时间或停留时间	高度
	对地分辨率	高度
环　境	辐射环境	高度、倾角*
发射能力	发射成本	高度、倾角
	在轨重量	高度、倾角
	发射地点	高度、倾角
地面通信	测站地点	高度、倾角
	数据时延	高度、倾角
轨道寿命	—	高度、倾角*
法律或政治	条约、公约	高度、倾角、地球静止轨道定位点经度
	火箭碎片落点安全性限制	高度、倾角、地球静止轨道定位点经度
	国际太空资源分配	高度、倾角、地球静止轨道定位点经度

　*表示倾角对此项需求影响不大。

　　由表 6.1 可见,影响任务需求最主要的轨道根数为卫星高度(对应平均轨道半长轴),其次是倾角。当然,我们只能给出高度和倾角的范围,得到一组或多组满足任务需求的单星候选轨道。

需要特别强调的是,在进行轨道高度的选择时需要考虑关键因素——地球辐射环境。低于 1 000 km,由于大气层迅速"清洗"带电粒子,辐射强度相当低;1 000 km 以上是范艾仑带,高能辐射粒子会严重影响元器件的寿命,进而缩短卫星的寿命。因此轨道高度尽量选择低于 1 000 km 的近地轨道(LEO)或远高于范艾仑带的地球同步轨道(GEO)。若由于任务的特殊需求必须选择在 1 000～35 786 km 的轨道高度(如 GPS 导航卫星),则必须考虑卫星的表面屏蔽,否则会严重影响卫星的寿命。

对于有特殊覆盖需求的任务,有时也需要设计椭圆轨道,如俄罗斯通信卫星常采用倾角为 63.435° 的椭圆冻结轨道(Molniya)。椭圆轨道卫星运行的轨道高度范围相对圆轨道大大扩充,但椭圆轨道的缺点也较明显,即对地覆盖不均匀,轨道高度和速度随时间而变化。

6.1.3 星座

对于星座轨道设计,单星轨道设计原则依然有效,只不过增加了覆盖性能参数的考虑,对应的设计因素有:卫星总数 T、轨道平面数目 P、轨道平面的相位因子 F。

星座轨道设计首先取决于应用,不同星座的应用,具有不同星座轨道结构。尽管各种星座轨道设计很复杂,但仍然能够把星座轨道设计有关参数和影响因素归纳于表 6.2 中。

表 6.2　星座设计中几何结构因素

因　素		影　　响	选　择　准　则
主要设计变量	卫星总数	决定成本和覆盖的主要因素	选择最少的卫星满足覆盖和性能的要求
	轨道高度	覆盖,发射和变轨成本	通常是成本和性能之间的系统级权衡
	轨道平面数目	灵活性,覆盖性能,发展和降级使用	以最少的轨道平面满足覆盖性能要求
其他设计变量	轨道倾角	决定覆盖的纬度分布	纬度覆盖与成本的综合权衡
	轨道平面的相位	决定覆盖的均匀性	在各组独立的相位取舍中选择最佳覆盖
	偏心率	任务的复杂性、可达的高度和覆盖与成本的关系	一般取零,除非为满足特别需求才选其他值

虽然表 6.2 给出了星座设计的考虑因素,但由于星座设计的诸多准则,我们无法用解析式来设计一个具体的星座,同样,利用仿真的手段,给出第 5.4.2 节定义的覆盖性能指标,得到星座的覆盖效能分析,确定星座的设计。根据第 5.4.2 节的定义以及覆盖性能指标的优劣,确定星座的设计中评估参数的排序为:

1. 平均覆盖间隙以及平均响应时间与纬度的关系曲线

通过对关心的覆盖区域进行仿真分析,得到平均覆盖间隙以及平均响应时间(当时间采样频率足够大时,时间平均间隙为平均响应时间的两倍)与纬度的关系曲线(包含对所有网格点的最小值、最大值和平均值),作为星座性能评估的标准之一。

2. 覆盖百分比、最大覆盖间隙与纬度的关系曲线

通过对关心的覆盖区域进行仿真分析,得到覆盖百分比以及最大覆盖间隙与纬度的

关系曲线(包含对所有网格点的最小值、最大值和平均值),作为星座性能评估的标准之一。

当然,由于关心的区域或地面点目标、区域目标不同,也可以选择覆盖性能指标与网格点、经度等的关系曲线,作为星座性能评估的依据。

另外,以上述两类覆盖性能指标作为评估参数,哪个指标更好一些并没有明确的结论,但在星座设计过程中,完全由用户的应用需求决定,轨道设计师必须充分和用户沟通,明确用户更关心哪个指标,进行合理的评估参数加权,最终得到两类评估参数的加权平均值,作为星座设计优劣的最终标准。

但是,由于星座的应用不同,用户的需求不同,加权的方法并没有统一的原则,这完全由轨道设计师与用户协调而最终确定。

星座设计过程中除了 6.1.2 节中提到的单星设计原则,还有以下几条基本原则需要考虑。

1. 轨道摄动影响

对于卫星轨道的影响的最大的因素为 J_2 项摄动,其主要影响的参数为升交点赤经与近地点幅角(拱点),称为交点进动与拱点进动。圆轨道可以解决拱点进动的问题,交点进动和轨道高度、倾角、偏心率(圆轨道此项为 0)相关,因此,星座设计过程中,最简单的实施方案即设计偏心率为 0 且轨道高度与倾角都相同的卫星。同时,对于低轨卫星,其大气摄动对轨道高度的影响不容忽视,在卫星设计过程中,需要注意卫星的迎风面面质比尽量一致,姿态机动状况尽量一致,确保大气摄动对轨道高度的影响一致,保证星座的构型尽量不变或变化很小。

2. 轨道平面数目与每个轨道平面内的卫星个数

二者乘积即表 6.2 中的卫星总数 T。

轨道平面数目与发射成本成正比,这是影响星座轨道平面布设的第一要素。对于星座的性能来说,轨道平面数目较少,相对轨道平面数目较多的星座更容易提高星座的性能台阶。例如,3 个轨道面的星座若要提高星座的性能台阶至少需要再发射 3 颗卫星,补充至原来星座系统的 3 个轨道面上,而 4 个轨道面的星座则需要 4 颗卫星补充在 4 个轨道面上,成本明显成正比。可见,在星座性能满足用户需求的前提下,轨道平面数目越少越好。

每个轨道平面内的卫星个数相对轨道平面数目来说对发射成本的影响较小,对于同一轨道面内入轨的卫星,完全可以通过轨道控制调整其相对相位(通过调整轨道半长轴进而调整纬度幅角来调整相对相位)来实现均匀分布。当然,卫星的研制费用都是不变的,所以在覆盖性能指标满足用户需求的前提下,还是建议卫星数目越少越好。

3. 相邻轨道平面内的相位

此原则很难用解析的方法得到,需要根据星座覆盖性能指标的定量仿真结果确定,但可以明确的是,星座设计的总原则为均匀覆盖,"均匀"基本是对非特定区域对地覆盖的最本质要求,是星座设计的最基本的需求。

6.2 轨道设计实例

6.2.1 对地观测卫星轨道设计

高敏捷、高分辨率已经成为近十年来全球对地观测卫星的发展重点之一,典型例子有美国已经发射的 Ikonos - 2、QuickBird - 2、Worldview、Orbview 等系列以及法国的两颗 Pleiades 卫星。我国对地观测卫星技术发展虽然相对美国与法国等起步较晚,但发展较快,已经上天的有东方红的高分一号卫星(2013 年 4 月 26 日入轨)与高分二号卫星(2014 年 8 月 19 日入轨)。

高分辨率卫星相机视场一般较小,对应地面覆盖幅宽较小,为了增加有效的对地覆盖,可以采用卫星姿态敏捷机动的办法扩大有效覆盖,既保证了"看得清",又保证了"看得广"。

本节提出了一套适用于高分辨率对地光学观测任务的轨道设计方法。

1. 任务需求分析

任务的目标是设计光学对地观测卫星轨道,实现对全球任一目标尽短时间重访的高分辨率无间隙均匀覆盖成像。

全球均匀覆盖和光学遥感的要求需采用太阳同步回归轨道,这样既能覆盖南北高纬度地区,同时太阳方向相对于轨道面基本固定,有利于对地成像。太阳光对星下点目标有一定的角度实现侧顺光观测,经过整回归周期后太阳入射角基本相同,这样有利于观察目标的细节,绝大多数的光学对地观测卫星大都采用升/降交点地方时为 10:30 或 13:30 的太阳同步回归圆轨道。卫星具有姿态机动能力,在相同的轨道高度前提下,重访能力随姿态机动角度的增大而增强;但在姿态机动的情况下,观测距离增加,物方分辨率变差,幅宽变宽,太阳入射角度也可能变大,因此二者性能需要折中考虑。总之,轨道类型及轨道参数的确定需考虑以下因素:

(1) 对成像目标的覆盖能力;

(2) 成像时目标的光照角度;

(3) 与姿态机动能力配合,系统设计对成像目标的重访;

(4) 与相机的能力配合,系统设计图像分辨率及幅宽。

目标重访能力代表了对任务的响应能力,重访时间与姿态机动角度、轨道回归特性有关,姿态机动角度越大,平均重访时间越短,但获得图像的分辨率越差。

考虑对地观测任务全球均匀覆盖的性能要求,设计较高倾角的太阳同步圆轨道。太阳同步轨道的轨道高度与倾角满足一定的函数关系,因此只需设计轨道高度即可,同时考虑回归特性,下文将详细分析。

2. 轨道设计过程

卫星相机一次拍摄可覆盖一定的地面宽度,且卫星具有一定的姿态机动能力,因此并不一定需要设计星下点轨迹完全重合的严格回归轨道,只需在要求的重访时间内,相机可视幅宽(包含姿态机动)覆盖赤道即可。但分析问题需要借助回归轨道的若干概念。

1) 目标重访性能影响因素

目标的重访性能取决于以下几个因素:

A. 同日邻轨间距(L)

在时间上连续两轨星下点轨迹在赤道上横移距离的计算公式为

$$L = (n_e - \dot{\Omega}) T_N \times R_e \tag{6.1}$$

公式中,$n_e = 7.292\,115 \times 10^{-5}$ rad/s,为地球自转角速率;$R_e = 6\,378.137$ km,为地球赤道平均半径;$\dot{\Omega}$ 为升交点赤经的变化率,参见公式(5.48);T_N 为交点周期,参见公式(5.62)。

B. 邻日邻轨间距(D)

在时间上相隔约一天相邻两轨星下点轨迹在赤道上横移距离的计算公式为

$$D = \begin{cases} [n - \text{fix}(n)] \times L > 0, & n - \text{fix}(n) \leqslant 0.5 \\ [n - \text{fix}(n) - 1] \times L < 0, & n - \text{fix}(n) > 0.5 \end{cases} \tag{6.2}$$

公式中,$n = 86\,400/T_N$,为 1 天内卫星运行的圈数,$\text{fix}(n)$ 的含义为对 n 向下取整。

需要说明的是:① D/L 是一个很重要的参数,决定了邻日邻轨星下点轨迹在同日邻轨星下点轨迹中的移动特性,正值表示东移,负值表示西移;② 若 $D/L = 1/D^*$,表示 D^* 个升交日(对于太阳同步轨道,1 升交日即 1 平太阳日,即 1 天)以后,地面轨迹与第 1 天的重合,D^* 为一个回归周期,D/L 太小不利于重访。

C. 姿态机动角度(θ)

卫星通过姿态机动可以增加地面可视幅宽,姿态机动角度与轨道倾角共同决定了赤道处的地面可视幅宽 W,如图 6.1、图 6.2 所示。在 D/L 确定的情况下,地面可视幅宽越大,重访时间越短。

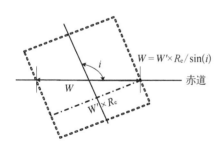

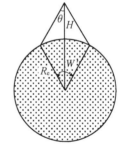

图 6.1 轨道倾角与可视幅宽的关系 　　图 6.2 姿态机动角度与可视幅宽的关系

计算公式为

$$W = 2R_e \times \left[\arcsin\left(\frac{R_e + H}{R_e} \sin\theta \right) - \theta \right] / \sin(i) \tag{6.3}$$

公式中,H 为轨道高度。

D. D 在 L 中的分布

若轨道为回归轨道,在回归天数一定的情况下,每天的轨迹点可以是顺序递进的,也可以是交叉的,如 $D/L = 1/5$ 和 $2/5$,都代表了 5 天回归,但星下轨迹的分布不同,如图 6.3、图 6.4 所示,轨迹分布特性对不同姿态机动角度下的综合回归性能有影响。

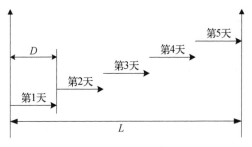

图 6.3 $D/L = 1/5$ 的回归轨道

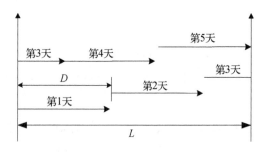

图 6.4 $D/L = 2/5$ 的回归轨道

E. 目标纬度

卫星轨道倾角给定情况下,地面目标纬度接近轨道倾角处重访时间短,接近赤道处重访时间长。这里以赤道处目标的升交点重访(过升交点时刻星下点为阳照区,过降交点时刻星下点为阴影区)为例进行分析,得到分析结论,作为轨道设计的参考。

2) 光学对地观测卫星轨道高度选择

由于卫星以不同分辨率(高度)成像的重访时间不同,在满足大角度快速姿态机动重访的基础上,性能好的轨道还能够兼顾到小角度高分辨率的成像机会,达到综合性能最优。根据该思路,归纳轨道高度筛选约束如下:

(1) 为了实现尽快重访,可以通过姿态机动角度斜视观测,要求赤道处 45° 大角度姿态机动的理论重访时间不应太大,暂定小于 4 天;

(2) 为提高成像分辨率,应确保姿态机动角度较小,即轨道覆盖不能太稀疏,要求回归周期不应太小,暂定大于 5 天;

(3) 使 10°~45° 姿态机动下的重访时间均方差(定义下文会介绍)较短,总体性能优化。

根据约束(1),(2),分析 450~700 km 轨道高度的 D/L 分布及回归特性,如图 6.5 所示。

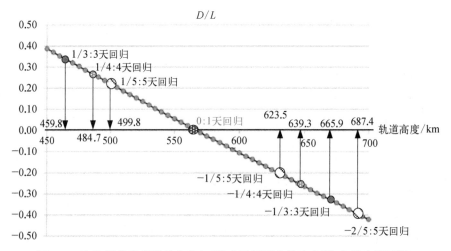

图 6.5 D/L 随轨道高度的变化(正值表示星下点轨迹东漂,负值表示西漂)

从图 6.5 可以看出,499.8 km、623.5 km 与 687.4 km 为 5 天回归轨道,484.7 km、639.3 km 为 4 天回归轨道,459.8 km、665.9 km 为 3 天回归轨道。这说明 499.8~623.5 km 的

轨道高度需要 5 天以上才能均匀覆盖同日邻轨间距、623.5～639.3 km 轨道高度需要 4～5 天才能均匀覆盖同日邻轨间距,不满足姿态机动情况下 4 天内赤道处快速重访的约束(1)。另外,低于 499.8 km 的轨道高度较低,轨道维持要求较高,予以排除。

需要说明的是:上述分析只采用了 D/L 数值,没有引入姿态机动范围,这是由于所分析的是短周期回归轨道,D 的距离较大,对于较大角度姿态机动,地面可视幅宽 W 小于 D,不存在跨邻日星下点轨迹覆盖的情况(如 655 km 高度,$D=815.3$ km,$\pm30°$ 姿态机动时 $W=777.8$ km $< D$)。

考虑约束(2),对于 639.3 km、665.9 km 的轨道,为短周期回归轨道,几天后星下点轨迹完全重合,失去了对轨迹间的目标高分辨率成像机会,因此应对(639.3±5)km,(665.9±5)km范围内的轨道予以排除,之所以设定±5 km 区间,主要是考虑 5 km 入轨偏差。

根据约束(1),(2)确定轨道可选区间为[645～661]km、[671～700]km,接下来考虑约束(3)对不同姿态机动角度下的重访性能进行评估,寻找优化的轨道。

能够兼顾不同分辨率成像的卫星星下点轨迹应具有以下特点:

(1) 首先以较短时间 N_1 天,对邻轨间距 L 均分,满足大角度姿态机动重访;

(2) 其次以较长时间 N_2 天,对轨迹间距离进行再次细分,满足小角度姿态机动重访,N_2 即为总的任务完成时间。所以这样的星下点轨迹是交叉覆盖式的,而非递进覆盖式的。

为了实现定量分析,本书提出针对约束(3)的评估目标函数。

$$J = \sum_{i=1}^{K} U_i \left(N_{\mathrm{act}}(\theta_i,\ H) - N_{\mathrm{ide}}(\theta_i,\ H) \right)^2$$
$$N_{\mathrm{avg}} = \sqrt{J/K} \tag{6.4}$$

其中,$\theta_i (i = 1,\ 2,\ \cdots,\ K)$ 表示不同的姿态机动角度;$N_{\mathrm{ide}}(\theta_i,\ H)$ 为理想最小重访时间,等于同日邻轨间距 L 与可视幅宽 W 的比值;$N_{\mathrm{act}}(\theta_i,\ H)$ 为实际最小重访时间,表示 $N_{\mathrm{act}}(\theta_i,\ H)$ 天后,所形成的最大轨迹间距离 $d_{\max}$ 小于可视幅宽 W,同日邻轨间距 L 全被覆盖;U_i 为权值,可用来定义所重点关注的姿态机动角度,如用户关注 30° 姿态机动的重访,则可增加与之对应的 U_i 值;J 表示实际最小重访时间与理论最小重访时间的偏差平方和,其值越小,表示所选轨道越优;N_{avg} 为重访时间均方差。至此,问题转化为求轨道高度,使得实际最小重访时间尽量接近理论值,目标函数最小。

以 $D^* = 5$ 天、轨道向东漂移($D/L > 0$)的情况为例,根据太阳同步轨道过升交点处的星下点轨迹,做示意图如图 6.6 所示。

计算 $N_{\mathrm{act}}(\theta_i,\ H)$ 的过程是在一定的时间内将赤道处同日邻轨之间的所有星下点轨迹间隔排序,将最大值 $d_{\max}$ 与可视幅宽 W 比较,当 $d_{\max} \leqslant W$,即认为同日邻轨间距 L 全被覆盖,即达到全球覆盖的目的,相应的时间即实际最小重访时间。

$N_{\mathrm{ide}}(\theta_i,\ H)$ 与轨道高度的关系如图 6.7 所示,可见,相同轨道高度时,姿态机动角度越大,理论重访时间越小。

针对不同的姿态机动角度,对不同轨道高度的重访时间进行计算,得到结果如图 6.8～图 6.11 所示。

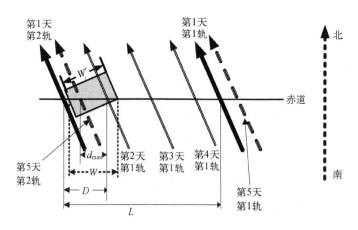

图 6.6　轨道向东漂移

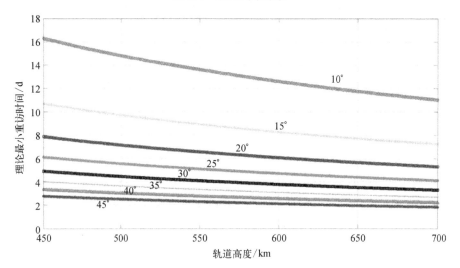

图 6.7　不同姿态机动角度下理论最小重访时间与轨道高度的关系

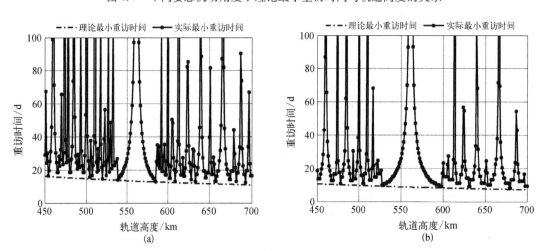

图 6.8　重访时间与轨道高度的关系

（a）和（b）分别为 10°和 15°时机动重访时间最小值与轨道高度的关系

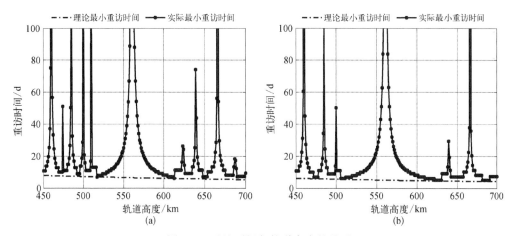

图 6.9　重访时间与轨道高度的关系

(a)和(b)分别为 20°和 25°时机动重访时间最小值与轨道高度的关系

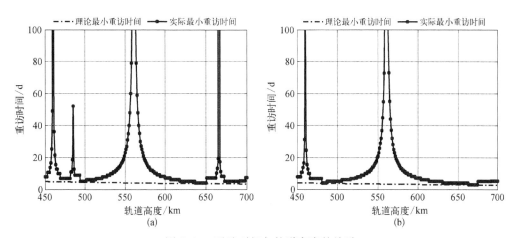

图 6.10　重访时间与轨道高度的关系

(a)和(b)分别为 30°和 35°时机动重访时间最小值与轨道高度的关系

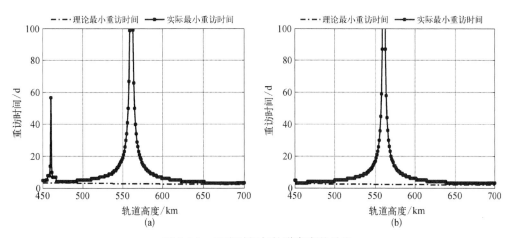

图 6.11　重访时间与轨道高度的关系

(a)和(b)分别为 40°和 45°时机动重访时间最小值与轨道高度的关系

需要说明的是：图 6.8～图 6.11 已将短周期回归轨道即重访时间大于 100 天的数据滤掉，表 6.3 给出典型短周期回归轨道的轨道高度与回归天数的关系。

表 6.3　450～700 km 范围内 7 天内回归的太阳同步回归轨道高度统计

轨道高度 H/km	回归天数/d
459.8	3
474	7
484.7	4
499.8	5
509.9	6
517.1	7
560.9	1
605.5	7
612.9	6
623.5	5
639.3	4
650.7	7
665.9	3
687.4	5
696.6	7

根据图 6.8～图 6.11，可以总结出以下规律：

（1）图中的峰值大多出现在短周期回归轨道（表 6.3）处，验证了该类型轨道不适合小角度姿态机动重访；

（2）对于同一轨道高度，不同姿态机动角度的情况下，实际重访时间与理论时间重访之间的偏差不同，而且变化较大；

（3）卫星小角度姿态机动情况下，出现的峰值较多，受轨道回归特性影响较大，应特别关注。

对各种姿态机动角度下的重访时间均方差进行综合，得到图 6.12、图 6.13，反映了权重相同的情况下的重访时间均方差。

由图 6.12、图 6.13 可以看出，对于权重相同的情况，除 3 天回归的 666 km（精确值为 665.9 km）的轨道，645～700 km 内的重访时间均方差均小于 50，可作为轨道高度的选择范围，考虑 ±5 km 的入轨偏差，需要舍弃 661～671 km，与图 6.5 得到的结论一致。

若用户较关心大角度姿态机动下的重访，即在短时间内达到全球覆盖，则需要对各个总姿态机动角度下的重访时间均方差作统计，这里以 10°姿态机动权重为 0.01，15°姿态机动权重为 0.02，20°、25°、30°、35°姿态机动权重为 0.64，40°姿态机动权重为 1.91，45°姿态机动权重为 3.5（假设用户更关心较大角度姿态机动遍历）的情况为例进行统计，重访时间均方差见图 6.14、图 6.15。

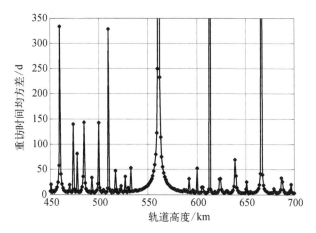

图 6.12　450～700 km 的重访时间均方差与轨道高度的关系-权重相同,全为 1

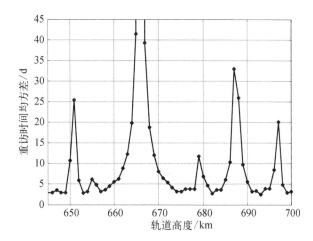

图 6.13　645～700 km 的重访时间均方差与轨道高度的关系(666 km 的值为 1 400)-权重相同,全为 1

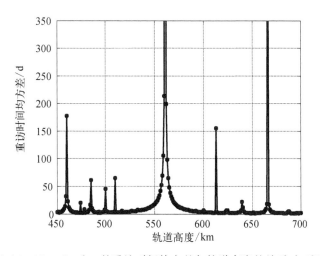

图 6.14　450～700 km 的重访时间均方差与轨道高度的关系-权重不同

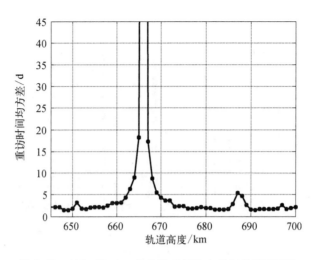

图 6.15　645～700 km 的重访时间均方差与轨道高度的
关系(666 km 的值为 576.8)-权重不同

由图 6.12、图 6.13、图 6.14 和图 6.15 可见,权重不等时,重访时间均方差与权重相等时是不同的。由图 6.15 可明显看出,重访时间均方差极值点较图 6.13 少,且极值点数值较小,可供用户选择的轨道高度范围较宽。用户可根据关心的姿态机动角度的覆盖性选择合适的轨道高度。

对 645～661 km 和 671～700 km 高度区间内典型轨道高度下不同姿态机动角度的重访时间总结如表 6.4 所示。

表 6.4　不同姿态机动角度、不同轨道高度的实际重访时间统计

姿态机动角度/(°)	重 访 时 间/d			
	655 km	675 km	685 km	695 km
10	27.549 3	14.345 67	23.617 9	19.551 8
15	10.203 4	11.271 6	18.483 6	12.348 5
20	10.203 4	11.271 6	8.214 9	7.203 3
25	7.142 4	8.197 5	5.134 3	7.203 3
30	7.142 4	5.123 4	5.134 3	5.145 2
35	4.081 3	5.123 5	5.134 3	5.145 2
40	3.061 0	3.074 1	3.080 6	3.087 1
45	3.061 0	3.074 1	3.080 6	3.087 1

由表 6.4 可见,假设用户需求为 4 天内实现 45°大角度姿态机动快速遍历,15 天内实现 10°小角度姿态机动高分辨率成像覆盖,则可选择轨道高度为 675 km、升/降交点地方时为 10:30 或 13:30 的太阳同步轨道,在 $N_1 = 3.074$ 1 天时完成 45°大角度姿态机动快速遍历,在 $N_2 = 14.345$ 67 天时完成 10°小角度姿态机动高分辨率成像覆盖,即 $N_2 = 14.345$ 67 天就能够完成大角度姿态机动快速遍历和小角度姿态机动高分辨率成像覆盖的任务。

3. 本节小节

本节首先根据对地光学观测任务的特点,确定卫星采用太阳同步回归圆轨道,只需进行轨道高度设计。然后通过一种 D/L 的回归轨道理论分析方法,在不考虑卫星姿态机动能力的前提下,给出了可选轨道高度区间;进一步考虑卫星姿态机动能力,以地面目标重访时间均方差较小为目标函数进行仿真,得到优化的可选轨道高度区间,印证了理论分析的正确性和合理性。最后对不同姿态机动角度加权方案的可选轨道高度区间进行了求解,用户可根据对地分辨率(和姿态机动角度相关)覆盖需求进行选择,并以一具体需求实例给出了轨道高度的选择方法,可作为工程实施参考。

另外,本节提出了重访时间均方差的目标函数概念,其中关于不同姿态机动角度加权的方法并未研究,只是提供了思路,即根据用户部门关心的对地分辨率(和姿态机动角度成正比)对目标函数加权,得到新的重访时间均方差结果,可作为选择轨道高度的依据。

6.2.2 地磁场测量卫星轨道设计

地磁场是地球系统的基本物理场,直接影响着该系统中一切运动的带电物体或带磁物体的运动学特性。地磁场为航空、航天、航海提供了天然的坐标系,可应用于航天器或舰船的定位定向及姿态控制。对地磁场进行测量非常有意义。

为实现对全球近地轨道高度上磁感应强度的高空间采样密度测量,反演全球高阶地磁场模型,设计地磁场测量卫星。本节介绍地磁场测量卫星的轨道设计过程。

1. 任务需求分析

根据获取和提取不同因素的地磁影响数据的需求,包括全球覆盖、均匀覆盖、快速测量、地方时遍历和精确测量五个方面,对卫星轨道高度和倾角的选取提出了要求,具体分析如下。

1) 满足全球覆盖需求应采用极轨或近极轨,并保证覆盖角密度小于 1.5°

为了反演全球磁场,需要对全球磁场进行覆盖测量,覆盖特性主要与卫星的轨道高度和轨道倾角相关,其中轨道高度与星下点轨迹的覆盖密度相关,轨道倾角与星下点轨迹的覆盖范围相关。

对于磁力测量卫星,根据球谐函数的特点,若要测得 120 阶以上的球谐波,需要卫星对其轨道高度处的测量采样空间间隔至少应为波长的一半(以 400 km 高度为例),采样空间间隔指的是在测量高度上任意两个相邻测量点的最小距离,本书定义为覆盖线密度。

对于岩石圈磁层,波长在 200～10 000 km,若要求磁力测量阶数在 110 以上,需要卫星的测量采样空间间隔小于 100 km;阶数在 100 以上,需要卫星的测量采样空间间隔小于 200 km;阶数在 50 左右,则仅需要卫星的测量采样空间间隔小于 400 km。

首先定义轨道空间轨迹最稀疏的赤道处的经度间隔为覆盖角密度(覆盖线密度除以其对应的地心距离,并转换为角度单位)。还以 400 km 轨道高度为例,若要测得 100 阶以上的球谐波,则要求其覆盖角密度小于

$$\frac{200}{6\,378.137+400}\times\frac{180}{\pi}=1.67° \tag{6.5}$$

图 6.16、图 6.17 反映了不同的轨道设计得到的不同覆盖角密度,在规定的测量时段内,密集覆盖有利于提高高阶球谐函数的反演精度。

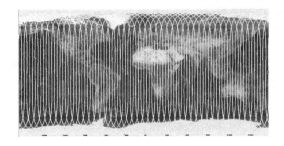

图 6.16　442 km 5 天星下点轨迹示意(3 天 46 圈回归)

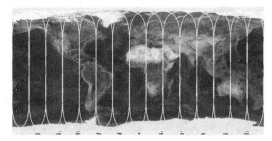

图 6.17　543 km 5 天星下点轨迹示意(1 天 15 圈回归)

由于低轨卫星轨道高度受大气摄动逐渐衰减,导致覆盖角密度发生变化,以 1.5° 的覆盖角密度作为设计约束条件,并将其两倍(覆盖角密度为 3°,此时可测得 50 阶球谐波)作为降额需求约束条件。

另外,轨道倾角决定了覆盖的纬度上限,在全球覆盖的要求下,极轨或近极轨的轨道方能满足高纬度的覆盖需求。

2) 满足均匀覆盖需求应采用准回归轨道

在同样的测量时段内,希望轨道对地球空间覆盖均匀,可理解为交点地理经度均匀分割赤道,即需要进行回归轨道设计。图 6.18、图 6.19 列出两种不同的星下点覆盖,同样是 5 天,轨道周期的微小差别,导致覆盖特性不同。所以卫星轨道高度的选择不是任意的,需要根据任务需求分析选择。

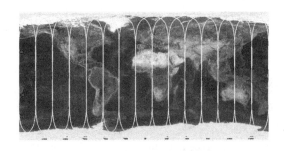

图 6.18　均匀覆盖示意图(5 天)

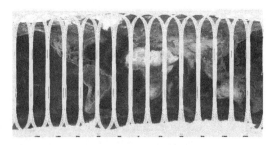

图 6.19　非均匀覆盖示意图(5 天)

考虑小角度覆盖需求,需要设计回归周期较长的回归轨道。

3) 快速测量需求要求采集一次全球数据的时间小于 15 天

理想的测量是瞬时完成全球覆盖,但由于卫星测量特点的约束,需要一段时间才能完成全球覆盖,选择 15 天作为单星完成一次全球均匀覆盖测量的设计指标。

4）满足地方时遍历需求应采用非太阳同步轨道

由于太阳活动的影响,同一个平太阳日内不同时间对同一地点测量的磁场是不同的,因此为了剥离太阳对地磁反演的影响,考虑在地影区测量。欧洲太空局（简称欧空局）的磁测卫星 SWARM 即采用了此种方式。

一方面,为了仔细分析岩层磁场、核心磁场和感磁等,需要根据不同地方时的观测结果进行分析,表 6.5 是组成 SWARM 星座的两类不同高度的卫星在不同地方时的观测重点,且不同的地方时差别有助于反演不同的研究对象。

表 6.5　不同地方时的观测重点（参考 SWARM）

月　　份	地　　方　　时	观　测　重　点
0～18	ΔL_T: 0～3 h	岩层磁场
18～48	ΔL_T: 3～9 h	核心磁场和感磁
48～60	ΔL_T: 9～15 h	岩层扩展研究

另一方面,磁场变化与时间相关,对于同一地点要求卫星过境时间有所差异,因此不宜选用太阳同步轨道。图 6.20 是近极轨非太阳同步轨道星下点地方时与太阳同步轨道的星下点地方时的比较结果。

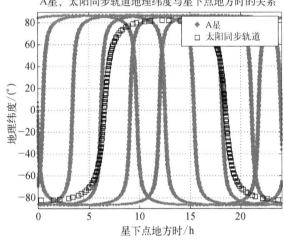

图 6.20　近极轨非太阳同步轨道（A 星）与太阳同步轨道的
星下点地方时遍历示意图-半年时间

可见,非太阳同步轨道的星下点地方时是漂移的,有利于磁力测量卫星应用。

5）精确测量需求应采用多星座

地磁场分为内源场和外源场。内源场主要包括地核场、岩石圈磁场和地幔磁场。外源场主要起源于电离层和磁层的电流体系。内源场的磁场变化周期相对比较长,而外源磁场的变化周期却很短,最小尺度可达到秒级。

使用单颗卫星进行地磁数据的采样,在一定程度上会造成时间空间的模糊,不能准确地分离内部磁场和外部磁场对全球地磁场模型的贡献。多星测量则能够很好地克服这个缺点,更快更好地对磁场进行监测,并且能够促进实现地幔三维电导模型的建立。

相关研究表明,三个最大海洋盆地中的两个是被南北趋向的磁异常条带控制的,这种沿迹方向的特征很难从单颗极轨卫星的观测数据中提取。设计低轨道肩并肩(东西方向)飞行的两颗卫星星座则能够很好地解决这个问题。

表 6.6　不同卫星配置方式下的观测目标特点

星 座 模 式	可观测目标和观测特点
单星	空间磁场矢量 电子、离子参数
双星组合东西并飞	空间磁场矢量 东西方向磁场梯度,区域电流密度
高度不同的卫星星座	空间磁场矢量 高度梯度,可反演地幔电导率 轨道面漂移,快速地方时遍历

2. 轨道设计过程

本节从任务需求出发,对单星轨道和星座进行设计。

1) 单星轨道设计

A. 轨道倾角设计

由于磁力测量卫星有降交点地方时遍历的要求,而轨道升交点赤经的进动与倾角的余弦值 $\cos i$ 成正比,考虑全球覆盖和降交点地方时遍历的时效性需求,轨道倾角选择近极轨的 87°倾角。但 87°倾角无法对南北极处的磁场进行覆盖。

另外,参照国外磁力测量卫星的轨道设计(轨道参数如表 6.7 所示),选择 87°倾角是合理的。

表 6.7　国外磁力测量卫星的轨道参数统计

序 号	名 称	轨道高度/km	倾角/(°)	降交点地方时	是否圆轨
1	SWARM	460、530	87.4、88(或 86.8)	每 7~10 个月覆盖 24 h	圆
2	CHAMP	418/474	87.275	每 9 个月覆盖 24 h	椭圆
3	DEMETER	710,后降轨至 660	98.23	10:15	圆
4	COMPASS‐2	488/401	78.9	每 5 个月覆盖 24 h	椭圆
5	地震星	500	97.9	13:30	圆

磁测卫星的观测在晚上较好,87°近极轨卫星的星下点一年平均阴影时间约占 25%,充分满足卫星夜晚观测的需求。

B. 轨道高度设计

磁力测量卫星的主要任务是测量地球磁场的空间磁场分布,轨道高度选择应考虑运载能力、卫星寿命以及覆盖需求。其中运载能力决定轨道高度上限,卫星寿命决定轨道高度下限,覆盖需求影响轨道高度的选择区间。

（1）运载能力约束——低于 600 km。

由于运载能力限制，不宜选择过高的轨道，以 600 km 作为轨道高度上限。

（2）卫星寿命约束——高于 460 km。

低轨卫星受大气摄动影响轨道衰减显著，以质量为 60 kg、迎风面积为 400 mm×530 mm（面质比为 0.003 54 m^2/kg）的卫星为例，利用 STK 软件的 Lifetime 工具进行仿真，仿真模型输入如图 6.21 所示。以 250 km 作为寿命终结的轨道高度，卫星轨道寿命与轨道高度的关系如表 6.8 所示。

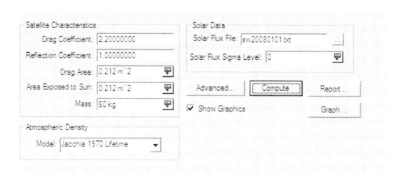

图 6.21　轨道寿命计算模型输入

表 6.8　寿命与轨道高度的关系

轨道高度/km	300	400	420	440	450	460	480	500	520
寿命/年	0.17	1.7	2.5	4.0	5.7	7.8	8.8	9.8	11.8

说明：表 6.8 中数据结果基于以 NASA 下载的大气环境参数文件"SW20080101.txt"为大气模型输入，轨道历元为 2012 年 7 月 1 日，选择的大气模型为 Jacchia 1970 Lifetime，计算的起始时刻为 2012 年 7 月 1 日。

由表 6.8 可知，要满足任务对地磁场的长期测量需求（5～8 年），在不进行推进保持的情况下，轨道高度至少应选择 440 km 以上。

（3）覆盖需求。

回归轨道是一段时间内星下点轨迹重复的轨道，其优点在于空间采样的均匀性，但缺点在于覆盖的周期性，即一段时间后的星下点轨迹重复导致覆盖盲区。磁力测量卫星任务没有回归要求，但有覆盖均匀性的要求，因此需要设计对地覆盖较密的回归轨道以达到均匀覆盖的需求。

对于回归轨道，需满足第 5.3 节中的公式（5.64）。对 440～600 km 的轨道高度范围进行仿真，轨道倾角为 87°，表 6.9 为遍历时间小于 15 天的所有回归轨道的轨道特性参数。

表 6.9　可选回归轨道特性表

序号	覆盖角密度 α/(°)	遍历时间 T/平太阳日	轨道高度 H/km	回归升交日数 D^*	遍历升交日数 $D_{升}$	升交日长度 T_D^*/s	覆盖线密度 L/km	回归轨数 N
1	3.91	2.99	441.8	3	3	86 065.24	465.77	46
2	0.94	12.45	445.8	25	12.5	86 065.92	111.95	383
3	1.24	9.46	447	19	9.5	86 064.92	147.37	291

序 号	覆盖角密度 $\alpha/(°)$	遍历时间 T/平太阳日	轨道高度 H/km	回归升交日数 D^*	遍历升交日数 $D_升$	升交日长度 T_{D^*} /s	覆盖线密度 L/km	回归轨数 N
4	1.81	6.47	449.4	13	6.5	86 064.71	215.57	199
5	1.18	9.96	451.7	10	10	86 064.85	140.24	153
6	3.36	3.49	456	7	3.5	86 065.56	401.31	107
7	1.07	10.96	459.9	11	11	86 065.92	127.87	168
8	1.57	7.47	461.7	15	7.5	86 065.67	187.67	229
9	2.95	3.98	466.7	4	4	86 065.82	352.52	61
10	1.39	8.47	471.1	17	8.5	86 065.60	166.16	259
11	0.91	12.95	472.5	13	13	86 066.37	108.70	198
12	2.63	4.48	475.1	9	4.5	86 066.95	314.31	137
13	0.85	13.95	477.5	14	14	86 067.19	101.12	213
14	1.25	9.46	478.6	19	9.5	86 066.59	149.07	289
15	0.82	14.44	479.7	29	14.5	86 066.72	97.71	441
16	2.37	4.98	481.8	5	5	86 067.13	283.57	76
17	1.13	10.46	484.7	21	10.5	86 067.65	135.17	319
18	2.16	5.48	487.3	11	5.5	86 067.40	258.30	167
19	1.03	11.46	489.7	23	11.5	86 067.61	123.64	349
20	1.98	5.98	491.9	6	6	86 067.77	237.17	91
21	0.95	12.45	493.9	25	12.5	86 067.44	113.93	379
22	1.83	6.48	495.8	13	6.5	86 068.12	219.24	197
23	0.88	13.45	497.5	27	13.5	86 067.62	105.63	409
24	1.70	6.97	499.1	7	7	86 067.53	203.83	106
25	1.59	7.47	502	15	7.5	86 067.71	190.44	227
26	1.49	7.97	504.5	8	8	86 067.12	178.70	121
27	1.40	8.47	506.8	17	8.5	86 068.33	168.32	257
28	1.32	8.97	508.8	9	9	86 068.54	159.09	136
29	1.25	9.46	510.6	19	9.5	86 068.90	150.81	287
30	1.19	9.96	512.2	10	10	86 068.83	143.36	151
31	1.08	10.96	514.9	11	11	86 067.48	130.45	166
32	1.04	11.46	516.2	23	11.5	86 069.24	124.84	347
33	0.99	11.95	517.3	12	12	86 069.13	119.68	181
34	0.95	12.45	518.3	25	12.5	86 068.79	114.94	377
35	0.92	12.95	519.2	13	13	86 068.05	110.55	196
36	0.88	13.45	520.1	27	13.5	86 068.59	106.49	407
37	0.85	13.95	520.9	14	14	86 068.43	102.72	211
38	0.82	14.44	521.7	29	14.5	86 069.31	99.21	437
39	0.80	14.94	522.4	15	15	86 069.25	95.92	226
40	24.00	0.50	542.9	1	0.5	86 069.84	2 899.08	15

续表

序 号	覆盖角密度 α/(°)	遍历时间 T/平太阳日	轨道高度 H/km	回归升交日数 D^*	遍历升交日数 $D_升$	升交日长度 T_{D^*}/s	覆盖线密度 L/km	回归轨数 N
41	0.80	14.94	563.6	15	15	86 071.32	97.36	224
42	0.83	14.44	564.3	29	14.5	86 071.06	100.74	433
43	0.86	13.95	565.1	14	14	86 071.71	104.37	209
44	0.89	13.45	565.9	27	13.5	86 071.30	108.26	403
45	0.93	12.95	566.8	13	13	86 071.58	112.46	194
46	1.01	11.95	568.8	12	12	86 071.70	121.92	179
47	1.05	11.46	569.9	23	11.5	86 071.20	127.28	343
48	1.10	10.96	571.1	11	11	86 070.64	133.12	164
49	1.15	10.46	572.5	21	10.5	86 071.61	139.53	313
50	1.21	9.96	574	10	10	86 071.91	146.58	149
51	1.27	9.46	575.6	19	9.5	86 071.16	154.39	283
52	1.34	8.97	577.4	9	9	86 070.72	163.07	134
53	1.42	8.47	579.5	17	8.5	86 071.83	172.79	253
54	1.51	7.97	581.8	8	8	86 071.89	183.74	119
55	1.61	7.47	584.4	15	7.5	86 071.79	196.17	223
56	1.73	6.97	587.4	7	7	86 072.15	210.41	104
57	1.87	6.48	590.8	13	6.5	86 071.35	226.88	193
58	0.97	12.45	592.8	25	12.5	86 072.65	118.06	371
59	2.02	5.98	594.9	6	6	86 072.79	246.14	89
60	2.21	5.48	599.6	11	5.5	86 071.67	268.97	163

注：覆盖线密度按照覆盖角密度乘以轨道半长轴估算，仿真步长为 $\Delta H = 0.1\ \mathrm{km}$。

根据表 6.9 所示结果，作图说明数据之间的关系，如图 6.22、图 6.23 所示。

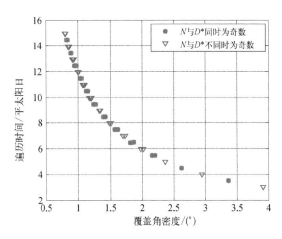

图 6.22　遍历时间与覆盖角密度的
关系-15 个平太阳日内遍历

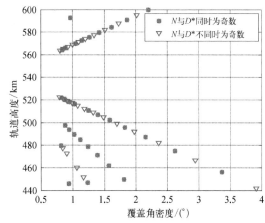

图 6.23　轨道高度与覆盖角密度的
关系-15 个平太阳日内遍历

由图 6.22 可见,遍历时间随着覆盖角密度的增大而减小,基本是反函数关系,而图 6.23 表明,在遍历时长不大于 15 个平太阳日的前提下,轨道高度有四条主趋势线:一条以 563.6 km(可从表 6.9 中找到相应数据)为起点,基本随覆盖角密度增加线性增加;另三条分别以 522.4 km、497.5 km、479.7 km(可从表 6.9 中找到相应数据)为起点随覆盖角密度增加线性减小。

卫星受大气摄动的影响,不可避免地存在轨道高度的衰减,需要进行轨道维持确保任务覆盖角密度不大于 3°的降额需求。由图 6.23 可以看出,覆盖角密度大于 3°的轨道高度点为 456 km 和 441.8 km,则只要在两次轨道维持之间,轨道高度不低于 456 km 即可。假设任务要求卫星的轨控频次不得高于 500 天一次(轨道高度为 460 km 时,轨道高度 500 天衰减不超过 20 km,仿真条件与表 6.8 相同),则轨道高度至少为 456 km+20 km=476 km。依据图 6.23 所示的四条轨道高度趋势线,可选轨道高度为 479.7 km、497.5 km、522.4 km 和 584.4 km。其中 479.7 km、497.5 km、522.4 km 为轨道高度趋势线的起点,584.4 km 的选择原则为大于 583.6 km(轨道高度趋势线起点 563.6 km 加 20 km 所得)且为表 6.6 中的轨道高度数据。此外,若考虑一箭多星发射和运载能力限制,也可选择 459.9 km 的轨道高度,500 天衰减后,轨道高度依然高于 440 km 寿命约束的轨道高度下限,但在轨道高度衰减过程中,某些阶段轨道覆盖角密度将大于 3°(轨道高度 456 km 和 441.8 km 附近),但这个时间很短。

表 6.9 中覆盖角密度 α 和遍历时间 T 是由回归轨数 N 与回归升交日数 D^* 计算得到的,其中 T 与 N 和 D^* 的奇偶性相关,具体阐述如下。

回归轨道在一个回归周期内升交点等间隔遍历的地理经度为 $360° \times (N-D^*)$,若 N 与 D^* 同时为奇数,可以确保对地球上赤道处的点在一个回归周期一半的时间内即被全覆盖;若 N 与 D^* 不同时为奇数,对地球上赤道处的点在一个回归周期内才能被全覆盖。

为了形象地表达星下点轨迹的重复覆盖特性,以 50°倾角回归轨道为例,分析一个回归周期内星下点轨迹的覆盖情况。图 6.24 为 N 与 D^* 同时为奇数的情况,图 6.25、图 6.26 为 N

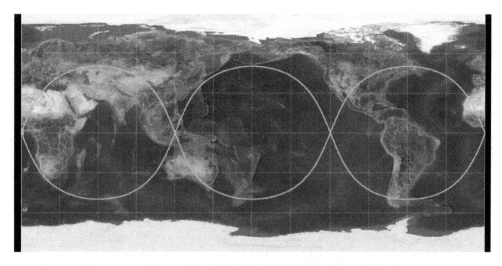

图 6.24　3 圈、1 个升交日内回归的星下点图(360°×2)-周期约 8 h

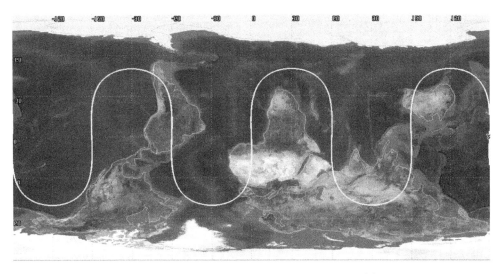

图 6.25　3 圈、2 个升交日内回归的星下点图(360°×1)-周期约 16 h

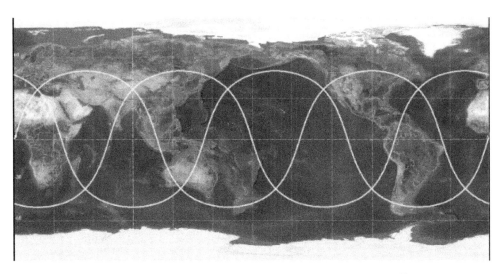

图 6.26　5 圈、2 个升交日内回归的星下点 360°星下点图(360°×3)-周期约 9.6 h

与 D^* 不同时为奇数的情况。由图 6.24 可见，当 N 与 D^* 同时为奇数时，对赤道处的等间隔的均匀采样点，一个回归周期内会被升交点和降交点各覆盖一次，覆盖角密度为 $360°/N$，遍历时间 T 为回归周期的一半；而图 6.25 和图 6.26 则表明，当 N 与 D^* 不同时为奇数时，对赤道处等间隔均匀采样点，一个回归周期内会被升交点或降交点覆盖一次，覆盖角密度为 $360°/2N$，遍历时间 T 为回归周期。具体表达如下

① 当 N 与 D^* 同时为奇数时，有

$$\begin{cases} \alpha = \dfrac{360°}{N} \\ T = \dfrac{NT_{\mathrm{N}}}{2} = \dfrac{D^*T_{D^*}}{2} \end{cases} \tag{6.6}$$

② 当 N 与 D^* 不同时为奇数时,有

$$\begin{cases} \alpha = \dfrac{360^\circ}{2N} = \dfrac{180^\circ}{N} \\ T = NT_N = D^* \ T_{D^*} \end{cases} \qquad (6.7)$$

公式(6.6)和公式(6.7)中,T_{D^*} 为一个升交日的长度,单位为"s"。

当轨道倾角为 87° 时,回归轨道的覆盖角密度和遍历时间依然满足公式(6.6)和公式(6.7)所描述的规律。

(4) 高度设计小结

上文从运载能力、卫星寿命和覆盖需求三方面论证了单星的轨道高度设计。初步确定可选轨道高度为:479.7 km、497.5 km、522.4 km、584.4 km 和 459.9 km。考虑运载能力限制,下文选择 459.9 km、522.4 km 和 497.5 km 作为优选的轨道高度标称值进行星座构型设计。

2) 星座轨道设计

单颗卫星在某一时刻只能进行单点测量,对空间不同位置点,只能采用顺序测量方式,由此带来空间-时间上的模糊。多星组合测量可以克服单星测量的缺点,实现快速地方时遍历和空间立体测量。具体星座规模和星座构型可根据探测任务要求和发射成本因素决定。下面对不同星座规模的星座构型进行设计。

A. 双星星座构型设计

在磁场反演算法中,岩石圈磁场模型可以通过梯度的方法提高精度,计算过程中涉及球谐函数的过滤因子 $|(1-e^{im\Delta\Phi})| = \sqrt{2(1-\cos m\Delta\Phi)}$,其中 m 为球谐函数的阶数,$\Delta\Phi$ 为经度差。对于岩石圈磁场,球谐函数需达到阶数 $m = 133$。图 6.27 为一定经度差对应的过滤因子与阶数的关系,由图 6.27 可以看出,要使过滤因子在 $m = 133$ 时达到极值,应设计双星星座(A+B),双星沿东西方向肩并肩飞行,双星最大经度差即升交点赤经之差需保持在 $1^\circ \sim 1.5^\circ$。

另外,采用东西方向肩并肩飞行轨道构型,还可根据安培定律由空间磁场强度导出外源磁场电离层所产生的电流,此时要求双星在飞行方向上相隔一定的距离,暂定为 100 km。

B. 三星星座构型设计

考虑冗余设计,在双星星座(A+B)的基础上增加一颗辅助星 C 星,作为 A、B 星的备份星。设计 C 星的轨道面西退速度较 A、B 星慢,从而与 A、B 星配合,快速遍历当地地方时,提高测量效率。由公式(5.48)可知,要使 C 星的轨道面西退速度较 A、B 星慢,应使 C 星的轨道高度和轨道倾角大于 A、B 星,且相差幅度越大,轨道面西退速度差值也越大。考虑一箭多星发射的可能性和轨道面外变轨的难度,设计 C 星的轨道高度为 522.4 km,轨道倾角略大于 A、B 星为 88°,C 星与 A、B 星的降交点地方时遍历情况如图 6.28 所示。

C. 四星星座构型设计

在三星星座(A+B)+C 的基础上,再增加一颗 D 星,可以选择 D 星的轨道高度和轨道

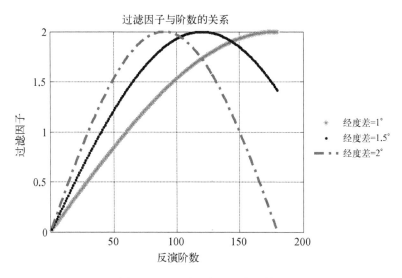

图 6.27　三种经度差的分析结果

倾角介于 A、B 星与 C 星之间,使其降交点地方时的漂移速度介于二者之间,更快地遍历当地地方时;此时设计 D 星轨道高为 497.5 km,轨道倾角为 87.5°;或设计 D 星与 C 星的位置关系如 A、B 星的东西方向"肩并肩"型;或设计 D 星的倾角为 50°,对低纬度地区实现快速重访。

对上文提到的几种星座构型进行仿真,得到降交点地方时的遍历情况如图 6.28 和图 6.29 所示,总结列表如表 6.10 所示。

表 6.10　轨道设计方案小结

序号	卫星数目	构型标识	轨 道 描 述	降交点地方时覆盖
1	双星	A+B	高度 459.9 km,倾角 87°圆轨道 东西向相距 1°~1.5° 飞行方向相距 100 km	A、B 星每 8.6 个月覆盖 24 h
2	三星	(A+B)+C	C 星高度 522.4 km,倾角 88°圆轨道	C 星每 9.6 个月覆盖 24 h; (A+B)+C 5~8.6 个月覆盖 24 h
3	四星	(A+B)+C+D	D 星高度 497.5 km,倾角 87.5°圆轨道	D 星每 9.1 个月覆盖 24 h; (A+B)+C+D 5~8.6 个月覆盖 24 h
4		(A+B)+(C+D)	D 星与 C 星"肩并肩"	D 星每 9.6 个月覆盖 24 h; (A+B)+(C+D) 5~8.6 个月覆盖 24 h
5		[(A+B)+C]+D	D 星倾角为 50°,轨道高度 522.4 km	系统每 2 个月覆盖 24 h

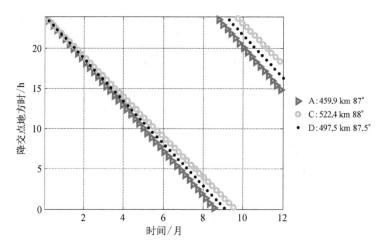

图 6.28　A、C、D 星降交点地方时随时间的年变化

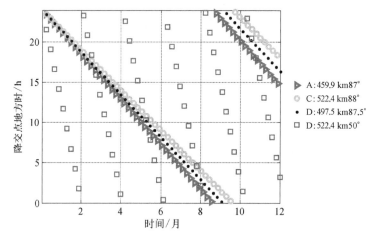

图 6.29　四星降交点地方时随时间的年变化

由图 6.29 可见,50°倾角卫星的降交点地方时漂移非常迅速,每 2 个月遍历 24 h,但星下点轨迹较为稀疏。综合比较几种方案,建议选择双星星座构型(A+B)为最基本方案,在经费条件允许的情况下,选择三星星座构型(A+B)+C 为增强方案,性价比较高。

3. 本节小结

本节首先根据磁力测量卫星的任务需求,确定卫星采用近极轨回归轨道,轨道倾角确定,只需进行轨道高度设计。然后基于回归轨道遍历周期与回归周期和回归圈数的关系,对满足任务遍历周期和覆盖角密度需求的轨道高度进行了求解,并分析了轨道高度和覆盖角密度的关系,考虑轨道衰减和轨道维持频度,确定了可选轨道高度。最后基于可选轨道高度,考虑发射和成本约束,对不同规模的星座构型进行了设计,并给出了倾向的星座构型,可作为工程实施参考。

6.2.3　SAR 卫星轨道设计

回归轨道的星下点轨迹周期性重叠覆盖,可定期得到地面目标的变化信息,很多对地遥感卫星都采用回归轨道。相比于非回归轨道，回归轨道的覆盖和重访特性相对固定，构成星座使用可提高对地覆盖率和重访频度，星座规模由覆盖和重访需求决定，分析方法简单。本节通过一个对我国港口监测的具体实例来说明回归轨道星座的设计方法和流程。

1. 任务需求分析

我国拥有 1.8 万公里的海岸线，大小港口近百个，每天船只进出口流量达上千次，因此需要对港口进行监测，掌握其动态信息，合理安排航线。基于此需求，设计卫星星座，以实现对我国主要港口的高实时访问。

观测载荷采用合成孔径雷达（SAR），载荷视场宽度为 $\pm 15° \sim \pm 60°$，成像幅宽为 $W = 20$ km（对应 5.4.2 节的瞬时视场角 FOV），可全天候对地面目标进行探测。任务要求对主要港口的重访频度不低于 2 小时一次，需要根据载荷性能和任务需求合理设计单星轨道和配置星座规模，实现任务目标。

表 6.11 是我国主要港口的地理位置分布。

表 6.11　我国主要港口地理位置

序　号	港　口	经　度	纬　度
1	丹东港	124.001 5°E	39.633 3°N
2	大连港	121.654 7°E	38.928 9°N
3	营口港	122.250 0°E	40.683 3°N
4	秦皇岛港	119.607 2°E	39.901 1°N
5	天津港	117.750 0°E	38.983 3°N
6	威海港	122.200 0°E	37.450 0°N
7	青岛港	120.318 1°E	36.066 7°N
8	连云港	119.450 0°E	34.733 3°N
9	上海港	121.484 6°E	31.238 6°N
10	宁波港	121.851 4°E	29.941 1°N
11	舟山港	122.100 0°E	30.008 3°N
12	温州港	120.633 3°E	28.016 7°N
13	福州港	119.466 7°E	25.966 7°N
14	厦门港	118.070 8°E	24.488 9°N
15	汕头港	116.672 2°E	23.353 9°N
16	广州港	113.600 0°E	23.100 0°N
17	深圳港	114.191 7°E	22.658 3°N
18	珠海港	114.333 3°E	21.733 3°N
19	湛江港	110.405 8°E	21.186 4°N
20	海口港	110.266 7°E	20.016 7°N
21	三亚港	109.483 3°E	18.233 3°N
22	北海港	109.070 3°E	21.468 9°N
23	高雄港	120.266 7°E	22.616 7°N
24	基隆港	121.733 3°E	25.150 0°N
25	台中港	120.533 1°E	24.287 8°N

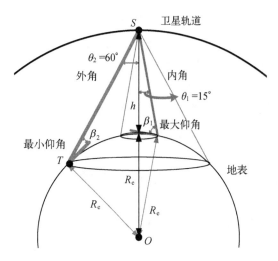

图 6.30　STK 中 SAR 型传感器"Elevation Angles"参数与视场角的关系

轨道设计仿真借助 STK 软件。在 STK 软件中,SAR 型传感器的视场内外边界是通过地面仰角"Elevation Angles"定义的,而通常描述 SAR 载荷视场内外边界的角度为内角、外角,即"Inner Cone Angle"和"Outer Cone Angle",需要进行转化,二者之间的空间关系如图 6.30 所示。

在地心、卫星和传感器视场边界与地面交点组成的 $\triangle OST$ 中,由正弦定理可知

$$\frac{OT}{\sin\angle OST}=\frac{OS}{\sin\angle OTS}$$

$$\Rightarrow \frac{R_e}{\sin\theta}=\frac{R_e+h}{\sin(90°+\beta)}=\frac{R_e+h}{\cos\beta}$$

$$(6.8)$$

已知 SAR 载荷的视场边界角 θ_1 和 θ_2,代入上式,可得到 STK 软件中对应的 SAR 载荷参数"Elevation Angles"β_1 和 β_2。

此外 STK 中表达 SAR 载荷性能的参数还有"Exclusion Angles",意指 SAR 载荷在方位向(沿飞行方向)多普勒频移可以检测的范围,与载荷工作频段和工作机理相关,如图 6.31 所示。

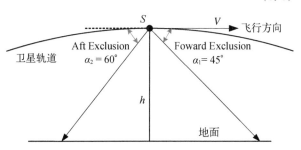

图 6.31　STK 中 SAR 型传感器"Exclusion Angles"参数与视场角的关系

"Exclusion Angles"角度设置越大,载荷视场投影在方位向被"咬掉"的部分就越大。本例中 SAR 载荷支持卫星俯仰方向 $\pm 10°$ 的斜侧视,所以 Forward Exclusion Angle 和 Aft Exclusion Angle 设置为 $80°$。

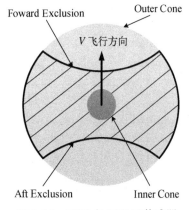

图 6.32　STK 中 SAR 型传感器视场在地面的投影

"Elevation Angles"和"Exclusion Angles"设置完成后,载荷视场在地面的投影如图 6.32 所示。

由于 SAR 载荷的成像灵敏度与成像距离有关,为得到相同品质的图像质量,选择偏心率 $e=0$ 的圆轨道,保证 SAR 载荷在近似相同的轨道高度上进行对地成像。圆轨道设计也简化了卫星的设计。

2. 轨道设计过程

本例中 SAR 卫星主要用于对地面固定目标的高频度观测覆盖。区域目标分布、覆盖性需求和载荷性能是单星轨道设计的主要考虑因素;对目标的重访频度需求和覆盖周期需求则是星座设计的依据性因素。假设卫星 2018 年 1

月 1 日 0 时(世界时)发射,轨道寿命需求为 2 年。

1) 轨道类型选择

SAR 卫星属于对地遥感卫星,可采用回归轨道设计。回归轨道由于其星下点轨迹相对地面固定,实际在轨使用时,卫星对目标成像的几何关系确定,可简化姿态导引律设计,便于管理。此外,若回归轨道的星下点轨迹相对地面目标分布的位置设计合理,可在一定程度上提高目标整体的平均访问次数。所以本例 SAR 卫星采用回归轨道设计。

但由于回归轨道星下点轨迹固定,若回归周期 D^*(即第 5.3.1 节中的回归升交日数)较短(回归圈数 N 较少),卫星经过一个回归周期后,星下点相邻两轨间距可能超出 SAR 的视场宽度,则不能实现对目标地区经度方向的无缝覆盖,如图 6.33 所示。

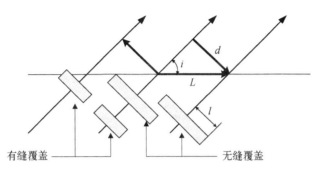

图 6.33　星下点相邻两轨距离和载荷视场的关系

由图 6.33 可知,要实现经度方向的无缝覆盖,星下点轨迹相邻两轨间距应不超过 SAR 的最大视场宽度,即满足

$$\frac{d}{2} \leqslant l_{max} \tag{6.9}$$

其中 d 为卫星运行一个回归周期后,星下点轨迹相邻两轨间距,与回归圈数 N 和轨道倾角 i 相关,具体计算公式如下

$$d = L\sin i$$
$$L = 2\pi R_e / N \tag{6.10}$$

需要说明的是:公式(6.10)的计算结果为星下点轨迹相邻两轨间距最大值,即赤道处,且第一式为假设地球表面为平面的近似计算。

本例中观测目标分布在北纬 $15°\sim41°$,由于随着纬度增高,卫星星下点轨迹变密,所以用公式(6.10)第一式计算 d 会比实际相邻两轨间距大,设计余量更多,如图 6.34 所示。

l_{max} 为 SAR 的最大视场在地面的投影宽度,如图 6.35 所示,其计算方法见图 6.36 和公式(6.11)。

$$\beta = 180° - \theta_{max} - \alpha$$
$$\frac{R_e}{\sin\theta_{max}} = \frac{R_e + h}{\sin\beta}$$
$$l_{max} = R_e \cdot \alpha \cdot \pi / 180° \tag{6.11}$$

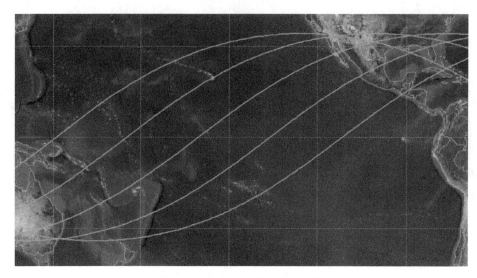

图 6.34　卫星星下点轨迹示意图

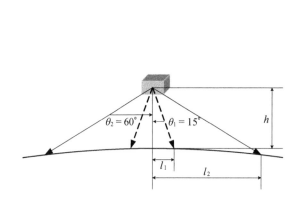

图 6.35　天线波束角与地面覆盖

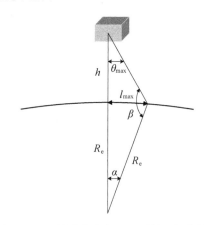

图 6.36　天线波束角与地面覆盖弧长的关系

联立公式（6.9）、公式（6.10）和公式（6.11），得到不同高度 h 和不同倾角 i 对应的轨道，要实现在经度方向上无缝覆盖，需满足条件

$$N \geqslant \frac{\pi \sin i}{\arcsin[(R_e + h) \sin \theta_{\max} / R_e] - \theta_{\max}} \tag{6.12}$$

将 SAR 卫星的最大视场角 $\theta_{\max} = \theta_2 = 60°$ 代入上式，对轨道高度在 $500\sim600$ km 内，轨道倾角为 $i = 30°$、$i = 40°$ 和 $i = 50°$ 的情况进行仿真，得到经度方向上无缝覆盖所需的覆盖圈数和轨道高度的关系如图 6.37 所示。

由图 6.37 可知，对于高度在 $500\sim600$ km 范围内的轨道，经度方向无缝覆盖所需的时间基本不会超过 1 天。由于 SAR 卫星星下点 $\pm15°$ 无覆盖，则需要 2 天的时间才能对目标地区在经度方向上无缝覆盖，所以回归轨道的回归周期不能小于 2 天。

此外，由于卫星在轨受到诸如大气摄动等非保守力的影响，轨道会逐渐衰减。轨道衰减会导致卫星的星下点轨迹沿经度方向漂移，失去原有的回归特性，以 574.41 km 高度、140°

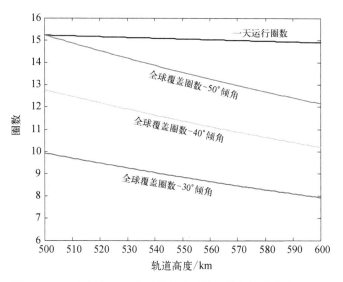

图 6.37　经度方向上无缝覆盖所需覆盖圈数与轨道高度的关系

倾角、5 天回归圆轨道卫星为例，采用 STK 的 HPOP 模型从 2018 年 1 月 1 日 0 时起进行高精度数值外推，外推模型设置如图 6.38 所示(若无特别说明，本节所有采用 HPOP 模型的仿真，力学模型都设置如此)，仿真不同时间对应的星下点轨迹沿经度方向的漂移特性如图6.39～图 6.41 所示。

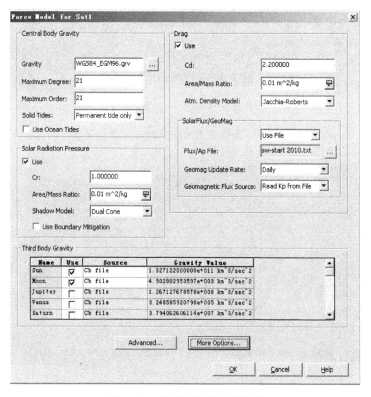

图 6.38　HPOP 外推模型设置

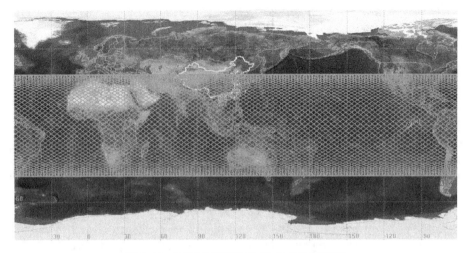

图 6.39　HPOP 模型外推 30 天的轨迹漂移

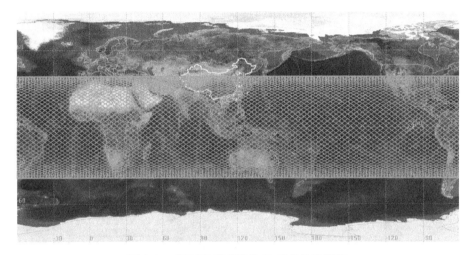

图 6.40　HPOP 模型外推 60 天的轨迹漂移

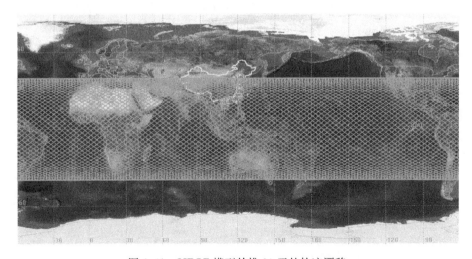

图 6.41　HPOP 模型外推 90 天的轨迹漂移

轨道外推 30 天、60 天、90 天对应的星下点沿经度方向的漂移量分别为 0.45°,1.18°, 2.23°,如图 6.42 所示。

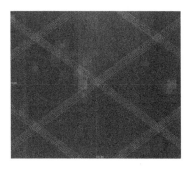 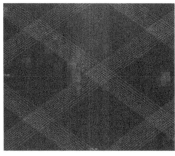 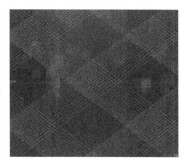

图 6.42　不同外推时间星下点轨迹沿经度方向的漂移量(30 天 0.45°,60 天 1.18°,90 天 2.23°)

星下点轨迹沿经度方向漂移到一定程度,将改变对目标的原有访问特性,此时需要进行轨道维持。回归轨道的轨道维持有两个层面:一方面需要将轨道高度维持回原高度,即轨道半长轴的保持;另一方面若有必要,还需要将已经沿经度方向漂移的星下点轨迹维持回原轨迹,即维持某一具体时刻的升交点赤经回原设计值。由于改变升交点赤经需要消耗较多燃料,若非必要,一般不进行升交点赤经保持。所以在回归轨道设计时,需要充分考虑由于星下点轨迹沿经度方向漂移引起的回归特性变化。

2) 单星轨道设计

A. 轨道高度

卫星的轨道高度受很多约束条件的限制,对于本例,卫星的轨道高度设计主要考虑两个因素:寿命需求和载荷观测需求。对于有轨道维持的卫星,寿命需求也可转化为对轨道维持的燃料需求,它决定轨道高度下限。轨道高度上限则由载荷的成像分辨率决定。

(1) 分辨率需求。

星载 SAR 功耗较大,特别是短期功耗,卫星轨道高度越高,卫星到地面目标的斜距就越大。在相同图像模糊度的前提下,功率按斜距 4 次方的关系增大,所以轨道高度不宜太高。本例根据平台和载荷特点,暂定由发射功率和成像分辨率需求决定的轨道高度上限为 600 km。

(2) 寿命需求。

卫星轨道受摄动影响会逐渐衰减,不同高度卫星,受摄动的量级不同,轨道衰减程度也不同。对于低轨道卫星,大气摄动是轨道衰减的主要项,轨道半长轴受大气摄动影响的衰减可用如下公式近似表达

$$\Delta a = 2\pi C_{\mathrm{D}} \cdot A/M \cdot a^2 \rho(a) N = k(a) a^2 \cdot A/M \cdot N \tag{6.13}$$

其中,$\rho(a)$、$k(a)$ 表示 ρ 和 k 为半长轴 a 的函数;C_{D} 为气动力系数,一般取 2.2;A/M 为卫星面质比;ρ 为大气密度,是高度的函数;N 为轨数。由公式(6.13)可见,半长轴(轨道高度与地球赤道平均半径之和)衰减与大气密度(轨道高度的函数)、卫星面质比和时间相关。

SAR 卫星采用回归轨道设计,为维持其回归特性,需要对半长轴衰减进行轨道维持。本例卫星质量 $M = 300\,\mathrm{kg}$,对地定向姿态模式下卫星迎风面面积 $A = 3\,\mathrm{m}^2$。设定轨道维持

策略为：卫星平半长轴相对初始平半长轴每降低 1 km，即在远地点沿横向（LVLH-y 轴方向）喷气，将平半长轴调高 1 km，直到轨道寿命结束。利用 STK 的 Astrogator 模型对不同高度卫星的轨道维持情况进行仿真，推力器选用有限推力模型，燃料比冲为 $I = 210$ s，大气文件"sw-start 2010. txt"为 2015 年 5 月 1 日网上下载的大气环境参数，仿真期间的大气模型参数参见附录 F，得到不同初始轨道高度对应的轨道维持情况如表 6.12 所示。

表 6.12　卫星寿命和轨道高度的关系

轨道高度 h/km	初始半长轴/km		控制间隔/天		控制次数	燃料使用/kg
	平半长轴 $\bar{a}_0$	瞬半长轴 a_0	最　短	最　长		
450	6 828. 137 000	6 832. 111 367	8. 2	58. 8	22	1. 504
460	6 838. 137 000	6 842. 105 623	9. 8	67. 7	18	1. 228
470	6 848. 137 000	6 852. 099 894	10. 7	91. 4	15	1. 013
480	6 858. 137 000	6 862. 094 183	17. 7	93. 2	12	0. 808
490	6 868. 137 000	6 872. 088 487	21. 2	130. 5	10	0. 664
500	6 878. 137 000	6 882. 082 808	39. 8	128. 5	8	0. 539
510	6 888. 137 000	6 892. 077 145	89. 3	173. 7	6	0. 418
520	6 898. 137 000	6 902. 071 498	108. 0	181. 6	5	0. 341
530	6 908. 137 000	6 912. 065 867	132. 5	205. 1	4	0. 254
540	6 918. 137 000	6 922. 060 252	139. 0	243. 1	4	0. 258
550	6 928. 137 000	6 932. 054 654	215. 0	258. 2	3	0. 205
560	6 938. 137 000	6 942. 049 071	272. 9	278. 9	2	0. 134
570	6 948. 137 000	6 952. 043 503	302. 4	376. 0	2	0. 132
580	6 958. 137 000	6 962. 037 952	349. 6	380. 9	2	0. 130
590	6 968. 137 000	6 972. 032 416	418. 4	418. 4	1	0. 065
600	6 978. 137 000	6 982. 026 896	486. 1	486. 1	1	0. 063

表 6.12 中初始平半长轴 $\bar{a}_0$ 等于初始轨道高度 h 加地球赤道平均半径 R_e，即：$\bar{a}_0 = h + R_e$。

卫星在轨的 2018 年 1 月 1 日到 2020 年 1 月 1 日为太阳活动低年，F10.7 系数范围为 62.5～75.4。太阳活动高年的 F10.7 系数可以达到低年的 4 倍左右。假设由于地面运控能力的限制，卫星轨道维持频度不得高于 1 周一次，为适应高年应用，则在太阳活动低年轨道维持频次应不高于 30 天一次，由表 6.12 可知，SAR 卫星的轨道高度不得低于 500 km，所以卫星轨道高度下限为 500 km。

综上，初步确定 SAR 卫星的轨道高度在 500～600 km。

B. 轨道倾角

SAR 卫星的主要有效载荷为星载合成孔径雷达，与光学载荷相比，可不受光照条件限制、全天候、全天时对地进行观测。但星载 SAR 短期功率消耗较大，需要一定良好的能源环境，所以很多 SAR 卫星在设计时通常选择太阳同步轨道。本例中 SAR 卫星的轨道倾角设计不仅要考虑能源条件，还应结合任务需求，合理设计轨道倾角。

卫星的轨道倾角决定其可覆盖的纬度范围及对目标的重访频度。本例中,目标地区最高纬度不超过 41°,从覆盖目标角度来看,中高倾角轨道均可满足要求。但过高的轨道倾角会使卫星在目标地区的星下点轨迹稀疏,降低对目标的重访频度。图 6.43 为不同轨道倾角对应的目标地区星下点轨迹,由图 6.43 可知,倾角越接近目标地区纬度,星下点轨迹越密,可能的访问次数也就越多。

  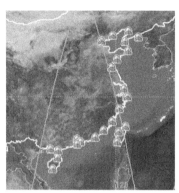

倾角40°星下点轨迹　　　　　　　倾角60°星下点轨迹　　　　　　　倾角98°星下点轨迹

图 6.43　不同倾角轨道的星下点轨迹

本例 SAR 卫星的主要观测目标分布在北纬 41°以下区域,倾角太小将不能覆盖全部的观测目标(<31°或>149°),倾角太大又会减少对目标地区的访问频次,对 30°～60°和 120°～150°倾角轨道进行仿真,得到如图 6.44 所示的不同倾角轨道对表 6.11 所列目标每天的平均访问次数。

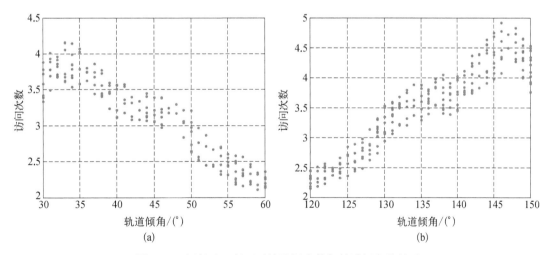

图 6.44　目标地区每天平均访问次数与轨道倾角的关系
(a)为顺行圆轨道;(b)为逆行圆轨道

考虑成本对星座规模的约束,单星对目标地区的访问频次不宜太低。暂定单星对目标地区的平均访问次数不少于每天 3 次,则由图 6.44 可知,轨道倾角应在 31°～50°及 128°～149°。

依据要覆盖目标的纬度分布和重访频度需求选择轨道倾角具有科学性和合理性,

以色列的 TecSAR(军事应用卫星)在轨道倾角的选择上也遵循了这一原则。TecSAR 以其主要敌对国家(阿拉伯世界)为基线设计倾角:以伊朗为甚(N25°～N40°,E44°～E63.5°);其次埃及(N22°～N31°,E25°～E32°);接壤的黎巴嫩、叙利亚、巴勒斯坦、约旦是中东战争参与国;同时,土耳其与沙特阿拉伯为中东强国,也会对以色列的安全施以影响。TecSAR 卫星轨道倾角为 41.06°,星下点最北端处于伊朗最北端的纬度带上。

考虑目标的分布特性,选择逆行轨道,卫星自东向西运行,对目标成像后即可向国内测站数传,提高任务的实时性。所以 SAR 卫星的轨道倾角选择在 128°～149°内。

C. 升交点赤经

前面通过对任务需求的分析,确定 SAR 卫星选择回归轨道,由第 5.3 节可知,回归轨道的实质为轨道半长轴 a 和轨道倾角 i 的匹配,使星下点在 D^* 个升交日内运行 N 圈后回到同一地面位置,其中 D^* 和 N 均为正整数。前面从轨道维持和地面目标覆盖特性角度确定了轨道高度和轨道倾角的范围,根据公式(5.64),对高度 $h = 500 \sim 600$ km、倾角 $i = 128° \sim 149°$ 范围内的轨道进行回归性设计,选择回归周期不小于 2 天的轨道,得到如附录 G 所示的一系列可选设计轨道(回归周期 $2 \leqslant D^* \leqslant 12$)。

对附录 G 所示的可选设计轨道的地面轨迹进行优化,具体方法为:

(1) 求解升交点赤经最大可变范围:$[0, 2\pi/N]$;

(2) 在可变范围 $[0, 2\pi/N]$ 内以合适步长寻找对目标地区平均访问次数最多的升交点赤经。

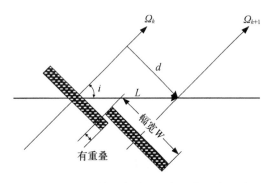

图 6.45 升交点赤经仿真步长与成像幅宽的关系

升交点赤经的仿真步长设置越小,越利于寻得最优轨道,但同时也会大大增加计算量,需要结合载荷性能,合理设置升交点赤经仿真步长。下面通过两个约束来选择合理的升交点赤经仿真步长。

约束 1:升交点赤经的仿真步长应能使相距最近几轨星下点轨迹均可对同一地面目标覆盖,如图6.45所示。暂定相距最近两轨星下点轨迹可对同一地面目标覆盖,则升交点赤经仿真步长对应的地面距离在垂直于星下点轨迹方向上的投影应不大于 SAR 载荷成像幅宽的一半,即满足

$$R_e \cdot \Delta\Omega_{step} \cdot \frac{\pi}{180°} \cdot |\sin i| \leqslant W/2 \Rightarrow \Delta\Omega_{step\text{-}max} \leqslant \frac{90W}{\pi R_e |\sin i_{min}|} \tag{6.14}$$

式中 $\Delta\Omega_{step}$ 的单位为"角度"。轨道倾角取最小值 $i_{min} = 128°$,代入其他参数,得到升交点赤经仿真步长的最大取值为 $\Delta\Omega_{step\text{-}max} = 0.114°$,暂定为 $\Delta\Omega_{step} = 0.1°$。

约束 2:升交点赤经的仿真步长应比一个完整回归周期后地面星下点轨迹的最小间距小至少一个量级。暂定小 20 倍,即满足

$$\Delta\Omega_{step} \leqslant \frac{360°}{N}/20 \Rightarrow N \leqslant \frac{18°}{\Delta\Omega_{step}} \tag{6.15}$$

公式(6.15)可用于已知轨道的回归圈数来设置升交点赤经仿真步长,也可用于在已知升交点赤经仿真步长时选择回归圈数。本例中为实现经度方向上的无缝覆盖,回归周期不小于 2 天,但上限并未确定。在满足覆盖需求时,增大回归周期对提高访问频度没有影响,反而增加星下点轨迹会使卫星对地面目标成像的导引律复杂化,所以回归周期不宜太长。这里通过升交点赤经仿真步长来约束回归圈数,约定回归圈数 $N \leqslant 18°/\Delta\Omega_{step} = 18°/0.1° = 180$,即回归周期不超过 12 天(按照每天卫星运行 15 轨估算)。

对附录 G 中的轨道集合进行 Y^* 优化,求解步骤如下。

步骤 1:对集合 Y^* 中的任一轨道 $[D^*, N, h, i]_k$,令其升交点赤经在 $[0, 2\pi/N]$ 范围内以仿真步长 $\Delta\Omega_{step} = 0.1°$ 变化,寻找对表 6.11 所列地面目标访问最均衡,即访问次数方差 S(定义为 $S = \sum_{i=1}^{N} (x_i - \bar{x})^2$)最小的升交点赤经 Ω_k,并记录其访问次数方差和平均访问次数 AAT(average access time),得到优化的轨道集合 Z^*,见附录 H。

步骤 2:对集合 Z^* 中的所有轨道 $[D^*, N, h, i, \Omega, S, AAT]$,对平均访问次数、访问次数方差和回归周期几个因素进行权衡考虑,选择平均访问次数较高、访问次数方差较小、同时回归周期较短的轨道作为最优轨道,记为 $\mathbf{Orbit}^\dagger = [D^*, N, h, i, \Omega, S_{min}, AAT_{max}]$。

通过以上两个步骤的求解,可得到最优轨道。表 6.13 所示为平均访问次数较高的几组轨道,"★"号所示的两组轨道为权衡选择的结果,其平均访问次数为 4.72 次和 4.61 次,相对 4.91 的最高平均访问次数降低幅度较小;访问次数方差为 4.03 和 3.29,相对 2.34 的最低访问次数方差增加幅度较小;回归周期均为 4 天,既能满足经度方向无缝覆盖的需求,同时地面轨迹又较为稀疏,对地面目标进行成像的姿态导引律相对简单,可作为最优轨道。

表 6.13 最优轨道的权衡选择

回归周期/升交日	回归圈数	轨道高度/km	轨道倾角/(°)	升交点赤经/(°)	平均访问次数	访问次数方差
7	106	599.45	146	1.1	4.91	6.44
6	91	594.96	148	3.6	4.83	7.36
5	76	582.67	146	1.2	4.78	4.38
7	106	598.15	145	2.9	4.75	5.54
5	76	585.19	148	1.9	4.74	6.11
★4	61	569.36	147	2.8	4.72	4.03
6	91	591.14	145	0.2	4.69	4.80
6	91	596.17	149	2.6	4.65	8.07
11	167	591.73	149	2.2	4.64	15.14
7	106	596.82	144	0.0	4.63	4.80
★4	61	568.08	146	0.0	4.61	3.29
4	61	570.61	148	5.2	4.59	4.87
6	91	589.81	144	0.7	4.56	3.94
11	167	585.36	144	1.9	4.55	7.56
9	137	579.92	149	0.1	4.54	12.30

本例选择如下 **Orbit†** 轨道为最优轨道,最优轨道可实现对目标地区平均每天 4.61 次的访问。对应 SAR 载荷参数"Elevation Angles"为 $\beta_1 = 19.410\,9°$ 和 $\beta_2 = 73.628\,1°$。

Orbit†:$D^* = 4$,$N = 61$,$h = 568.08\,\text{km}$,$e = 0$,$i = 146°$,$\Omega = 0°$

3)星座规模设计

卫星的星座规模一般由对目标的重访频度需求决定。上文已得到对目标地区访问较均衡、平均访问频度较高的最优地面轨迹,本节通过卫星组网实现对目标地区的高频重访。由于同一卫星对不同纬度地区的重访特性不同,首先对单星最优轨道对几个特征地区的重访特性进行仿真,结果如图 6.46 和表 6.14 所示。

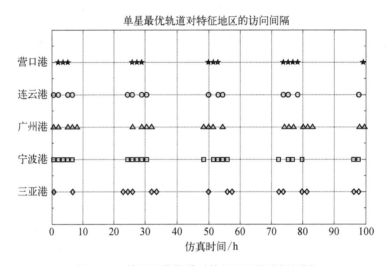

图 6.46　单星最优轨道对特征地区的访问间隔

表 6.14　单星最优轨道对特征地区的访问间隔

目　标	纬　度	平均可见次数	单星一个回归周期内的访问间隔/h
营口港	39.633 3°N	3.25	20.91—1.51—1.51—1.51—20.91—1.51—1.51—20.91—1.51—1.51—20.91—1.51—1.51
连云港	34.733 3°N	3.50	17.89—1.51—3.02—1.51—19.41—3.03—1.51—19.41—1.51—3.02—19.41—1.51—3.02—1.51
宁波港	29.941 1°N	5.00	17.91—1.51—1.50—1.50—1.51—17.91—3.02—1.50—1.50—1.50—16.38—3.02—1.50—3.02—16.39—1.51—1.51—1.50—1.51—1.51
广州港	23.100 0°N	5.00	17.93—3.00—1.49—1.50—16.42—1.50—1.49—3.00—17.93—1.50—1.50—3.00—1.50—1.50—14.90—1.50—1.50—3.00—1.50—1.50
三亚港	18.233 3°N	3.75	16.42—1.50—1.50—6.00—1.50—16.43—6.00—1.50—14.92—1.50—6.00—1.50—14.92—1.50—6.00

表 6.14 中最后一列表达的是单星最优轨道在一个回归周期内对不同纬度地区的访问间隔,可以看出,无论什么纬度的目标,单星难以实现任务要求的重访频度需求,需通过星座组网来实现。

星座组网一般有两种方式:

A. 增加轨道面内卫星个数

本例中 SAR 卫星最优轨道高度为 568.08 km,轨道交点周期约为 1.6 h,在一个轨道面上布置多颗相位不同的卫星,最多可将访问间隔缩短不超过 0.8 h(当相位相差最大 180°时),这对某些地区单星最长访问间隔将近 21 个小时、而任务需要通过星座组网将访问间隔缩短至 2 h 的目标来说,几乎无法实现。此外上文已得到最优地面轨迹,而同一轨道面上的卫星星下点轨迹不同,最优性难以体现。所以不能通过增加一个轨道面内的卫星数目来实现重访频度需求。

B. 增加轨道面个数

布置一定升交点赤经间隔的轨道面,每个轨道面的地面轨迹都采用上文优化得到的最优地面轨迹,不仅可以保持轨道的最优性,还能有效缩短访问间隔。如表 6.14 中,单星对营口港的最长访问间隔为 20.91 h,每两个最长访问间隔之间最短相隔 1.51+1.51=3.02 h,那么理论上讲,布置:1+20.91/(2+3.02)=5.17≈5(公式括号中的 2 为任务要求的访问间隔)个轨道面,每个轨道面上 1 颗卫星(定义为 5 星星座),即可实现对营口 2 h 的重访频度需求。下面对 5 星星座的轨道根数进行求解。

5 颗卫星除升交点赤经外,其余轨道根数均采用最优轨道根数:

$$h = 568.08\,\text{km}, \quad e = 0, \quad i = 146°, \quad \omega = 0°, \quad f = 0°$$

要使各轨道面卫星的地面轨迹相同,升交点赤经差应为一个回归周期内地面轨迹最短相邻间隔的整数倍。最优地面轨迹采用 4 天、61 圈回归轨道,地面轨迹最短相邻间隔为:360°/61=5.901 6°,对应时间为:5.9°/360°×86 164.09 s=0.39 h。

要将单星对营口的最长访问间隔缩短至两小时,则不同轨道面升交点赤经应相差的最短相邻间隔的倍数应为:(2+3.02)/0.39=12.87≈12,即升交点赤经应相差:12×5.901 6°=70.819 7°,如表 6.15 所示。

表 6.15　5 星星座中 5 个轨道面卫星的升交点赤经初值

轨道面	轨道面 1	轨道面 2	轨道面 3	轨道面 4	轨道面 5
数　值	$\Omega_1 = 0°$	$\Omega_2 = 70.819\,7°$	$\Omega_3 = 141.639\,3°$	$\Omega_4 = 212.459\,0°$	$\Omega_5 = 283.278\,7°$

按表 6.15 所示参数布置星座,5 星星座对营口港的访问间隔如图 6.47 所示,可以看出,5 星星座确实能使营口港的访问间隔缩短至 2 个小时以内。

由图 6.46 可知,不同地面目标,其单星的最长访问间隔在时间上并非同时开始,而是相互交错,因此 5 星星座能将营口港的访问间隔缩短至 2 个小时以内,并不代表对其他所有地面目标也能缩短至任务要求的 2 h。以连云港为例,同样的 5 星星座,对其访问间隔如图 6.48 所示,并不能在全部时间都满足 2 h 的访问间隔需求。

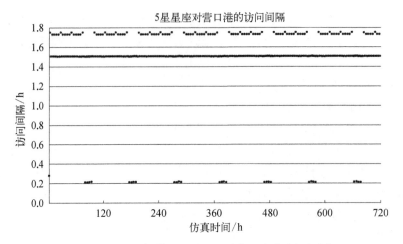

图 6.47　5 个轨道面卫星星座对营口港的访问间隔

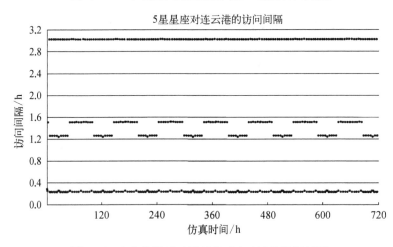

图 6.48　5 个轨道面卫星星座对连云港的访问间隔

所以在星座规模设计时,应考虑单星对不同目标访问间隔的交错分布特征,合理设计星座。可以预测的是,增加轨道面有利于提高星座对各个地面目标的重访频度,但同时也会增加成本,需要对整个系统的效费比进行折中平衡。本例中,尝试使用 5 至 9 个轨道面,不同星座规模对应轨道面分布如表 6.16 所示。

表 6.16　不同星座规模的轨道面分布(升交点赤经初值)

轨　道　面	5 星星座	6 星星座	7 星星座	8 星星座	9 星星座
轨道面 1	$\Omega_1 = 0°$	$\Omega_1 = 0°$	$\Omega_1 = 0°$	$\Omega_1 = 0°$	$\Omega_1 = 0°$
轨道面 2	$\Omega_2 = 70.819\,7°$	$\Omega_2 = 59.016\,4°$	$\Omega_2 = 47.213\,1°$	$\Omega_2 = 47.213\,1°$	$\Omega_2 = 41.311\,5°$
轨道面 3	$\Omega_3 = 141.639\,3°$	$\Omega_3 = 118.032\,8°$	$\Omega_3 = 94.426\,2°$	$\Omega_3 = 94.426\,2°$	$\Omega_3 = 82.623\,0°$
轨道面 4	$\Omega_4 = 212.459\,0°$	$\Omega_4 = 177.049\,2°$	$\Omega_4 = 141.639\,3°$	$\Omega_4 = 141.639\,3°$	$\Omega_4 = 123.934\,4°$
轨道面 5	$\Omega_5 = 283.278\,7°$	$\Omega_5 = 236.065\,6°$	$\Omega_5 = 188.852\,5°$	$\Omega_5 = 188.852\,5°$	$\Omega_5 = 165.245\,9°$
轨道面 6	—	$\Omega_6 = 295.082\,0°$	$\Omega_6 = 236.065\,6°$	$\Omega_6 = 236.065\,6°$	$\Omega_6 = 206.557\,4°$

轨 道 面	5 星星座	6 星星座	7 星星座	8 星星座	9 星星座
轨道面 7	—	—	$\Omega_7=283.278\,7°$	$\Omega_7=283.278\,7°$	$\Omega_7=247.868\,9°$
轨道面 8	—	—	—	$\Omega_8=330.491\,8°$	$\Omega_8=289.180\,3°$
轨道面 9	—	—	—	—	$\Omega_9=330.491\,8°$
升交点赤经间隔	$\Delta\Omega=70.819\,7°$	$\Delta\Omega=59.016\,4°$	$\Delta\Omega=47.213\,1°$	$\Delta\Omega=47.213\,1°$	$\Delta\Omega=41.311\,5°$

分析不同星座规模对目标地区访问间隔满足任务要求的 2 h 的时间百分比,不能百分之百满足 2 h 访问间隔的,给出其最长访问间隔(单位为 h),如表 6.17 所示。

表 6.17　不同星座规模对目标地区访问间隔满足百分比和最长访问间隔

序号	港 口	纬 度	5 星星座	6 星星座	7 星星座	8 星星座	9 星星座
1	丹东港	40.683 3°N	100	100	100	100	100
2	大连港	39.901 1°N	100	100	100	100	100
3	营口港	39.633 3°N	100	100	100	100	100
4	秦皇岛港	38.983 3°N	100	100	100	100	100
5	天津港	38.928 9°N	100	100	100	100	100
6	威海港	37.450 0°N	100	100	100	100	100
7	青岛港	36.066 7°N	100	100	100	100	100
8	连云港	34.733 3°N	38.29(3.03)	56.76(3.03)	94.12(3.03)	100	100
9	上海港	31.238 6°N	100	85.18(2.81)	90.10(2.85)	90.50(2.85)	100
10	宁波港	30.008 3°N	89.25(2.76)	94.18(2.81)	100	100	100
11	舟山港	29.941 1°N	89.25(2.76)	86.39(2.81)	100	100	100
12	温州港	28.016 7°N	98.10(2.74)	100	98.10(2.74)	100	100
13	福州港	25.966 7°N	100	100	100	100	100
14	厦门港	25.150 0°N	100	100	100	100	100
15	汕头港	24.488 9°N	100	100	100	100	100
16	广州港	24.287 8°N	100	100	100	100	100
17	深圳港	23.353 9°N	94.54(3.29)	100	100	100	100
18	珠海港	23.100 0°N	77.93(2.74)	100	100	100	97.48(2.59)
19	湛江港	22.658 3°N	72.59(4.50)	87.13(3.45)	100	100	100
20	海口港	22.616 7°N	91.31(2.73)	92.21(2.56)	100	100	100
21	三亚港	21.733 3°N	100	80.04(2.77)	94.15(2.81)	100	100
22	北海港	21.468 9°N	86.34(2.74)	100	100	100	100
23	高雄港	21.186 4°N	92.73(3.29)	100	100	100	100
24	基隆港	20.016 7°N	100	100	100	100	100
25	台中港	18.233 3°N	100	100	100	100	100

由表 6.17 可以看出,随着轨道面的增加,某些不能百分之百满足 2 h 访问间隔的,其满足程度逐渐提高。轨道面增加至 7 h,只有 4 个港口(连云港、上海港、温州港和三亚港)不能

百分之百满足任务要求的 2 h 访问间隔,但其满足百分比均超过 90%,且在不满足 2 h 访问间隔的时间段内,其最长访问间隔为 3.03 h(连云港),并不太高。

在 7 星星座的基础上再增加一个轨道面,8 星星座可使上海港除外的所有港口访问间隔百分之百达到任务要求的 2 h。当星座规模增加至 9 个轨道面时,对上海港的访问间隔百分之百满足任务要求的 2 h,但对珠海港的访问间隔则由原来的 100% 降为 97.48%。这种情况在由轨道面由少增多的过程中很常见,比如上海港和三亚港在星座规模由 5 个轨道面增加至 6 个轨道面时,满足 2 h 访问间隔的百分比均在原来 100% 的基础上下降,这与目标分布有关,在目标较多时,难以完全兼顾,所以在星座规模达到一定程度时,再增加轨道面,对系统效能的提升并不是很明显,甚至会局部降低。

折中考虑,建议选择 7 个轨道面的星座规模,可达到 90% 的时间对地面目标的访问间隔满足任务要求。

4)轨道演化维持

本例中 SAR 卫星采用回归轨道设计主要出于简化姿态导引律、便于管理的需求,但 SAR 卫星轨道高度较低,轨道衰减明显,轨道衰减引起星下点轨迹沿经度方向逐渐漂移,会改变卫星对地面目标的原有访问特性。

在单星轨道设计中,升交点赤经是通过优化卫星对地面目标的平均访问次数和访问次数方差来确定的,一旦轨道高度衰减引起星下点轨迹漂移,即使将轨道高度维持回标称高度,星下点轨迹的偏移也无法消除。漂移量累积到一定程度时,会使卫星失去对地面目标原有的访问特性,轨道最优性难以继续体现,如图 6.49 所示。

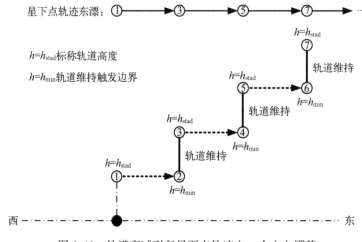

图 6.49 轨道衰减引起星下点轨迹向一个方向漂移

实际在轨时,可通过初始轨道偏置和设置合理的轨道维持边界使卫星的星下点轨迹漂移保持在一定范围内。一般的轨道高度维持策略可概括为:当轨道高度衰减到轨道维持触发边界 $h = h_{min}$ 时,在远地点进行横向控制,将轨道高度抬高至轨道维持停止边界 $h = h_{max}$,卫星的初始轨道高度一般向上偏置到 $h = h_{max}$,且 h_{max} 大于卫星的标称轨道高度 h_{stad}。由于卫星的初始轨道高度大于标称轨道高度 h_{stad},星下点轨迹相对标称轨迹向西漂移;当轨道高度衰减至标称轨道高度时,星下点轨迹相对标称轨迹向东漂移,直到轨道高度衰减至轨道维持触发边界,卫星进行轨道维持将高度抬高至初始轨道高度,如此循环进行,直至寿命结束。若轨道维持边界 $h_{\min}$ 和 $h_{\max}$ 的值设置不合理,将出现如图 6.50 和图 6.51 所示两种情况。

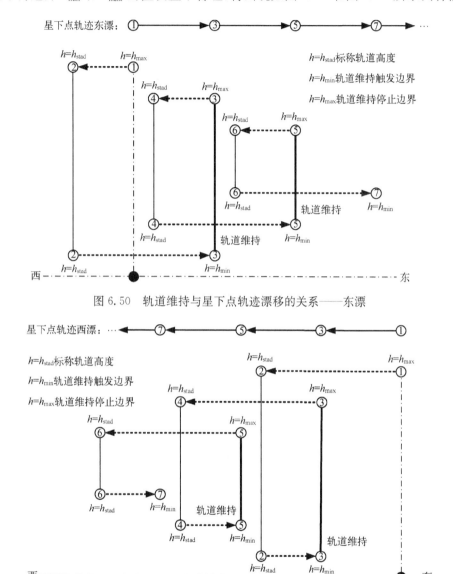

图 6.50　轨道维持与星下点轨迹漂移的关系——东漂

图 6.51　轨道维持与星下点轨迹漂移的关系——西漂

图 6.50 是因为 $h_{\min}$ 或 $h_{\max}$ 的值设置太低,所以卫星星下点轨迹最终向东漂移。图 6.51 则是由于 $h_{\min}$ 或 $h_{\max}$ 的值设置太高,所以卫星星下点轨迹最终向西漂移。

设置合理的轨道维持边界 $h_{\min}$ 和 $h_{\max}$,使卫星的星下点轨迹在标称轨迹一定范围内东西往返漂移。具体步骤为:

A. 首先根据最优轨迹的演化特性确定可允许的星下点轨迹漂移范围

最优轨迹是通过对升交点赤经寻优确定的,保证其对地面目标的访问最均衡(访问次数方差最小)且平均访问次数较高。对最优轨迹邻近轨迹,即最优升交点赤经附近其他升交点赤经轨道对地面目标的平均访问次数和访问次数方差进行仿真,如图 6.52 和图 6.53 所示,横坐标"相对升交点赤经"的含义为:相对最优升交点赤经 $\Omega^\dagger$ 的升交点赤经相对值,即 $\Delta\Omega = \Omega - \Omega^\dagger$ 的值。可以看出,最优轨迹邻近轨迹对地面目标的平均访问次数介于 4.56～4.69,访问次数方差介于 3.29～3.75。当升交点赤经取最优轨迹升交点赤经 $\Omega^\dagger = 0°$ 时,平均访问次数较大,为 4.61 次/天,访问次数方差最小为 3.29。限定最优轨迹的漂移范围,使

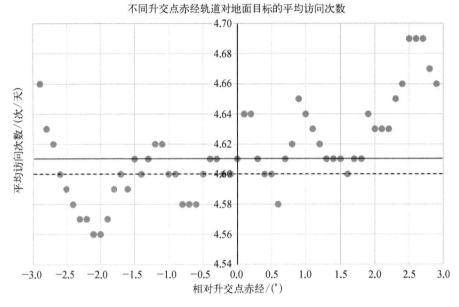

图 6.52 最优轨迹邻近轨迹对地面目标的平均访问次数

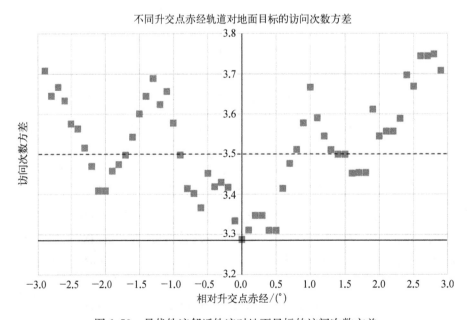

图 6.53 最优轨迹邻近轨迹对地面目标的访问次数方差

其对地面目标的平均访问次数不低于 4.60 次/天,访问次数方差不大于 3.5,则升交点赤经允许的漂移范围为 ±0.5°。

升交点赤经在允许漂移范围内,轨道对地面目标的平均访问次数和访问次数方差如表 6.18 所示。

表 6.18 允许漂移范围内轨道对地面目标的访问特性

相对升交点赤经/(°)	平均访问次数/(次/天)	访问次数方差
−0.5	4.60	3.45
−0.4	4.61	3.42
−0.3	4.61	3.43
−0.2	4.60	3.42
−0.1	4.60	3.33
0	4.61	3.29
0.1	4.64	3.31
0.2	4.64	3.35
0.3	4.61	3.35
0.4	4.60	3.31
0.5	4.60	3.31

B. 根据星下点轨迹漂移范围设置合理的轨道维持边界 h_{min} 和 h_{max}

可根据卫星当前轨道根数和空间环境进行地面高精度数值外推仿真,寻找使卫星星下点轨迹在一定经度范围内东西往返漂移变化的轨道维持边界 h_{min} 和 h_{max} 的匹配,如图 6.54 所示。

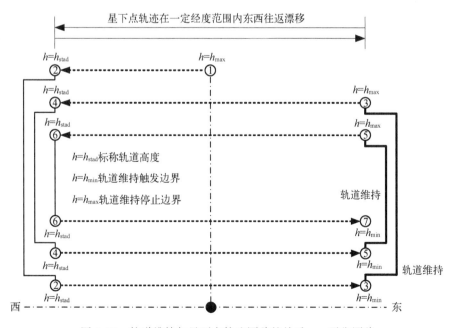

图 6.54 轨道维持与星下点轨迹漂移的关系——平衡漂移

卫星实际在轨时,不仅轨道高度在大气摄动作用下相对标称轨道高度不断衰减,同时轨道倾角受摄动影响也有一定幅度的变化,轨道高度和轨道倾角与标称值不同,共同引起实际升交点赤经变化率相对标称升交点赤经变化率发生变化,导致经过一段时间的积累后,实际升交点赤经相对标称升交点赤经发生变化,地面轨迹相对最优轨迹发生漂移。

由第 5.2.2 节的分析可知,轨道倾角变化比轨道高度变化更易引起升交点赤经变化率的变化。实际在轨时,倾角受摄动影响不断变化,所以每次控制的轨道维持边界 h_{min} 和 h_{max} 的值可能不同,卫星实际星下点轨迹相对标称星下点轨迹的漂移规律也未必如图 6.54 所示,需要根据实际轨道演化进行仿真。

由于回归轨道是在只考虑 J_2 项摄动的情况下计算的,而实际卫星在轨时,还会受到其他摄动的影响,所以设置一颗"参考卫星",它的轨道初值为第 6.2.3 节优化的最优轨道,利用 J_2 模型外推;而进行轨道维持的"实际卫星",调整其初始轨道平根数与"参考卫星"相同,采用 STK 的 HPOP 模型进行外推。以表 6.19 所示的轨道根数为初值进行仿真。表 6.19 中参考卫星的轨道根数为平根数,实际卫星的轨道根数为瞬时根数(力学模型参见图 6.38),二者的平半长轴和平倾角相同。

表 6.19　仿真初始轨道根数

卫　　星	外推模型	轨道历元（UTCG）	半长轴/km	偏心率	倾角/(°)	升交点赤经/(°)	近地点幅角/(°)	真近点角/(°)
参考卫星（平）	J_2 模型	2018 年 1 月 1 日 0 时	6 946.217	0	146	0	0	0
实际卫星（瞬）	HPOP 模型	2018 年 1 月 1 日 0 时	6 949.170	0	145.982	0	0	0

最终得到"实际卫星"两年寿命期间的轨道维持情况如表 6.20 所示,卫星的星下点轨迹漂移如图 6.55 所示。

表 6.20　"实际卫星"轨道控制情况

控制序列	开始时刻(UTCG)	结束时刻(UTCG)	持续时间	速度增量	速度方向	控制时机
轨道外推 1	2018 - 01 - 01 00:00:00	2018 - 04 - 24 00:30:19	113.02 天			
第 1 次控制	2018 - 04 - 24 00:30:19	2018 - 04 - 24 00:31:40	81.00 秒	0.27 m/s	横向	远地点
轨道外推 2	2018 - 04 - 24 00:31:40	2018 - 09 - 18 00:48:36	147.01 天			
第 2 次控制	2018 - 09 - 18 00:48:36	2018 - 09 - 18 00:49:42	65.99 秒	0.22 m/s	横向	远地点
轨道外推 3	2018 - 09 - 18 00:49:42	2019 - 01 - 02 23:41:50	106.95 天			
第 3 次控制	2019 - 01 - 02 23:41:50	2019 - 01 - 02 23:42:50	59.98 秒	0.20 m/s	横向	远地点
轨道外推 4	2019 - 01 - 02 23:42:50	2019 - 04 - 28 00:00:39	115.01 天			
第 4 次控制	2019 - 04 - 28 00:00:39	2019 - 04 - 28 00:01:39	59.98 秒	0.20 m/s	横向	远地点
轨道外推 5	2019 - 04 - 28 00:01:39	2019 - 09 - 24 00:10:32	149.01 天			
第 5 次控制	2019 - 09 - 24 00:10:32	2019 - 09 - 24 00:11:32	59.97 秒	0.20 m/s	横向	远地点
轨道外推 6	2019 - 09 - 24 00:11:32	2020 - 01 - 01 00:00:00	98.99 天			

注:"横向"为 LVLH 坐标系的横向,具体定义可参见第 7.1 节介绍。

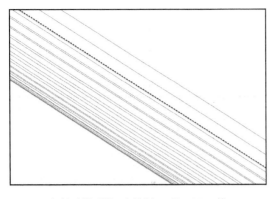

初始时刻至第一次控制：1 轨～1 740 轨

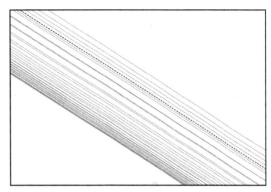

第一次控制至第二次控制：1 741 轨～3 937 轨

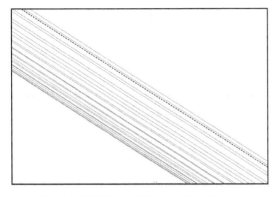

第二次控制至第三次控制：3 938 轨～5 522 轨

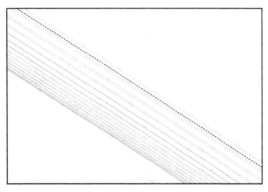

第三次控制至第四次控制：5 523 轨～7 245 轨

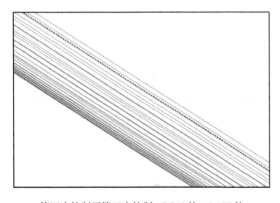

第四次控制至第五次控制：7 246 轨～9 457 轨

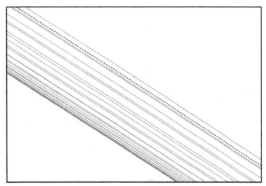

第五次控制至寿命结束：9 458 轨～Last 轨

图 6.55　卫星进行轨道维持两年的星下点轨迹漂移情况（后附彩图）

注：图虚线表示参考卫星的星下点轨迹，实线为实际卫星的星下点轨迹

　　最终的星下点轨迹漂移如图 6.56 所示，星下点经度漂移保持在 $-0.460°～0.168°$，在 $\pm 0.5°$ 的范围内，满足轨道维持需求。

　　此外，SAR 载荷的成像幅宽 W 为 20 km，可对应地面经度变化范围为：20 km $\div \sin 146° \div$

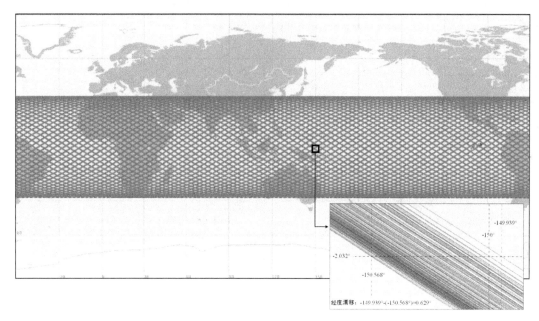

图 6.56　卫星进行轨道维持两年的星下点轨迹漂移情况（后附彩图）

6 378.137 km×57.3° = 0.32°。由上面的仿真可知，即使是太阳活动低年，轨道衰减一个月，星下点轨迹沿经度方向的漂移也依然大于幅宽对应的经度范围，即在考虑轨道衰减引起的轨道回归特性变化时，卫星对地面成像的姿态导引律应根据实际轨道的衰减情况，在一个轨道维持周期内（两次轨道维持之间的时间），加微小修正，以适应卫星星下点轨迹在地面上沿经度方向的缓慢漂移。

3. 本节小结

本节首先根据任务需求，确定了 SAR 卫星采用回归轨道，根据任务对目标的覆盖需求初步确定了卫星的轨道高度和轨道倾角范围，进一步通过轨迹优化确定了卫星的升交点赤经，得到单星最优轨道。然后基于单星最优轨道，根据任务对目标的重访频度需求进行了星座设计，给出不同星座规模对地面目标的重访频度的满足程度，可供用户折中权衡选用。最后对星座的演化及维持进行了分析和仿真，给出了保持星座最优性允许的轨迹漂移范围，以及针对漂移范围进行的轨道维持，以供工程实施参考。

第 7 章 相对轨道运动

近距离飞行的航天器间相对位置关系可用航天器的相对运动来描述。对星座组网、编队飞行、空间交会对接等任务来说，航天器间的相对运动是整个系统空间相对位置关系的基础，有必要进行深入的研究。

本章对描述两航天器相对运动的两种方法进行系统地介绍：一是从航天器的轨道根数出发，通过坐标变换的方式建立两航天器的相对运动方程，将这种方法称为运动学方法，也称轨道根数法；二是从航天器的相对受力状态出发，建立两航天器的相对动力学方程，通过一定的线性化处理，得到相对运动的解析解，即著名的 C-W 方程，也名 Hill 方程，将这种方法称为动力学方法。

两种方法各有优缺点。运动学方法用绝对轨道根数差来描述两航天器的相对运动，适用于任意参考航天器轨道，相对动力学方法模型精度高，很多高精度的编队构型设计与控制理论基于运动学方法展开，但由于运动学方法是基于航天器的绝对轨道根数建立的，而轨道根数（位置速度）是随时间累积的长期慢变量，抗扰动性较差。动力学方法是在参考航天器圆轨道、不考虑摄动差的假设下进行推导的，且在推导过程中做了线性化处理，长期运动会导致大量的误差累积，但 C-W 方程具有非常简洁的解析解，容易用于分析两航天器的相对运动，尤其是对具备星间相对导航的编队系统，用 C-W 方程进行构型设计和构型控制十分方便。由于传统的 C-W 方程只适用于描述相距较近（相对距离与标称轨道半径之比不超过参考航天器偏心率量级）两航天器的相对运动，本章也对 C-W 方程作了一定的改进，使之也可以用于描述相距较远的两航天器的相对运动。改进的 C-W 方程与传统的 C-W 方程具有统一的形式，方便使用。

7.1 相对轨道坐标系

为描述两个航天器的相对运动，以其中一个航天器为参考航天器(s)建立非惯性坐标系，即相对轨道坐标系，讨论伴随航天器(c)相对参考航天器的运动。常用的相对轨道坐标系有 LVLH(local vertical, local horizontal)、VVLH(vehicle velocity, local horizontal)与 VNC(velocity-normal-co-normal)坐标系，另外还有一种载人航天系统中常用的相对轨道坐标系。

1. LVLH 坐标系

建立非惯性 LVLH 系(也称做 RTN 坐标系[21])如图 7.1 所示。图中的 CIS 坐标系为地心惯性赤道坐标系。

以地心指向参考航天器质心的矢量方向为 x 向,称为径向;z 向指向轨道面法向,称为法向;y 向与 z、x 向符合右手定则,称为横向(有些文献也称做航向[21])。

此相对轨道坐标系经常应用于研究相对轨道而不是姿态。若无特别说明,本书在研究相对轨道时所用的相对轨道坐标系均指 LVLH 坐标系。

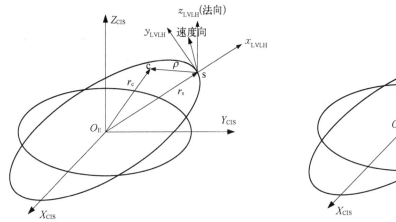

图 7.1 相对运动坐标系 LVLH 系示意图　　　图 7.2 相对运动坐标系 VVLH 系示意图

2. VVLH 坐标系

建立非惯性 VVLH 系(也称做航天器质心轨道坐标系[22])如图 7.2 所示。

以参考航天器质心指向地心的矢量方向为 z 向;y 向指向轨道面负法向;x 向与 y、z 向符合右手定则。此坐标系也经常应用作描述卫星姿态的参考系。

3. VNC 坐标系

建立非惯性 VNC 系如图 7.3 所示。

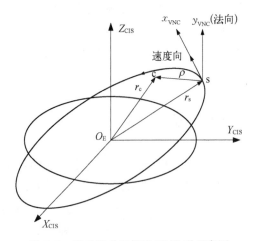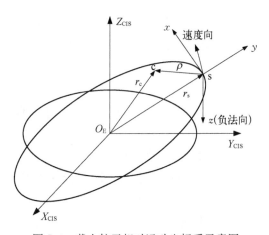

图 7.3 相对运动坐标系 VNC 系示意图　　　图 7.4 载人航天相对运动坐标系示意图

以参考航天器的飞行方向(沿着速度方向)为 x 向;y 向指向轨道面法向;z 向与 x、y 向符合右手定则,背离地心但并不一定是径向。

此相对轨道坐标系经常应用于研究轨道控制过程中的发动机喷气控制。

4. 载人航天常用相对轨道坐标系

建立非惯性系如图 7.4 所示。以地心指向参考航天器质心的矢量方向为 y 向,称为径向;z 向指向轨道面负法向;x 向与 y、z 向符合右手定则,即 LVLH 系的 y 向(横向)。

此相对轨道坐标系经常应用于研究相对轨道,用于载人航天工程,与第 2.4.1 节中介绍的"火箭箭体坐标系 $O_{LV}X_{LV}Y_{LV}Z_{LV}$"应用于在轨航天器时的坐标方向一致。

7.2 基于运动学的相对运动方程

轨道根数是描述航天器轨道运动的一种常用方式,用两航天器的轨道根数差,即"相对轨道根数"来描述两航天器的相对运动,适用于任意类型的参考航天器轨道,称为运动学方法。运动学方法有很多种推导方式,下面介绍一种经典的运动学推导方法。

根据第 3 章的介绍,经典轨道根数包括 6 要素:半长轴 a,偏心率 e,轨道倾角 i,升交点赤经 Ω,近地点幅角 ω 和真近点角 f。对于圆轨道,近地点幅角和真近点角不再有意义,用航天器相对升交点的角度来表示航天器在轨道上的位置,即纬度幅角 u,其中 $u = \omega + f$。

记参考航天器为 s,伴随航天器为 c,则伴随航天器在参考航天器相对轨道坐标系(LVLH 坐标系)中的相对运动可描述为

$$
\begin{bmatrix} x \\ y \\ z \end{bmatrix} = \boldsymbol{M}_I^s \cdot \boldsymbol{M}_c^I \begin{bmatrix} r_c \\ 0 \\ 0 \end{bmatrix} - \begin{bmatrix} r_s \\ 0 \\ 0 \end{bmatrix} = \boldsymbol{M}_I^s \cdot (\boldsymbol{M}_I^c)^T \begin{bmatrix} r_c \\ 0 \\ 0 \end{bmatrix} - \begin{bmatrix} r_s \\ 0 \\ 0 \end{bmatrix} \tag{7.1}
$$

其中 $\boldsymbol{M}_I^s$ 和 $\boldsymbol{M}_I^c$ 分别为惯性坐标系到参考航天器和伴随航天器 LVLH 系的转换矩阵,其表达式为[23]

$$
\boldsymbol{M}_I^s = R_z(u_s) \cdot R_x(i_s) \cdot R_z(\Omega_s) \tag{7.2}
$$

$$
\boldsymbol{M}_I^c = R_z(u_c) \cdot R_x(i_c) \cdot R_z(\Omega_c) \tag{7.3}
$$

其中,r_s,u_s,i_s,Ω_s 分别为参考航天器的地心距、纬度幅角、轨道倾角和升交点赤经;r_c,u_c,i_c,Ω_c 分别为伴随航天器的地心距、纬度幅角、轨道倾角和升交点赤经。

用 $\Delta \cdot$($\cdot$ 表示轨道根数)表示伴随航天器相对参考航天器的轨道根数差,则伴随航天器轨道根数可写成如下表达

$$
\begin{cases} r_c = r_s + \Delta r \\ u_c = u_s + \Delta u \\ i_c = i_s + \Delta i \\ \Omega_c = \Omega_s + \Delta \Omega \end{cases} \tag{7.4}
$$

当两航天器相距较近时,相对轨道根数 Δr、Δu、Δi、$\Delta \Omega$ 均为小量,将公式(7.3)在 u_s,i_s,Ω_s 处按泰勒级数展开,忽略二阶及二阶以上小量,得到

$$\boldsymbol{M}_I^c = R_z(u_s + \Delta u) \cdot R_x(i_s + \Delta i) \cdot R_z(\Omega_s + \Delta \Omega) = \boldsymbol{M}_I^s + \Delta \boldsymbol{M} \tag{7.5}$$

其中

$$\begin{aligned}
\Delta \boldsymbol{M} = & R_z'(u_s) \cdot R_x(i_s) \cdot R_z(\Omega_s) \cdot \Delta u \\
& + R_z(u_s) \cdot R_x'(i_s) \cdot R_z(\Omega_s) \cdot \Delta i \\
& + R_z(u_s) \cdot R_x(i_s) \cdot R_z'(\Omega_s) \cdot \Delta \Omega
\end{aligned} \tag{7.6}$$

将公式(7.5)和公式(7.6)代入公式(7.1)可以得到

$$\begin{bmatrix} x \\ y \\ z \end{bmatrix} = \boldsymbol{M}_I^s \cdot (\boldsymbol{M}_I^s + \Delta \boldsymbol{M})^{\mathrm{T}} \begin{bmatrix} r_s + \Delta r \\ 0 \\ 0 \end{bmatrix} - \begin{bmatrix} r_s \\ 0 \\ 0 \end{bmatrix} = \begin{bmatrix} \Delta r \\ 0 \\ 0 \end{bmatrix} + \boldsymbol{M}_I^s \cdot \Delta \boldsymbol{M}^{\mathrm{T}} \begin{bmatrix} r_s + \Delta r \\ 0 \\ 0 \end{bmatrix} \tag{7.7}$$

由公式(7.2)和公式(7.6)可以推得(具体过程见本章末)

$$\boldsymbol{M}_I^s \cdot \Delta \boldsymbol{M}^{\mathrm{T}} \begin{bmatrix} r_s + \Delta r \\ 0 \\ 0 \end{bmatrix} = (r_s + \Delta r) \begin{pmatrix} 0 \\ \Delta u + \cos i_s \cdot \Delta \Omega \\ \sin u_s \cdot \Delta i - \cos u_s \sin i_s \cdot \Delta \Omega \end{pmatrix} \tag{7.8}$$

至此,得到以绝对轨道根数差作为参数的相对运动表达式

$$\begin{bmatrix} x \\ y \\ z \end{bmatrix} = \begin{pmatrix} \Delta r \\ 0 \\ 0 \end{pmatrix} + (r_s + \Delta r) \begin{pmatrix} 0 \\ \Delta u + \cos i_s \cdot \Delta \Omega \\ \sin u_s \cdot \Delta i - \cos u_s \sin i_s \cdot \Delta \Omega \end{pmatrix} \tag{7.9}$$

由公式(7.9)可知,只要两航天器可获取自身的绝对轨道根数(绝对轨道位置、速度),且星间有通信链路,参考航天器就可将自身绝对轨道根数通过星间通信链路传给伴随航天器,伴随航天器就可基于两航天器的绝对轨道根数差进行相对轨道控制。

轨道半长轴相等是两航天器实现长期近距离相对运动的基础,即伴随航天器和参考航天器应满足

$$\begin{cases} a_c = a_s = a \\ n_c = n_s = n \end{cases} \tag{7.10}$$

其中 a_c、n_c 和 a_s、n_s 分别为伴随航天器和参考航天器的轨道半长轴和轨道角速度。下面分别对参考航天器轨道为圆轨道和非圆轨道两种情况进行讨论。

7.2.1 参考航天器为圆轨道

当参考航天器为圆轨道时,参考航天器偏心率 $e_s = 0$,伴随航天器偏心率 e_c 也为小量,

参考航天器与伴随航天器的地心距分别为

$$
\begin{cases}
r_{\mathrm{s}} = a \\
r_{\mathrm{c}} = a(1 - e_{\mathrm{c}} \cos E_{\mathrm{c}})
\end{cases}
\tag{7.11}
$$

根据公式(3.65)忽略二阶及二阶以上小量,有

$$
E_{\mathrm{c}} = M_{\mathrm{c}} + e_{\mathrm{c}} \sin M_{\mathrm{c}}
\tag{7.12}
$$

其中 E_{c} 和 M_{c} 分别为伴随航天器的偏近点角和平近点角。

联立公式(7.11)和公式(7.12),按泰勒级数展开,忽略二阶及二阶以上小量,可得

$$
\begin{aligned}
\Delta r &= r_{\mathrm{c}} - r_{\mathrm{s}} \\
&= -ae_{\mathrm{c}} \cos(M_{\mathrm{c}} + e_{\mathrm{c}} \sin M_{\mathrm{c}}) \\
&= -ae_{\mathrm{c}} (\cos M_{\mathrm{c}} - e_{\mathrm{c}} \sin^2 M_{\mathrm{c}}) \\
&= -ae_{\mathrm{c}} \cos M_{\mathrm{c}} + ae_{\mathrm{c}}^2 \sin^2 M_{\mathrm{c}} \\
&= -ae_{\mathrm{c}} \cos M_{\mathrm{c}}
\end{aligned}
\tag{7.13}
$$

则将公式(7.11)和公式(7.13)代入公式(7.9),忽略二阶小量,可得

$$
\begin{bmatrix} x \\ y \\ z \end{bmatrix} = a \begin{bmatrix} -e_{\mathrm{c}} \cos M_{\mathrm{c}} \\ \Delta u + \cos i_{\mathrm{s}} \cdot \Delta \Omega \\ \sin u_{\mathrm{s}} \cdot \Delta i - \cos u_{\mathrm{s}} \sin i_{\mathrm{s}} \cdot \Delta \Omega \end{bmatrix}
\tag{7.14}
$$

取参考航天器处于升交点的时刻为时间零点,则参考航天器的纬度幅角为

$$
u_{\mathrm{s}}(t) = nt
\tag{7.15}
$$

设伴随航天器的近地点时刻为 τ,则此时的纬度幅角即伴随航天器的近地点幅角 ω_{c},因此,该时刻伴随航天器相对参考航天器的纬度幅角为

$$
\Delta u(\tau) = u_{\mathrm{c}}(\tau) - u_{\mathrm{s}}(\tau) = \omega_{\mathrm{c}} - n\tau
\tag{7.16}
$$

任一时刻伴随航天器的平近点角可表示为

$$
M_{\mathrm{c}}(t) = n(t - \tau) = u_{\mathrm{s}}(t) - n\tau = u_{\mathrm{s}}(t) - \omega_{\mathrm{c}} + \Delta u(\tau)
\tag{7.17}
$$

进而可知任一时刻两航天器的纬度幅角差为

$$
\begin{aligned}
\Delta u(t) &= u_{\mathrm{c}}(t) - u_{\mathrm{s}}(t) = [\omega_{\mathrm{c}} + f_{\mathrm{c}}(t)] - n[\tau + (t - \tau)] \\
&= (\omega_{\mathrm{c}} - n\tau) + [f_{\mathrm{c}}(t) - n(t - \tau)] \\
&= \Delta u(\tau) + [f_{\mathrm{c}}(t) - M_{\mathrm{c}}(t)]
\end{aligned}
\tag{7.18}
$$

根据公式(3.64)忽略二阶及二阶以上小量,有

$$
f_{\mathrm{c}} = M_{\mathrm{c}} + 2e_{\mathrm{c}} \sin M_{\mathrm{c}}
\tag{7.19}
$$

根据公式(7.17)、公式(7.18)和公式(7.19),忽略二阶以上小量,有

$$\begin{aligned}
\Delta u(t) &= \Delta u(\tau) + 2e_c \sin M_c \\
&= \Delta u(\tau) + 2e_c \sin[u_s(t) - \omega_c + \Delta u(\tau)] \\
&= \Delta u(\tau) + 2e_c \sin(nt - \omega_c)
\end{aligned} \tag{7.20}$$

根据公式(7.14)、公式(7.17)和公式(7.20),忽略二阶以上小量,有

$$\begin{cases}
x = -ae_c \cos(nt - \omega_c) \\
y = 2ae_c \sin(nt - \omega_c) + a[\Delta u(\tau) + \Delta\Omega \cos i_s] \\
z = a\Delta i \sin(nt) - a\Delta\Omega \sin i_s \cos(nt)
\end{cases} \tag{7.21}$$

对公式(7.21)求导得相对速度为

$$\begin{cases}
\dot{x} = ane_c \sin(nt - \omega_c) \\
\dot{y} = 2ane_c \cos(nt - \omega_c) \\
\dot{z} = an\Delta i \cos(nt) + an\Delta\Omega \sin i_s \sin(nt)
\end{cases} \tag{7.22}$$

公式(7.21)和公式(7.22)即基于运动学的相对运动解析解。可以看出,相对运动在轨道面内和轨道面法向是解耦的。

1. 轨道面内的相对运动

对于轨道面内的相对运动,引入参数 B,令

$$B = ae_c \tag{7.23}$$

则轨道面内的相对运动方程解可写成如下参数形式

$$\begin{cases}
x = -B\cos(nt - \omega_c) = B\cos(nt - \omega_c + \pi) \\
y = 2B\sin(nt - \omega_c) + Y_c = -2B\sin(nt - \omega_c + \pi) + Y_c \\
\dot{x} = nB\sin(nt - \omega_c) = -nB\sin(nt - \omega_c + \pi) \\
\dot{y} = 2nB\cos(nt - \omega_c) = -2nB\cos(nt - \omega_c + \pi)
\end{cases} \tag{7.24}$$

式中

$$Y_c = a[\Delta u(\tau) + \Delta\Omega \cos i_s] \tag{7.25}$$

参数解(7.24)又可写成如下形式

$$\frac{x^2}{B^2} + \frac{(y - Y_c)^2}{(2B)^2} = 1 \tag{7.26}$$

与下文中基于动力学的推导结果相同,轨道面内的相对运动为一长半轴为椭圆短半轴 2 倍的横向偏心椭圆。$(0, Y_c)$ 为椭圆中心,B 为椭圆短半轴,$W = nt - \omega_c + \pi$ 为相对运动椭圆上的相位,从 x 轴起算,逆时针为正,当 $t = t_0$ 时,$W(t_0) = W_0$ 为初始相位。

另外,需要说明的是,对于轨道面内的相对运动,若参考航天器与伴随航天器的轨道半长轴不同,则会造成椭圆的径向偏心,即 $X_c = x_c = \Delta a = a_c - a_s$,上述推导中的半长轴 a 应该代入 a_s,另外横向位置 Y_c 应该加上修正量 $-1.5n\Delta at$,即式(7.25)可以修正为

$$Y_c = a[\Delta u(\tau) + \Delta\Omega \cos i_s] - 1.5n\Delta at \tag{7.27}$$

2. 轨道面法向的相对运动

对于轨道面法向的相对运动，引入参数 S 和 γ

$$S = a\sqrt{(\Delta\Omega \sin i_s)^2 + (\Delta i)^2} \tag{7.28}$$

$$\begin{cases} \sin\gamma = \dfrac{-a\Delta\Omega \sin i_s}{S} \\[3mm] \cos\gamma = \dfrac{a\Delta i}{S} \end{cases} \tag{7.29}$$

则轨道面法向的相对运动方程解可写成如下参数形式

$$\begin{cases} z = S\sin(nt + \gamma) \\ \dot{z} = nS\cos(nt + \gamma) \end{cases} \tag{7.30}$$

与下文中基于动力学的推导结果相同，轨道面法向的相对运动为一以轨道面为中心的简谐运动。其中 S 为振幅，$\Upsilon = nt + \gamma$ 为简谐运动的相位角，当 $t = t_0$ 时，$\Upsilon(t_0) = \Upsilon_0$ 为初始相位。

3. 基于轨道根数的相对运动参数

基于轨道根数的运动学推导得到的相对运动方程可用如下几个参数来描述：

● 轨道面内的相对运动：横向漂移椭圆

（1）椭圆中心径向位置 X_c；

（2）椭圆中心横向位置 Y_c；

（3）椭圆短半轴 B；

（4）椭圆上的相位 W；

● 轨道面法向的相对运动：简谐运动

（5）振幅 S；

（6）简谐运动相位 Υ。

6 个参数如表 7.1 所示。

表 7.1　基于轨道根数描述相对运动的 6 个参数

相 对 运 动	参 数 名 称	计 算 公 式
轨道面内的相对运动为一长半轴为短半轴 2 倍的横向漂移椭圆	椭圆中心径向位置 X_c	$X_c = \Delta a$
	椭圆中心横向位置 Y_c	$Y_c = a[\Delta u(\tau) + \Delta\Omega \cos i_s] - 1.5n\Delta at$
	椭圆短半轴 B	$B = ae_c$
	椭圆上的相位角 W	$W = nt - \omega_c + \pi$
轨道面法向的相对运动为以轨道面为中心的简谐运动	振幅 S	$S = a\sqrt{(\Delta\Omega \sin i_s)^2 + (\Delta i)^2}$
	简谐运动相位角 Υ	$\Upsilon = nt + \text{atan2}(-a\Delta\Omega \sin i_s/S,\ a\Delta i/S)$

注：表中的 $\alpha = \text{atan2}(A, B)$ 函数为二维反正切函数，意指 $\sin(\alpha) = A$，$\cos(\alpha) = B$，可确定 α 角的具体值（包含象限），在第 3.3.1 节中已经有介绍。

对于相位角，在构型设计中，更多使用轨道面内运动与轨道面法向运动的相位角差 $\alpha = W - \Upsilon = W_0 - \Upsilon_0$。

7.2.2　参考航天器为椭圆轨道

对于参考航天器为椭圆轨道，根据公式(3.62)第三式可知参考航天器与伴随航天器的地心距分别为

$$r_c = \frac{a(1 - e_c^2)}{1 + e_c \cos f_c} \tag{7.31}$$

$$r_s = \frac{a(1 - e_s^2)}{1 + e_s \cos f_s} \tag{7.32}$$

令

$$\begin{cases} e_c = e_s + \Delta e \\ f_c = f_s + \Delta f \\ \omega_c = \omega_s + \Delta \omega \end{cases} \tag{7.33}$$

则有

$$\Delta u = \Delta f + \Delta \omega \tag{7.34}$$

要实现两航天器长时间的近距离飞行，还需要保证两航天器的偏心率差 Δe 和真近点角差 Δf 为小量。将公式(7.31)在 e_s，f_s 处按泰勒级数展开，忽略二阶及二阶以上小量，得到

$$r_c = r(e_s + \Delta e, f_s + \Delta f) = r(e_s, f_s) + \frac{\partial r}{\partial e}\Big|_{e_s, f_s} \cdot \Delta e + \frac{\partial r}{\partial f}\Big|_{e_s, f_s} \cdot \Delta f \tag{7.35}$$

其中偏导数分别为

$$\frac{\partial r}{\partial e}\Big|_{e_s, f_s} = \frac{-a[2e_s + (1 + e_s^2)\cos f_s]}{(1 + e_s \cos f_s)^2} \tag{7.36}$$

$$\frac{\partial r}{\partial f}\Big|_{e_s, f_s} = \frac{a e_s (1 - e_s^2)\sin f_s}{(1 + e_s \cos f_s)^2} \tag{7.37}$$

因此

$$\Delta r = r_c - r_s = \frac{-a[2e_s + (1 + e_s^2)\cos f_s]}{(1 + e_s \cos f_s)^2} \cdot \Delta e + \frac{a e_s (1 - e_s^2)\sin f_s}{(1 + e_s \cos f_s)^2} \cdot \Delta f \tag{7.38}$$

将公式(7.32)和公式(7.38)代入到公式(7.9)，并忽略二阶小量可得到参考航天器为椭圆轨道时两航天器的相对运动为

$$
\begin{cases}
x = \dfrac{a}{(1+e_s\cos f_s)^2}\{-[2e_s+(1+e_s^2)\cos f_s]\cdot\Delta e + e_s(1-e_s^2)\sin f_s\cdot\Delta f\} \\[3mm]
y = \dfrac{a(1-e_s^2)}{1+e_s\cos f_s}(\Delta\omega+\Delta f+\cos i_s\cdot\Delta\Omega) \\[3mm]
z = \dfrac{a(1-e_s^2)}{1+e_s\cos f_s}(\sin u_s\cdot\Delta i-\cos u_s\sin i_s\cdot\Delta\Omega)
\end{cases}
\tag{7.39}
$$

7.3 基于动力学的相对运动方程

基于两航天器各自的中心引力动力学方程，可推导得到两航天器的相对运动方程，即 C - W 方程。本节首先给出一种常用的 C - W 方程推导方法，然后对 C - W 方程的解析解进行了推导，基于此解析解对相对运动的基本规律和特性进行探讨。

与 7.2 节的定义相同，记参考航天器为 s，伴随航天器为 c，参考航天器和伴随航天器在地心赤道坐标系中的位置矢量分别为 $\boldsymbol{r}_s$ 和 $\boldsymbol{r}_c$，二者的轨道动力学方程为

$$
\ddot{\boldsymbol{r}}_s = -\frac{\mu\boldsymbol{r}_s}{r_s^3}+\boldsymbol{f}_s
\tag{7.40}
$$

$$
\ddot{\boldsymbol{r}}_c = -\frac{\mu\boldsymbol{r}_c}{r_c^3}+\boldsymbol{f}_c
\tag{7.41}
$$

其中，μ 为地球引力常数；$r_s=|\boldsymbol{r}_s|$，$r_c=|\boldsymbol{r}_c|$ 分别为参考航天器和伴随航天器的地心距；$\boldsymbol{f}_s$ 和 $\boldsymbol{f}_c$ 分别为参考航天器和伴随航天器除地球中心引力外受到的所有摄动力和控制力带来的加速度。

记伴随航天器在参考航天器 LVLH 坐标系中的位置矢量为 $\boldsymbol{\rho}=\boldsymbol{r}_c-\boldsymbol{r}_s=[x\ y\ z]^{\mathrm{T}}$，如图 7.5 所示。$\boldsymbol{r}_s$ 和 $\boldsymbol{r}_c$ 在参考航天器 LVLH 坐标系中可表示为

$$
\boldsymbol{r}_s = [r_s\ 0\ 0]^{\mathrm{T}}
\tag{7.42}
$$

$$
\boldsymbol{r}_c = [r_s+x\ y\ z]^{\mathrm{T}}
\tag{7.43}
$$

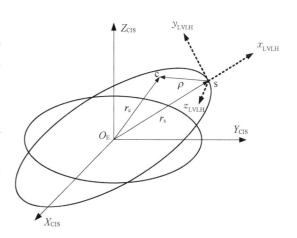

图 7.5 相对运动坐标系示意图

联立公式(7.40)、公式(7.41)、公式(7.42)、公式(7.43)可得

$$
\begin{aligned}
\ddot{\boldsymbol{\rho}} &= \ddot{\boldsymbol{r}}_c-\ddot{\boldsymbol{r}}_s \\
&= \left(-\frac{\mu\boldsymbol{r}_c}{r_c^3}+\boldsymbol{f}_c\right)-\left(-\frac{\mu\boldsymbol{r}_s}{r_s^3}+\boldsymbol{f}_s\right)
\end{aligned}
$$

$$= \frac{\mu}{r_s^3}\left[\boldsymbol{r}_s - \left(\frac{r_s}{r_c}\right)^3 \boldsymbol{r}_c \right] + \Delta \boldsymbol{f} \tag{7.44}$$

其中，$\Delta \boldsymbol{f} = \boldsymbol{f}_c - \boldsymbol{f}_s$。

记参考航天器 LVLH 系的三轴单位方向矢量为 $\boldsymbol{i}$、$\boldsymbol{j}$、$\boldsymbol{k}$。考虑两航天器相距较近，其相对距离 ρ 相比参考航天器地心距 r_s 为小量，对公式(7.44)中括号的内容进行泰勒级数展开并忽略二阶及二阶以上小量，可得

$$
\begin{aligned}
\boldsymbol{r}_s - \left(\frac{r_s}{r_c}\right)^3 \boldsymbol{r}_c &= \boldsymbol{r}_s - \left[1 + \frac{2x}{r_s} + \left(\frac{\rho}{r_s}\right)^2 \right]^{-\frac{3}{2}} (\boldsymbol{r}_s + \boldsymbol{\rho}) \\
&= \boldsymbol{r}_s - \left(1 - \frac{3}{2} \times \frac{2x}{r_s} \right)(\boldsymbol{r}_s + \boldsymbol{\rho}) \\
&= \frac{3x}{r_s} \boldsymbol{r}_s - \left(1 - \frac{3x}{r_s} \right) \boldsymbol{\rho} \\
&= \frac{3x}{r_s} r_s \boldsymbol{i} - \left(1 - \frac{3x}{r_s} \right)(x\boldsymbol{i} + y\boldsymbol{j} + z\boldsymbol{k}) \\
&\approx 3x\boldsymbol{i} - x\boldsymbol{i} - y\boldsymbol{j} - z\boldsymbol{k} = 2x\boldsymbol{i} - y\boldsymbol{j} - z\boldsymbol{k}
\end{aligned}
\tag{7.45}
$$

将公式(7.45)代入公式(7.44)得到地心赤道坐标系下伴随航天器相对参考航天器的相对运动动力学方程为

$$
\begin{aligned}
\ddot{\boldsymbol{\rho}} &= \ddot{\boldsymbol{r}}_c - \ddot{\boldsymbol{r}}_s \\
&= \frac{\mu}{r_s^3}\left[\boldsymbol{r}_s - \left(\frac{r_s}{r_c}\right)^3 \boldsymbol{r}_c \right] + \Delta \boldsymbol{f} \\
&= \frac{\mu}{r_s^3}(2x\boldsymbol{i} - y\boldsymbol{j} - z\boldsymbol{k}) + \Delta \boldsymbol{f}
\end{aligned}
\tag{7.46}
$$

将伴随航天器相对参考航天器的相对运动动力学方程表达在参考航天器 LVLH 系中为

$$
\begin{aligned}
\ddot{\boldsymbol{\rho}} &= \frac{\delta^2 \boldsymbol{\rho}}{\delta t^2} + 2\boldsymbol{n} \times \boldsymbol{v} + \boldsymbol{n} \times (\boldsymbol{n} \times \boldsymbol{\rho}) + \dot{\boldsymbol{n}} \times \boldsymbol{\rho} \\
&= \begin{bmatrix} \ddot{x} \\ \ddot{y} \\ \ddot{z} \end{bmatrix} + 2\begin{bmatrix} 0 \\ 0 \\ n \end{bmatrix} \times \begin{bmatrix} \dot{x} \\ \dot{y} \\ \dot{z} \end{bmatrix} + \begin{bmatrix} 0 \\ 0 \\ n \end{bmatrix} \times \left(\begin{bmatrix} 0 \\ 0 \\ n \end{bmatrix} \times \begin{bmatrix} x \\ y \\ z \end{bmatrix} \right) + \begin{bmatrix} 0 \\ 0 \\ \dot{n} \end{bmatrix} \times \begin{bmatrix} x \\ y \\ z \end{bmatrix} \\
&= \begin{bmatrix} \ddot{x} \\ \ddot{y} \\ \ddot{z} \end{bmatrix} + \begin{bmatrix} -2n\dot{y} \\ 2n\dot{x} \\ 0 \end{bmatrix} + \begin{bmatrix} -n^2 x \\ -n^2 y \\ 0 \end{bmatrix} + \begin{bmatrix} -\dot{n}y \\ \dot{n}x \\ 0 \end{bmatrix} \\
&= \begin{bmatrix} \ddot{x} - n^2 x - 2n\dot{y} - \dot{n}y \\ \ddot{y} - n^2 y + 2n\dot{x} + \dot{n}x \\ \ddot{z} \end{bmatrix}
\end{aligned}
\tag{7.47}
$$

其中 $\boldsymbol{n} = \begin{bmatrix} 0 & 0 & n \end{bmatrix}^{\mathrm{T}}$ 为参考航天器的轨道平均角速度在地心赤道坐标系中的表达式。

7.3.1　参考航天器为圆轨道

当参考航天器为圆轨道时

$$\begin{cases} n = \sqrt{\mu/r_s^3} \\ \dot{n} = 0 \end{cases} \tag{7.48}$$

联立公式(7.46)、公式(7.47)和公式(7.48)得到两航天器的相对运动方程为

$$\begin{cases} \ddot{x} - 3n^2 x - 2n\dot{y} = \Delta f_x \\ \ddot{y} + 2n\dot{x} = \Delta f_y \\ \ddot{z} + n^2 z = \Delta f_z \end{cases} \tag{7.49}$$

其中 Δf_x、Δf_y、Δf_z 为 $\Delta \boldsymbol{f}$ 在参考航天器 LVLH 系中的分量。公式(7.49)即著名的 C-W 方程,也称 Hill 方程。

若考虑航天器只受中心天体引力作用,即 $\Delta f_x = \Delta f_y = \Delta f_z = 0$,C-W 方程可求得解析解如下

$$\begin{cases} x = \dfrac{\dot{x}_0}{n}\sin nt - \left(3x_0 + \dfrac{2\dot{y}_0}{n}\right)\cos nt + 2\left(2x_0 + \dfrac{\dot{y}_0}{n}\right) \\[2mm] y = \dfrac{2\dot{x}_0}{n}\cos nt + 2\left(3x_0 + \dfrac{2\dot{y}_0}{n}\right)\sin nt - 3(2nx_0 + \dot{y}_0)t + \left(y_0 - \dfrac{2\dot{x}_0}{n}\right) \\[2mm] z = \dfrac{\dot{z}_0}{n}\sin nt + z_0 \cos nt \end{cases} \tag{7.50}$$

$$\begin{cases} \dot{x} = \dot{x}_0 \cos nt + (3nx_0 + 2\dot{y}_0)\sin nt \\ \dot{y} = -2\dot{x}_0 \sin nt + 2(3nx_0 + 2\dot{y}_0)\cos nt - 3(2nx_0 + \dot{y}_0) \\ \dot{z} = \dot{z}_0 \cos nt - nz_0 \sin nt \end{cases} \tag{7.51}$$

公式(7.50)和公式(7.51)即 C-W 方程的解析解。在 C-W 方程解析解的求解过程中,作了三个假设:

(1) 线性化假设:假设两航天器的相对距离相比其绝对轨道地心距为小量,忽略二阶及以上高阶项,见公式(7.45)的推导;

(2) 圆轨道假设:参考航天器轨道为圆轨道,见公式(7.49)的推导;

(3) 二体模型假设:假设两航天器只受中心天体的引力作用,见公式(7.50)和公式(7.51)的推导。

研究表明,当两航天器相对距离较近时,C-W 方程推导中的线性化误差可以忽略,但参考航天器圆轨道假设和中心引力二体模型假设在两航天器的长期运动过程中误差累积较大,不容忽视。

根据线性化误差仿真结果可知[24]:当两航天器相对距离 500 m 时,5 轨预报误差 3 m;当两航天器相对距离 10 km 时,5 轨预报误差 1.2 km。

由公式(7.50)和公式(7.51)可以看出,相对运动在轨道面内和轨道面法向是解耦的。

1. 轨道面内的相对运动

对于轨道面内的相对运动,引入参数 b 和 θ,令

$$b = \sqrt{\left(3x_0 + \frac{2\dot{y}_0}{n}\right)^2 + \left(\frac{\dot{x}_0}{n}\right)^2} \qquad (7.52)$$

$$\begin{cases} \sin\theta = -\dfrac{\dot{x}_0}{n}/b \\[3mm] \cos\theta = -\left(3x_0 + \dfrac{2\dot{y}_0}{n}\right)/b \end{cases} \qquad (7.53)$$

则轨道面内的相对运动方程解可写成如下参数形式

$$\begin{cases} x = b\cos(nt + \theta) + x_{c0} = b\cos\Theta + x_{c0} \\[2mm] y = -2b\sin(nt + \theta) + y_{c0} - \dfrac{3}{2}nx_{c0}t = -2b\sin\Theta + y_{c0} - \dfrac{3}{2}nx_{c0}t \\[2mm] \dot{x} = -nb\sin(nt + \theta) = -nb\sin\Theta \\[2mm] \dot{y} = -2nb\cos(nt + \theta) - \dfrac{3}{2}nx_{c0} = -2nb\cos\Theta - \dfrac{3}{2}nx_{c0} \end{cases} \qquad (7.54)$$

公式(7.54)中

$$\begin{cases} x_{c0} = 4x_0 + 2\dfrac{\dot{y}_0}{n} \\[3mm] y_{c0} = y_0 - 2\dfrac{\dot{x}_0}{n} \end{cases} \qquad (7.55)$$

参数解(7.54)又可写成如下形式

$$\frac{(x - x_c)^2}{b^2} + \frac{(y - y_c)^2}{(2b)^2} = 1 \qquad (7.56)$$

可以看出,参数解的几何意义是一轨道面内长半轴为短半轴两倍的横向漂移椭圆。其中 (x_c, y_c) 为椭圆中心

$$\begin{cases} x_c = x_{c0} \\[2mm] y_c = y_{c0} + V_{c0}t \end{cases} \qquad (7.57)$$

V_{c0} 为椭圆中心横向漂移速率

$$V_c = V_{c0} = -\frac{3}{2}nx_{c0} \qquad (7.58)$$

椭圆中心 (x_c, y_c) 也可表示成实时相对状态 $(x, y, \dot{x}, \dot{y})$ 的函数

$$\begin{cases} x_c = 4x + \dfrac{2\dot{y}}{n} \\[3mm] y_c = y - \dfrac{2\dot{x}}{n} \end{cases} \qquad (7.59)$$

b 为椭圆短半轴

$$b = \sqrt{\left(3x + \frac{2\dot{y}}{n}\right)^2 + \left(\frac{\dot{x}}{n}\right)^2} \tag{7.60}$$

$\Theta = nt + \theta$ 为相对运动椭圆上的相位,从 x 轴起算,逆时针为正

$$\begin{cases} \sin\Theta = -\dfrac{y - y_c}{2b} = \left(-\dfrac{\dot{x}}{n}\right)/b \\ \cos\Theta = \dfrac{x - x_c}{b} = -\left(3x + \dfrac{2\dot{y}}{n}\right)/b \end{cases} \tag{7.61}$$

伴随航天器在参考航天器相对运动椭圆上的相位是由相对运动椭圆的内切圆和外接圆辅助定义的。如图 7.6 所示为相位相差 90° 的两伴随航天器绕参考航天器的共面伴飞编队,初始相位为 0° 的 A 星与初始相位为 90° 的 B 星,经过 t 时间后,A 星运动到相位为 Θ_A 的 A′ 处,B 星运动到相位为 Θ_B 的 B′ 处,依然有 $\Theta_B - \Theta_A = 90°$,相位角的增加方向为相对运动方向。

轨道面内相对运动椭圆参数与相对运动的关系如图 7.7 所示。

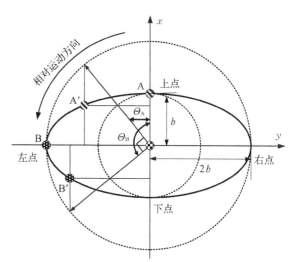

图 7.6　相对运动椭圆上的相位定义

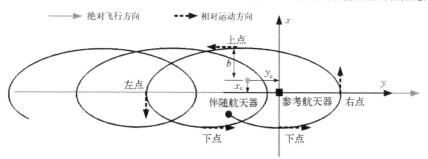

图 7.7　轨道面内相对运动椭圆参数描述

2. 轨道面法向的相对运动

对于轨道面法向的相对运动,引入参数 A 和 φ,令

$$A = \sqrt{\left(\frac{\dot{z}_0}{n}\right)^2 + z_0^2} \tag{7.62}$$

$$\begin{cases} \sin\varphi = z_0/A \\ \cos\varphi = \dfrac{\dot{z}_0}{n}/A \end{cases} \tag{7.63}$$

则轨道面法向的相对运动方程解可写成如下参数形式

$$\begin{cases} z = A\sin(nt + \varphi) = A\sin\Psi \\ \dot{z} = An\cos(nt + \varphi) = An\cos\Psi \end{cases} \tag{7.64}$$

可以看出,对于任意时刻,轨道面法向的相对运动为一以轨道面为中心的简谐运动,其中 A 为振幅。

$$A = \sqrt{\left(\frac{\dot{z}}{n}\right)^2 + z^2} \tag{7.65}$$

$\Psi = nt + \varphi$ 为简谐运动的相位角

$$\begin{cases} \sin\Psi = z/A \\ \cos\Psi = \dfrac{\dot{z}}{n}/A \end{cases} \tag{7.66}$$

3. C - W 方程的相对运动参数

两航天器的相对运动方程可用如下几个参数来描述:

- 轨道面内的相对运动:横向漂移椭圆

(1) 椭圆中心径向位置 x_c;

(2) 椭圆中心横向漂移速率 V_c;

(3) 椭圆中心横向位置 y_c;

(4) 椭圆短半轴 b;

(5) 椭圆上的相位 Θ;

- 轨道面法向的相对运动:简谐运动

(6) 振幅 A;

(7) 简谐运动相位 Ψ。

由于椭圆中心横向漂移速率是椭圆中心径向位置的线性表达,所以此二者实质上为同一参数。即可用 6 个参数来表达相对运动,如表 7.2 所示。

表 7.2　C - W 方程描述相对运动的 6 个参数

相 对 运 动	参 数 名 称	计 算 公 式
轨道面内的相对运动为一长半轴为短半轴 2 倍的横向漂移椭圆	椭圆中心径向位置 x_c	$x_c = X_c = 2\left(2x + \dfrac{\dot{y}}{n}\right)$
	椭圆中心横向位置 y_c	$y_c = Y_c = y - \dfrac{2\dot{x}}{n}$ 或 $\begin{cases} y_{c0} = y_0 - \dfrac{2\dot{x}_0}{n}, \quad V_c = -\dfrac{3}{2}nx_{c0} \\ y_c = y_{c0} + V_c t \end{cases}$
	椭圆短半轴 b	$b = B = \sqrt{\left(3x + \dfrac{2\dot{y}}{n}\right)^2 + \left(\dfrac{\dot{x}}{n}\right)^2}$
	椭圆上的相位 Θ	$\Theta = W = \operatorname{atan2}\left[-\dfrac{\dot{x}}{n}\Big/ b, -\left(3x + \dfrac{2\dot{y}}{n}\right)\Big/ b\right]$

相 对 运 动	参 数 名 称	计 算 公 式
轨道面法向的相对运动为以轨道面为中心的简谐运动	振幅 A	$A = S = \sqrt{\left(\dfrac{\dot{z}}{n}\right)^2 + (z)^2}$
	简谐运动相位 Ψ	$\Psi = \Upsilon = \mathrm{atan2}\left(\dfrac{z}{A},\ \dfrac{\dot{z}}{n}\Big/A\right)$

对于相位角,在构型设计中,与运动学方法相同,更多使用轨道面运动与轨道面法向运动的相位角差 $\alpha = \Theta - \Psi = \Theta_0 - \Psi_0$。

7.3.2　参考航天器为椭圆轨道

若参考航天器为椭圆轨道,则有

$$\dot{n} \neq 0$$

两航天器的相对运动方程变为

$$
\begin{cases}
\ddot{x} - n^2\left(2\,\dfrac{r}{p} + 1\right)x - 2n\dot{y} - \dot{n}y = \Delta f_x \\[2mm]
\ddot{y} + n^2\left(\dfrac{r}{p} - 1\right)y + 2n\dot{x} + \dot{n}x = \Delta f_y \\[2mm]
\ddot{z} + n^2\,\dfrac{r}{p}z = \Delta f_z
\end{cases}
\tag{7.67}
$$

其中,$r = r_s$ 为参考航天器地心距;$p = a_s(1 - e_s^2)$ 为参考航天器轨道半通径,a_s 和 e_s 分别为参考航天器的轨道半长轴和偏心率。

7.4　相对运动与绝对运动的关系

为了获得用绝对轨道和相对轨道进行解释相对运动时的一致性,有必要寻找伴随飞行中涉及的两种轨道——"绝对轨道"和"相对轨道"之间的对应关系。本节通过理论与仿真来说明绝对轨道与相对轨道的关系,并通过初始相对状态以及导航和控制误差对轨道的影响来进一步阐明相对轨道与绝对轨道的关系。需要说明的是,由于轨道面外的运动与面内的运动解耦,本节仅针对轨道面内的相对运动。

7.4.1　相对与绝对物理参数对应关系

仔细对比表 7.1 和表 7.2,即可推导得出相对运动和绝对轨道根数之间的对应关系。下面举例给出偏心率和半长轴在相对轨道中的物理意义。

本节在讨论相对运动时,认为参考卫星轨道偏心率较小,近似为圆轨道,相对轨道与绝对轨道的对应关系示意图见图 7.8,椭圆轨道的远地点、近地点和偏心率定义见图 7.9。

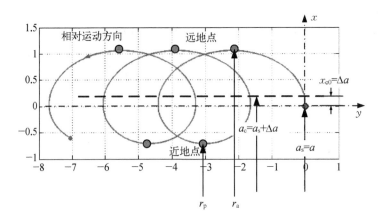

图 7.8　相对轨道与绝对轨道的对应关系示意图

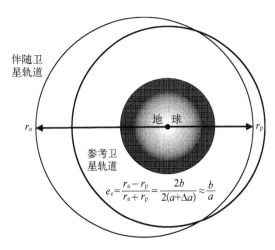

图 7.9　椭圆轨道的远地点、近地点和偏心率定义

当伴随卫星距离参考卫星较近时,根据图 7.8 和图 7.9 不难得出以下结论:

① 相对运动椭圆的上点(短半轴正方向最大值处)对应伴随卫星绝对轨道的远地点,下点(负方向最小值处)对应伴随卫星绝对轨道的近地点;

② 相对运动椭圆的中心到地心的距离即伴随卫星的绝对轨道半长轴 $a_c = (r_p + r_a)/2$;

③ 相对运动椭圆的中心在相对轨道坐标系中的径向位置(或横向漂移速度)反映了伴随卫星与参考卫星的半长轴之差 $x_{c0} = \Delta a = a_c - a_s$;

④ 相对运动椭圆的短半轴大小(伴飞椭圆的大小)反映了伴随卫星与参考卫星的偏心率之差

$$\Delta e = e_c - 0 = \frac{r_a - r_p}{r_a + r_p} = \frac{2b}{2(a_s + \Delta a)} \approx \frac{b}{a_s} = \frac{b}{a} \tag{7.68}$$

由此可知,绝对轨道和相对轨道在描述伴随卫星的运动上是等价的,总结来说:伴随卫星与参考卫星的偏心率之差决定了伴飞椭圆的大小;伴随卫星与参考卫星的半长轴之差(轨道周期之差)决定了伴飞椭圆的横向漂移速率。

7.4.2 相对运动与绝对运动仿真分析

为了深刻理解 C-W 方程解所表征的物理意义,以一个简单的实例来说明相对轨道与绝对轨道的关系,如图 7.10 所示。

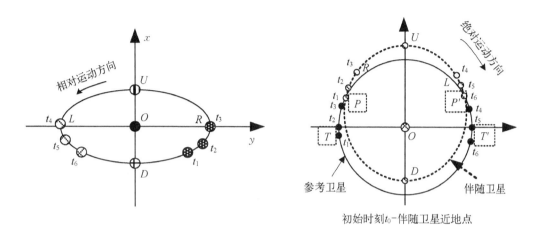

图 7.10 绝对轨道与相对轨道的关系示意图

对图 7.10 中各个时刻点的运动特性解释如下:

(1) t_1 时刻:伴随卫星未到相对轨道的右点 R,在参考卫星的前下方,到达与参考卫星的绝对轨道交点 P;参考卫星未到纬度最高点 T。注意:此例中的纬度最高点 T 点为自纬度幅角为 0 起算 1/4 周期后 t_2 时刻参考卫星所处位置。

(2) t_2 时刻:伴随卫星未到相对轨道的右点 R,在参考卫星的前下方;参考卫星到达纬度最高点 T。

(3) t_3 时刻:伴随卫星到达相对轨道的右点 R,在参考卫星的正前方;参考卫星已过纬度最高点 T。

(4) t_4 时刻:伴随卫星到达相对轨道的左点 L,在参考卫星的正后方;参考卫星未到纬度最低点 T'。

(5) t_5 时刻:伴随卫星已过相对轨道的左点 L,在参考卫星的后下方;参考卫星到达纬度最低点 T';

(6) t_6 时刻:伴随卫星已过相对轨道的左点 L,在参考卫星的后下方,到达与参考卫星的绝对轨道交点 P';参考卫星已过纬度最低点 T'。

为了验证上面的分析,通过 STK 软件仿真证明。仿真选用二体模型,以匹配 C-W 方程的推导模型,参考卫星 O 选用圆轨道,伴随卫星 A 选用偏心率为 0.000 8 的小偏心率轨道。仿真输入如图 7.11 和图 7.12 所示。

几个特征点的具体时刻如表 7.3 所示。

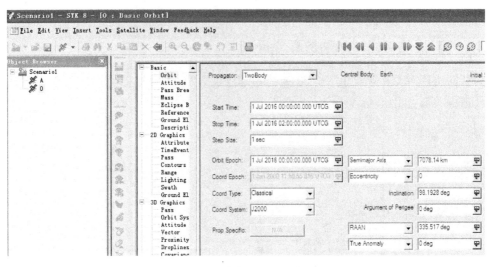

图 7.11　参考卫星 O 的轨道

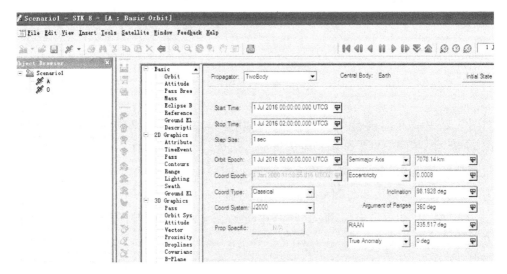

图 7.12　伴随卫星 A 的轨道

表 7.3　特征点说明

序号	时　刻	参 考 卫 星	伴 随 卫 星	备　注
1	t_1——00:24:40.9	未到 T 点	在绝对轨道交点 P	
2	t_2——00:24:41.6	在 T 点(1/4 周期,纬度最高点)	在 P 点与右点 R 之间	
3	t_3——00:24:42.3	在 T 点与 P 点之间	在右点 R	轨道交点周期
4	t_4——01:14:04.0	在 P' 点、T' 点之间	在左点 L	5 926.379 s
5	t_5——01:14:04.8	在 T' 点(3/4 周期,纬度最低点)	在左点 L 与 P' 点之间	
6	t_6——01:14:05.6	已过 T' 点	在绝对轨道交点 P'	

　　以右点 R 为例,给出惯性系下的绝对速度与非惯性旋转坐标系下相对速度的关系,见图 7.13。

伴随卫星过 R 点时，绝对速度不一定小于参考卫星，只要伴随卫星绝对速度减掉参考卫星绝对速度等于 $-nb$ 即可，这在图 7.13(b) 图的绝对轨道运动中有所体现。具体的速度关系与相对椭圆的大小、绝对轨道周期以及两航天器的偏心率等相关。

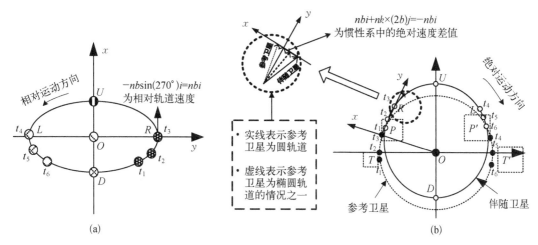

图 7.13　绝对轨道与相对轨道的关系示意图

另外，由图 7.13 可见，从绝对轨道来看，选择合适的视角，确保航天器顺时针方向飞行，则有：

（1）当伴随卫星到下点 D 时，伴随卫星在参考卫星的正下方。① 体现在相对轨道上，横向相对速度最大，为 $2nb$，径向为 0，到右点以前伴随卫星逐渐赶超参考卫星；② 体现在绝对轨道上，速度差值横向最大为 nb，径向为 0。

（2）当伴随卫星到右点 R 时，伴随卫星在参考卫星的正前方。① 体现在相对轨道上，横向相对速度为 0，径向为 nb，到上点以前伴随卫星逐渐靠近参考卫星；② 体现在绝对轨道上，速度差值横向为 0，径向为 $-nb$。

（3）当伴随卫星到上点 U 时，伴随卫星在参考卫星的正上方。① 体现在相对轨道上，横向相对速度最大为 $-2nb$，径向为 0，到左点以前伴随卫星逐渐落后参考卫星；② 体现在绝对轨道上，速度差值横向最大为 $-nb$，径向为 0。

（4）当伴随卫星到左点 L 时，伴随卫星在参考卫星的正后方。① 体现在相对轨道上，横向相对速度为 0，径向为 $-nb$，到下点以前伴随卫星逐渐靠近参考卫星；② 体现在绝对轨道上，速度差值横向为 0，径向为 nb。

7.4.3　初始相对状态对轨道的影响

本节从相对轨道以及绝对轨道两个层面对初始相对运动状态对轨道的影响进行分析，由于面内运动与面外运动解耦，仅对四个轨道面内的初始状态量 x_0、$\dot{x}_0$、y_0、$\dot{y}_0$ 作分析，对其中之一作分析时，其余量认为为 0。认为四个物理量都为正值，且假设参考卫星轨道为圆轨道。

1. 初始径向相对位置 x_0

相对运动椭圆中心径向位置为

$$x_{c0} = 4x_0 + 2\frac{\dot{y}_0}{n} = 4x_0 \tag{7.69}$$

相对运动椭圆中心横向位置为

$$y_{c0} = y_0 - 2\frac{\dot{x}_0}{n} = 0 \tag{7.70}$$

相对运动椭圆中心横向漂移速率为

$$V_c = -\frac{3}{2}nx_{c0} = -\frac{3}{2}n \cdot 4x_0 = -6nx_0 \tag{7.71}$$

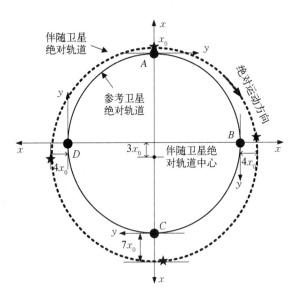

图 7.14 初始径向相对位置 x_0 对绝对轨道的影响示意图

相对运动椭圆短半轴为

$$b = \sqrt{\left(3x_0 + \frac{2\dot{y}_0}{n}\right)^2 + \left(\frac{\dot{x}_0}{n}\right)^2} = 3x_0 \tag{7.72}$$

伴随卫星与参考卫星的绝对轨道半长轴差值为

$$\Delta a = x_{c0} = 4x_0 \tag{7.73}$$

伴随卫星与参考卫星的绝对轨道偏心率差值为

$$\Delta e = e \approx \frac{b}{a} = \frac{3x_0}{a} \tag{7.74}$$

用图 7.14、图 7.15 来说明初始径向相对位置 x_0 对相对运动参数以及绝对运动参数的影响。

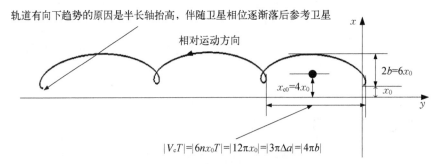

图 7.15 初始径向相对位置 x_0 对相对轨道的影响示意图

公式(7.73)也可以通过绝对轨道机械能的变化进行推导,具体如下。

伴随卫星单位质量机械能为

$$\xi = \frac{1}{2}v^2 - \frac{\mu}{r} = -\frac{\mu}{2a} \tag{7.75}$$

由于伴随卫星有初始径向相对位置 x_0,所以势能增加

$$\Delta\left(-\frac{\mu}{r}\right) = \frac{\mu}{r^2}\Delta r = \frac{\mu}{r^2}x_0 \tag{7.76}$$

由于存在径向相对位置 x_0,当 LVLH 非惯性旋转坐标系转到惯性坐标系时,有牵连速度产生,因此,在 RTN(径向、横向、法向)惯性参考系中有

$$\Delta\boldsymbol{v} = n\boldsymbol{k} \times x_0\boldsymbol{i} = nx_0\boldsymbol{j} \tag{7.77}$$

因此,存在惯性参考系中的速度增量 Δv,方向为横向,从而导致动能增加

$$\frac{1}{2}(v + \Delta v)^2 - \frac{1}{2}v^2 = v\Delta v + \frac{1}{2}\Delta v^2 \tag{7.78}$$

因此伴随卫星的机械能 ξ 增加

$$\Delta\xi = \Delta\left(-\frac{\mu}{2a}\right) = \frac{\mu}{2a^2}\Delta a = \frac{\mu}{r^2}x_0 + vnx_0 + \frac{1}{2}(nx_0)^2 \tag{7.79}$$

同时考虑参考卫星与伴随卫星都为近圆轨道,公式(7.79)两边可写为

$$\frac{n^2a^3}{2a^2}\Delta a \approx \frac{n^2a^3}{a^2}x_0 + nanx_0 + \frac{1}{2}(nx_0)^2 \Rightarrow \Delta a \approx 4x_0 + \frac{nx_0}{4v} \cdot 4x_0 = 4x_0\left(1 + \frac{nx_0}{4v}\right) \tag{7.80}$$

当 $nx_0 \ll v_{\text{绝对速度}} = v$(可用 $nx_0/v \leqslant 10^{-3}$ 作为评判标准)时,公式(7.80)简化为

$$\Delta a \approx 4x_0\left(1 + \frac{nx_0}{4v}\right) \approx 4x_0 \tag{7.81}$$

与利用相对轨道相对轨道理论推得的公式(7.73)具有相同的表达形式。

关于公式(7.73)和公式(7.81)的适用条件,若以轨道高度为 700 km 的低轨卫星为例,则 x_0 应满足

$$nx_0/v \leqslant 10^{-3} \Rightarrow x_0 = v/n \times 10^{-3} = \frac{7.504 \times 10^3 \times 10^{-3}}{1.06 \times 10^{-3}}\text{m} \approx 7.08\text{ km} \tag{7.82}$$

2. 初始横向相对位置 y_0

相对运动椭圆中心径向位置为

$$x_{c0} = 4x_0 + 2\frac{\dot{y}_0}{n} = 0 \tag{7.83}$$

相对运动椭圆中心横向位置为

$$y_{c0} = y_0 - 2\frac{\dot{x}_0}{n} = y_0 \tag{7.84}$$

相对运动椭圆中心横向漂移速率为

$$V_c = -\frac{3}{2}n x_{c0} = 0 \tag{7.85}$$

相对运动椭圆短半轴为

$$b = \sqrt{\left(3x_0 + \frac{2\dot{y}_0}{n}\right)^2 + \left(\frac{\dot{x}_0}{n}\right)^2} = 0 \tag{7.86}$$

伴随卫星与参考卫星的绝对轨道半长轴差值为

$$\Delta a = x_{c0} = 0 \tag{7.87}$$

伴随卫星与参考卫星的绝对轨道偏心率差值为

$$\Delta e = e = \frac{b}{a + \Delta a} = 0 \tag{7.88}$$

公式(7.87)也可以通过绝对轨道机械能的变化进行推导,具体如下。

伴随卫星单位质量机械能为

$$\xi = \frac{1}{2}v^2 - \frac{\mu}{r} = -\frac{\mu}{2a} \tag{7.89}$$

由于伴随卫星有初始横向相对位置 y_0,所以势能增加

$$\Delta\left(-\frac{\mu}{r}\right) = -\frac{\mu}{\sqrt{r^2 + y_0^2}} - \left(-\frac{\mu}{r}\right) \approx 0 \tag{7.90}$$

由于存在横向相对位置 y_0,当 LVLH 非惯性旋转坐标系转到惯性坐标系时,有牵连速度产生,因此,在 RTN(径向、横向、法向)惯性参考系中有

$$\Delta \boldsymbol{v} = n\boldsymbol{k} \times y_0\boldsymbol{j} = -n y_0 \boldsymbol{i} \tag{7.91}$$

因此,存在惯性参考系中的速度增量 Δv,方向为反径向,从而导致动能增加

$$\frac{1}{2}(v^2 + n^2 y_0^2) - \frac{1}{2}v^2 = \frac{1}{2}n^2 y_0^2 \tag{7.92}$$

因此伴随卫星的机械能 ξ 增加

$$\Delta\xi = \Delta\left(-\frac{\mu}{2a}\right) = \frac{\mu}{2a^2}\Delta a = \frac{1}{2}n^2 y_0^2 \tag{7.93}$$

同时考虑参考卫星与伴随卫星都为近圆轨道,公式(7.93)两边可写为

$$\frac{n^2 a^3}{2a^2}\Delta a \approx \frac{1}{2}n^2 y_0^2 \Rightarrow \Delta a = \frac{y_0^2}{a} \approx \frac{n y_0}{v} \cdot y_0 \tag{7.94}$$

当 $n y_0 \ll v_{绝对速度} = v$(可用 $n y_0 / v \leqslant 10^{-3}$ 作为评判标准)时,公式(7.94)简化为

$$\Delta a \approx \frac{n y_0}{v} \cdot y_0 \ll y_0 \Rightarrow \Delta a \approx 0 \tag{7.95}$$

与利用相对轨道相对轨道理论推得的公式(7.87)具有相同的表达形式。

关于公式(7.87)和公式(7.95)的适用条件,若以轨道高度为 700 km 的低轨卫星为例,则 y_0 应满足

$$n y_0 / v \leqslant 10^{-3} \Rightarrow y_0 \leqslant v/n \times 10^{-3} = \frac{7.504 \times 10^3 \times 10^{-3}}{1.06 \times 10^{-3}} \mathrm{m} \approx 7.08 \text{ km} \tag{7.96}$$

此时 Δa 最大不超过

$$\Delta a = \frac{n y_0}{v} \cdot y_0 = \frac{1.06 \times 10^{-3} \times 7.078 \times 10^3}{7.504 \times 10^3} \cdot 7.078 \times 10^3 = 7.078 \text{ m} \tag{7.97}$$

相对绝对轨道半长轴 7 078 km 来说是可以忽略的。

此种初始状态为串行编队或沿航向编队(将在第 8.2 节中详细介绍),伴随卫星相对参考卫星实现相对轨道驻留。

3. 初始径向相对速度 $\dot{x}_0$

相对运动椭圆中心径向位置为

$$x_{c0} = 4 x_0 + 2 \frac{\dot{y}_0}{n} = 0 \tag{7.98}$$

相对运动椭圆中心横向位置为

$$y_{c0} = y_0 - 2 \frac{\dot{x}_0}{n} = -2 \frac{\dot{x}_0}{n} \tag{7.99}$$

相对运动椭圆中心横向漂移速率为

$$V_c = -\frac{3}{2} n x_{c0} = 0 \tag{7.100}$$

相对运动椭圆短半轴为

$$b = \sqrt{\left(3 x_0 + \frac{2 \dot{y}_0}{n}\right)^2 + \left(\frac{\dot{x}_0}{n}\right)^2} = \frac{\dot{x}_0}{n} \tag{7.101}$$

伴随卫星与参考卫星的绝对轨道半长轴差值为

$$\Delta a = x_{c0} = 0 \tag{7.102}$$

伴随卫星与参考卫星的绝对轨道偏心率差值为

$$\Delta e = e = \frac{b}{a + \Delta a} \approx \frac{b}{a} = \frac{\dot{x}_0}{na} \tag{7.103}$$

用图 7.16、图 7.17 来说明初始径向相对速度 $\dot{x}_0$ 对相对运动参数以及绝对运动参数的影响。

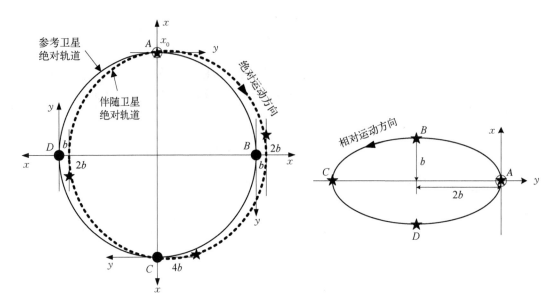

图 7.16　初始径向相对速度 $\dot{x}_0$ 对绝对　　　图 7.17　初始径向相对速度 $\dot{x}_0$ 对相对
　　　　轨道的影响示意图　　　　　　　　　　　轨道的影响示意图

公式(7.102)也可以通过绝对轨道机械能的变化进行推导,具体如下。

伴随卫星单位质量机械能为

$$\xi = \frac{1}{2}v^2 - \frac{\mu}{r} = -\frac{\mu}{2a} \tag{7.104}$$

由于伴随卫星仅有初始径向相对速度 $\dot{x}_0$,无初始相对位置,因此伴随卫星机械能 ξ 中仅有动能增加,即伴随卫星机械能较参考卫星增加

$$\Delta\xi = \frac{1}{2}(v^2 + \dot{x}_0^2) - \frac{1}{2}v^2 = \frac{1}{2}\dot{x}_0^2 = \frac{\mu}{2a^2}\Delta a \tag{7.105}$$

同时考虑参考卫星与伴随卫星都为近圆轨道,公式(7.105)两边可写为

$$\frac{n^2 a^3}{2a^2}\Delta a \approx \frac{1}{2}\dot{x}_0^2 \Rightarrow \Delta a \approx \frac{\dot{x}_0}{v} \cdot \frac{\dot{x}_0}{n} \tag{7.106}$$

当 $\dot{x}_0 \ll v_{绝对速度} = v$(可用 $\dot{x}_0/v \leqslant 10^{-3}$ 作为评判标准)时,公式(7.106)简化为

$$\Delta a \approx \frac{\dot{x}_0}{v} \cdot \frac{\dot{x}_0}{n} \ll \frac{\dot{x}_0}{n} \Rightarrow \Delta a \approx 0 \tag{7.107}$$

与利用相对轨道理论推得的公式(7.102)具有相同的表达形式。

关于公式(7.102)和公式(7.107)的适用条件,若以轨道高度为 700 km 的低轨卫星为例,则 $\dot{x}_0$ 应满足

$$\dot{x}_0 \leqslant v \times 10^{-3} = 7.504 \text{ m/s} \tag{7.108}$$

此时 Δa 最大不超过

$$\Delta a = \frac{\dot{x}_0}{v} \cdot \frac{\dot{x}_0}{n} = \frac{7.504 \times 7.504}{7.504 \times 10^3 \times 1.06 \times 10^{-3}} = 7.08\,\mathrm{m} \tag{7.109}$$

相对绝对轨道半长轴 7 078 km 来说是可以忽略的。

4. 初始横向相对速度 $\dot{y}_0$

相对运动椭圆中心径向位置为

$$x_{c0} = 4x_0 + 2\frac{\dot{y}_0}{n} = 2\frac{\dot{y}_0}{n} \tag{7.110}$$

相对运动椭圆中心横向位置为

$$y_{c0} = y_0 - 2\frac{\dot{x}_0}{n} = 0 \tag{7.111}$$

相对运动椭圆中心横向漂移速率为

$$V_c = -\frac{3}{2}nx_{c0} = -3\dot{y}_0 \tag{7.112}$$

相对运动椭圆短半轴为

$$b = \sqrt{\left(3x_0 + \frac{2\dot{y}_0}{n}\right)^2 + \left(\frac{\dot{x}_0}{n}\right)^2} = \frac{2\dot{y}_0}{n} \tag{7.113}$$

伴随卫星绝对轨道半长轴与参考卫星的差值为

$$\Delta a = x_{c0} = \frac{2\dot{y}_0}{n} = b \tag{7.114}$$

伴随卫星绝对轨道偏心率与参考卫星的差值为

$$\Delta e = e = \frac{b}{a + \Delta a} \approx \frac{b}{a} = \frac{\Delta a}{a} = \frac{2\dot{y}_0}{na} \tag{7.115}$$

用图 7.18、图 7.19 来说明初始横向相对速度 $\dot{y}_0$ 对相对运动参数以及绝对运动参数的影响。

公式(7.114)也可以通过绝对轨道机械能的变化进行推导,具体如下。

伴随卫星单位质量机械能为

$$\xi = \frac{1}{2}v^2 - \frac{\mu}{r} \tag{7.116}$$

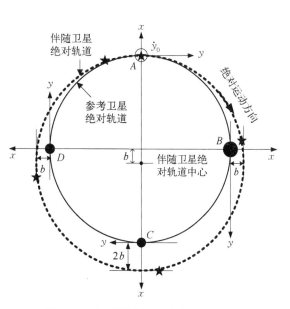

图 7.18　初始横向相对速度 $\dot{y}_0$ 对绝对轨道的影响示意图

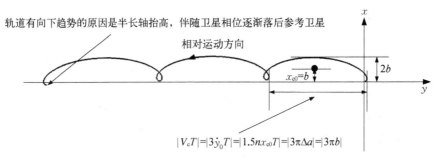

图 7.19　初始横向相对速度 $\dot{y}_0$ 对相对轨道的影响示意图

由于伴随卫星仅有初始横向相对速度 $\dot{y}_0$，无初始相对位置，因此伴随卫星机械能 ξ 较参考卫星增加

$$\Delta \xi = \frac{1}{2}(v + \dot{y}_0)^2 - \frac{1}{2}v^2 = \frac{1}{2}(2v\dot{y}_0 + \dot{y}_0^2) = \frac{\mu}{2a^2}\Delta a \tag{7.117}$$

同时考虑参考卫星与伴随卫星都为近圆轨道，公式(7.117)两边可写为

$$\frac{n^2 a^3}{2a^2}\Delta a \approx \frac{1}{2}(2v\dot{y}_0 + \dot{y}_0^2) \Rightarrow \Delta a \approx \frac{2\dot{y}_0}{n} + \frac{2\dot{y}_0}{n} \cdot \frac{\dot{y}_0}{2v} = \frac{2\dot{y}_0}{n}\left(1 + \frac{\dot{y}_0}{2v}\right) \tag{7.118}$$

当 $\dot{y}_0 \ll v_{绝对速度} = v$（可用 $\dot{y}_0/v \leqslant 10^{-3}$ 作为评判标准）时，公式(7.118)简化为

$$\Delta a \approx \frac{2\dot{y}_0}{n}\left(1 + \frac{\dot{y}_0}{2v}\right) \approx \frac{2\dot{y}_0}{n} \tag{7.119}$$

与利用相对轨道相对轨道理论推得的公式(7.114)具有相同的表达形式。

关于公式(7.114)和公式(7.119)的适用条件，若以轨道高度为 700 km 的低轨卫星为例，则 $\dot{y}_0$ 应满足

$$\dot{y}_0 \leqslant v \times 10^{-3} = 7.504 \text{ m/s} \tag{7.120}$$

7.4.4　导航和控制误差对轨道的影响

实际工程计算中，导航与控制往往存在误差。本节介绍导航和控制误差 Δx_0、Δy_0、$\Delta \dot{x}_0$、$\Delta \dot{y}_0$ 对相对轨道以及绝对轨道的影响，进一步阐述相对轨道与绝对轨道的关系。本部分内容仍然仅讨论轨道面内的相对运动，对 Δx_0、Δy_0、$\Delta \dot{x}_0$、$\Delta \dot{y}_0$ 其中之一作分析时，其余量认为为 0，且认为四个物理量都为正值。

导航和控制误差 Δx_0、Δy_0、$\Delta \dot{x}_0$、$\Delta \dot{y}_0$ 对轨道面内运动的影响主要体现在对相对运动椭圆参数 x_{c0}、y_{c0} 和 b 的影响上，由于

$$\begin{cases} x_{c0} = 4x_0 + 2\dfrac{\dot{y}_0}{n} \\ y_{c0} = y_0 - 2\dfrac{\dot{x}_0}{n} \\ b = \sqrt{\left(3x_0 + \dfrac{2\dot{y}_0}{n}\right)^2 + \left(\dfrac{\dot{x}_0}{n}\right)^2} \end{cases} \tag{7.121}$$

可以看出，x_{c0} 仅受 Δx_0、$\Delta \dot{y}_0$ 的影响，y_{c0} 仅受 Δy_0、$\Delta \dot{x}_0$ 的影响，而与具体的误差存在时刻无关。但 b 的函数关系比较复杂，除与 Δx_0、$\Delta \dot{x}_0$、$\Delta \dot{y}_0$ 相关外，还和具体的误差存在时刻相关。

下文将分情况讨论四个误差量中仅有一个不为 0 时对相对轨道以及绝对轨道半长轴的影响，从具体的相对位置速度误差对轨道的影响来进一步理解相对轨道与绝对轨道的关系。

此外，由公式 (7.68) 可知，误差对绝对轨道偏心率 e 的影响与对相对运动椭圆运动参数 b 和绝对轨道半长轴 a 的影响相关，下文就不再详细说明。

1. 径向相对位置误差

1) 对绝对轨道半长轴的影响

与 7.4.3 节 "1. 初始径向相对位置 x_0" 中的推导相似，得到结论

$$\Delta a \approx 4\Delta x_0 \left(1 + \frac{n\Delta x_0}{4v}\right) \tag{7.122}$$

当 $n\Delta x_0 \ll v_{绝对速度} = v$（可用 $n\Delta x_0/v \leqslant 10^{-3}$ 作为评判标准）时，有

$$\Delta a \approx 4\Delta x_0 \tag{7.123}$$

Δx_0 为误差量，很容易满足 $n\Delta x_0 \ll v$ 的条件，因此，在一般情况下，公式 (7.123) 成立。

这里需要强调的是：径向相对位置误差对绝对轨道半长轴的影响并不因为误差存在的不同时刻而改变，在近圆轨道前提下，公式 (7.123) 始终成立。

2) 对相对运动椭圆参数的影响

对于径向相对位置误差 Δx_0，无论误差存在于哪个时刻，其对于相对运动椭圆中心的影响始终为

$$\begin{cases} \Delta x_{c0} = 2(2\Delta x_0 + \Delta \dot{y}_0/n) = 4\Delta x_0 \\ \Delta y_{c0} = \Delta y_0 - 2\Delta \dot{x}_0/n = 0 \end{cases} \tag{7.124}$$

对相对运动椭圆短半轴 b 的影响与具体的误差存在时刻相关，下文以误差存在于相对运动椭圆的上点、左点、下点、右点的四个特殊点为例进行分析。

考虑真实的相对运动椭圆的中心 (x_{c0}, y_{c0}) 为 $(0, 0)$，短半轴为 b。

A. 上点

若伴随卫星在上点，即 $nt + \theta = 2k\pi$，由公式 (7.54) 和公式 (7.55) 可知

$$\begin{cases} x_U = b + x_{c0} = b \\ y_U = y_{c0} - 1.5nx_{c0}t = 0 \\ \dot{x}_U = 0 \\ \dot{y}_U = -2nb - 1.5nx_{c0} = -2nb \end{cases} \tag{7.125}$$

代入公式 (7.52) 得到

$$b = \sqrt{\left(3x_U + \frac{2\dot{y}_U}{n}\right)^2 + \left(\frac{\dot{x}_U}{n}\right)^2} = -\left(3x_U + \frac{2\dot{y}_U}{n}\right) \tag{7.126}$$

若此时径向有相对位置误差 $\Delta x_U = \Delta x_0$，则椭圆短半轴的误差为

$$\Delta b = -3\Delta x_0 \tag{7.127}$$

B. 左点

若伴随卫星在左点，即 $nt + \theta = 2k\pi + \pi/2$，由公式(7.54)和公式(7.55)可知

$$\begin{cases} x_L = x_{c0} = 0 \\ y_L = -2b + y_{c0} - 1.5nx_{c0}t = -2b \\ \dot{x}_L = -nb \\ \dot{y}_L = -1.5nx_{c0} = 0 \end{cases} \tag{7.128}$$

代入公式(7.52)得到

$$b = \sqrt{\left(3x_L + \frac{2\dot{y}_L}{n}\right)^2 + \left(\frac{\dot{x}_L}{n}\right)^2} \tag{7.129}$$

若此时径向有相对位置误差 $\Delta x_L = \Delta x_0$，则椭圆短半轴的误差为

$$\Delta b = \sqrt{\left(3(x_L + \Delta x_0) + \frac{2\dot{y}_L}{n}\right)^2 + \left(\frac{\dot{x}_L}{n}\right)^2} - b = \sqrt{(3\Delta x_0)^2 + b^2} - b \tag{7.130}$$

C. 下点

若伴随卫星在下点，即 $nt + \theta = 2k\pi + \pi$，由公式(7.54)和公式(7.55)可知

$$\begin{cases} x_D = -b + x_{c0} = -b \\ y_D = y_{c0} - 1.5nx_{c0}t = 0 \\ \dot{x}_D = 0 \\ \dot{y}_D = 2nb - 1.5nx_{c0} = 2nb \end{cases} \tag{7.131}$$

代入公式(7.52)得到

$$b = \sqrt{\left(3x_D + \frac{2\dot{y}_D}{n}\right)^2 + \left(\frac{\dot{x}_D}{n}\right)^2} = 3x_D + \frac{2\dot{y}_D}{n} \tag{7.132}$$

若此时径向有相对位置误差 $\Delta x_D = \Delta x_0$，则椭圆短半轴的误差为

$$\Delta b = \Delta\left(3x_D + \frac{2\dot{y}_D}{n}\right) = 3\Delta x_0 \tag{7.133}$$

D. 右点

若伴随卫星在左点，即 $nt + \theta = 2k\pi - \pi/2$，由公式(7.54)和公式(7.55)可知

$$\begin{cases} x_R = x_{c0} = 0 \\ y_R = 2b + y_{c0} - 1.5nx_{c0}t = 2b \\ \dot{x}_R = nb \\ \dot{y}_R = -1.5nx_{c0} = 0 \end{cases} \tag{7.134}$$

代入公式(7.52)得到

$$b = \sqrt{\left(3x_R + \frac{2\dot{y}_R}{n}\right)^2 + \left(\frac{\dot{x}_R}{n}\right)^2} \tag{7.135}$$

若此时径向有相对位置误差 $\Delta x_R = \Delta x_0$,则椭圆短半轴的误差为

$$\Delta b = \sqrt{\left(3(x_R + \Delta x_0) + \frac{2\dot{y}_R}{n}\right)^2 + \left(\frac{\dot{x}_R}{n}\right)^2} - b = \sqrt{(3\Delta x_0)^2 + b^2} - b \tag{7.136}$$

与左点结论式(7.130)相同。

3) 相对与绝对的关系示意

为便于理解径向相对位置误差对相对轨道以及绝对轨道的影响,并清晰阐明相对轨道与绝对轨道的关系,以上点存在径向相对位置误差为例,通过图 7.20 与图 7.21 表达物理参数之间的关系。

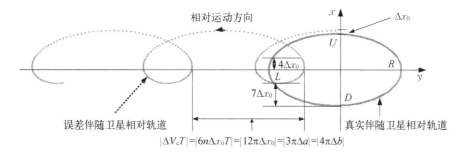

$$|\Delta V_c T| = |6n\Delta x_0 T| = |12\pi\Delta x_0| = |3\pi\Delta a| = |4\pi\Delta b|$$

图 7.20 上点径向相对位置误差对相对轨道影响示意图

2. 横向相对位置误差

1) 对绝对轨道半长轴的影响

与 7.4.3 节"2. 初始横向相对位置 y_0"中的推导相似,得到结论

$$\Delta a \approx \frac{n\Delta y_0}{v} \cdot \Delta y_0 \tag{7.137}$$

当 $n\Delta y_0 \ll v_{绝对速度} = v$(可用 $n\Delta y_0/v \leqslant 10^{-3}$ 作为评判标准)时,有

$$\Delta a \approx \frac{n\Delta y_0}{v} \cdot \Delta y_0 \ll \Delta y_0 \approx 0 \tag{7.138}$$

Δy_0 为误差量,很容易满足 $n\Delta y_0 \ll v$,因此,在一般情况下,公式(7.138)成立。

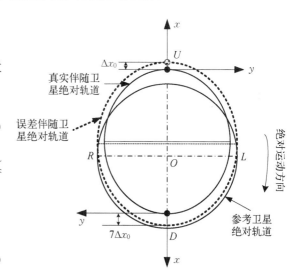

图 7.21 上点径向相对位置误差对绝对轨道影响示意图

这里需要强调的是:横向相对位置误差对绝对轨道半长轴的影响并不因为误差存在的

不同时刻而改变,在近圆轨道前提下,公式(7.138)始终成立。

2)对相对运动椭圆参数的影响

对于横向相对位置误差 Δy_0,无论误差存在于哪个时刻,其对于相对运动椭圆中心的影响始终为

$$\begin{cases} \Delta x_{c0} = 2(2\Delta x_0 + \Delta \dot{y}_0/n) = 0 \\ \Delta y_{c0} = \Delta y_0 - 2\Delta \dot{x}_0/n = \Delta y_0 \end{cases} \tag{7.139}$$

由公式(7.52)可知,相对运动椭圆短半轴 b 与横向位置 y_0 无关,因此横向相对位置误差 Δy_0 不会改变椭圆短半轴 b。

可见,横向相对位置误差 Δy_0 仅引起误差椭圆相对真实椭圆中心沿横向偏移。

3)相对与绝对的关系示意

为便于理解横向相对位置误差对相对轨道以及绝对轨道的影响,并清晰阐明相对轨道与绝对轨道的关系,以下点存在横向相对位置误差为例,通过图 7.22 与图 7.23 表达物理参数之间的关系。

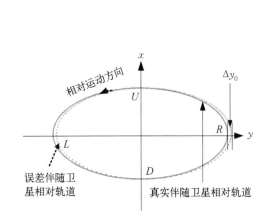

图 7.22　下点横向相对位置误差对
相对轨道影响示意图

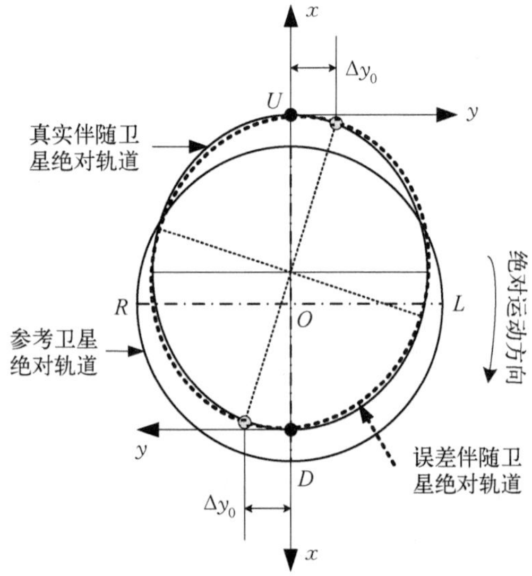

图 7.23　下点横向相对位置误差对
绝对轨道影响示意图

3. 径向相对速度误差

1)对绝对轨道半长轴的影响

与 7.4.3 节中"3. 初始径向相对速度 $\dot{x}_0$"中的推导相似,得到结论

$$\Delta a \approx \frac{\Delta \dot{x}_0}{v} \cdot \frac{\Delta \dot{x}_0}{n} \tag{7.140}$$

当 $\Delta \dot{x}_0 \ll v_{绝对速度} = v$(可用 $\Delta \dot{x}_0/v \leqslant 10^{-3}$ 作为评判标准)时,有

$$\Delta a \approx \frac{\dot{x}_0}{v} \cdot \frac{\dot{x}_0}{n} \ll \frac{\dot{x}_0}{n} \approx 0 \tag{7.141}$$

$\Delta \dot{x}_0$ 为误差量,很容易满足 $|\Delta \dot{x}_0| \ll v$,因此,在一般情况下,公式(7.141)成立。

这里需要强调的是:径向相对速度误差对绝对轨道半长轴的影响并不因为误差存在的不同时刻而改变,在近圆轨道前提下,公式(7.141)始终成立。

2) 对相对运动椭圆参数的影响

对于径向相对速度误差 $\Delta \dot{x}_0$,无论误差存在于哪个时刻,其对于相对运动椭圆中心的影响始终为

$$\begin{cases} \Delta x_{c0} = 2(2\Delta x_0 + \Delta \dot{y}_0 / n) = 0 \\ \Delta y_{c0} = \Delta y_0 - 2\Delta \dot{x}_0 / n = -2\Delta \dot{x}_0 / n \end{cases} \tag{7.142}$$

对相对运动椭圆短半轴 b 的影响与具体的误差存在时刻相关,与第 7.4.4 节"1. 径向相对位置误差"中的分析方法相同,分别以误差存在于相对运动椭圆的上点、左点、下点、右点的四个特殊点为例进行分析。

A. 上点

若在上点有径向相对速度误差 $\Delta \dot{x}_U = \Delta \dot{x}_0$,则椭圆短半轴的误差为

$$\Delta b = \sqrt{\left(3x_U + \frac{2\dot{y}_U}{n}\right)^2 + \left(\frac{\dot{x}_U + \Delta \dot{x}_0}{n}\right)^2} - b = \sqrt{b^2 + \left(\frac{\Delta \dot{x}_0}{n}\right)^2} - b \tag{7.143}$$

B. 左点

若在左点有径向相对速度误差 $\Delta \dot{x}_L = \Delta \dot{x}_0$,则椭圆短半轴的误差为

$$\Delta b = \Delta\left(-\frac{\dot{x}_L}{n}\right) = -\frac{\Delta \dot{x}_0}{n} \tag{7.144}$$

C. 下点

若在下点有径向相对速度误差 $\Delta \dot{x}_D = \Delta \dot{x}_0$,则椭圆短半轴的误差为

$$\Delta b = \sqrt{\left(3x_D + \frac{2\dot{y}_D}{n}\right)^2 + \left(\frac{\dot{x}_D + \Delta \dot{x}_0}{n}\right)^2} - b = \sqrt{b^2 + \left(\frac{\Delta \dot{x}_0}{n}\right)^2} - b \tag{7.145}$$

与上点结论式(7.143)相同。

D. 右点

若在右点有径向相对速度误差 $\Delta \dot{x}_R = \Delta \dot{x}_0$,则椭圆短半轴的误差为

$$\Delta b = \Delta\left(\frac{\dot{x}_R}{n}\right) = \frac{\Delta \dot{x}_0}{n} \tag{7.146}$$

3) 相对与绝对的关系示意

为便于理解径向相对速度误差对相对轨道以及绝对轨道的影响,并清晰阐明相对轨道与绝对轨道的关系,以左点存在径向相对速度误差为例,通过图 7.24 与图 7.25 表达物理参数之间的关系。

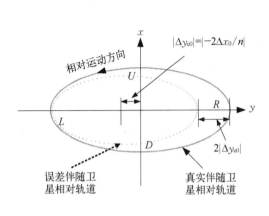

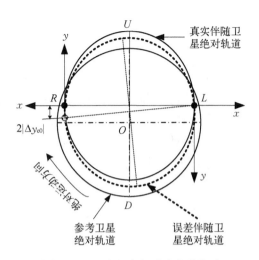

图 7.24　左点径向相对速度误差对
相对轨道影响示意图

图 7.25　左点径向相对速度误差对
绝对轨道影响示意图

4. 横向相对速度误差

1) 对绝对轨道半长轴的影响

与 7.4.3 节"4. 初始横向相对速度 $\dot{y}_0$"中的推导相似,得到结论

$$\Delta a \approx \frac{2\Delta \dot{y}_0}{n}\left(1+\frac{\Delta \dot{y}_0}{2v}\right) \tag{7.147}$$

当 $\Delta \dot{y}_0 \ll v_{绝对速度} = v$(可用 $\Delta \dot{y}_0/v \leqslant 10^{-3}$ 作为评判标准)时,有

$$\Delta a \approx \frac{2\Delta \dot{y}_0}{n} \tag{7.148}$$

$\Delta \dot{y}_0$ 为误差量,很容易满足 $\Delta \dot{y}_0 \ll v$,因此,在一般情况下,公式(7.148)成立。

这里需要强调的是:横向相对速度误差对绝对轨道半长轴的影响并不因为误差存在的不同时刻而改变,在近圆轨道前提下,公式(7.148)始终成立。

2) 对相对运动椭圆参数的影响

对于横向相对速度误差 $\Delta \dot{y}_0$,无论误差存在于哪个时刻,其对于相对运动椭圆中心的影响始终为

$$\begin{cases} \Delta x_{c0} = 2(2\Delta x_0 + \Delta \dot{y}_0/n) = 2\Delta \dot{y}_0/n \\ \Delta y_{c0} = \Delta y_0 - 2\Delta \dot{x}_0/n = 0 \end{cases} \tag{7.149}$$

对相对运动椭圆短半轴 b 的影响与具体的误差存在时刻相关,与第 7.4.4 节"1. 径向相对位置误差"中的分析方法相同,分别以误差存在于相对运动椭圆的上点、左点、下点、右点的四个特殊点为例进行分析。

A. 上点

若在上点有横向相对速度误差 $\Delta \dot{y}_U = \Delta \dot{y}_0$,则椭圆短半轴的误差为

$$\Delta b = -\Delta\left(3x_U + \frac{2\dot{y}_U}{n}\right) = -\frac{2\Delta \dot{y}_0}{n} \tag{7.150}$$

B. 左点

若在左点有横向相对速度误差 $\Delta \dot{y}_\mathrm{L} = \Delta \dot{y}_0$，则椭圆短半轴的误差为

$$\Delta b = \sqrt{\left(3x_\mathrm{L} + \frac{2(\dot{y}_\mathrm{L} + \Delta \dot{y}_0)}{n}\right)^2 + \left(\frac{\dot{x}_\mathrm{L}}{n}\right)^2} - b = \sqrt{\left(\frac{2\Delta \dot{y}_0}{n}\right)^2 + b^2} - b \quad (7.151)$$

C. 下点

若在下点有横向相对速度误差 $\Delta \dot{y}_\mathrm{D} = \Delta \dot{y}_0$，则椭圆短半轴的误差为

$$\Delta b = \Delta \left(3x_\mathrm{D} + \frac{2\dot{y}_\mathrm{D}}{n}\right) = \frac{2\Delta \dot{y}_0}{n} \quad (7.152)$$

D. 右点

若在右点有横向相对速度误差 $\Delta \dot{y}_\mathrm{R} = \Delta \dot{y}_0$，则椭圆短半轴的误差为

$$\Delta b = \sqrt{\left(3x_\mathrm{R} + \frac{2(\dot{y}_\mathrm{R} + \Delta \dot{y}_0)}{n}\right)^2 + \left(\frac{\dot{x}_\mathrm{R}}{n}\right)^2} - b = \sqrt{\left(\frac{2\Delta \dot{y}_0}{n}\right)^2 + b^2} - b \quad (7.153)$$

与左点结论式(7.151)相同。

3) 相对与绝对的关系示意

为便于理解横向相对速度误差对相对轨道以及绝对轨道的影响，并清晰阐明相对轨道与绝对轨道的关系，以右点存在横向相对速度误差为例，通过图 7.26 与图 7.27 表达物理参数之间的关系。

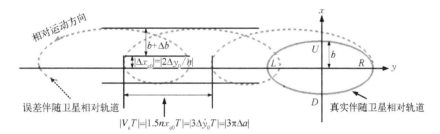

图 7.26　右点横向相对速度误差对相对轨道影响示意图

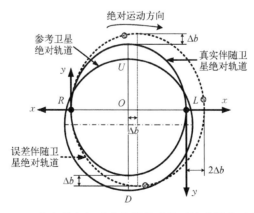

图 7.27　右点横向相对速度误差对绝对轨道影响示意图

7.5 相距较远两航天器的相对运动

由于 C-W 方程具有非常简洁的解析解,且各运动参数物理意义明确,所以广泛应用于早期的编队构型设计。但 C-W 方程在推导时是基于线性化、参考卫星圆轨道以及二体模型假设进行的,有一定的模型误差。尤其当两航天器相距较远时,应用 C-W 方程进行求解,线性化处理导致的误差会非常显著,所以 C-W 方程不再适用。本节首先对 C-W 方程的误差进行分析,然后在此基础上进行改进,使之适用于描述相距较远两航天器的相对运动。

7.5.1 相距较远两航天器 C-W 方程误差分析

对 C-W 方程的轨道外推误差进行分析。利用 STK 软件进行轨道外推,导出伴随卫星相对参考卫星的精确相对运动关系,与 C-W 方程描述的相对运动比较,分析 C-W 方程的误差来源。

仿真条件:

(1) 参考卫星轨道如图 7.28 所示。

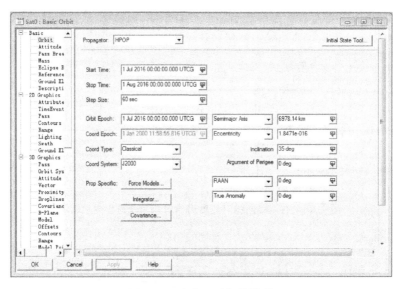

图 7.28　参考卫星初始轨道

(2) 仿真动力学模型如图 7.29 所示。

(3) 伴随卫星轨道:从参考卫星释放

● 初始相对速度大小:0.5 m/s;

● 初始相对速度方向:分别仿真横向和径向。

(4) STK 轨道外推模型:HPOP 模型(只考虑 J_2 摄动)。

(5) 轨道周期取交点周期:5 784.083 s。

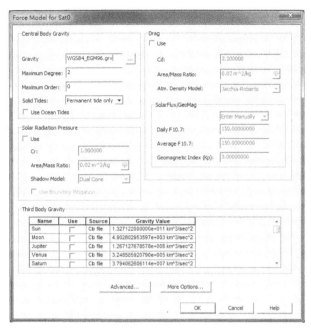

图 7.29　仿真动力学模型

1. 横向释放伴随卫星

伴随卫星从参考卫星以 0.5 m/s 横向释放,STK 仿真得到伴随卫星相对参考卫星的相对运动轨迹和根据 C - W 方程外推得到的相对运动轨迹比较如图 7.30 所示。

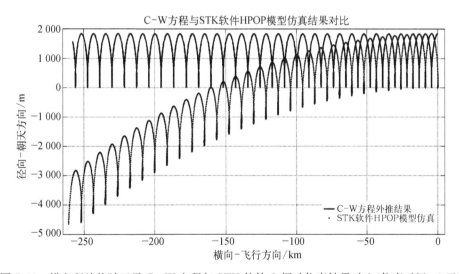

图 7.30　横向释放伴随卫星 C - W 方程与 STK 软件 J_2 摄动仿真结果对比(仿真时间:2 天)

由图 7.30 可以看出,STK 仿真得到的真实相对运动轨迹存在径向分量的下降,但采用 C - W 方程得到的解析解径向分量并无下降趋势。出现这个现象的原因是 C - W 方程在推导过程中认为伴随卫星与参考卫星的轨道半长轴是一致的。

从绝对轨道角度来看,伴随卫星沿横向释放的瞬时,轨道速度增加了 Δv,而轨道位置不

变,轨道能量增加

$$\Delta \xi = \frac{1}{2}(v + \Delta v)^2 - \frac{1}{2}v^2 = v\Delta v + \frac{1}{2}\Delta v^2 \tag{7.154}$$

进而伴随卫星半长轴增加

$$\xi = -\frac{\mu}{2a} \Rightarrow \Delta a = \frac{\mu}{2\xi^2}\Delta\xi = \frac{\mu}{2(-\mu/2a)^2}\left(v\Delta v + \frac{1}{2}\Delta v^2\right) = \frac{2\Delta v}{n}\left(1 + \frac{\Delta v}{2v}\right) \tag{7.155}$$

最终伴随卫星角速率减小

$$n = \sqrt{\frac{\mu}{a^3}} \Rightarrow \Delta n = -\frac{3n}{2a}\Delta a = -\frac{3\Delta v}{a}\left(1 + \frac{\Delta v}{2v}\right) \tag{7.156}$$

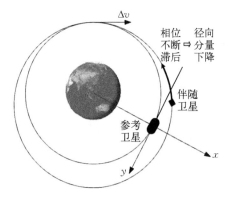

图 7.31 横向释放伴随卫星
绝对轨道示意图

则伴随卫星相位逐渐落后参考卫星,伴随卫星在参考卫星相对轨道坐标系中,径向分量逐渐下降。这种现象在伴随卫星与参考卫星的绝对轨道示意图中也可以清楚地看出来,如图 7.31 所示。

2. 径向释放伴随卫星

伴随卫星从参考卫星以 0.5 m/s 径向释放,STK 仿真得到伴随卫星相对参考卫星的相对运动轨迹和根据 C-W 方程外推得到的相对运动轨迹比较如图 7.32 所示。

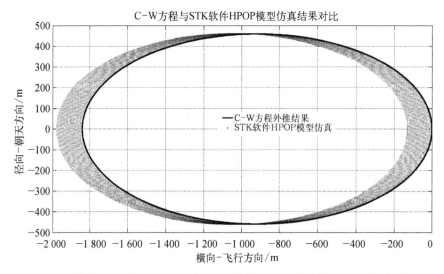

图 7.32 径向释放伴随卫星 C-W 方程与 STK 软件 J_2 摄动仿真结果对比(仿真时间:30 天)

由图 7.32 可以看出,STK 仿真得到的真实相对运动轨迹存在沿横向的漂移,但采用C－W 方程得到的解析解并无横向漂移趋势。与横向释放原理相同,出现这个现象的原因是伴随卫星释放增加了轨道机械能,从而使伴随卫星与参考卫星半长轴有微差,而 C－W 方程在推导过程中忽略了这个影响。

从绝对轨道角度来看,伴随卫星沿径向释放的瞬时,轨道速度增加了 Δv,而轨道位置不变,轨道能量增加

$$\Delta \xi = \frac{1}{2}(v^2 + \Delta v^2) - \frac{1}{2}v^2 = \frac{1}{2}\Delta v^2 \tag{7.157}$$

进而伴随卫星半长轴增加

$$\xi = -\frac{\mu}{2a} \Rightarrow \Delta a = \frac{\mu}{2\xi^2}\Delta \xi = \frac{\mu}{2(-\mu/2a)^2}\frac{1}{2}\Delta v^2 = \frac{\Delta v}{n} \cdot \frac{\Delta v}{v} \tag{7.158}$$

最终伴随卫星角速率减小

$$n = \sqrt{\frac{\mu}{a^3}} \Rightarrow \Delta n = -\frac{3n}{2a}\Delta a = -\frac{3\Delta v}{a}\frac{\Delta v}{2v} \tag{7.159}$$

与横向释放原理相同,伴随卫星相位逐渐落后参考卫星,伴随卫星在参考卫星相对轨道坐标系中,径向分量逐渐下降。但由于 $\Delta v \ll v$,$\Delta v/v \approx 0$,所以

$$\Delta n_{径向释放} = -\frac{3\Delta v}{a}\frac{\Delta v}{2v} \ll -\frac{3\Delta v}{a}\left(1 + \frac{\Delta v}{2v}\right) = \Delta n_{横向释放} \tag{7.160}$$

即径向释放伴随卫星的角速率减小相比于横向释放小得多,所以在图 7.32 中并未看到伴随卫星明显的径向分量下降,但实际上是存在的。

伴随卫星径向释放的绝对轨道示意图如图7.33 所示。

由图 7.33 可以看出,在 A 点对伴随卫星施加径向速度增量 Δv,伴随卫星轨道形成以 OA 为半通径的椭圆。在右半个轨道周期,伴随卫星轨道高度高于参考卫星,轨道角速度低于参考卫星,表现为逐渐落后远离参考卫星;在左半个轨道周期,伴随卫星轨道高度低于参考卫星,轨道角速度高于参考卫星,表现为逐渐靠近参考卫星。

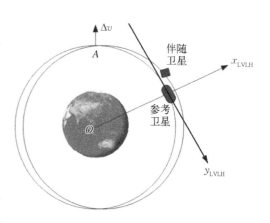

图 7.33　径向释放伴随卫星绝对轨道示意图

只要伴随卫星与参考卫星角速率有差,就会出现伴随卫星真实相对运动轨迹沿横向的漂移。漂移速率可用如下公式近似表达

$$V_c \approx a\Delta n \tag{7.161}$$

可以求得

$$V_{c横向释放} \approx a\Delta n_{横向释放} = -3\Delta v + (-3\Delta v \cdot \Delta v/2v)$$

$$V_{c径向释放} \approx a\Delta n_{径向释放} = -3\Delta v \cdot \Delta v/2v \qquad (7.162)$$

公式(7.162)中的 $-3\Delta v \cdot \Delta v/2v$ 项,即 C-W 方程在推导时,认为伴随卫星与参考卫星的轨道半长轴相等忽略的项。由于 $\Delta v \ll v$, $\Delta v/v \approx 0$,漂移速度 $-3\Delta v \cdot \Delta v/2v$ 项的量级很小。当伴随卫星沿横向释放时,横向漂移速度由 $-3\Delta v$ 项和 $-3\Delta v \cdot \Delta v/2v$ 项贡献,由于 $|-3\Delta v| \gg |-3\Delta v \cdot \Delta v/2v|$,忽略 $-3\Delta v \cdot \Delta v/2v$ 项的影响,用 $V_c \approx -3\Delta v$ 估算横向漂移即可。但若伴随卫星沿径向释放,此时 $V_c \approx -3\Delta v \cdot \Delta v/2v$,伴随卫星与参考卫星半长轴差异导致的横向漂移速度 $-3\Delta v \cdot \Delta v/2v$ 项不可忽略。

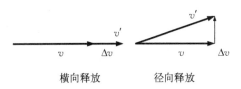

图 7.34 横向释放与径向释放
速度增量分析

为了更好地理解相等释放速度增量,横向释放与径向释放对伴随卫星总机械能的影响的差异,作示意图如图 7.34 所示。可以看出,径向释放对总机械能的影响较横向释放很小,基本可以忽略。

7.5.2 相距较远两航天器相对运动模型修正

两航天器相距较近时,C-W 方程解表明其相对运动是一个伴随卫星绕参考卫星长半轴为短半轴两倍的横向漂移椭圆(详见第 7.3.1 节)。但实际仿真发现,伴随卫星相对参考卫星的相对运动不仅会出现横向漂移,还会出现径向位置分量的不断减小(详见第 7.5.1 节)。这是因为 C-W 方程在推导时忽略了伴随卫星与参考卫星的半长轴差,而实际伴随卫星释放时轨道能量增加或减少,轨道半长轴和轨道周期相比于参考卫星增大或减小,最终体现为伴随卫星在相位上逐渐落后或超前于参考卫星,表现在相对轨道坐标系中,相对运动椭圆沿横向漂移且径向位置分量不断减小。

本节从伴随卫星与参考卫星的绝对运动出发,对 C-W 方程的解进行修正,使之适用于描述相距较远航天器间的相对运动。需要说明的是,下文涉及的根数都指的是平根数,不再具体提示。

由 C-W 方程可知伴随卫星在参考卫星轨道面内的相对运动解如下

$$\begin{cases} x = b\cos(nt+\theta) + x_{c0} \\ y = -2b\sin(nt+\theta) + y_{c0} - 1.5nx_{c0}t \end{cases} \qquad (7.163)$$

伴随卫星以一定的初始状态开始伴随飞行后,其相对参考卫星的相位落后或超前对相对运动椭圆的影响表现在两个方面:一是椭圆中心的平动运动,二是椭圆的旋转运动,伴随卫星绝对轨道相位变化与相对运动椭圆中心位置的关系如图 7.35 所示。

对于轨道面内的相对漂移椭圆运动,随着伴随卫星相对参考卫星相位逐渐远离,伴随卫星 LVLH 坐标系与参考卫星 LVLH 坐标系在方向上累积 Δu 的差异,伴随卫星瞬时相对运动椭圆中心在参考卫星 LVLH 坐标系中的坐标 $(\Delta x, \Delta y)$ 为

$$\begin{cases} \Delta x = a_c \cos(\Delta u) - a_s \approx a_s \left[\cos(\Delta u) - 1 \right] \\ \Delta y = a_c \sin(\Delta u) \approx a_s \sin(\Delta u) \end{cases} \tag{7.164}$$

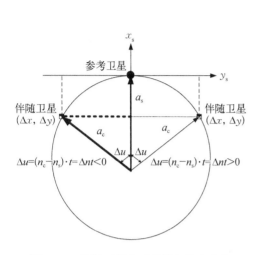

图 7.35　伴随卫星绝对轨道相位变化与
相对运动椭圆中心位置的关系

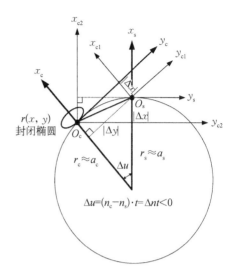

图 7.36　C－W 方程基于的坐标系示意图

描述两航天器间相对运动关系时采用的相对轨道坐标系,其原点位于参考航天器质心,x 轴为从地心指向参考航天器质心的径向朝天方向,如图 7.36 中的 $x_s O_s y_s$。但 C－W 方程在推导时,认为两航天器相对距离较近,轨道半长轴相等,并进行了线性化处理,最终 C－W 方程解描述的相对运动,实为建立在原点位于参考航天器质心,但 x 轴平行于从地心指向伴随航天器质心矢量的变形的相对轨道坐标系中,如图 7.36 中的 $x_{c1} O_s y_{c1}$。

C－W 方程不适用于描述相距较远航天器间的相对运动且外推精度差,很大程度上是因为随着两航天器间相对距离越来越远,$x_{c1} O_s y_{c1}$ 坐标系与 $x_s O_s y_s$ 坐标系的差异越来越大,误差累积也越来越大。因此,只要将 C－W 方程描述的 $x_{c1} O_s y_{c1}$ 坐标系中的相对运动,转化到 $x_s O_s y_s$ 坐标系中进行描述,则可突破距离限制,使 C－W 方程适合用于描述较远距离航天器间的相对运动。

去除真实相对运动中的横向漂移项,相对运动关系变为一封闭椭圆

$$\begin{cases} x = b \cos(nt + \theta) + x_{c0} \\ y = -2b \sin(nt + \theta) + y_{c0} \end{cases} \tag{7.165}$$

此时 $x_{c1} O_s y_{c1}$ 坐标系中的相对运动可在 $x_c O_c y_c$ 坐标系中进行描述。即:C－W 方程描述的相对运动在去除横向漂移项后,实为在 $x_c O_c y_c$ 坐标系中描述的相对运动;而真实的相对运动是在 $x_s O_s y_s$ 坐标系中描述的(因为相对观测量 $(\Delta x, \Delta y)$ 是在 $x_s O_s y_s$ 坐标系中描述的);由于 $x_c O_c y_c$ 坐标系与 $x_s O_s y_s$ 坐标系的差异,C－W 方程去除横向漂移项后描述的相对运动与真实的相对运动有误差,但可以将 $x_c O_c y_c$ 坐标系通过平移和旋转的方式转化到 $x_s O_s y_s$ 坐标系中,修正部分模型误差。

下面分别介绍通过坐标系先平移再旋转与先旋转再平移两种方式对 C - W 方程的改进。

1. 先平移再旋转

即 $x_c O_c y_c$ 坐标系先平移至与 $x_{c1} O_s y_{c1}$ 坐标系重合,再旋转至与 $x_s O_s y_s$ 坐标系重合。

对原 C - W 方程解中去除横向漂移项的封闭椭圆,假设伴随航天器相对参考航天器的相对位置矢量在 $x_c O_c y_c$ 坐标中的表达为 $\boldsymbol{r} = (x, y, z)$,在 $x_{c1} O_s y_{c1}$ 坐标系中的表达为 $\boldsymbol{r}' = (x', y', z')$,在 $x_s O_s y_s$ 坐标系中的表达为 $\boldsymbol{r}'' = (x'', y'', z'')$。

首先,将 $x_c O_c y_c$ 坐标系中心由伴随航天器质心 O_c 平移至参考航天器质心 O_s。由图 7.36 可知,O_s 在 $x_c O_c y_c$ 坐标系中的坐标为 $(\Delta x, -\Delta y)$,则相对位置矢量 $\boldsymbol{r}'$ 在 $x_{c1} O_s y_{c1}$ 坐标系中的表达为

$$\begin{bmatrix} x' \\ y' \\ z' \end{bmatrix} = \begin{bmatrix} x \\ y \\ z \end{bmatrix} - \begin{bmatrix} \Delta x \\ -\Delta y \\ 0 \end{bmatrix} = \begin{bmatrix} x - \Delta x \\ y + \Delta y \\ z \end{bmatrix} \tag{7.166}$$

然后,将 $x_{c1} O_s y_{c1}$ 坐标系旋转至与 $x_s O_s y_s$ 坐标系重合。由图 7.36 可知,$x_{c1} O_s y_{c1}$ 坐标系绕 $O_s z_{c1}$ 轴逆时针旋转 $|\Delta u|$(图中 $\Delta u < 0$)角度后与 $x_s O_s y_s$ 坐标系重合,则相对位置矢量 $\boldsymbol{r}''$ 在 $x_s O_s y_s$ 坐标系中的表达为

$$\begin{bmatrix} x'' \\ y'' \\ z'' \end{bmatrix} = R_z(|\Delta u|) \cdot \begin{bmatrix} x' \\ y' \\ z' \end{bmatrix} = R_z(-\Delta u) \cdot \begin{bmatrix} x' \\ y' \\ z' \end{bmatrix} = R_z(-\Delta u) \cdot \begin{bmatrix} x - \Delta x \\ y + \Delta y \\ z \end{bmatrix} \tag{7.167}$$

其中旋转矩阵 $R_z(-\Delta u)$ 为

$$R_z(-\Delta u) = \begin{bmatrix} \cos(-\Delta u) & \sin(-\Delta u) & 0 \\ -\sin(-\Delta u) & \cos(-\Delta u) & 0 \\ 0 & 0 & 1 \end{bmatrix} = \begin{bmatrix} \cos(\Delta u) & -\sin(\Delta u) & 0 \\ \sin(\Delta u) & \cos(\Delta u) & 0 \\ 0 & 0 & 1 \end{bmatrix}$$
$$\tag{7.168}$$

得到相距较远两航天器长期在轨运行的相对运动关系为

$$\begin{cases} x'' = \cos(\Delta u) \cdot (x - \Delta x) - \sin(\Delta u) \cdot (y + \Delta y) \\ y'' = \sin(\Delta u) \cdot (x - \Delta x) + \cos(\Delta u) \cdot (y + \Delta y) \\ z'' = z \end{cases} \tag{7.169}$$

考虑公式(7.164),整理得到

$$\begin{cases} x'' = \cos(\Delta u) \cdot x - \sin(\Delta u) \cdot y + \Delta x \\ y'' = \sin(\Delta u) \cdot x + \cos(\Delta u) \cdot y + \Delta y \\ z'' = z \end{cases} \tag{7.170}$$

2. 先旋转再平移

即 $x_c O_c y_c$ 坐标系先旋转至与 $x_{c2} O_c y_{c2}$ 坐标系重合,再平移至与 $x_s O_s y_s$ 坐标系重合。

对原 C - W 方程解中去除横向漂移项的封闭椭圆,假设伴随航天器相对参考航天器的相对位置矢量在 $x_c O_c y_c$ 坐标中的表达为 $\boldsymbol{r} = (x, y, z)$,在 $x_{c2} O_c y_{c2}$ 坐标系中的表达为 $\boldsymbol{r}' = (x', y', z')$,在 $x_s O_s y_s$ 坐标系中的表达为 $\boldsymbol{r}'' = (x'', y'', z'')$。

首先,将 $x_c O_c y_c$ 坐标系旋转至与 $x_{c2} O_c y_{c2}$ 坐标系重合。由图 7.36 可知,$x_c O_c y_c$ 坐标系逆时针旋转 $| \Delta u |$(图中 $\Delta u < 0$)角度后与 $x_{c2} O_c y_{c2}$ 坐标系重合,则相对位置矢量 $\boldsymbol{r}'$ 在 $x_{c2} O_c y_{c2}$ 坐标系中的表达为

$$\begin{bmatrix} x' \\ y' \\ z' \end{bmatrix} = R_z(| \Delta u |) \cdot \begin{bmatrix} x \\ y \\ z \end{bmatrix} = R_z(- \Delta u) \cdot \begin{bmatrix} x \\ y \\ z \end{bmatrix} \tag{7.171}$$

旋转矩阵 $R_z(\Delta u)$ 如公式(7.168)所示。

然后,将 $x_{c2} O_c y_{c2}$ 坐标系中心由伴随航天器质心 O_c 平移至参考航天器质心 O_s。由图 7.36 可知,O_s 在 $x_{c2} O_c y_{c2}$ 坐标系中的坐标为 $(-\Delta x, -\Delta y)$,则相对位置矢量 $\boldsymbol{r}''$ 在 $x_s O_s y_s$ 坐标系中的表达为

$$\begin{bmatrix} x'' \\ y'' \\ z'' \end{bmatrix} = \begin{bmatrix} x' \\ y' \\ z' \end{bmatrix} - \begin{bmatrix} -\Delta x \\ -\Delta y \\ 0 \end{bmatrix} = \begin{bmatrix} x' + \Delta x \\ y' + \Delta y \\ z' \end{bmatrix} \tag{7.172}$$

得到与公式(7.170)相同的表达式,进而得到改进的 C - W 方程的表达式

$$\begin{cases} x'' = \cos(\Delta u) \cdot x - \sin(\Delta u) \cdot y + a_s[\cos(\Delta u) - 1] \\ y'' = \sin(\Delta u) \cdot x + \cos(\Delta u) \cdot y + a_s \sin(\Delta u) \\ z'' = z \end{cases} \tag{7.173}$$

这里需要注意的是,在利用改进的 C - W 方程进行求解时,公式(7.173)中的 (x, y) 一定要去除横向漂移项,按公式(7.165)计算,而非公式(7.163)。纬度幅角差 Δu 利用公式(7.174)和公式(7.175)计算。

$$\Delta u = (n_c - n_s)t = \Delta n t \tag{7.174}$$

$$n = \left(\frac{\mu}{a^3} \right)^{\frac{1}{2}} \Rightarrow \Delta n \approx -\frac{3n_s}{2a_s} \Delta a = -\frac{3n_s}{2a_s} x_c \tag{7.175}$$

对于伴随航天器以速度增量 $\Delta \dot{y}$ 横向释放的情况,由公式(7.119)可知

$$\Delta n \approx -\frac{3n_s}{2a_s} \frac{2\Delta \dot{y}}{a_s} \left(1 + \frac{\Delta \dot{y}}{2a_s n_s} \right) \approx -3 \frac{\Delta \dot{y}}{a_s} \tag{7.176}$$

对于伴随航天器以速度增量 $\Delta \dot{x}$ 径向释放的情况,由公式(7.107)可知

$$\Delta n \approx -\frac{3n_s}{2a_s} \left(\frac{\Delta \dot{x}^2}{n_s^2 a_s} \right) = -\frac{3\Delta \dot{x}^2}{2a_s^2 n_s} \tag{7.177}$$

改进的 C-W 方程沿用原 C-W 方程中相对运动椭圆的描述方式,但相比原 C-W 方程,模型精度更高,且突破了距离的限制,可用于描述相距较远两航天器的相对运动。

利用 STK 软件对改进的 C-W 方程的模型精度进行验证。设计伴随卫星自参考卫星横向释放,释放后伴随卫星相对参考卫星的相对轨迹分别用 C-W 方程、改进的 C-W 方程、STK 的二体模型和 HPOP 模型进行仿真计算。参考卫星初始轨道如图 7.37 所示,仿真动力学二体模型如图 7.38 所示,HPOP 模型如图 7.39 所示。伴随卫星在初始时刻(start time)从参考卫星沿横向释放,释放速度增量 0.6 m/s。

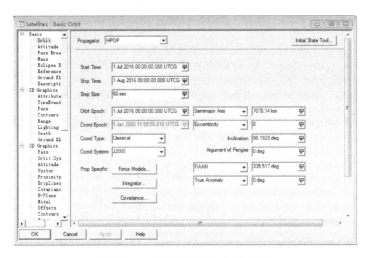

图 7.37　参考卫星初始轨道根数

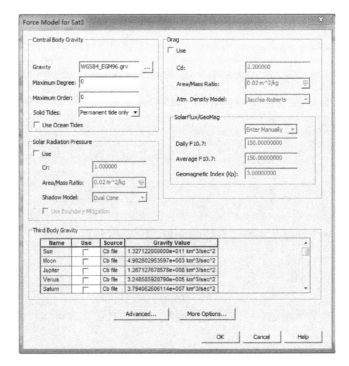

图 7.38　伴随卫星仿真动力学模型(二体,参考卫星与其相同)

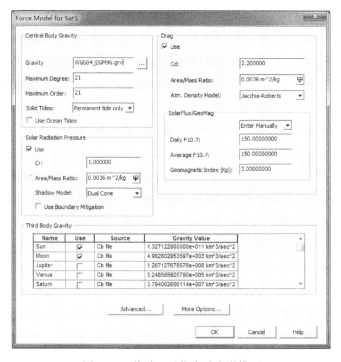

图 7.39　伴随卫星仿真动力学模型

HPOP,参考卫星除面质比与其不同为 0.004 4 m²/kg 外,其余项与伴随卫星相同

仿真 10 天时间,C－W 方程解、改进的 C－W 方程解与 STK 软件二体模型的仿真结果对比如图 7.40 和图 7.41 所示。

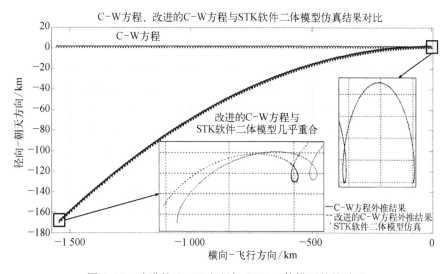

图 7.40　改进的 C－W 方程与 STK 二体模型的差异-1

从图 7.40 和图 7.41 可见,仿真 10 天,C－W 方程解在径向相对二体模型的误差已经达到了 170 km 以上,而改进的 C－W 方程解相对二体模型的误差横向约为 2 km,径向约为 1.3 km,基本可以较为准确地描述二体模型下的相对运动。

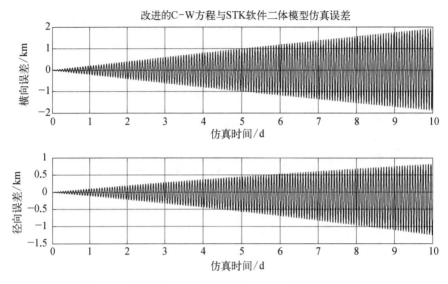

图 7.41　改进的 C－W 方程解与 STK 二体模型的差异-2

仿真 10 天时间，C－W 方程解、改进的 C－W 方程解与 STK 软件 HPOP 模型的仿真结果对比如图 7.42 和图 7.43 所示。

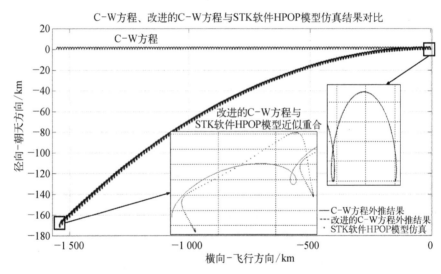

图 7.42　改进的 C－W 方程解与 STK HPOP 模型的差异-1

从图 7.42 和图 7.43 可以看出，与二体模型相比，采用 HPOP 模型进行仿真，伴随卫星的相对运动轨迹随着伴随卫星与参考卫星相对距离的增大，逐渐变得不规则，但仿真 10 天，改进的 C－W 方程解相对 HPOP 模型的误差横向约为 3 km，径向约为 2.8 km，依然可以较为准确地描述真实的相对运动。

在上面的例子中，伴随卫星从参考卫星以 0.6 m/s 的速度横向释放，经过 10 天的自由漂移后，伴随卫星在相位上已经滞后参考卫星 $\Delta u = -3\Delta \dot{y}t/a_s = -3 \times 0.6 \ \text{m/s} \times 864\,000 \ \text{s}/7\,068\,993.243 \ \text{m} = 12.6°$，已经远远超出传统 C－W 方程的适用范围。但对其进行改进后，

相对位置误差横向约为 3 km,径向约为 2.8 km,对于相对运动构型尺度较大的伴飞问题,依然可以进行描述。也就是说,改进的 C-W 方程相比传统的 C-W 方程,提高了模型精度,且突破了相对距离的限制,这一点在第 9.3.1 节会有应用,后面将会详细介绍。

图 7.41 和图 7.43 中的误差项具有振荡特性,是因为改进的 C-W 方程与原 C-W 方程在推导过程中均略去了偏心率的高阶项。

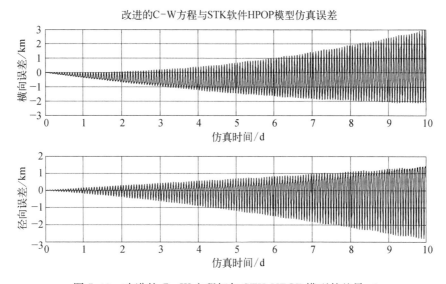

图 7.43　改进的 C-W 方程解与 STK HPOP 模型的差异-2

相对轨道的构型设计与控制是实现卫星系统编队任务的基础,也是决定系统性能的关键因素一。早期的编队卫星项目着重演示验证编队飞行技术,编队构型的设计满足任务需求即可。随着编队飞行技术应用和发展的不断深入,构型的设计也越来越注重整个系统性能的提升,首先需要从任务要求的性能指标出发,分析计算卫星的数目和构型,然后依据设计的构型计算各成员卫星的轨道根数。

本章首先基于动力学和运动学方法,简单介绍编队构型设计的方法,并给出了一些常用的编队构型。然后在 C – W 方程的框架下,针对共面编队伴飞提出了一种多目标耦合的构型控制方法,其他编队构型可依据共面伴飞的推导方法进行分析和设计。

8.1 常用编队构型

1. 串行编队构型

串行编队构型也称跟飞编队构型,是一种比较简单的卫星编队构型,伴随卫星和参考卫星在同一轨道上,两者间隔一定距离 L。如图 8.1 所示。

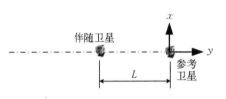

图 8.1 串行编队构型示意图

从绝对轨道角度讲,串行编队的卫星除真近点角外,其余轨道根数均相同;从相对轨道角度讲,串行编队为轨道面内的相对运动,椭圆中心径向位置为 0,横向位置即串行编队距离,椭圆短半轴为 0,相对运动椭圆退化为一点。

2. 沿航向编队构型

与串行编队稍有差别,沿航向编队(也称重叠构型或侧摆构型编队)的伴随卫星和参考卫星按照一定的前后顺序运行在相邻轨道上,且其星下点轨迹重合(trace-to-trace),如图 8.2 所示。

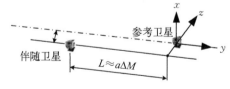

图 8.2 沿航向编队构型示意图

从绝对轨道角度讲,沿航向编队卫星由于星下点轨迹重合,所以其高度相同,轨道倾角相同,且都为圆轨道;升交点赤经稍有差别 $\Delta\Omega$ 以补偿地球自转的影响,平近点角也稍有差别 ΔM 以拉开横向距离。从相对轨道角度讲,沿航向编队是在串行编队的基础上增加了以轨道周期为周期的法向振动,轨道面内运动退化为椭圆中心横向位置不为零的一点。

3. 共面伴飞编队构型

共面伴飞编队构型即伴随卫星与参考卫星在轨道面内形成稳定伴飞构型,如图 8.3 所示。

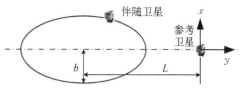

图 8.3　共面伴飞编队构型

从绝对轨道角度讲,共面伴飞编队卫星的轨道高度、轨道倾角、升交点赤经都相同,偏心率、近地点幅角和真近点角不同;从相对轨道角度讲,共面伴飞编队构型只有轨道面内的相对运动,与串行编队构型不同的是,共面伴飞编队构型的椭圆短半轴不为零。

4. 水平圆编队构型

水平圆编队构型(图 8.4)即伴随卫星绕参考卫星的飞行轨迹在当地水平面的投影为以参考卫星为中心的圆,也称星下点圆编队构型,星下点圆半径为 r。水平圆编队构型的绕飞平面与参考卫星相对轨道坐标系的 xOz 平面垂直,与 yOz 平面(水平面)的夹角为 $26.565°$ 或 $153.435°$;绕飞运动在轨道面内的初始相位与轨道面法向的初始相位差为 $\pm\pi/2$。

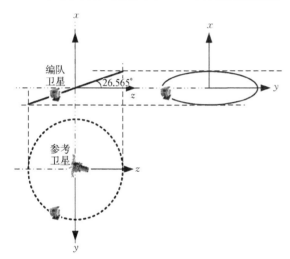

图 8.4　水平圆编队构型示意图

5. 空间圆编队

空间圆编队构型即伴随卫星相对参考卫星的相对运动轨迹在空间为一以参考卫星为中心的空间圆,伴随卫星与参考卫星的相对距离 r 即空间圆半径。空间圆编队构型与水平圆编队的区别在于绕飞平面与 yOz 平面(水平面)的夹角为 $30°$ 或 $150°$;绕飞运动在轨道面内的初始相位与轨道面法向的初始相位差为 $\pm\pi/2$。

将上面几种常用编队构型对应的,基于运动学的编队构型相对运动参数和基于动力学的编队构型相对运动参数,列表汇总如表 8.1 和表 8.2 所示。

表 8.1　基于运动学的编队构型相对运动参数

编队构型	椭圆中心径向位置 X_c	椭圆中心横向位置 Y_c	椭圆短半轴 B	椭圆上相位 W	振幅 S	相位差 $\alpha = W - \Upsilon$
串行编队	0	r	0	0	0	0
沿航向编队	0	r	0	0	$r \times \dfrac{n_e}{n} \times \sin i$	α
共面伴飞编队	0	0	$r/2$	W	0	0
水平圆编队	0	0	$r/2$	W	r	$\pm\pi/2$
空间圆编队	0	0	$r/2$	W	$\sqrt{3}r/2$	$\pm\pi/2$

注:表中的 n_e 为地球自转角速度 $n_e = 2\pi/86\,164.099\,\text{s} = 7.292\,115\,146\,7 \times 10^{-5}\,\text{rad/s}$。

表 8.2　基于动力学的编队构型相对运动参数

编队构型	椭圆中心径向位置 x_c	椭圆中心横向位置 y_c	椭圆短半轴 b	椭圆上的相位 Θ	振幅 A	相位差 $\alpha = \Theta - \Psi$
串行编队	0	r	0	0	0	0
沿航向编队	0	r	0	0	$r \times \dfrac{n_e}{n} \times \sin i$	α
共面伴飞编队	0	0	$r/2$	Θ	0	0
水平圆编队	0	0	$r/2$	Θ	r	$\pm \pi/2$
空间圆编队	0	0	$r/2$	Θ	$\sqrt{3}r/2$	$\pm \pi/2$

8.2　编队构型设计

6.2.3 节的分析已经指出,无论是运动学方法还是动力学方法,用来描述近距离两航天器的相对运动都具有相同的形式。编队构型设计即相对运动参数的设计,本节以几种常用的编队构型为例,用动力学方法对参考卫星为圆轨道的编队构型进行设计。步骤如下。

依据近距离航天器相对运动方程的解(7.50)、解(7.51)以及环绕飞行的必要条件

$$x_{c0} = 4x_0 + 2\frac{\dot{y}_0}{n} = 0, \quad y_{c0} = y_0 - 2\frac{\dot{x}_0}{n} = 0 \tag{8.1}$$

得到 C - W 方程在环绕飞行条件下的解为

$$\begin{cases} x = b\cos\Theta \\ y = -2b\sin\Theta \\ z = A\sin\Psi \end{cases} \tag{8.2}$$

$$\begin{cases} \dot{x} = -nb\sin\Theta \\ \dot{y} = -2nb\cos\Theta \\ \dot{z} = An\cos\Psi \end{cases} \tag{8.3}$$

令 $r = 2b$,考虑相位差 $\alpha = \Theta - \Psi = \pm \pi/2$ 的情况,有

$$\begin{cases} x = \dfrac{r}{2}\cos\Theta \\ y = -r\sin\Theta \\ z = \mp\dfrac{2A}{r}x \end{cases} \tag{8.4}$$

$$\begin{cases} \dot{x} = -\dfrac{nr}{2}\sin\Theta \\ \dot{y} = -nr\cos\Theta \\ \dot{z} = \mp\dfrac{2A}{r}\dot{x} \end{cases} \tag{8.5}$$

公式（8.4）、公式（8.5）中的 $\mp\dfrac{2A}{r}$ 为 xOz 平面内 z 与 x 线性关系的斜率。至此，根据编队构型特点可知轨道面法向与轨道面内自由度的关系，依据参数 r 和 Θ，即可给出不同构型下伴随航天器相对参考航天器的相对位置矢量 $\boldsymbol{\rho}(x,y,z)$ 和相对速度矢量 $\boldsymbol{v}(\dot{x},\dot{y},\dot{z})$。在已知参考航天器位置矢量 $\boldsymbol{R}_s$ 和速度矢量 $\boldsymbol{V}_s$ 的前提下，得到伴随航天器的位置矢量 $\boldsymbol{R}_c$ 和速度矢量 $\boldsymbol{V}_c$，进而得到构型设计解。

需要说明的是，由于法向 z 与轨道面内的 x、y 解耦，根据不同的 z 与 x 的关系，会有不同的空间圆构型，例如上文提到的空间圆构型 $\mp\dfrac{2A}{r}=\pm\sqrt{3}$，$z=\pm\sqrt{3}x$，水平圆构型 $\mp\dfrac{2A}{r}=\pm 2$，$z=\pm 2x$。根据具体的任务需求，设计不同的 z 与 x 的函数关系，会得到不同的构型设计结果。

r 的含义为轨道面内伴随航天器距离参考航天器的最远距离：

（1）对于共面椭圆为椭圆长半轴 $2b$；

（2）对于空间圆为圆半径；

（3）对于水平投影圆为水平投影圆半径，也为伴随航天器与参考航天器的最远横向距离，但小于伴随航天器距离参考航天器的最远距离 $r/\cos26.565°=1.118r$。

构型设计结果如下：

（1）Style＝1 串行编队

$$x = z = \dot{x} = \dot{y} = \dot{z} = 0, \quad y = r \tag{8.6}$$

（2）Style＝2 沿航向编队

$$x = \dot{x} = \dot{y} = 0, \quad y = r, \quad z = r \times \frac{n_e}{n} \times \sin i \times \cos\Theta, \quad \dot{z} = -r \times n_e \times \sin i \times \sin\Theta \tag{8.7}$$

（3）Style＝3 空间圆

$$x = \frac{r}{2}\cos\Theta, \quad \dot{x} = -\frac{nr}{2}\sin\Theta, \quad y = \frac{2\dot{x}}{n}, \quad \dot{y} = -2nx \tag{8.8}$$

a. $\mathrm{II}=30°$

$$z = \sqrt{3}x, \quad \dot{z} = \sqrt{3}\dot{x} \tag{8.9}$$

b. $\mathrm{II}=150°$

$$z = -\sqrt{3}x, \quad \dot{z} = -\sqrt{3}\dot{x} \tag{8.10}$$

上述 II 为相对运动平面相对于参考航天器水平面（即 LVLH 系的 yOz 平面）的二面角，下文相同。

（4）Style＝4 水平圆

$$x = \frac{r}{2}\cos\Theta, \quad \dot{x} = -\frac{nr}{2}\sin\Theta, \quad y = \frac{2\dot{x}}{n}, \quad \dot{y} = -2nx \tag{8.11}$$

a. $\text{II} = 26.565°$

$$z = 2x, \quad \dot{z} = 2\dot{x} \tag{8.12}$$

b. $\text{II} = 153.435°$

$$z = -2x, \quad \dot{z} = -2\dot{x} \tag{8.13}$$

(5) Style=5 轨道面内的共面椭圆

$$x = \frac{r}{2}\cos\Theta, \quad \dot{x} = -\frac{nr}{2}\sin\Theta, \quad y = \frac{2\dot{x}}{n}, \quad \dot{y} = -2nx, \quad z = \dot{z} = 0 \tag{8.14}$$

至此,得到某一初始时刻伴随航天器在参考航天器相对轨道坐标系中的相对轨道。即已知参考航天器的位置矢量 $\boldsymbol{R}_s$ 和速度矢量 $\boldsymbol{V}_s$,根据上文推导得到两航天器的相对位置矢量 $\boldsymbol{\rho}$ 和速度矢量 $\boldsymbol{v}$,则可得到伴随航天器的位置矢量 $\boldsymbol{R}_c$ 和速度矢量 $\boldsymbol{V}_c$,应用公式如下。

$$\boldsymbol{R}_c = \boldsymbol{R}_s + \boldsymbol{M}_s^{\text{I}}\boldsymbol{\rho} \tag{8.15}$$

$$\boldsymbol{V}_c = \boldsymbol{V}_s + \boldsymbol{M}_s^{\text{I}}\boldsymbol{v} + \dot{\boldsymbol{M}}_s^{\text{I}}\boldsymbol{\rho} \tag{8.16}$$

其中

$$\boldsymbol{M}_s^{\text{I}} = R_z(-\Omega_s) \cdot R_x(-i_s) \cdot R_z(-u_s) \tag{8.17}$$

$$\dot{\boldsymbol{M}}_s^{\text{I}} = -R_z(-\Omega_s) \cdot R_x(-i_s) \cdot \frac{\mathrm{d}R_z(-u_s)}{\mathrm{d}u_s} \cdot n \tag{8.18}$$

其中,u_s、i_s、Ω_s 分别为参考航天器的纬度幅角、轨道倾角和升交点赤经;$R_z(-\Omega_s)$、$R_x(-i_s)$、$R_z(-u_s)$ 为坐标系旋转矩阵,参见第 2.3 节中的公式(2.3)、公式(2.4)、公式(2.5)。

8.3　编队构型控制

由 6.2.3 节的分析可知,两航天器的相对运动在轨道面内和轨道面法向是解耦的,其中共面编队构型设计简单,控制所需的燃料消耗相对较少,在工程上有着十分广泛的应用。在 C - W 方程的框架下,轨道面内的相对运动在几何特性上为一相对运动椭圆,所以对共面编队构型的控制可等效为对表征相对运动椭圆特性的四个几何参数的控制,即将表征相对运动椭圆特性的几何参数作为控制目标:

(1) 椭圆中心径向位置;

(2) 椭圆中心横向位置;

(3) 椭圆短半轴;

(4) 椭圆上的相位。

由于四个控制目标相互耦合,本节首先介绍控制量与各控制目标之间的关系,然后基于控制目标间的耦合关系,给出控制目标的优先级和耦合控制思路。

任何矢量都可分解在两个相互垂直的正交方向,本书在讨论控制量对控制目标的改变时,将控制量 ΔV 分解为横向控制量 ΔV_y 和径向控制量 ΔV_x

$$
\begin{cases}
\Delta V_y = \Delta V \cos \phi \\
\Delta V_x = \Delta V \sin \phi
\end{cases}
\tag{8.19}
$$

其中 ϕ 为控制方向角,代表了控制量 ΔV 的方向(下文简称控制方向),从相对轨道坐标系的正 y 轴起算,逆时针旋转为正。

8.3.1 椭圆中心径向位置

由公式(7.55)可知,只有横向控制可以改变相对运动椭圆中心的径向位置,横向控制量和椭圆中心径向位置改变量之间的关系为

$$
\Delta x_c = \frac{2\Delta \dot{y}}{n} = \frac{2\Delta V_y}{n}
\tag{8.20}
$$

径向控制不会改变椭圆中心的径向位置。

8.3.2 椭圆中心横向位置

由公式(7.55)、公式(7.57)和公式(7.58)可知,横向控制和径向控制均会改变椭圆中心的横向位置。

径向控制对椭圆中心横向位置的改变是瞬时的。由公式(7.55)可知,径向控制量与椭圆中心横向位置改变量之间的关系为

$$
\Delta y_c = -\frac{2\Delta \dot{x}}{n} = -\frac{2\Delta V_x}{n}
\tag{8.21}
$$

而横向控制量是通过改变椭圆中心横向漂移速率来改变椭圆中心横向位置的。由公式(7.57)和公式(7.58)可知,横向控制量和椭圆中心横向漂移速率之间的关系为

$$
\Delta V_c = -1.5 n \Delta x_c = -3 \Delta V_y
\tag{8.22}
$$

则 Δt 时间后,椭圆中心的横向位置将改变

$$
\Delta y_c = \Delta V_c \cdot \Delta t = -3 \Delta V_y \Delta t
\tag{8.23}
$$

注意:由于椭圆中心横向漂移速率与椭圆中心径向位置之间存在线性关系,所以控制量对二者的改变是相关的,对这种相关性可通过如下几点理解:

(1) 若将来自空间环境的摄动差等效为对编队卫星施加一个径向和横向的微小速度增量 $\Delta \dot{x}$、$\Delta \dot{y}$,那么横向速度增量 $\Delta \dot{y}$ 在引起椭圆中心径向位置产生 $\Delta x_c = 2\Delta \dot{y}/n$ 改变的同时,也必将使椭圆中心产生横向漂移,漂移速率为 $\Delta V_c = -1.5 n \Delta x_c = -3\Delta \dot{y}$。

(2) 同理若施加 $\Delta V = -\Delta \dot{y}$ 的速度增量,这个速度增量在将椭圆中心径向位置变为

$x'_c = x_c + \Delta x_c = x_c + 2\Delta V/n = x_c - 2\Delta \dot{y}/n = 0$ 的同时，也必将使椭圆中心横向漂移速率变为 $V'_c = V_c + \Delta V_c = V_c - 3\Delta V = V_c + 3\Delta \dot{y} = 0$。

（3）摄动 $\Delta \dot{y}$ 产生的椭圆中心径向位置改变和沿横向的漂移速率可通过施加 $\Delta V = -\Delta \dot{y}$ 的速度增量同时消除。

（4）摄动 $\Delta \dot{x}$ 产生的椭圆中心横向位置改变可通过施加 $\Delta V = -\Delta \dot{x}$ 的速度增量消除。

8.3.3　相对运动椭圆短半轴

由公式（7.60）可知，横向控制和径向控制均会改变相对运动椭圆短半轴。设横向控制量 ΔV_y 与径向控制量 ΔV_x 使椭圆短半轴改变 Δb，则由公式（7.60）得到

$$
\begin{cases}
b^2 = \left(3x + \dfrac{2\dot{y}}{n}\right)^2 + \left(\dfrac{\dot{x}}{n}\right)^2 \\
(b + \Delta b)^2 = \left[3x + \dfrac{2(\dot{y} + \Delta V_y)}{n}\right]^2 + \left(\dfrac{\dot{x} + \Delta V_x}{n}\right)^2
\end{cases}
\tag{8.24}
$$

上面两式相减并考虑公式（7.54）可得

$$
\Delta b = -\frac{2b}{2b + \Delta b}\left[\frac{2}{n}\cos\Theta \Delta V_y + \frac{1}{n}\sin\Theta \Delta V_x\right]
$$
$$
+ \frac{4}{2b + \Delta b}\frac{\Delta V_y^2}{n^2} + \frac{1}{2b + \Delta b}\frac{\Delta V_x^2}{n^2}
\tag{8.25}
$$

上式为 Δb 的二元方程，有两个数学解

$$
\Delta b = b\left[\pm\sqrt{\left(\frac{\Delta V_x}{nb} - \sin\Theta\right)^2 + \left(\frac{2\Delta V_y}{nb} - \cos\Theta\right)^2} - 1\right]
\tag{8.26}
$$

设

$$
A = \left(\frac{\Delta V_x}{nb} - \sin\Theta\right)^2 + \left(\frac{2\Delta V_y}{nb} - \cos\Theta\right)^2
\tag{8.27}
$$

则公式（8.26）可写为

$$
\Delta b = \pm\sqrt{A}b - b = b' - b
\tag{8.28}
$$

其中 $b' = \pm\sqrt{A}b$ 为控后的相对运动椭圆短半轴，其物理意义决定 b' 必须为非负值，所以公式（8.26）只能取"+"号，得到控制量 ΔV_y 和 ΔV_x 与椭圆短半轴改变量 Δb 之间的最终关系为

$$
\Delta b = b\left[\sqrt{\left(\frac{\Delta V_x}{nb} - \sin\Theta\right)^2 + \left(\frac{2\Delta V_y}{nb} - \cos\Theta\right)^2} - 1\right]
$$
$$
= b\left[\sqrt{\left(\frac{\Delta V}{nb}\sin\phi - \sin\Theta\right)^2 + \left(\frac{2\Delta V}{nb}\cos\phi - \cos\Theta\right)^2} - 1\right]
$$
$$
= \sqrt{A}b - b
\tag{8.29}
$$

由公式 (8.29)可知,在控制量 ΔV 一定的前提下,控制时机 Θ 和控制方向 ϕ 均会影响椭圆短半轴的控制效率,下面进行详细推导。

1. 最省燃料的控制方向与控制时机匹配

在相对轨道控制过程中,当控制量大小给定时,控制方向与控制时机如何匹配才能最高效率地控制椭圆短半轴,是一个非常值得研究的问题,下文给出详细推导[25]。

设

$$\lambda = \frac{\Delta V}{nb} > 0 \tag{8.30}$$

则公式 (8.27)进一步化简可得

$$
\begin{aligned}
A &= \left(\frac{\Delta V_x}{nb} - \sin\Theta\right)^2 + \left(\frac{2\Delta V_y}{nb} - \cos\Theta\right)^2 \\
&= \left(\frac{\Delta V}{nb}\sin\phi - \sin\Theta\right)^2 + \left(\frac{2\Delta V}{nb}\cos\phi - \cos\Theta\right)^2 \\
&= (\lambda\sin\phi - \sin\Theta)^2 + (2\lambda\cos\phi - \cos\Theta)^2 \\
&= 3\lambda^2\cos^2\phi - 2\lambda(\sin\phi\sin\Theta + 2\cos\phi\cos\Theta) + \lambda^2 + 1
\end{aligned}
\tag{8.31}
$$

A 对控制时机 Θ 求一阶偏导数

$$A'_\Theta = -2\lambda(\sin\phi\cos\Theta - 2\cos\phi\sin\Theta) \tag{8.32}$$

A 对控制方向 ϕ 求一阶偏导数

$$A'_\phi = -6\lambda^2\sin\phi\cos\phi - 2\lambda(\cos\phi\sin\Theta - 2\sin\phi\cos\Theta) \tag{8.33}$$

A 对控制时机 Θ 求二阶偏导数

$$A''_{\Theta\Theta} = 2\lambda(\sin\phi\sin\Theta + 2\cos\phi\cos\Theta) \tag{8.34}$$

A 对控制方向 ϕ 求二阶偏导数

$$A''_{\phi\phi} = -6\lambda^2\cos 2\phi + 2\lambda(\sin\phi\sin\Theta + 2\cos\phi\cos\Theta) \tag{8.35}$$

A 对控制时机 Θ 和控制方向 ϕ 求二阶混合偏导数,由于二阶混合偏导数连续,有

$$A''_{\Theta\phi} = A''_{\phi\Theta} = -2\lambda(\cos\phi\cos\Theta + 2\sin\phi\sin\Theta) \tag{8.36}$$

A 取极值的必要条件之一为一阶偏导数为 0(驻点条件)[26],即

$$
\begin{cases}
A'_\Theta = -2\lambda(\sin\phi\cos\Theta - 2\cos\phi\sin\Theta) = 0 \\
A'_\phi = -6\lambda^2\sin\phi\cos\phi - 2\lambda(\cos\phi\sin\Theta - 2\sin\phi\cos\Theta) = 0
\end{cases}
\tag{8.37}
$$

推得

$$
\begin{cases}
(\cos\Theta\cos\phi) \cdot \left(\tan\Theta - \frac{1}{2}\tan\phi\right) = 0 \\
(\cos\Theta\cos\phi) \cdot \left[\tan\phi - \left(\frac{1}{2}\tan\Theta + \frac{3\lambda}{2\cos\Theta}\sin\phi\right)\right] = 0
\end{cases}
\tag{8.38}
$$

对公式 (8.38)的解分情况讨论如下。

1) $\cos\Theta = 0$ 或 $\cos\phi = 0$

由公式 (8.37)第一式可知,$\cos\Theta = 0$ 与 $\cos\phi = 0$ 同时成立,即在左右点沿径向或反径向施加控制。

(1) $\Theta = \pi/2$,$\phi = \pi/2$(左点沿径向)或 $\Theta = -\pi/2$,$\phi = -\pi/2$(右点反径向)

$$A''_{\Theta\Theta} = 2\lambda, \quad A''_{\phi\phi} = 6\lambda^2 + 2\lambda, \quad A''_{\phi\Theta} = -4\lambda \tag{8.39}$$

若 A 取极值,则必有

$$A''_{\Theta\Theta} \cdot A''_{\phi\phi} - A''_{\phi\Theta} \cdot A''_{\phi\Theta} > 0 \Rightarrow 2\lambda \cdot (6\lambda^2 + 2\lambda) - 16\lambda^2 = 12\lambda^2 \cdot (\lambda - 1) > 0 \Rightarrow \lambda > 1 \tag{8.40}$$

此时

$$A''_{\Theta\Theta} = 2\lambda > 0 \tag{8.41}$$

所以当 $\lambda > 1$ 时,A 取极小值,此时椭圆短半轴改变量为

$$\Delta b = b\left(\sqrt{(\lambda\sin\phi - \sin\Theta)^2 + (2\lambda\cos\phi - \cos\Theta)^2} - 1\right) = (\lambda - 2)b = \Delta V/n - 2b \tag{8.42}$$

可能增大也可能减小椭圆。即在左点沿径向或右点反径向控制,当 $\lambda > 1$,即 $\Delta V > nb$ 时,考虑控制量从零逐渐加到 ΔV,椭圆短半轴先减小到 0 后又增大,最终结果可能比初始椭圆短半轴小,也可能比初始椭圆短半轴大:① 当 $1 < \lambda \leqslant 2$,即 $nb < \Delta V \leqslant 2nb$ 时,椭圆短半轴最终比初始椭圆短半轴小或等于初始椭圆短半轴;② 当 $\lambda > 2$,即 $\Delta V > 2nb$ 时,椭圆短半轴最终比初始椭圆短半轴大。

(2) $\Theta = \pi/2$,$\phi = -\pi/2$(左点反径向)或 $\Theta = -\pi/2$,$\phi = \pi/2$(右点沿径向)

$$A''_{\Theta\Theta} = -2\lambda, \quad A''_{\phi\phi} = 6\lambda^2 - 2\lambda, \quad A''_{\phi\Theta} = 4\lambda \tag{8.43}$$

此时

$$A''_{\Theta\Theta} \cdot A''_{\phi\phi} - A''_{\phi\Theta} \cdot A''_{\phi\Theta} = -2\lambda \cdot (6\lambda^2 - 2\lambda) - 16\lambda^2 = -12\lambda^2 \cdot (\lambda + 1) < 0 \tag{8.44}$$

恒成立

非极值,此时椭圆短半轴改变量为

$$\Delta b = b\left(\sqrt{(\lambda\sin\phi - \sin\Theta)^2 + (2\lambda\cos\phi - \cos\Theta)^2} - 1\right) = \lambda b = \Delta V/n \tag{8.45}$$

肯定增大椭圆。即在左点反径向或右点沿径向控制,肯定将椭圆短半轴增大 $\Delta b = \Delta V/n$。

2) $\tan\Theta = \dfrac{1}{2}\tan\phi$ 且 $\tan\phi = \dfrac{1}{2}\tan\Theta + \dfrac{3\lambda}{2\cos\Theta}\sin\phi$

易得

$$\sin\Theta = 0 \text{ 且 } \sin\phi = 0 \quad \text{或} \quad \cos\Theta = 2\lambda\cos\phi \text{ 且 } \sin\Theta = \lambda\sin\phi \tag{8.46}$$

讨论两个解的情况如下。

A. $\sin\Theta = 0$ 且 $\sin\phi = 0$，即在上下点沿横向或反横向施加控制

(1) $\Theta = 0$，$\phi = 0$（上点沿横向控制）或 $\Theta = \pi$，$\phi = \pi$（下点反横向控制）

$$A''_{\Theta\Theta} = 4\lambda, \quad A''_{\phi\phi} = -6\lambda^2 + 4\lambda, \quad A''_{\phi\Theta} = -2\lambda \tag{8.47}$$

若 A 取极值，则必有

$$A''_{\Theta\Theta} \cdot A''_{\phi\phi} - A''_{\phi\Theta} \cdot A''_{\phi\Theta} > 0 \Rightarrow 4\lambda \cdot (-6\lambda^2 + 4\lambda) - 4\lambda^2 = -12\lambda^2 \cdot (2\lambda - 1) > 0 \Rightarrow \lambda < 1/2 \tag{8.48}$$

此时

$$A''_{\Theta\Theta} = 4\lambda > 0 \tag{8.49}$$

所以当 $\lambda < 0.5$ 时，A 取极小值，此时椭圆短半轴改变量为

$$\Delta b = b\left(\sqrt{(\lambda\sin\phi - \sin\Theta)^2 + (2\lambda\cos\phi - \cos\Theta)^2} - 1\right) = -2\lambda b = -2\Delta V/n \tag{8.50}$$

肯定减小椭圆。即当 $0 < \lambda < 0.5$，$0 < \Delta V < nb/2$ 时，上点沿横向或下点反横向控制是极大效率减小椭圆的控制方向和控制时机匹配，此时椭圆短半轴减小 $2\Delta V/n$。

(2) $\Theta = 0$，$\phi = \pi$（上点反横向控制）或 $\Theta = \pi$，$\phi = 0$（下点沿横向控制）

$$A''_{\Theta\Theta} = -4\lambda, \quad A''_{\phi\phi} = -6\lambda^2 - 4\lambda, \quad A''_{\phi\Theta} = 2\lambda \tag{8.51}$$

此时

$$A''_{\Theta\Theta} \cdot A''_{\phi\phi} - A''_{\phi\Theta} \cdot A''_{\phi\Theta} = -4\lambda \cdot (-6\lambda^2 - 4\lambda) - 4\lambda^2 = 12\lambda^2(2\lambda + 1) > 0 \text{ 恒成立} \tag{8.52}$$

且

$$A''_{\Theta\Theta} = -4\lambda < 0 \tag{8.53}$$

A 取极大值。此时椭圆短半轴改变量为

$$\Delta b = b\left(\sqrt{(\lambda\sin\phi - \sin\Theta)^2 + (2\lambda\cos\phi - \cos\Theta)^2} - 1\right) = 2\lambda b = 2\Delta V/n \tag{8.54}$$

肯定增大椭圆。即在上点反横向或下点沿横向控制，极大效率地将椭圆短半轴增大 $2\Delta V/n$。

B. $\cos\Theta = 2\lambda\cos\phi$ 且 $\sin\Theta = \lambda\sin\phi$

由公式(7.61)可知，相对运动椭圆的矢径（起点为瞬时相对运动椭圆中心，终点为伴随卫星在椭圆上的位置）斜率为

$$k_1 = \frac{x - x_c}{y - y_c} = -\frac{\cos\Theta}{2\sin\Theta} = -\frac{1}{2\tan\Theta} \tag{8.55}$$

控制量矢量斜率为

$$k_2 = \frac{\Delta V_x}{\Delta V_y} = \frac{\sin\phi}{\cos\phi} = \tan\phi \tag{8.56}$$

公式 (8.55)与公式 (8.56)相乘并考虑前提条件 $\cos\Theta = 2\lambda\cos\phi$ 且 $\sin\Theta = \lambda\sin\phi$,得到

$$k_1 \cdot k_2 = -\frac{\tan\phi}{2\tan\Theta} = -1 \tag{8.57}$$

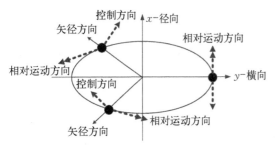

图 8.5　控制方向垂直于矢径方向

即控制方向垂直于矢径方向,且与相对运动方向夹角范围为 $(\pi/2, \pi]$,如图 8.5 所示,实线箭头表示矢径方向,虚线单箭头表示控制方向,虚线双箭头表示相对运动方向。

将 $\cos\Theta = 2\lambda\cos\phi$ 且 $\sin\Theta = \lambda\sin\phi$ 代入公式(8.34)、公式(8.35)和公式(8.36)有

$$A''_{\Theta\Theta} = 2\lambda^2(1 + 3\cos^2\phi) \tag{8.58}$$

$$A''_{\phi\phi} = 2\lambda^2(4 - 3\cos^2\phi) \tag{8.59}$$

$$A''_{\phi\Theta} = -4\lambda^2 \tag{8.60}$$

此时在 $\cos\Theta \neq 0$ 且 $\cos\phi \neq 0$ 的前提下有

$$A''_{\Theta\Theta} \cdot A''_{\phi\phi} - A''_{\phi\Theta} \cdot A''_{\phi\Theta} = 2\lambda^2(1 + 3\cos^2\phi) \cdot 2\lambda^2(4 - 3\cos^2\phi) - 16\lambda^4 = 36\lambda^4\cos^2\phi\sin^2\phi > 0 \tag{8.61}$$

恒成立,且

$$A''_{\Theta\Theta} = 2\lambda^2(1 + 3\cos^2\phi) > 0 \tag{8.62}$$

恒成立。A 取极小值。此时椭圆短半轴改变量为

$$\Delta b = b\left(\sqrt{(\lambda\sin\phi - \sin\Theta)^2 + (2\lambda\cos\phi - \cos\Theta)^2} - 1\right) = -b \tag{8.63}$$

将椭圆减小为零。

由

$$\sin^2\phi + \cos^2\phi = \frac{1}{\lambda^2}\left(\sin^2\Theta + \frac{1}{4}\cos^2\Theta\right) = \frac{1}{\lambda^2}\left(\frac{1}{4} + \frac{3}{4}\sin^2\Theta\right) = 1$$

$$\Rightarrow \lambda^2 = \frac{1}{4} + \frac{3}{4}\sin^2\Theta \geqslant \frac{1}{4} \Rightarrow \lambda \geqslant \frac{1}{2} \tag{8.64}$$

$$\sin^2\Theta + \cos^2\Theta = \lambda^2\sin^2\phi + 4\lambda^2\cos^2\phi = \lambda^2(1 + 3\cos^2\phi) = 1$$

$$\Rightarrow \lambda^2 = \frac{1}{1 + 3\cos^2\phi} \leqslant 1 \Rightarrow \lambda \leqslant 1 \tag{8.65}$$

得到 $0.5 \leqslant \lambda \leqslant 1$,即当 $0.5nb \leqslant \Delta V \leqslant nb$ 时,在任何时机,控制方向都垂直于矢径方向进行控制(此时控制方向与相对运动方向夹角范围为 $(\pi/2, \pi]$),椭圆短半轴减小为零。控制量 ΔV 的大小(与 λ 的值线性相关),由具体的控制时机 Θ 或控制方向 ϕ 按公式 $\cos\Theta = 2\lambda\cos\phi$

且 $\sin\Theta = \lambda\sin\phi$ 进行求解。

此外，由 $\lambda^2 = 1/4 + 3/4\sin^2\Theta$ 可知：

(1) 当 $|\sin\Theta| = 0$ 时，$\Theta = 0$ 或 π，在相对椭圆上下点进行控制，$\lambda = 1/2$ 极小值，即 $\Delta V = nb/2$；

(2) 当 $|\sin\Theta| = 1$ 时，$\Theta = \pm\pi/2$，在相对椭圆左右点进行控制，$\lambda = 1$ 极大值，即 $\Delta V = nb$；

(3) 当 $0 < |\sin\Theta| < 1$ 时，λ 随 $|\sin\Theta|$ 的增大而增大，即越靠近左右点控制效率越低，越靠近上下点控制效率越高。

总结所有推导结论如下：

(1) 无论 λ 取何值，即 $\Delta V = \lambda nb$ 取何值，在上点反横向控制，或在下点沿横向控制，都是最大效率增大椭圆短半轴的控制方式；

(2) 当 $0 < \lambda < 0.5$，即 $0 < \Delta V < 0.5nb$ 时，在上点沿横向控制，或在下点反横向控制，最大效率减小椭圆短半轴，但不会减小到 0；

(3) 当 $0.5 \leqslant \lambda \leqslant 1$，即 $0.5nb \leqslant \Delta V \leqslant nb$ 时，垂直于矢径方向(且满足控制方向与相对运动方向夹角范围为 $(\pi/2, \pi]$)进行控制，最大效率减小椭圆短半轴至 0，此时，控制量与控制时机满足 $\cos\Theta = 2\lambda\cos\phi$ 且 $\sin\Theta = \lambda\sin\phi$；

(4) 当 $\lambda > 1$，即 $\Delta V > nb$ 时，在左点沿径向控制，或在右点反径向控制：① 当 $1 < \lambda \leqslant 2$，即 $nb < \Delta V \leqslant 2nb$ 时，若控制量从 0 逐渐加到 ΔV，椭圆短半轴先减小到 0 后又增大，但椭圆短半轴最终比初始值小或等于初始椭圆短半轴，属于极大浪费燃料减小椭圆的控制方式。② 当 $\lambda > 2$，即 $\Delta V > 2nb$ 时，若控制量从零逐渐加到 ΔV，椭圆短半轴先减小后到 0 后又增大，但椭圆短半轴最终比初始值大，属于极大浪费燃料增大椭圆的控制方式。

也就是说，最大效率增大椭圆短半轴的控制方向和控制时机匹配是一定的，最大效率减小椭圆短半轴的控制方向和控制时机匹配则与控制量的取值区间有关。

考虑节省燃料原则，若需要减小椭圆短半轴，则最多将椭圆短半轴减小到 0 即可，此时最省燃料的控制方式为：在相对运动椭圆上点沿横向控制或在下点反横向控制，控制量 $\Delta V = nb/2$ 最小。

最终得到最大效率改变椭圆短半轴的控制方向和控制时机匹配：在相对运动椭圆上下点进行横向控制，是最大效率改变椭圆短半轴的控制方式，其中：① 在上点反横向或下点沿横向控制最大效率增大椭圆短半轴；② 在上点沿横向或下点反横向控制最大效率减小椭圆短半轴。

2. 横向控制的最省燃料问题

大部分卫星的推力器轴向沿本体 x 轴或 $-x$ 轴，即卫星的飞行方向或反方向。对于某些资源受限的微小卫星，平台姿控能力较弱，控制只能在横向进行。本节讨论只有横向(包括沿横向和反横向)控制时椭圆短半轴的最省燃料控制时机。

由公式 (8.29)可知，在只能进行横向控制，即 $\phi = 0$ 或 π，$\Delta V_y = \pm\Delta V$ 时，控制对椭圆短半轴的改变量为

$$\Delta b = b \left[\sqrt{\left(\frac{2\Delta V_y}{nb} - \cos\Theta\right)^2 + \sin^2\Theta} - 1 \right] \tag{8.66}$$

此时

$$A = \left(\frac{2\Delta V_y}{nb} - \cos\Theta\right)^2 + \sin^2\Theta \tag{8.67}$$

A 为 ΔV_y 的二次函数,对称轴为 $\Delta V_y = \Delta V_P = nb\cos\Theta/2$,最小值为 $\sin^2\Theta$。A 随 ΔV_y 变化的曲线如图 8.6 所示。由图 8.6 可知,当 $\Delta V_y = \Delta V_P$ 时,$A_{\min} = \sin^2\Theta$,当 $\Delta V_y = 0$ 或 $2\Delta V_P$ 时,$A = 1$。

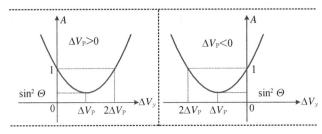

图 8.6　中间变量 A 随控制量 ΔV 变化的曲线

由公式 (8.67) 和图 8.6 可得到如下几个结论:

(1) 当 $0 < \Delta V_y < \Delta V_P$ 或 $\Delta V_P < \Delta V_y < 0$ 时,控制均使椭圆短半轴减小。此时随着控制量 $|\Delta V_y|$ 逐渐增大接近 $|\Delta V_P|$,椭圆短半轴的减小量也逐渐增大,当 $|\Delta V_y| = |\Delta V_P|$ 时,椭圆短半轴的减小量达到最大。也就是说:横向控制不能无限减小椭圆短半轴,最多将椭圆短半轴减小 $\Delta b = |b(|\sin\Theta| - 1)|$,此时 $|\Delta V_y| = |\Delta V_P|$;

(2) 当 $0 < \Delta V_P < \Delta V_y < 2\Delta V_P$ 或 $2\Delta V_P < \Delta V_y < \Delta V_P < 0$ 时,控制仍使椭圆短半轴减小。但此时随着控制量 $|\Delta V_y|$ 逐渐增大接近 $|2\Delta V_P|$,椭圆短半轴的减小量逐渐减小,当 $|\Delta V_y| = |2\Delta V_P|$ 时,椭圆短半轴的减小量达到最小值 0,与 $|\Delta V_y| = 0$ 时的情况相同。也就是说:单就改变椭圆短半轴的能力来说,控制量在 $0 < \Delta V_P < \Delta V_y < 2\Delta V_P \cup 2\Delta V_P < \Delta V_y < \Delta V_P < 0$ 区间与在 $0 < \Delta V_y < \Delta V_P \cup \Delta V_P < \Delta V_y < 0$ 区间的作用效果完全相同,即 $|\Delta V_P| \leqslant |\Delta V_y| \leqslant |2\Delta V_P|$ 的控制属于浪费燃料,工程上若需要减小椭圆短半轴,控制量应不超过 $|\Delta V_P|$;

(3) 当 $\Delta V_y < 0(\Delta V_P > 0)$ 或 $\Delta V_y > 0(\Delta V_P < 0)$ 时,控制方向与相对运动方向夹角范围为 $[0, \pi/2]$,控制会增大椭圆短半轴,且控制量越大,椭圆短半轴改变量也就越大;

(4) 当 $\Delta V_y > 2\Delta V_P > 0$ 或 $\Delta V_y < 2\Delta V_P < 0$ 时,控制方向与相对运动方向夹角范围为 $(\pi/2, \pi)$,控制将椭圆短半轴增大,但这种增大相比于控制方向与相对运动方向夹角范围为 $[0, \pi/2]$ 时的直接增大相比,增大同等程度椭圆短半轴将多消耗 $2\Delta V_P$ 的控制量,属于浪费燃料的控制,工程上应予以避免。

用一个仿真实例来验证上面结论。参考航天器轨道周期 $T = 5\,922$ s,伴随航天器初始椭圆短半轴 $b = 3\,533$ m,在相位为 $\Theta = 30°、135°、240°、345°$ 处分别施加横向速度增量 $\Delta V_y = -\Delta V_P$、0、ΔV_P、$2\Delta V_P$、$3\Delta V_P$ 进行仿真,分析速度增量引起的椭圆短半轴改变量。表 8.3 为仿真特征点相关信息,表 8.4~表 8.7 为仿真结果。

表 8.3　仿真特征点相关信息

$\lvert \Delta\Theta \rvert /(°)$	$t/(hh:mm:ss)$	$\Delta x_c/m$	$\Delta b/m$
30°	00:57:33	−11.972 2	3 533.1
135°	01:26:22	−33.984 7	3 511.4
240°	01:55:00	−39.286 0	3 516.6
345°	00:45:12	−21.121 8	3 541.5

表 8.4　控制量引起的椭圆短半轴改变量仿真结果
$(\Theta = nt + \theta = 30°,\ \Delta V_P = nb\cos(nt+\theta)/2 = 1.623\,1\ \text{m/s})$

控制量 ΔV	椭圆短半轴改变量 Δb	理　论		仿　真	
		$\Delta b/km$	趋　势	$\Delta b/km$	趋　势
$\Delta V_y = -\Delta V_P$	$\Delta b = b(\sqrt{3\cos^2(nt+\theta)+1}-1) > 0$	2.836	增大	2.836	增大
$\Delta V_y = 0$	$\Delta b = b(\pm 1 - 1) = 0$	0	不变	0	不变
$\Delta V_y = \Delta V_P$	$\Delta b = b(\lvert \sin(nt+\theta) \rvert -1) < 0$	−1.766	减小	−1.766	减小
$\Delta V_y = 2\Delta V_P$	$\Delta b = b(\pm 1 - 1) = 0$	0	不变	0	不变
$\Delta V_y = 3\Delta V_P$	$\Delta b = b(\sqrt{3\cos^2(nt+\theta)+1}-1) > 0$	2.836	增大	2.836	增大

表 8.5　控制量引起的椭圆短半轴改变量仿真结果
$(\Theta = nt + \theta = 135°,\ \Delta V_P = nb\cos(nt+\theta)/2 = -1.317\,2\ \text{m/s})$

控制量 ΔV	椭圆短半轴改变量 Δb	理　论		仿　真	
		$\Delta b/km$	趋　势	$\Delta b/km$	趋　势
$\Delta V_y = -\Delta V_P$	$\Delta b = b(\sqrt{3\cos^2(nt+\theta)+1}-1) > 0$	2.041	增大	2.048	增大
$\Delta V_y = 0$	$\Delta b = b(\pm 1 - 1) = 0$	0	不变	0	不变
$\Delta V_y = \Delta V_P$	$\Delta b = b(\lvert \sin(nt+\theta) \rvert -1) < 0$	−1.028	减小	−1.029	减小
$\Delta V_y = 2\Delta V_P$	$\Delta b = b(\pm 1 - 1) = 0$	0	不变	0	不变
$\Delta V_y = 3\Delta V_P$	$\Delta b = b(\sqrt{3\cos^2(nt+\theta)+1}-1) > 0$	2.041	增大	2.040	增大

表 8.6　控制量引起的椭圆短半轴改变量仿真结果
$(\Theta = nt + \theta = 240°,\ \Delta V_P = nb\cos(nt+\theta)/2 = -0.932\,8\ \text{m/s})$

控制量 ΔV	椭圆短半轴改变量 Δb	理　论		仿　真	
		$\Delta b/km$	趋　势	$\Delta b/km$	趋　势
$\Delta V_y = -\Delta V_P$	$\Delta b = b(\sqrt{3\cos^2(nt+\theta)+1}-1) > 0$	1.135	增大	1.135	增大
$\Delta V_y = 0$	$\Delta b = b(\pm 1 - 1) = 0$	0	不变	0	不变
$\Delta V_y = \Delta V_P$	$\Delta b = b(\lvert \sin(nt+\theta) \rvert -1) < 0$	−0.471	减小	−0.470	减小
$\Delta V_y = 2\Delta V_P$	$\Delta b = b(\pm 1 - 1) = 0$	0	不变	0	不变
$\Delta V_y = 3\Delta V_P$	$\Delta b = b(\sqrt{3\cos^2(nt+\theta)+1}-1) > 0$	1.135	增大	1.138	增大

表 8.7　控制量引起的椭圆短半轴改变量仿真结果

$(\Theta = nt + \theta = 345°,\ \Delta V_P = nb\cos(nt+\theta)/2 = 1.814\,6\ \text{m/s})$

控制量 ΔV	椭圆短半轴改变量 Δb	理　论		仿　真	
		$\Delta b/\text{km}$	趋　势	$\Delta b/\text{km}$	趋　势
$\Delta V_y = -\Delta V_P$	$\Delta b = b(\sqrt{3\cos^2(nt+\theta)+1}-1) > 0$	3.361	增大	3.361	增大
$\Delta V_y = 0$	$\Delta b = b(\pm 1 - 1) = 0$	0	不变	0	不变
$\Delta V_y = \Delta V_P$	$\Delta b = b(\mid\sin(nt+\theta)\mid - 1) < 0$	-2.625	减小	-2.626	减小
$\Delta V_y = 2\Delta V_P$	$\Delta b = b(\pm 1 - 1) = 0$	0	不变	0	不变
$\Delta V_y = 3\Delta V_P$	$\Delta b = b(\sqrt{3\cos^2(nt+\theta)+1}-1) > 0$	3.361	增大	3.361	增大

注意：当施加的控制量方向与相对运动方向夹角范围为 $[0, \pi/2]$ 时，一定会增大相对运动椭圆，且会随着控制量的增大而增大；当施加的控制量方向与相对运动方向夹角范围为 $(\pi/2, \pi]$ 时，相对运动椭圆会随着控制量的增大而先减小后增大，当 $\mid \Delta V_y \mid \geqslant nb \mid \cos\Theta \mid$ 时，相对椭圆短半轴增大，这与图 8.6 中速度增量大于 $2\Delta V_P$ 的情况一致。

1) 最省燃料的控制时机

由公式 (8.66)可得到控制量 ΔV_y 与椭圆短半轴改变量 Δb 的关系

$$\Delta V_y = \frac{nb}{2}\left[\cos\Theta \pm \sqrt{\cos^2\Theta + \frac{(2b+\Delta b)\Delta b}{b^2}}\right] \tag{8.68}$$

上式对 Θ 求一阶以及二阶导数，根据二元函数极值理论，可得到当 $\Theta = k\pi$（k 为整数），即选择相对运动椭圆上、下点控制时，$\mid \Delta V_y \mid$ 取最小值，即最大效率控制相对运动椭圆大小，最小控制量为

$$\mid \Delta V_y \mid_{\min} = n \mid \Delta b \mid /2 \tag{8.69}$$

2) 不改变椭圆短半轴的控制时机

由公式 (8.25)可确定不改变相对运动椭圆大小的控制时机[24]为

$$\Delta b = -\frac{2b}{2b+\Delta b}\frac{2}{n}\cos\Theta\Delta V_y + \frac{4}{2b+\Delta b}\frac{\Delta V_y^2}{n^2}$$

$$\Rightarrow 0 = -\frac{2}{n}\cos\Theta\Delta V_y + \frac{4}{2b}\frac{\Delta V_y^2}{n^2} \Rightarrow \Theta^\dagger = \arccos(\Delta V_y/(nb)) \tag{8.70}$$

3. 径向控制的最省燃料问题

工程应用中，由于结构布局等安装因素，部分微小卫星只能进行径向控制。本节讨论只有径向（包括沿径向和反径向）控制时椭圆短半轴的最省燃料控制时机。

由公式 (8.29)可知，在只能进行径向控制，即 $\phi = \pm\pi/2$，$\Delta V_x = \pm\Delta V$ 时，控制对椭圆短半轴的改变量为

$$\Delta b = b\left[\sqrt{\left(\frac{\Delta V_x}{nb} - \sin\Theta\right)^2 + \cos^2\Theta} - 1\right] \tag{8.71}$$

此时

$$A = \left(\frac{\Delta V_x}{nb} - \sin\Theta\right)^2 + \cos^2\Theta \tag{8.72}$$

A 为 ΔV_x 的二次函数，对称轴为 $\Delta V_x = \Delta V_Q = nb\sin\Theta$，最小值为 $\cos^2\Theta$。A 随 ΔV_x 变化的曲线如图 8.7 所示。

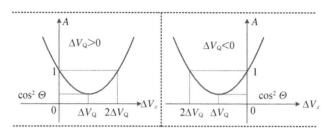

图 8.7　中间变量 A 随控制量 ΔV 变化的曲线

由图 8.7 可知，当 $\Delta V_x = \Delta V_Q$ 时，$A_{\min} = \sin^2\Theta$，当 $\Delta V_x = 0$ 或 $2\Delta V_Q$ 时，$A = 1$。

由公式 (8.72) 和图 8.7 可得到如下几个结论：

(1) 当 $0 < \Delta V_x < \Delta V_Q$ 或 $\Delta V_Q < \Delta V_x < 0$ 时，控制均使椭圆短半轴减小。此时随着控制量 $|\Delta V_x|$ 逐渐增大接近 $|\Delta V_Q|$，椭圆短半轴的减小量也逐渐增大，当 $|\Delta V_x| = |\Delta V_Q|$ 时，椭圆短半轴的减小量达到最大。也就是说：径向控制不能无限减小椭圆短半轴，最多将椭圆短半轴减小 $\Delta b = |b(|\cos\Theta| - 1)|$，此时 $|\Delta V_x| = |\Delta V_Q|$；

(2) 当 $0 < \Delta V_Q < \Delta V_x < 2\Delta V_Q$ 或 $2\Delta V_Q < \Delta V_x < \Delta V_Q < 0$ 时，控制仍使椭圆短半轴减小。但此时随着控制量 $|\Delta V_x|$ 逐渐增大接近 $|2\Delta V_Q|$，椭圆短半轴的减小量逐渐减小，当 $|\Delta V_x| = |2\Delta V_Q|$ 时，椭圆短半轴的减小量达到最小为 0，与 $|\Delta V_x| = 0$ 时的情况相同。也就是说：单就改变椭圆短半轴的能力来说，控制量在 $0 < \Delta V_Q < \Delta V_x < 2\Delta V_Q \bigcup 2\Delta V_Q < \Delta V_x < \Delta V_Q < 0$ 区间与在 $0 < \Delta V_x < \Delta V_Q \bigcup \Delta V_Q < \Delta V_x < 0$ 区间的作用效果完全相同，即 $|\Delta V_Q| \leqslant |\Delta V_x| \leqslant |2\Delta V_Q|$ 的控制属于浪费燃料，工程上若需要减小椭圆短半轴，控制量应不超过 $|\Delta V_Q|$；

(3) 当 $\Delta V_x < 0(\Delta V_Q > 0)$ 或 $\Delta V_x > 0(\Delta V_Q < 0)$ 时，控制方向与相对运动方向夹角范围为 $[0, \pi/2]$，控制会增大椭圆短半轴，且控制量越大，椭圆短半轴改变量也就越大；

(4) 当 $\Delta V_x > 2\Delta V_Q > 0$ 或 $\Delta V_x < 2\Delta V_Q < 0$ 时，控制方向与相对运动方向夹角范围为 $(\pi/2, \pi]$，控制将椭圆短半轴增大，但这种增大相比于控制方向与相对运动方向夹角范围为 $[0, \pi/2]$ 时的直接增大相比，增大同等程度椭圆短半轴将多消耗 $2\Delta V_Q$ 的控制量，属于浪费燃料的控制，工程上应予以避免。

具体的仿真验证方法这里不再赘述，读者可根据 8.3.3 节中"2. 横向控制的最省燃料问题"的方法进行验证。

● 最省燃料的控制时机

由公式 (8.71)可得到控制量 ΔV_x 与椭圆短半轴改变量 Δb 的关系

$$\Delta V_x = nb \left[\sin \Theta \pm \sqrt{\sin^2 \Theta + \frac{(2b + \Delta b) \Delta b}{b^2}} \right] \tag{8.73}$$

式(8.73)对 Θ 求一阶以及二阶导数,根据二元函数极值理论,可得到当 $\Theta = k\pi + \pi/2$ (k 为整数),即选择相对运动椭圆左、右点控制时,$|\Delta V_x|$ 取最小值,即最大效率控制相对运动椭圆大小,最小控制量为

$$|\Delta V_x|_{\min} = n |\Delta b| \tag{8.74}$$

● 不改变椭圆短半轴的控制时机

由公式 (8.25)可确定不改变椭圆大小的控制时机为

$$\Delta b = -\frac{2b}{2b + \Delta b} \frac{1}{n} \sin \Theta \Delta V_x + \frac{1}{2b + \Delta b} \frac{\Delta V_x^2}{n^2}$$

$$\Rightarrow 0 = -\frac{1}{n} \sin \Theta \Delta V_x + \frac{1}{2b} \frac{\Delta V_x^2}{n^2} \Rightarrow \Theta^\dagger = \arcsin(\Delta V_x/(2nb)) \tag{8.75}$$

8.3.4　相对运动椭圆相位

由公式(7.61)可知,卫星在相对运动椭圆上的相位 Θ 可写成如下表达

$$\Theta = nt + \theta = \mathrm{atan}2 \left[\frac{y - y_c}{-2b}, \frac{x - x_c}{b} \right] \tag{8.76}$$

由公式 (8.76)可以看出,相位与椭圆中心位置 (x_c, y_c) 和椭圆短半轴 b 相关,控制量对相位的改变是通过改变椭圆中心位置 (x_c, y_c) 和椭圆短半轴 b 实现的。其中横向控制量 ΔV_y 会改变椭圆中心径向位置 x_c 和椭圆短半轴 b,从而使 $\cos \Theta = (x - x_c)/b$ 发生改变;径向控制量 ΔV_x 会改变椭圆中心横向位置 y_c 和椭圆短半轴 b,从而使 $\sin \Theta = (y - y_c)/(-2b)$ 发生改变。也就是说,横向控制和径向控制均会改变相对运动椭圆上的相位。

设横向控制量 ΔV_y 与径向控制量 ΔV_x 使相位改变 $\Delta \Theta$,由公式(8.76)和公式(7.59)可得

$$\tan \Theta = \frac{y - (y - 2\dot{x}/n)}{-2[x - (4x + 2\dot{y}/n)]} \Rightarrow \tan(\Theta + \Delta \Theta) = \frac{y - [y - 2(\dot{x} + \Delta V_x)/n]}{-2\{x - [4x + 2(\dot{y} + \Delta V_y)/n]\}} \tag{8.77}$$

考虑公式(7.54)得到相位改变量 $\Delta \Theta$ 与控制量 ΔV_x、ΔV_y 的关系为

$$\tan \Delta \Theta = \frac{2\Delta V_y \sin \Theta - \Delta V_x \cos \Theta}{nb - (2\Delta V_y \cos \Theta + \Delta V_x \sin \Theta)} \tag{8.78}$$

考虑公式 (8.19)，上式又可写为

$$\tan \Delta\Theta = \frac{2\cos\phi\sin\Theta - \sin\phi\cos\Theta}{nb/\Delta V - (2\cos\phi\cos\Theta + \sin\phi\sin\Theta)} \tag{8.79}$$

由公式 (8.79)可知，在控制量 ΔV 一定的前提下，控制时机 Θ 和控制方向 ϕ 均会影响相位的控制效率，下面进行详细推导[27]。

1. 最省燃料的控制方向与控制时机匹配

令

$$K = \tan\Delta\Theta, \quad \lambda = \Delta V/nb > 0 \tag{8.80}$$

则公式 (8.79)可写成

$$K = \frac{2\cos\phi\sin\Theta - \sin\phi\cos\Theta}{\lambda^{-1} - (2\cos\phi\cos\Theta + \sin\phi\sin\Theta)} \tag{8.81}$$

K 对控制方向 ϕ 求一阶偏导数

$$K'_\phi = \frac{2 - \lambda^{-1}(2\sin\phi\sin\Theta + \cos\phi\cos\Theta)}{\left[\lambda^{-1} - (2\cos\phi\cos\Theta + \sin\phi\sin\Theta)\right]^2} \tag{8.82}$$

K 对控制时机 Θ 求一阶偏导数

$$K'_\Theta = \frac{-(1 + 3\cos^2\phi) + \lambda^{-1}(2\cos\phi\cos\Theta + \sin\phi\sin\Theta)}{\left[\lambda^{-1} - (2\cos\phi\cos\Theta + \sin\phi\sin\Theta)\right]^2} \tag{8.83}$$

K 对控制方向 ϕ 求二阶偏导数

$K''_{\phi\phi}$

$$= \frac{\left(\dfrac{1}{\lambda^2} - 8\right)\sin\phi\cos\Theta + \left(4 - \dfrac{2}{\lambda^2}\right)\cos\phi\sin\Theta + \dfrac{1}{\lambda}\left(\sin 2\phi\cos 2\Theta - \dfrac{5}{4}\cos 2\phi\sin 2\Theta + \dfrac{9}{4}\sin 2\Theta\right)}{\left[\lambda^{-1} - (2\cos\phi\cos\Theta + \sin\phi\sin\Theta)\right]^3}$$

$$\tag{8.84}$$

K 对控制时机 Θ 求二阶偏导数

$$K''_{\Theta\Theta} = \frac{\left[\dfrac{1}{\lambda^2} - 5 - 3\cos 2\phi\right](\sin\phi\cos\Theta - 2\cos\phi\sin\Theta) - \dfrac{1}{\lambda}\left(\sin 2\phi + \dfrac{3}{4}\sin 2\Theta + \dfrac{5}{4}\cos 2\phi\sin 2\Theta\right)}{\left[\lambda^{-1} - (2\cos\phi\cos\Theta + \sin\phi\sin\Theta)\right]^3}$$

$$\tag{8.85}$$

K 对控制时机 Θ 和控制方向 ϕ 求二阶混合偏导数，由于二阶混合偏导数连续，有

$K''_{\phi\Theta} = K''_{\Theta\phi}$

$$= \frac{\left(\dfrac{1}{\lambda^2} - 8\right)\cos\phi\sin\Theta + \left(4 - \dfrac{2}{\lambda^2}\right)\sin\phi\cos\Theta + \dfrac{1}{\lambda}\left(\sin 2\Theta\cos 2\phi - \dfrac{5}{4}\cos 2\Theta\sin 2\phi + \dfrac{9}{4}\sin 2\phi\right)}{\left[\lambda^{-1} - (2\cos\phi\cos\Theta + \sin\phi\sin\Theta)\right]^3}$$

$$\tag{8.86}$$

K 取极值的必要条件之一为一阶偏导数为 0（驻点条件），即

$$\begin{cases} K'_\phi = 0 \Rightarrow 2 - \lambda^{-1}(2\sin\phi\sin\Theta + \cos\phi\cos\Theta) = 0 \\ K'_\Theta = 0 \Rightarrow -(1 + 3\cos^2\phi) + \lambda^{-1}(2\cos\phi\cos\Theta + \sin\phi\sin\Theta) = 0 \end{cases} \tag{8.87}$$

推得

$$\begin{cases} \cos\phi(\cos\Theta - 2\lambda\cos\phi) = 0 \\ \sin\phi(\sin\Theta - \lambda\sin\phi) = 0 \end{cases} \tag{8.88}$$

对公式 (8.88) 的解分情况讨论如下。

1) $\cos\phi = 0$ 且 $\sin\Theta - \lambda\sin\phi = 0$

(1) 当 $\phi = \pi/2$，$\sin\Theta = \lambda$，$\cos\Theta = \sqrt{1-\lambda^2}$ 时，沿径向控制，Θ 为第一象限锐角，$\lambda < 1$

$$K''_{\phi\phi} = K''_{\Theta\Theta} = \lambda(1-\lambda^2)^{-\frac{3}{2}}, \quad K''_{\phi\Theta} = -2\lambda(1-\lambda^2)^{-\frac{3}{2}} \tag{8.89}$$

此时

$$K''_{\phi\phi} \cdot K''_{\Theta\Theta} - K''_{\phi\Theta} \cdot K''_{\phi\Theta} = -3\lambda^2(1-\lambda^2)^{-3} < 0 \tag{8.90}$$

恒成立

非极值，此时相位改变量为

$$\tan\Delta\Theta = -\lambda/\sqrt{1-\lambda^2} = -\tan\Theta \Rightarrow \Delta\Theta = -\Theta \text{ 或 } \Delta\Theta = \pi - \Theta \tag{8.91}$$

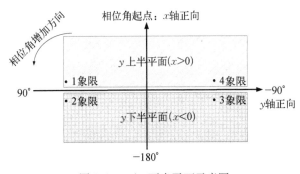

图 8.8　y 上、下半平面示意图

径向控制量 ΔV_x 会改变椭圆中心的横向位置 y_c 和椭圆短半轴 b，对于 $\sin\Theta = (y - y_c)/(-2b)$，其大小和符号都可能发生改变；但对于 $\cos\Theta = (x - x_c)/b$，只可能改变大小，符号不变。所以改变后的相位 $\Theta' = \Theta + \Delta\Theta$ 应与 Θ 在同一 y 半平面（y 半平面定义参见图8.8）。

Θ 为锐角，则相位改变量应为 $\Delta\Theta = -\Theta$，负锐角。即当 $\lambda < 1$，$\Delta V < nb$ 时，在第一象限相位为 Θ 处施加沿径向控制量 $\Delta V = nb\sin\Theta$，相位改变量为

$$\Delta\Theta = -\Theta = -\arctan(\lambda/\sqrt{1-\lambda^2}) = -\arctan(\Delta V/\sqrt{(nb)^2 - \Delta V^2}) \tag{8.92}$$

减小相位，控后相位为 0（上点）。

此时，根据公式 (8.29) 得到椭圆短半轴 b 的改变量为

$$\Delta b = b\left(\sqrt{\left(\frac{\Delta V\sin\phi}{nb} - \sin\Theta\right)^2 + \left(\frac{2\Delta V\cos\phi}{nb} - \cos\Theta\right)^2} - 1\right) = b(\cos\Theta - 1) < 0 \tag{8.93}$$

（2）当 $\phi = \pi/2$，$\sin\Theta = \lambda$，$\cos\Theta = -\sqrt{1-\lambda^2}$ 时，沿径向控制，Θ 为第二象限钝角，$\lambda < 1$

$$K''_{\phi\phi} = K''_{\Theta\Theta} = -\lambda(1-\lambda^2)^{-\frac{3}{2}}, \quad K''_{\phi\Theta} = 2\lambda(1-\lambda^2)^{-\frac{3}{2}} \tag{8.94}$$

此时

$$K''_{\phi\phi} \cdot K''_{\Theta\Theta} - K''_{\phi\Theta} \cdot K''_{\phi\Theta} = -3\lambda^2(1-\lambda^2)^{-3} < 0 \tag{8.95}$$

恒成立

非极值，此时相位改变量为

$$\tan\Delta\Theta = \lambda/\sqrt{1-\lambda^2} = -\tan\Theta \Rightarrow \Delta\Theta = -\Theta \text{ 或 } \Delta\Theta = \pi - \Theta \tag{8.96}$$

考虑相位改变前后 $\Theta' = \Theta + \Delta\Theta$ 应与 Θ 在同一 y 半平面，Θ 为钝角，则相位改变量应为 $\Delta\Theta = \pi - \Theta$，锐角。即当 $\lambda < 1$，$\Delta V < nb$ 时，在第二象限相位为 Θ 处施加沿径向控制量 $\Delta V = nb\sin\Theta$，相位改变量为

$$\Delta\Theta = \pi - \Theta = \pi - (\arctan(-\lambda/\sqrt{1-\lambda^2}) + \pi) = \arctan(\Delta V/\sqrt{(nb)^2 - \Delta V^2}) \tag{8.97}$$

增大相位，控后相位为 π（下点）。

此时，根据公式（8.29）得到椭圆短半轴 b 的改变量为

$$\Delta b = b\left[\sqrt{\left(\frac{\Delta V\sin\phi}{nb} - \sin\Theta\right)^2 + \left(\frac{2\Delta V\cos\phi}{nb} - \cos\Theta\right)^2} - 1\right] = b(-\cos\Theta - 1) < 0 \tag{8.98}$$

（3）当 $\phi = -\pi/2$，$\sin\Theta = -\lambda$，$\cos\Theta = -\sqrt{1-\lambda^2}$ 时，反径向控制，Θ 为第三象限负钝角，$\lambda < 1$

$$K''_{\phi\phi} = K''_{\Theta\Theta} = \lambda(1-\lambda^2)^{-\frac{3}{2}}, \quad K''_{\phi\Theta} = -2\lambda(1-\lambda^2)^{-\frac{3}{2}} \tag{8.99}$$

此时

$$K''_{\phi\phi} \cdot K''_{\Theta\Theta} - K''_{\phi\Theta} \cdot K''_{\phi\Theta} = -3\lambda^2(1-\lambda^2)^{-3} < 0 \tag{8.100}$$

恒成立

非极值，此时相位改变量为

$$\tan\Delta\Theta = -\lambda/\sqrt{1-\lambda^2} = -\tan\Theta \Rightarrow \Delta\Theta = -\Theta \text{ 或 } \Delta\Theta = \pi - \Theta \tag{8.101}$$

考虑相位改变前后 $\Theta' = \Theta + \Delta\Theta$ 应与 Θ 在同一 y 半平面，Θ 为负钝角，则相位改变量应为 $\Delta\Theta = \pi - \Theta$，负锐角。即当 $\lambda < 1$，$\Delta V < nb$ 时，在第三象限相位为 Θ 处施加反径向控制量 $\Delta V = -nb\sin\Theta$，相位改变量为

$$\Delta\Theta = \pi - \Theta = \pi - (\arctan(\lambda/\sqrt{1-\lambda^2}) - \pi) = -\arctan(\Delta V/\sqrt{(nb)^2 - \Delta V^2}) \tag{8.102}$$

减小相位,控后相位为 π(下点)。

此时,根据公式 (8.29)得到椭圆短半轴 b 的改变量为

$$\Delta b = b\left[\sqrt{\left(\frac{\Delta V \sin\phi}{nb} - \sin\Theta\right)^2 + \left(\frac{2\Delta V \cos\phi}{nb} - \cos\Theta\right)^2} - 1\right] = b(-\cos\Theta - 1) < 0 \tag{8.103}$$

(4) 当 $\phi = -\pi/2$, $\sin\Theta = -\lambda$, $\cos\Theta = \sqrt{1-\lambda^2}$ 时,反径向控制,Θ 为第四象限负锐角,$\lambda < 1$

$$K''_{\phi\phi} = K''_{\Theta\Theta} = -\lambda(1-\lambda^2)^{-\frac{3}{2}}, \quad K''_{\phi\Theta} = 2\lambda(1-\lambda^2)^{-\frac{3}{2}} \tag{8.104}$$

此时

$$K''_{\phi\phi} \cdot K''_{\Theta\Theta} - K''_{\phi\Theta} \cdot K''_{\phi\Theta} = -3\lambda^2(1-\lambda^2)^{-3} < 0 \tag{8.105}$$

恒成立

非极值,此时相位改变量为

$$\tan\Delta\Theta = \lambda/\sqrt{1-\lambda^2} = -\tan\Theta \Rightarrow \Delta\Theta = -\Theta \text{ 或 } \Delta\Theta = \pi - \Theta \tag{8.106}$$

考虑相位改变前后 $\Theta' = \Theta + \Delta\Theta$ 应与 Θ 在同一 y 半平面,Θ 为负锐角,则相位改变量应为 $\Delta\Theta = -\Theta$,锐角。即当 $\lambda < 1$, $\Delta V < nb$ 时,在第四象限相位为 Θ 处施加反径向控制量 $\Delta V = -nb\sin\Theta$,相位改变量为

$$\Delta\Theta = -\Theta = \arctan(\lambda/\sqrt{1-\lambda^2}) = \arctan(\Delta V/\sqrt{(nb)^2 - \Delta V^2}) \tag{8.107}$$

增大相位,控后相位为 0(上点)。

此时,根据公式 (8.29)得到椭圆短半轴 b 的改变量为

$$\Delta b = b\left[\sqrt{\left(\frac{\Delta V \sin\phi}{nb} - \sin\Theta\right)^2 + \left(\frac{2\Delta V \cos\phi}{nb} - \cos\Theta\right)^2} - 1\right] = b(\cos\Theta - 1) < 0 \tag{8.108}$$

2) $\sin\phi = 0$ 且 $\cos\Theta - 2\lambda\cos\phi = 0$

(1) 当 $\phi = 0$, $\cos\Theta = 2\lambda$, $\sin\Theta = \sqrt{1-4\lambda^2}$ 时,沿横向控制,Θ 为第一象限锐角,$\lambda < 0.5$

$$K''_{\phi\phi} = K''_{\Theta\Theta} = -2\lambda(1-4\lambda^2)^{-\frac{3}{2}}, \quad K''_{\phi\Theta} = \lambda(1-4\lambda^2)^{-\frac{3}{2}} \tag{8.109}$$

此时

$$K''_{\phi\phi} \cdot K''_{\Theta\Theta} - K''_{\phi\Theta} \cdot K''_{\phi\Theta} = 3\lambda^2(1-4\lambda^2)^{-3} > 0 \tag{8.110}$$

恒成立

且

$$K''_{\phi\phi} = -2\lambda(1-4\lambda^2)^{-\frac{3}{2}} < 0 \tag{8.111}$$

恒成立

取极大值,此时相位改变量为

$$\tan\Delta\Theta = 2\lambda/\sqrt{1-4\lambda^2} = \cot\Theta \Rightarrow \Delta\Theta = \pi/2 - \Theta \text{ 或 } \Delta\Theta = -\pi/2 - \Theta \quad (8.112)$$

横向控制量 ΔV_y 会改变椭圆中心的径向位置 x_c 和椭圆短半轴 b,对于 $\cos\Theta = (x-x_c)/b$,其大小和符号都可能发生改变;但对于 $\sin\Theta = (y-y_c)/(-2b)$,虽然 ΔV_y 改变 x_c 即改变了椭圆中心的横向漂移速率,但漂移量 $y_c = y_{c0} - 1.5 x_c nt$ 是一个随时间累积的量,速度增量作用瞬时不会突变,即 $\sin\Theta$ 只可能改变大小,但符号不变。所以改变后的相位 $\Theta' = \Theta + \Delta\Theta$

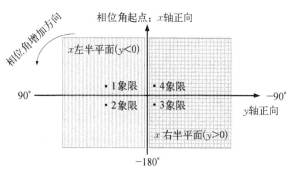

图 8.9 x 左、右半平面示意图

应与 Θ 在同一 x 半平面(x 半平面定义参见图 8.9)。

Θ 为锐角,则相位改变量应为 $\Delta\Theta = \pi/2 - \Theta$,锐角。即当 $\lambda < 0.5$,$\Delta V < 0.5 nb$ 时,在第一象限相位为 Θ 处施加沿横向控制量 $\Delta V = 0.5 nb \cos\Theta$,会极大效率地增大相位至 $\pi/2$(左点),此时相位改变量为

$$\Delta\Theta = \pi/2 - \Theta = \arctan(2\lambda/\sqrt{1-4\lambda^2}) = \arctan(2\Delta V/\sqrt{(nb)^2 - 4\Delta V^2}) \quad (8.113)$$

此时,根据公式(8.29)得到椭圆短半轴 b 的改变量为

$$\Delta b = b\left[\sqrt{\left(\frac{\Delta V \sin\phi}{nb} - \sin\Theta\right)^2 + \left(\frac{2\Delta V \cos\phi}{nb} - \cos\Theta\right)^2} - 1\right] = b(\sin\Theta - 1) < 0$$

$$(8.114)$$

(2) 当 $\phi = 0$,$\cos\Theta = 2\lambda$,$\sin\Theta = -\sqrt{1-4\lambda^2}$ 时,沿横向控制,Θ 为第四象限负锐角,$\lambda < 0.5$

$$K''_{\phi\phi} = K''_{\Theta\Theta} = 2\lambda(1-4\lambda^2)^{-\frac{3}{2}}, \quad K''_{\phi\Theta} = -\lambda(1-4\lambda^2)^{-\frac{3}{2}} \quad (8.115)$$

此时

$$K''_{\phi\phi} \cdot K''_{\Theta\Theta} - K''_{\phi\Theta} \cdot K''_{\phi\Theta} = 3\lambda^2(1-4\lambda^2)^{-3} > 0 \quad (8.116)$$

恒成立

且

$$K''_{\phi\phi} = 2\lambda(1-4\lambda^2)^{-\frac{3}{2}} > 0 \quad (8.117)$$

恒成立

取极小值,此时相位改变量为

$$\tan \Delta\Theta = -2\lambda/\sqrt{1-4\lambda^2} = \cot\Theta \Rightarrow \Delta\Theta = \pi/2 - \Theta \text{ 或 } \Delta\Theta = -\pi/2 - \Theta \quad (8.118)$$

考虑相位改变前后 $\Theta' = \Theta + \Delta\Theta$ 应与 Θ 在同一 x 半平面,Θ 为负锐角,则相位改变量应为 $\Delta\Theta = -\pi/2 - \Theta$,负锐角。即当 $\lambda < 0.5$,$\Delta V < 0.5nb$ 时,在第四象限相位为 Θ 处施加沿横向控制量 $\Delta V = 0.5nb\cos\Theta$,会极大效率地减小相位至 $-\pi/2$(右点),此时相位改变量为

$$\Delta\Theta = -\pi/2 - \Theta = \arctan(-2\lambda/\sqrt{1-4\lambda^2}) = -\arctan(2\Delta V/\sqrt{(nb)^2 - 4\Delta V^2}) \quad (8.119)$$

此时,根据公式 (8.29)得到椭圆短半轴 b 的改变量为

$$\Delta b = b\left[\sqrt{\left(\frac{\Delta V\sin\phi}{nb} - \sin\Theta\right)^2 + \left(\frac{2\Delta V\cos\phi}{nb} - \cos\Theta\right)^2} - 1\right] = b(-\sin\Theta - 1) < 0 \quad (8.120)$$

(3) 当 $\phi = \pi$,$\cos\Theta = -2\lambda$,$\sin\Theta = \sqrt{1-4\lambda^2}$ 时,反横向控制,Θ 为第二象限钝角,$\lambda < 0.5$

$$K''_{\phi\phi} = K''_{\Theta\Theta} = 2\lambda(1-4\lambda^2)^{-\frac{3}{2}}, \quad K''_{\phi\Theta} = -\lambda(1-4\lambda^2)^{-\frac{3}{2}} \quad (8.121)$$

此时

$$K''_{\phi\phi} \cdot K''_{\Theta\Theta} - K''_{\phi\Theta} \cdot K''_{\phi\Theta} = 3\lambda^2(1-4\lambda^2)^{-3} > 0 \quad (8.122)$$

恒成立
且

$$K''_{\phi\phi} = 2\lambda(1-4\lambda^2)^{-\frac{3}{2}} > 0 \quad (8.123)$$

恒成立
取极小值,此时相位改变量为

$$\tan \Delta\Theta = -2\lambda/\sqrt{1-4\lambda^2} = \cot\Theta \Rightarrow \Delta\Theta = \pi/2 - \Theta \text{ 或 } \Delta\Theta = -\pi/2 - \Theta \quad (8.124)$$

考虑相位改变前后 $\Theta' = \Theta + \Delta\Theta$ 应与 Θ 在同一 x 半平面,Θ 为钝角,则相位改变量应为 $\Delta\Theta = \pi/2 - \Theta$,负锐角。即当 $\lambda < 0.5$,$\Delta V < 0.5nb$ 时,在第二象限相位为 Θ 处施加反横向控制量 $\Delta V = -0.5nb\cos\Theta$,会极大效率地减小相位至 $\pi/2$(左点),此时相位改变量为

$$\Delta\Theta = \pi/2 - \Theta = -\arctan(2\lambda/\sqrt{1-4\lambda^2}) = -\arctan(2\Delta V/\sqrt{(nb)^2 - 4\Delta V^2}) \quad (8.125)$$

此时,根据公式 (8.29)得到椭圆短半轴 b 的改变量为

$$\Delta b = b\left[\sqrt{\left(\frac{\Delta V\sin\phi}{nb} - \sin\Theta\right)^2 + \left(\frac{2\Delta V\cos\phi}{nb} - \cos\Theta\right)^2} - 1\right] = b(\sin\Theta - 1) < 0 \quad (8.126)$$

(4) 当 $\phi = \pi$，$\cos\Theta = -2\lambda$，$\sin\Theta = -\sqrt{1-4\lambda^2}$ 时，反横向控制，Θ 为第三象限负钝角，$\lambda < 0.5$

$$K''_{\phi\phi} = K''_{\Theta\Theta} = -2\lambda(1-4\lambda^2)^{-\frac{3}{2}}, \quad K''_{\phi\Theta} = \lambda(1-4\lambda^2)^{-\frac{3}{2}} \tag{8.127}$$

此时

$$K''_{\phi\phi} \cdot K''_{\Theta\Theta} - K''_{\phi\Theta} \cdot K''_{\phi\Theta} = 3\lambda^2(1-4\lambda^2)^{-3} > 0 \tag{8.128}$$

恒成立

且

$$K''_{\phi\phi} = -2\lambda(1-4\lambda^2)^{-\frac{3}{2}} < 0 \tag{8.129}$$

恒成立

取极大值，此时相位改变量为

$$\tan\Delta\Theta = 2\lambda/\sqrt{1-4\lambda^2} = \cot\Theta \Rightarrow \Delta\Theta = \pi/2 - \Theta \text{ 或 } \Delta\Theta = -\pi/2 - \Theta \tag{8.130}$$

考虑相位改变前后 $\Theta' = \Theta + \Delta\Theta$ 应与 Θ 在同一 x 半平面，Θ 为负钝角，则相位改变量应为 $\Delta\Theta = -\pi/2 - \Theta$，锐角。即当 $\lambda < 1/2$，$\Delta V < 0.5nb$ 时，在第三象限相位为 Θ 处施加反横向控制量 $\Delta V = -0.5nb\cos\Theta$，会极大效率地增大相位至 $-\pi/2$（右点），此时相位改变量为

$$\Delta\Theta = -\pi/2 - \Theta = \arctan(2\lambda/\sqrt{1-4\lambda^2}) = \arctan(2\Delta V/\sqrt{(nb)^2 - 4\Delta V^2}) \tag{8.131}$$

此时，根据公式 (8.29) 得到椭圆短半轴 b 的改变量为

$$\Delta b = b\left[\sqrt{\left(\frac{\Delta V\sin\phi}{nb} - \sin\Theta\right)^2 + \left(\frac{2\Delta V\cos\phi}{nb} - \cos\Theta\right)^2} - 1\right] = b(-\sin\Theta - 1) < 0 \tag{8.132}$$

3) $\cos\Theta - 2\lambda\cos\phi = 0$ 且 $\sin\Theta - \lambda\sin\phi = 0$

与第 8.3.3 节中"1. 最省燃料的控制方向与控制时机匹配"的推导类似，在这个解处 $\tan\phi = 2\tan\Theta$，且 Θ 与 ϕ 在相同的象限内（$\cos\Theta$ 与 $\cos\phi$ 同符号，$\sin\Theta$ 与 $\sin\phi$ 同符号），控制方向垂直于矢径方向，且与相对运动方向夹角范围为 $(\pi/2, \pi]$；$0.5 \leqslant \lambda \leqslant 1$，控制量 $\Delta V = nb \cdot \sin\Theta/\sin\phi$（$0.5nb \leqslant \Delta V \leqslant nb$），控制总是将椭圆短半轴减小到 0，此时相位改变量为

$$\begin{aligned}
\tan\Delta\Theta &= \frac{2\cos\phi\sin\Theta - \sin\phi\cos\Theta}{nb/\Delta V - (2\cos\phi\cos\Theta + \sin\phi\sin\Theta)} \\
&= \frac{2(2\lambda)^{-1}\cos\Theta\sin\Theta - \lambda^{-1}\sin\Theta\cos\Theta}{\lambda^{-1} - [2(2\lambda)^{-1}\cos\Theta\cos\Theta + \lambda^{-1}\sin\Theta\sin\Theta]} = \frac{0}{0}
\end{aligned} \tag{8.133}$$

$\tan\Delta\Theta$ 为一 0:0 型的未定式，相位改变量可以为任意值，为控制奇点。

4) 小结

综上分析，在控制量一定的前提下，可以得到如下几个结论：

（1）当 $\lambda < 1$，即 $\Delta V < nb$ 时，在相位 Θ 处施加沿径向或反径向控制量 $\Delta V = nb \mid \sin\Theta \mid = \mid \Delta V_Q \mid$（参见 8.3.3 节"3. 径向控制的最省燃料问题"），虽然并非最大效率改变相位的控制方式，但总是将相位朝着上下点方向控制，其中：① 若 Θ 在第一象限，沿径向控制减小相位至 0（上点），椭圆短半轴改变量 $\Delta b = b(\cos\Theta - 1) < 0$；② 若 Θ 在第二象限，沿径向控制增大相位至 π（下点），椭圆短半轴改变量 $\Delta b = b(-\cos\Theta - 1) < 0$；③ 若 Θ 在第三象限，反径向控制减小相位至 π（下点），椭圆短半轴改变量 $\Delta b = b(-\cos\Theta - 1) < 0$；④ 若 Θ 在第四象限，反径向控制增大相位至 0（上点），椭圆短半轴改变量 $\Delta b = b(\cos\Theta - 1) < 0$。

（2）当 $\lambda < 0.5$，即 $\Delta V < 0.5nb$ 时，在相位 Θ 处施加沿横向或反横向控制量 $\Delta V = 0.5nb \mid \cos\Theta \mid = \mid \Delta V_P \mid$（参见 8.3.3 节"2. 横向控制的最省燃料问题"），会最大效率地改变相位，但相位改变量小于 $\pi/2$，总是将相位朝着左右点方向控制，其中：① 若 Θ 在第一象限，沿横向控制最大效率地增大相位至 $\pi/2$（左点），椭圆短半轴改变量 $\Delta b = b(\sin\Theta - 1) < 0$；② 若 Θ 在第二象限，沿横向控制最大效率地减小相位至 $\pi/2$（左点），椭圆短半轴改变量 $\Delta b = b(\sin\Theta - 1) < 0$；③ 若 Θ 在第三象限，反横向控制最大效率地增大相位至 $-\pi/2$（右点），椭圆短半轴改变量 $\Delta b = b(-\sin\Theta - 1) < 0$；④ 若 Θ 在第四象限，反横向控制最大效率地减小相位至 $-\pi/2$（右点），椭圆短半轴改变量 $\Delta b = b(-\sin\Theta - 1) < 0$。

（3）当 $0.5 \leqslant \lambda \leqslant 1$，即 $0.5nb \leqslant \Delta V \leqslant nb$ 时，在任何控制时机 Θ 处施加垂直于矢径方向且与相对运动方向夹角范围为 $(\pi/2, \pi]$ 的控制量 $\Delta V = nb \cdot \sin\Theta/\sin\phi$，都会将椭圆短半轴减小到 0，此时相位可能被改变为任意值，为控制奇点。

根据上文分析，得到相位改变量 $\Delta\Theta$ 和控制量 ΔV、控制时机 Θ、控制方向 ϕ 之间的关系如表 8.8 所示。

表 8.8　相位改变量、椭圆短半轴改变量与控制量、控制时机、控制方向的关系

序 号	控制量 ΔV	控制时机 Θ	控 制 方 向	控后相位 Θ'	椭圆短半轴改变量 Δb
1		第一象限锐角	沿径向	0（上点）	$\Delta b = b(\cos\Theta - 1) < 0$
2	$\Delta V = nb \mid \sin\Theta \mid$	第二象限钝角		π（下点）	$\Delta b = b(-\cos\Theta - 1) < 0$
3		第三象限负钝角	反径向	π（下点）	$\Delta b = b(-\cos\Theta - 1) < 0$
4		第四象限负锐角		0（上点）	$\Delta b = b(\cos\Theta - 1) < 0$
5		第一象限锐角	沿横向	$\pi/2$（左点）	$\Delta b = b(\sin\Theta - 1) < 0$
6	$\Delta V = 0.5nb \mid \cos\Theta \mid$	第二象限钝角			
7		第三象限负钝角	反横向	$-\pi/2$（右点）	$\Delta b = b(-\sin\Theta - 1) < 0$
8		第四象限负锐角			
9	$\Delta V = nb \cdot \sin\Theta/\sin\phi$	Θ	垂直于矢径方向且与相对运动方向夹角范围为 $(\pi/2, \pi]$	任意值	$\Delta b = -b < 0$

根据表 8.8，最终得到最大效率改变相位的控制方向和控制时机的匹配关系：当需要改变的相位为锐角时，沿横向控制效率最高，此时控制量与控制时机的关系满足 $\Delta V = 0.5nb \mid \cos\Theta \mid$，控后相位为 $\pi/2$（当 Θ 在第一、二象限时）或 $-\pi/2$（当 Θ 在第三、四象限时）。

2. 横向控制的最省燃料问题

如 8.3.3 节中"2. 横向控制的最省燃料问题"所述,部分资源受限的微小卫星只能进行横向控制,针对此种情况探讨相位的最省燃料控制时机。

横向控制量 ΔV_y 会改变椭圆中心的径向位置 x_c 和椭圆短半轴 b,对于 $\cos\Theta = (x - x_c)/b$,其大小和符号都可能发生改变;但对于 $\sin\Theta = (y - y_c)/(-2b)$,虽然 ΔV_y 改变 x_c 即改变了椭圆中心横向漂移速率,但漂移量 $y_c = y_{c0} - 1.5x_c nt$ 是一个随时间累积的量,速度增量作用瞬时不会突变,所以 $\sin\Theta$ 只可能改变大小,但符号不变,即:在只有横向控制量时,控制前后相位在同一 x 半平面。控制时机与相位改变量满足如下关系:① 若 $\Delta\Theta \in (-\pi, 0)$,则可选控制时机为 $\Theta \in (2k\pi - \Delta\Theta, 2k\pi + \pi) \bigcup (2k\pi - \pi - \Delta\Theta, 2k\pi)$;② 若 $\Delta\Theta \in (0, \pi)$,则可选控制时机为 $\Theta \in (2k\pi, 2k\pi + \pi - \Delta\Theta) \bigcup (2k\pi - \pi, 2k\pi - \Delta\Theta)$。

1）最省燃料的控制时机

由公式 (8.78)可知,在只能进行横向控制时,横向控制量 ΔV_y 引起的相位改变量 $\Delta\Theta$ 为

$$\tan\Delta\Theta = \frac{\sin\Theta}{-\cos\Theta + (nb/2)/\Delta V_y} \tag{8.134}$$

公式 (8.134)变形可得改变 $\Delta\Theta$ 相位所需的横向控制量 ΔV_y 为

$$\Delta V_y = \frac{nb}{2} \frac{\sin\Delta\Theta}{\sin(\Theta + \Delta\Theta)} \tag{8.135}$$

公式 (8.135)表明对于一定的相位改变量 $\Delta\Theta$,所需横向控制量 ΔV_y 与控制时机 Θ 相关,可以通过选择最优控制时机 Θ^* 使控制量 ΔV_y 最小。

当 $\sin(\Theta + \Delta\Theta) = \pm 1$ 时,即

$$\Theta^* = k\pi + \pi/2 - \Delta\Theta \tag{8.136}$$

时,所需控制量最小为

$$\Delta V_{y\min} = \pm \frac{nb}{2}\sin\Delta\Theta = \pm \frac{nb}{2}\cos\Theta^* \tag{8.137}$$

为横向控制前提下最省燃料的相位控制,这种控制模式对资源受限的编队小卫星意义重大。

对于只能进行横向控制的相位控制,由于控制前后相位须在同一 x 半平面,对于最省燃料的控制,控制前后相位 Θ_1,Θ_2 满足

$$\begin{cases} \Theta_1 = \Theta^* \in (2k\pi, 2k\pi + \pi) \\ \Theta_2 = \Theta^* + \Delta\Theta \in (2k\pi, 2k\pi + \pi) \end{cases} \quad 或 \quad \begin{cases} \Theta_1 = \Theta^* \in (2k\pi - \pi, 2k\pi) \\ \Theta_2 = \Theta^* + \Delta\Theta \in (2k\pi - \pi, 2k\pi) \end{cases} \tag{8.138}$$

(1) 若 $\sin(\Theta^* + \Delta\Theta) = 1$,即控后相位: $\Theta^* + \Delta\Theta = 2k\pi + \pi/2 \in (2k\pi, 2k\pi + \pi)$,则控前相位: $\Theta^* = 2k\pi + \pi/2 - \Delta\Theta \in (2k\pi, 2k\pi + \pi)$,可得相位改变量 $-\pi/2 < \Delta\Theta < \pi/2$;

(2) 若 $\sin(\Theta^* + \Delta\Theta) = -1$,即控后相位: $\Theta^* + \Delta\Theta = 2k\pi - \pi/2 \in (2k\pi - \pi, 2k\pi)$,则控前相位: $\Theta^* = 2k\pi - \pi/2 - \Delta\Theta \in (2k\pi - \pi, 2k\pi)$,可得相位改变量 $-\pi/2 < \Delta\Theta < \pi/2$。

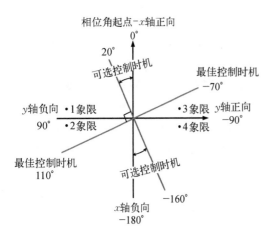

图 8.10　可选控制时机区间与
最佳控制时机的关系

即只有需要改变的相位角 $\Delta\Theta \in (-\pi/2,$ $\pi/2)$ 为正负锐角时，才能找到最省燃料的控制时机。此时若最小控制量 $\Delta V_{y\min} = \sin\Delta\Theta \cdot (nb/2)$，则最省燃料的控制时机为 $\Theta^* = 2k\pi + \pi/2 - \Delta\Theta$；若最小控制量为 $\Delta V_{y\min} = -\sin\Delta\Theta \cdot (nb/2)$，则最省燃料的控制时机为 $\Theta^* = 2k\pi - \pi/2 - \Delta\Theta$。

举例说明，如图 8.10 所示，当需要改变的相位角 $\Delta\Theta = 160°$，可选控制时机区间为：$\Theta \in$ $(0, 20°) \cup (-180°, -160°)$，最省燃料的控制时机为：$\Theta = 110°$ 或 $-70°$，没有落在可选控制时机区间内，找不到省燃料的控制时机。

由公式（8.135）还可知，一定相位改变量 $\Delta\Theta$ 对应的横向控制量 ΔV_y 还与椭圆短半轴 b 相关：椭圆短半轴 b 越大，所需横向控制量 ΔV_y 也越大。所以编队构型尺度大的卫星在进行相位调整时，燃料耗费相对也多。但对于最省燃料的控制，根据公式（8.66）的推导，最省燃料控制时椭圆短半轴将改变

$$\Delta b = b\left[\sqrt{\left(\frac{2\Delta V_y}{nb} - \cos\Theta\right)^2 + \sin^2\Theta} - 1\right]$$

$$= b\left\{\sqrt{\left[\frac{\pm 2\sin\Delta\Theta \cdot (nb/2)}{nb} - \cos(2k\pi \pm \pi/2 - \Delta\Theta)\right]^2 + \sin^2(2k\pi \pm \pi/2 - \Delta\Theta)} - 1\right\}$$

$$= b(\cos\Delta\Theta - 1) = b(|\sin\Theta| - 1) < 0 \tag{8.139}$$

即有结论：在只能进行横向控制时，无论是控大还是控小相位，最省燃料控制总是会朝着将椭圆短半轴减小的方向进行。椭圆短半轴减小，后续进行最省燃料相位控制所需的控制量也会减小，如图 8.11 所示。

2）不改变相位的控制时机

编队卫星的相位控制到位后，希望后续控制不改变当前相位。由公式（8.76）可知，横向控制量 ΔV_y 一定会改变椭圆中心径向位置 x_c，从而改变 $\cos\Theta = (x - x_c)/b$ 的值；但可以选择 $\sin\Theta \equiv 0$，即 $\Theta = k\pi$（相对运动椭圆上下点）的时机进行控制，则控制前后 $y = y_c$ 都成立，相位均为 0 或 π，控制不改变相位。

虽然理论上讲，在相对运动椭圆上下点进行横向控制不改变相位，但实际在轨时，由于测定轨误差，上下点可能会找不准，$y - y_c \neq 0$ 为一小量；此时若恰好需要施加的控制量 $|\Delta V_y|$ 较大，如 $|\Delta V_y| \rightarrow nb/2$，则会使 $|x - x_c| \rightarrow 0$，此时 $\Theta = \text{atan2}[(y - y_c)/(-2b),$ $(x - x_c)/b]$ 的中括号为一 $0:0$ 型未定式，相位可能被改为任意值，为数学奇点，因此工程上在进行相位控制时，横向控制量应以可使椭圆短半轴减小到 0 为上限，即 $nb/2$。

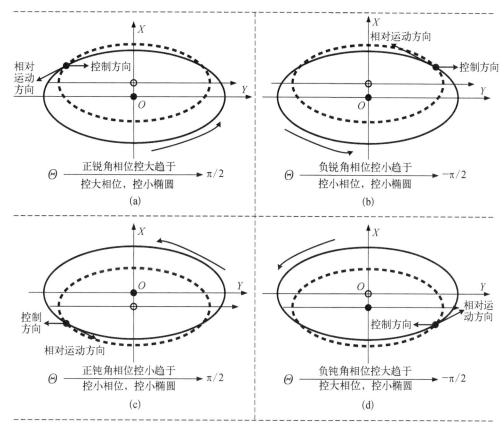

图 8.11　最省燃料相位控制控小椭圆短半轴示意图

3) 趋近最小控制量的控制时机

当需要改变的相位角 $\Delta\Theta \in [\pi/2, \pi] \bigcup [-\pi, -\pi/2]$ 时,在可选控制时机区间内找不到最省燃料控制的控制时机,此时可分次进行最省燃料控制,也可以在可选控制时机内任一控制时机进行控制,所需控制量按公式(8.135)计算。由公式(8.135)可知,在可选控制时机内不同时机进行控制,控制量大小不同。选择 $\Theta \xrightarrow{\text{无限趋近}} k\pi$ 的时机进行控制,此时控制量趋近最小控制量

$$\Delta V_y = \frac{\sin\Delta\Theta \cdot nb/2}{\sin(\Theta + \Delta\Theta)} \xrightarrow{\text{无限趋近}} \frac{\sin\Delta\Theta \cdot nb/2}{\sin(k\pi + \Delta\Theta)} = \Delta V_{y\min}^{\#} = \pm nb/2 \quad (8.140)$$

这里需要注意的是:控制时机无限趋近 $k\pi$,但不等于 $k\pi$,因为上面的分析表明在相对运动椭圆上下点($\Theta = k\pi$)进行横向控制不改变相位。所以实际应用时,需要根据实际情况设定"无限趋近"的量化标准,使非锐角相位改变量的控制趋近最小控制量,尽可能节省燃料。

3. 径向控制的最省燃料问题

如第 8.3.3 节中"3. 径向控制的最省燃料问题"所述,部分资源受限的微小卫星只能进行径向控制,针对此种情况探讨相位的最省燃料控制时机。

径向控制量 ΔV_x 会改变椭圆中心的横向位置 y_c 和椭圆短半轴 b，对于 $\sin\Theta=(y-y_c)/(-2b)$，其大小和符号都可能发生改变；但对于 $\cos\Theta=(x-x_c)/b$，只可能改变大小，符号不变，即：在只有径向控制量时，控制前后相位在同一 y 半平面。控制时机与相位改变量满足如下关系：① 若 $\Delta\Theta\in(-\pi,0)$，则可选控制时机为 $\Theta\in(2k\pi-\pi/2-\Delta\Theta,2k\pi+\pi/2)\bigcup(2k\pi+\pi/2-\Delta\Theta,2k\pi+3\pi/2)$；② 若 $\Delta\Theta\in(0,\pi)$，则可选控制时机为 $\Theta\in(2k\pi-\pi/2,2k\pi+\pi/2-\Delta\Theta)\bigcup(2k\pi+\pi/2,2k\pi+3\pi/2-\Delta\Theta)$。

1）最省燃料的控制时机

由公式（8.78）可知，在只能进行径向控制时，径向控制量 ΔV_x 引起的相位改变量 $\Delta\Theta$ 为

$$\tan\Delta\Theta=\frac{\cos\Theta}{\sin\Theta-nb/\Delta V_x} \tag{8.141}$$

公式（8.141）变形可得改变 $\Delta\Theta$ 相位所需的径向控制量 ΔV_x 为

$$\Delta V_x=-nb\frac{\sin\Delta\Theta}{\cos(\Theta+\Delta\Theta)} \tag{8.142}$$

公式（8.142）表明对于一定的相位改变量 $\Delta\Theta$，所需径向控制量 ΔV_x 与控制时机 Θ 相关，可以通过选择最优控制时机 Θ^* 使控制量 ΔV_x 最小。

当 $\cos(\Theta+\Delta\Theta)=\pm1$ 时，即

$$\Theta^*=k\pi-\Delta\Theta \tag{8.143}$$

时，所需控制量最小为

$$\Delta V_{x\min}=\mp nb\sin\Delta\Theta=\mp nb\sin\Theta^* \tag{8.144}$$

为径向控制前提下最省燃料的相位控制，这种控制模式对资源受限的编队小卫星意义重大。

对于只能进行径向控制的相位控制，由于控制前后相位须在同一 y 半平面，对于最省燃料的控制，控制前后相位 Θ_1，Θ_2 满足

$$\begin{cases}\Theta_1=\Theta^*\in(2k\pi-\pi/2,2k\pi+\pi/2)\\\Theta_2=\Theta^*+\Delta\Theta\in(2k\pi-\pi/2,2k\pi+\pi/2)\end{cases}或\begin{cases}\Theta_1=\Theta^*\in(2k\pi+\pi/2,2k\pi+3\pi/2)\\\Theta_2=\Theta^*+\Delta\Theta\in(2k\pi+\pi/2,2k\pi+3\pi/2)\end{cases} \tag{8.145}$$

（1）若 $\cos(\Theta^*+\Delta\Theta)=1$，即控后相位：$\Theta^*+\Delta\Theta=2k\pi\in(2k\pi-\pi/2,2k\pi+\pi/2)$，则控前相位：$\Theta^*=2k\pi-\Delta\Theta\in(2k\pi-\pi/2,2k\pi+\pi/2)$，可得相位改变量 $-\pi/2<\Delta\Theta<\pi/2$；

（2）若 $\cos(\Theta^*+\Delta\Theta)=-1$，即控后相位：$\Theta^*+\Delta\Theta=2k\pi+\pi\in(2k\pi+\pi/2,2k\pi+3\pi/2)$，则控前相位：$\Theta^*=2k\pi+\pi-\Delta\Theta\in(2k\pi+\pi/2,2k\pi+3\pi/2)$，可得相位改变量 $-\pi/2<\Delta\Theta<\pi/2$。

即只有需要改变的相位角 $\Delta\Theta\in(-\pi/2,\pi/2)$ 为正负锐角时，才能找到最省燃料的控制

时机。此时若最小控制量 $\Delta V_{x\min} = \sin \Delta \Theta \cdot nb$，则最省燃料的控制时机为 $\Theta^* = 2k\pi + \pi - \Delta \Theta$；若最小控制量为 $\Delta V_{x\min} = -\sin \Delta \Theta \cdot nb$，则最省燃料的控制时机为 $\Theta^* = 2k\pi - \Delta \Theta$。

由公式 (8.142) 还可知，一定相位改变量 $\Delta \Theta$ 对应的径向控制量 ΔV_x 还与椭圆短半轴 b 相关：椭圆短半轴 b 越大，所需径向控制量 ΔV_x 也越大。所以编队构型尺度大的卫星在进行相位调整时，燃料耗费相对也多。但对于最省燃料的控制，根据公式 (8.71)，最省燃料控制时椭圆短半轴将改变

$$\Delta b = b \left[\sqrt{\left(\frac{\Delta V_x}{nb} - \sin \Theta \right)^2 + \cos^2 \Theta} - 1 \right]$$

$$= b \left\{ \sqrt{\left[\frac{-\sin \Delta \Theta \cdot nb}{nb} - \sin(2k\pi - \Delta \Theta) \right]^2 + \cos^2(2k\pi - \Delta \Theta)} - 1 \right\}$$

$$= b(\cos \Delta \Theta - 1) = b(|\cos \Theta| - 1) < 0 \tag{8.146}$$

或

$$\Delta b = b \left\{ \sqrt{\left[\frac{\sin \Delta \Theta \cdot nb}{nb} - \sin(2k\pi + \pi - \Delta \Theta) \right]^2 + \cos^2(2k\pi + \pi - \Delta \Theta)} - 1 \right\}$$

$$= b(\cos \Delta \Theta - 1) = b(|\cos \Theta| - 1) < 0 \tag{8.147}$$

即有结论：在只进行径向控制时，无论是控大还是控小相位，最省燃料控制总是会朝着将椭圆短半轴减小的方向进行。椭圆短半轴减小，后续进行最省燃料相位控制所需的控制量也会减小。

2) 不改变相位的控制时机

编队卫星的相位控制到位后，希望后续控制不改变当前相位。由公式 (8.76) 可知，径向控制量 ΔV_x 一定会改变椭圆中心横向位置 y_c，从而改变 $\sin \Theta = (y - y_c)/(-2b)$ 的值；但可以选择 $\cos \Theta \equiv 0$，即 $\Theta = k\pi + \pi/2$（相对运动椭圆左右点）的时机进行控制，则控制前后 $x = x_c$ 都成立，相位均为 $\pi/2$ 或 $-\pi/2$，控制不改变相位。

虽然理论上讲，在相对运动椭圆左右点进行径向控制不改变相位，但实际在轨时，由于测定轨误差，左右点可能会找不准，$x - x_c \neq 0$ 为一小量；此时若恰好需要施加的控制量 $|\Delta V_x|$ 较大如 $|\Delta V_x| \rightarrow nb$，则会使 $|y - y_c| \rightarrow 0$，此时 $\Theta = \text{atan2}[(y - y_c)/(-2b), (x - x_c)/b]$ 的中括号为一 $0:0$ 型未定式，相位可能被改为任意值，为数学奇点，因此工程上在进行相位控制时，径向控制量应以可使椭圆短半轴减小到 0 为上限，即 nb。

3) 趋近最小控制量的控制时机

当需要改变的相位角 $\Delta \Theta \in [\pi/2, \pi] \bigcup [-\pi, -\pi/2]$ 时，在可选控制时机区间内找不到最省燃料控制的控制时机，此时可分次进行最省燃料控制，也可以在可选控制时机内任一控制时机进行控制，所需控制量按公式 (8.142) 计算。由公式 (8.142) 可知，在可选控制时机内不同时机进行控制，控制量大小不同，选择 $\Theta \xrightarrow{\text{无限趋近}} k\pi + \pi/2$ 的时机进行控制，此时控制量趋近最小控制量

$$\Delta V_x = -\frac{\sin \Delta \Theta \cdot nb}{\cos(\Theta + \Delta \Theta)} \xrightarrow{\text{无限趋近}} -\frac{\sin \Delta \Theta \cdot nb}{\cos(k\pi + \pi/2 + \Delta \Theta)} = \Delta V_{x\min}^{\#} = \pm nb$$

$$(8.148)$$

这里需要注意的是：控制时机无限趋近 $k\pi + \pi/2$，但不等于 $k\pi + \pi/2$，因为上面的分析表明在相对运动椭圆左右点（$\Theta = k\pi + \pi/2$）进行径向控制不改变相位。所以实际应用时，需要根据实际情况设定"无限趋近"的量化标准，使非锐角相位改变量的控制趋近最小控制量控制，尽可能节省燃料。

8.3.5 多目标耦合控制优先级

实际在轨飞行中，即使控制到位的编队构型，也会由于 C-W 方程本身的模型误差、空间摄动差和控制误差的影响，随着时间的累积构型发生偏移。仿真表明相对运动椭圆中心径向位置、椭圆中心横向位置、椭圆短半轴、椭圆上的相对相位，这四个表征编队卫星轨道面内相对运动的特征参数在一定时间内的偏移量级并不相当，往往椭圆中心的横向位置漂移最为显著，其次是椭圆短半轴和椭圆中心径向位置的改变，最后才是编队卫星相对相位的改变。表 8.9 为四颗伴随卫星 A、B、C、D 相对参考卫星 O 的相位均分稳定伴飞编队构型在 1 个月内的偏移程度，参考卫星初始轨道高度为 700 km，伴随卫星初始伴飞椭圆短半轴为 5 km，参考卫星大气阻力面质比为 0.044 m^2/kg，伴随卫星大气阻力面质比为 0.036 m^2/kg。

表 8.9 模型误差和摄动差对相对运动椭圆特征参数的影响量级对比

编队卫星	椭圆中心径向位置改变量/m	椭圆中心横向漂移速率/(m/s)	椭圆中心横向漂移量/m	椭圆短半轴改变量/m	相对相位改变量/(°)
A	8.361	0.003 2	8.224×10^3	5.748	—
B	10.368	0.004 1	10.553×10^3	15.988	0
C	8.782	0.004 5	11.574×10^3	8.025	0
D	9.761	0.003 5	9.090×10^3	12.348	0

控制误差对构型偏移的影响类似于大气摄动差。由表 8.9 的仿真可知，伴随卫星与参考卫星的大气摄动差等效为伴随卫星相对参考卫星有一个初始横向漂移速率（椭圆中心径向位置改变），虽然此漂移速率很小，但随着时间的累积，相对运动椭圆的横向位置将发生很大的漂移，破坏编队构型。从理论上讲，四个特征参数中只有椭圆中心横向位置是时间的累积量，在轨长期运动中漂移效果也最明显；而相对相位为伴随卫星之间摄动差的体现，四颗伴随卫星力学模型相同，空间相对距离又较近，所以没有改变。

第 8.3.1 节~第 8.3.4 节详细推导了控制量 ΔV（分解为横向控制量 ΔV_y 和径向控制量 ΔV_x）对四个特征参数的改变公式，现汇总如表 8.10 所示。

表 8.10 相对运动椭圆特征参数与控制量的关系汇总

控 制 目 标	控制量对控制目标的改变关系
椭圆中心径向位置 x_c	$\Delta x_c = \dfrac{2\Delta V_y}{n}$
椭圆中心横向位置 y_c	$\Delta y_c = -\dfrac{2\Delta V_x}{n} - 3\Delta V_y \Delta t$
椭圆短半轴 b	$\Delta b = b\left(\sqrt{\left(\dfrac{\Delta V_x}{nb} - \sin\Theta\right)^2 + \left(\dfrac{2\Delta V_y}{nb} - \cos\Theta\right)^2} - 1 \right)$
椭圆上的相位 Θ	$\tan\Delta\Theta = \dfrac{2\Delta V_y \sin\Theta - \Delta V_x \cos\Theta}{nb - (2\Delta V_y \cos\Theta + \Delta V_x \sin\Theta)}$

由表 8.10 可知,控制量对四个特征参数的改变是相互耦合的,即共面编队构型的控制实质上是一个多目标耦合控制,实际在轨应用中需要根据控制量与各特征参数之间的关系确定控制目标优先级,通过对各控制目标的逐个控制实现对编队构型的最终控制。

基于第 8.3.1 节~第 8.3.4 节的分析,以只能进行横向控制的微小卫星为例,将对各控制目标进行控制的控制要素(控制量的大小、控制方向、控制时机)汇总如表 8.11 所示。

表 8.11 相对运动椭圆特征参数与控制量的关系汇总

控 制 目 标	控 制 量	控 制 方 向	控 制 时 机
椭圆中心径向位置 x_c	$\Delta V_y = n\Delta x_c / 2$ 其中:$\Delta x_c = x_{c\_Tar} - x_c(t)$	$\Delta V_y \leqslant 0$,反横向 $\Delta V_y \geqslant 0$,沿横向	任何时机
椭圆中心横向漂移速度 V_c	$\Delta V_y = -\Delta V_c / 3$ 其中:$\Delta V_c = V_{c\_Tar} - V_c(t)$	$\Delta V_y \leqslant 0$,反横向 $\Delta V_y \geqslant 0$,沿横向	任何时机
椭圆中心横向位置 y_c	Δy_c 与 $V_c(t)$ 符号相反: $\begin{cases} t_1 : \Delta V_{y1} = V_c(t)/3 + \mathrm{sign}(V_c(t)) \cdot \Delta V_{ystad} \\ t_2 : \Delta V_{y2} = -\mathrm{sign}(V_c(t)) \cdot \Delta V_{ystad} \end{cases}$ Δy_c 与 $V_c(t)$ 符号相同: 若 $\|V_c(t)\| < \Delta V_{cstad}$,则 $\begin{cases} t_1 : \Delta V_{y1} = V_c(t)/3 - \mathrm{sign}(V_c(t)) \cdot \Delta V_{ystad} \\ t_2 : \Delta V_{y2} = \mathrm{sign}(V_c(t)) \cdot \Delta V_{ystad} \end{cases}$ 若 $\|V_c(t)\| \geqslant \Delta V_{cstad}$,则 $\begin{cases} t_1 : \Delta V_{y1} = 0 \\ t_2 : \Delta V_{y2} = V_c(t)/3 \end{cases}$ 其中:$\Delta y_c = y_{c\_Tar} - y_c(t)$;$\Delta V_{ystad} = V_{cstad}/3$ 为任务要求的回漂速度 V_{cstad} 对应的控制量, V_{cstad} 符号为正。	$\Delta V_{y1/y2} \leqslant 0$,反横向 $\Delta V_{y1/y2} \geqslant 0$,沿横向	两次控制时间间隔: $\Delta t = t_2 - t_1 = \Delta y_c / (3\Delta V_{ystad})$

控 制 目 标	控 制 量		控 制 方 向	控 制 时 机
椭圆短半轴 b	定量改变	$\Delta V_y =$ $\dfrac{nb}{2}\left[\cos\Theta \pm \sqrt{\cos^2\Theta + \dfrac{(2b+\Delta b)\Delta b}{b^2}}\right]$ 其中：$\Delta b = b_{Tar} - b(t)$	沿横向/反横向 $\Delta b < 0$，与相对运动方向夹角范围为 $(\pi/2, \pi]$ $\Delta b > 0$，与相对运动方向夹角范围为 $[0, \pi/2]$	$\Theta = \arccos\left(\dfrac{\Delta V_y}{nb} - \dfrac{2b+\Delta b}{2b}\dfrac{n\Delta b}{2\Delta V_y}\right)$
	最大效率改变	$\Delta V_{y\,min} = \left|\dfrac{n\Delta b}{2}\right|,$ 其中：$\Delta b = b_{Tar} - b(t)$	$\Delta b < 0$： $\Theta = 2k\pi$，沿横向； $\Theta = 2k\pi + \pi$，反横向。 $\Delta b > 0$： $\Theta = 2k\pi$，反横向； $\Theta = 2k\pi + \pi$，沿横向。	$\Theta = k\pi$
	不改变	$\Delta V_y = nb\cos\Theta$	沿横向/反横向 与相对运动方向夹角范围为 $(\pi/2, \pi]$	$\Theta = acos(\Delta V_y/nb)$
相位角 Θ	定量改变	$\Delta V = \dfrac{nb}{2}\dfrac{\sin\Delta\Theta}{\sin(\Theta + \Delta\Theta)},$ 其中：$\Delta\Theta = \Theta_{Tar} - \Theta(t)$	$\Delta V_y \leqslant 0$，反横向 $\Delta V_y \geqslant 0$，沿横向	若 $\Delta\Theta \in (-\pi, 0)$，如下区间中任一时机： $\Theta \in (2k\pi - \Delta\Theta, 2k\pi + \pi) \cup (2k\pi - \pi - \Delta\Theta, 2k\pi)$ 若 $\Delta\Theta \in (0, \pi)$，如下区间中任一时机： $\Theta \in (2k\pi, 2k\pi + \pi - \Delta\Theta) \cup (2k\pi - \pi, 2k\pi - \Delta\Theta)$
	最大效率改变	$\Delta V_{ymin} = \dfrac{nb}{2}\sin\Delta\Theta,$ 其中：$\Delta\Theta = \Theta_{Tar} - \Theta(t)$，且 $|\Delta\Theta| < 90°$	$\Delta V_y \leqslant 0$，反横向 $\Delta V_y \geqslant 0$，沿横向	$\Theta = k\pi + \pi/2 - \Delta\Theta$
	不改变	任意的 ΔV_y 值	$\Delta V_y \leqslant 0$，反横向 $\Delta V_y \geqslant 0$，沿横向	$\Theta = k\pi$

注：表中 $x_c(t)$、$V_c(t)$、$y_c(t)$、$b(t)$ 和 $\Theta(t)$ 为当前状态量，带有下标"Tar"的量为控制目标的目标数值。

综合上面的分析，确定只能进行横向控制时共面编队的四个控制目标优先级如下：

1. 对编队卫星在相对运动椭圆上相对相位的控制是首要的

原因在于：

(1) 由表 8.9 可知，相位受空间环境影响的改变较其他三个控制目标慢很多；

(2) 相位控制最难实现，并非所有的时刻都可作为最优控制时机的待选时刻；

(3) 对其他三个控制目标采用最优控制（椭圆上下点控制）策略，不会改变相位；

(4) 控相位的同时会不可避免地改变其他控制目标，先控制其他三个控制目标无论是从节省燃料的角度还是从控制策略复杂性的角度讲,都是不合适的。

2. 对相对运动椭圆中心横向漂移速率(与椭圆中心径向位置线性相关)的控制是随后的

原因在于:

(1) 空间摄动差、控制误差直接反映在相对运动椭圆中心横向漂移速率上,较其他三个控制目标的改变显著;

(2) 椭圆中心的横向漂移会导致编队卫星构型的改变,会严重影响编队卫星的协同工作,甚至使编队卫星与目标卫星有碰撞的风险。

3. 对相对运动椭圆中心横向位置的控制是最后的

原因在于:

(1) 无论对哪个控制目标进行控制,只要进行横向控制,就会改变椭圆中心横向漂移速率,从而改变横向位置;

(2) 其他三个控制目标控制到位后,可通过采用一对大小相等、方向相反的横向控制量将椭圆中心的横向位置控制到位,同时不改变其他三个已经控制到位的控制目标。

4. 对椭圆短半轴的控制可与椭圆中心横向位置的控制同时进行

原因在于:

(1) 用一对大小相等、方向相反的横向控制量控制椭圆中心横向位置时,可通过选择控制时机(一次上点、一次下点)同时兼顾椭圆短半轴的控制;

(2) 控制椭圆短半轴时,可通过控制方向与控制时机的匹配,实现对椭圆中心横向位置的修正。比如要增大椭圆,可选择在上点反横向控制,也可选择在下点沿横向控制,对应使椭圆中心沿横向漂移或反横向漂移。

综上所述,确定四个控制目标的优先级为:

椭圆上的相位 > 椭圆中心横向漂移速率(椭圆中心径向位置)

> 椭圆短半轴 > 椭圆中心横向位置

微小卫星由于质量尺寸限制,携带燃料有限,编队构型控制往往需要考虑节省燃料,即最省燃料的构型控制。数值法是求解最优控制问题的一种有效方法,数值法的原理是通过参数化理论将连续的最优控制问题转化为非线性规划问题,然后数值求解非线性规划问题获得最优解。数值法对很多不存在解析解或难以求得解析解的优化问题都能很好地求解,但由于其庞大的计算量,很难应用在资源受限的微小卫星构型控制中。

第 8.3 节提出基于 C—W 方程几何解的共面编队构型控制方法,其数学解简洁,物理意义明确,非常适合在具有多种复杂约束条件的工程上应用,具有很高的可行性和可靠性。本章通过一个具体的工程实例,详细阐述这种控制方法在实际工程中的应用。在介绍构型控制相关内容前,首先通过分析任务目标和工程约束对任务阶段进行了分解,其中思路体现了工程思维方法。

9.1 任 务 简 介

1. 任务目标

本章基于一工程实例,详细介绍构型控制方法在工程中的应用。本项目的任务目标是将 5 000 km 外四颗初始入轨的松散编队卫星导引控制到目标星附近,并形成相位均分的共面椭圆长期绕飞。任务相关情况见表 9.1。

表 9.1　任务相关情况

任务目标	实现编队构型的重构	备　　　　注
目标卫星	目标卫星 O(有时也称参考卫星)	伴随卫星与目标卫星均为 700 km 圆轨道,轨道周期 5 922 s
编队卫星	伴随卫星 A、B、C、D	伴随卫星初始位于目标卫星飞行方向后方 5 000 km 处
初始构型	共面串行编队飞行 相邻两星间距 10 km	

续表

任务目标	实现编队构型的重构	备　注
目标构型	相位均分的共面椭圆稳定伴飞 伴飞椭圆短半轴 5 km 保持构型 1 周以上 目标构型的保持要求如下： (1) 星间相对相位：$90°\pm5°$ (2) 椭圆横向偏心：±2 km (3) 椭圆径向偏心：±1 km (4) 椭圆短半轴：5 km±1 km	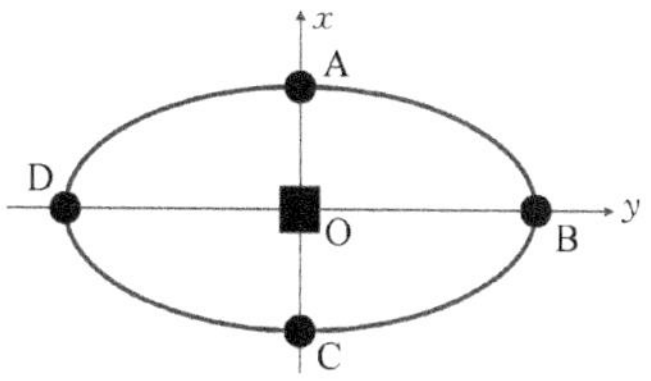

2. 设计约束

伴随卫星在一定距离内可进行相互通信和相对测量，伴随卫星在一定距离内可对目标卫星进行测量。地面无测控支持，星上进行自主导航和自主轨控。

1）星间安全距离

设伴随卫星为 40 cm×40 cm ×40 cm 的立方体，按照安全距离不小于卫星尺度的 50 倍余量进行设计，伴随卫星星间安全距离为 $\Delta l_{1\min} = 20$ m；

目标编队构型为 5 km 的共面伴飞椭圆，根据安全距离至少应比构型尺度小一个数量级的原则，确定伴随卫星与目标卫星的安全距离为 $\Delta l_{2\min} = 500$ m。

2）通信条件

在这个实例中，星间通信是星上自主导航和自主控制的基础。假设伴随卫星两星星间可进行通信的距离不超过 30 km，则在整个构型重构控制过程中，都必须保证相邻两星星间最远距离不超过 30 km，保持伴随卫星星间联通。

3）导航手段

伴随卫星：

绝对轨道：GPS 导航，导航精度优于 10 m；

相对轨道：差分 GPS，导航精度优于 1 m；

对目标卫星：

相距较远：地面上注，一天一次，一小时一个点，一天精度优于 150 m；

相距较近：相对测量，稳定构型下的测量精度优于 10 m，0.015 m/s。

4）推进系统

采用化学推进，需要加热，加热时间为 40 min，紧急情况下两次控制间的最短时间间隔为 40 min。两个推力器分别安装在卫星本体的 x 轴和 $-x$ 轴，卫星姿态对地定向，即卫星只能进行横向控制，控制精度优于 2%。

5）最小控制量

最小控制量与构型尺度和导航精度相关。

任务要求的目标构型尺度较小，同时还要兼顾节省燃料，决定了整个任务阶段的控制量必然维持在较小量级。由前面的分析可知，在相对运动的框架下，对编队构型的控制可通过四个控制目标来体现：

(1) 相对运动椭圆中心横向位置 y_c；

(2) 相对运动椭圆中心径向位置 x_c（与椭圆中心横向漂移速率 V_c 线性相关）；

(3) 相对运动椭圆短半轴 b；

(4) 相对运动椭圆上的相位 Θ。

一般来讲，最小控制量引起控制目标改变应比构型尺度至少小两个数量级，基于此推导最小控制量。

(1) 与相对运动椭圆中心横向位置相关的控制指标最小为 500 m（伴随卫星与目标卫星的安全距离），星上轨道预报一轨更新一次，所以最小控制量引起的相对运动椭圆中心横向漂移在一轨时间内的响应应小于 $\Delta l_{2\min} = 500$ m，由公式（8.23）可知

$$| \Delta V_{y\min 1} | \leqslant \frac{500 \text{ m}}{3 \times 5\,922 \text{ s}} = 0.028 \text{ m/s} \tag{9.1}$$

(2) 任务目标为 5～10 km 的稳定伴飞椭圆构型，最小控制量对椭圆短半轴的改变至少应比其构型尺度小两个数量级，由公式（8.69）可知

$$| \Delta V_{y\min 2} | \leqslant \frac{5 \text{ km}/100 \times \pi}{5\,922 \text{ s}} = 0.027 \text{ m/s} \tag{9.2}$$

(3) 目标构型要求四颗伴随卫星相位均布，最小控制量对相位的改变至少应达到 $1°$ 的分辨率，按照虚拟伴飞阶段（参见 9.2.2 节）椭圆短半轴的控制目标 4 km 估算，由公式（8.137）可知

$$| \Delta V_{y\min 3} | \leqslant \frac{4 \text{ km} \times \pi}{5\,922 \text{ s}} \times \sin(1°) = 0.037 \text{ m/s} \tag{9.3}$$

综合以上三点，最小控制量应不超过 0.027 m/s。

最小控制量与导航精度的关系应满足：最小控制应能被导航测量。当前相对导航精度（包括伴随卫星间的相对导航和伴随卫星对目标卫星的相对导航）基本可以达到（10 m＋10 m）/5 922 s＝0.003 4 m/s 的量级（伴随卫星对目标卫星的相对导航），所以最小控制量应不小于此相对导航分辨率。

综上所述，从构型尺度考虑，最小控制量应不超过 0.027 m/s，从导航精度考虑，最小控制量应不小于 0.003 4 m/s，暂定最小控制量为 0.005 m/s。

9.2　任　务　分　析

在 C - W 方程的框架下，伴随卫星从初始串行编队构型到相位均分共面稳定伴飞构型，表征轨道面内相对运动特性的四个特征参数变化情况如表 9.2 所示：

表 9.2 初始构型到目标构型四个特征参数的变化

控 制 目 标	串行编队	相位均分共面伴飞编队	备　　注
椭圆中心横向位置 y_c	$y_c = -5\,000$ km	$y_c = 0$	$y_c = -5\,000$ km $\to 0$
椭圆中心横向漂移速率 V_c（与椭圆中心径向位置 x_c 线性相关）	$V_c = 0$	$V_c = 0$	要改变 y_c，必须令 V_c 等于一定值，所以构型重构过程中有：$V_c = 0 \to V_c \neq 0 \to V_c = 0$
椭圆短半轴 b	$b = 0$	$b = 5$ km	$b = 0 \to 5$ km
星间相对相位 $\Delta\Theta$	$\Delta\Theta = 0$	$\Delta\Theta = \pm\pi/2$	$\Delta\Theta = 0 \to \pm\pi/2$

　　由表 9.2 可以看出，构型重构过程中四个特征参数都需通过控制改变，由于四个特征参数与控制变量的耦合关系，构型重构过程较为复杂，控制次数较多。

　　由于目标编队构型尺度较小（5 km 共面伴飞椭圆），构型重构过程中不可避免地会使伴随卫星与目标卫星之间有多次近距离交会，为保障任务安全进行，必然对伴随卫星相对目标卫星的相对导航精度提出很高要求。但伴随卫星相对目标卫星的导航精度是一个随相对距离由远及近、编队构型从松散到规则逐渐提高的过程，也就是说，出于任务安全考虑，希望在构型重构过程中伴随卫星对目标卫星的导航精度尽可能高，但从伴随卫星对目标卫星的导航机理出发，只有完成构型重构，导航精度才能提高到匹配的量级。

　　为解决这种矛盾，在伴随卫星真正绕上目标卫星之前，就对一个与目标卫星轨道根数相仿（除真近点角其余轨道要素都相同）的虚拟点进行构型重构演练，以保障任务安全进行，将绕虚拟点的构型形成过程定义为虚拟伴飞；伴随卫星开展虚拟伴飞演练需要从距目标卫星 5 000 km 处接近到虚拟点处，将这个过程定义为远距接近；伴随卫星形成绕虚拟点的相位均分共面稳定伴飞构型后，通过平移的手段，使伴随卫星绕飞构型中心从虚拟点平移至目标卫星，即构型整体平移，将这个过程定义为构型平移；将伴随卫星绕虚拟点的相位均分共面稳定伴飞构型通过构型平移绕上目标卫星后，保持构型一定时间以上，将这个过程定义为构型保持。

　　因此，将整个任务过程分解为四个阶段，构型重构经过前三个阶段的控制得到实现，第四个阶段为构型保持。下面对各任务阶段的控制目标给出详细分析。

9.2.1 远距接近任务目标

　　伴随卫星从距目标卫星 5 000 km 处接近到虚拟点处开展构型重构演练，接近过程中伴随卫星从串行编队构型控制成一松散构型，如图 9.1 所示。

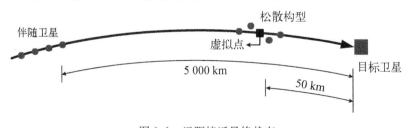

图 9.1 远距接近最终状态

1. 接近距离

虚拟点与目标卫星的相对距离受两方面的约束：

（1）当前星间可通信距离不超过 30 km，虚拟伴飞演练过程中，伴随卫星与虚拟点之间的距离应不超过最远星间可通信距离，出于任务安全考虑，虚拟点应在与目标卫星相距 30 km 以外；

（2）考虑构型重构过程中伴随卫星相对相位调整的复杂性，希望将伴随卫星绕虚拟点的相位均分构型通过平移的方式直接绕上目标卫星，不再进行相对相位的控制。但由于轨道上不同位置处空间环境不同，构型平移可能会改变伴随卫星原有的相对相位关系，所以虚拟点与目标卫星的相对距离不应太远，暂定虚拟点与目标卫星的真近点角不超过 1°，即二者相对距离不超过：$(6\,378.137 \text{ km}+700 \text{ km}) \times 1/57.3 = 124 \text{ km}$。

综上所述，虚拟点与目标卫星应相距 30～124 km，暂定为 50 km，则远距接近距离为 $5\,000 \text{ km} - 50 \text{ km} = 4\,950 \text{ km}$。

2. 接近速度

在轨卫星相对距离（绝对轨道相位）的调整一般通过抬高或降低半长轴的方式进行。远距接近段伴随卫星从距目标卫星 5 000 km 处接近到距目标卫星 50 km 处，需要至少两次控制：一次降低轨道半长轴，实现向目标卫星的追赶，另一次抬高轨道半长轴，实现在距目标卫星 50 km（虚拟点）处的相对驻留。其中驻留控制至关重要，决定着伴随卫星整体能否相对目标卫星驻留，以进行下一阶段的构型重构演练。考虑导航和控制误差，驻留控制至少分两次进行，即共进行三次控制来实现远距接近：第一次控制实现伴随卫星整体向目标卫星的接近（接近控制），第二次控制减小接近速度（减速控制），第三次控制实现对目标卫星的相对驻留（驻留控制），三次控制量的大小满足如下关系

$$|\Delta V_{y1}| = |\Delta V_{y2}| + |\Delta V_{y3}| \tag{9.4}$$

为提高驻留精度，应使驻留控制的控制量较小，约定本例中不超过接近控制量的 1/5，若接近控制量已知，可根据这条原则来确定减速控制的控制量。接近控制的控制量受以下两方面的约束：

为节省燃料，远距接近过程中应兼顾将椭圆短半轴朝着目标构型去控制。虚拟伴飞段构型重构演练时需要将椭圆短半轴控大到 4 km（具体原因见 9.2.2 节中的分析），即远距接近段应兼顾将椭圆短半轴控大到 4 km。假定远距接近段的三次控制均按照最省燃料的方式进行，由公式（8.69）可知总速度增量至少应为

$$|\Delta V_y| = \frac{n|\Delta b|}{2} = \frac{\pi|\Delta b|}{T} = \frac{\pi \times 4\,000 \text{ m}}{5\,922 \text{ s}} = 2.2 \text{ m/s} \tag{9.5}$$

考虑公式（9.4），接近控制的控制量至少应为

$$|\Delta V_{y1}| = |\Delta V_y| - (|\Delta V_{y2}| + |\Delta V_{y3}|) = \frac{1}{2}|\Delta V_y| = 1.1 \text{ m/s} \tag{9.6}$$

为保持远距接近过程中伴随卫星之间的相对距离安全，远距接近的速度增量不应太大。

第一次控制时,控制误差引起的椭圆横向漂移距离在最短控制间隔内,应不使相邻两伴随卫星间距小于安全距离,由公式 (8.23) 和公式 (8.69) 得到

$$L_{1\min} \geqslant 2 \times 3(|\Delta V_{y1}| \cdot |\eta|)\Delta t_{\min} + 2 \times 2 \times \frac{|\Delta V_{y1}|\, T}{\pi} + \Delta l_{1\min}$$

$$|\Delta V_{y1}| \leqslant \left(L_{1\min} - 4\,\frac{|\Delta V_{y1}|\, T}{\pi} - \Delta l_{1\min}\right)/(6\,|\eta|\,\Delta t_{\min})$$

$$= \left(10\ \text{km} - 4 \times \frac{1.2\ \text{m/s} \times 5\,922\ \text{s}}{\pi} - 20\ \text{m}\right)/(6 \times 2\% \times 5\,922\ \text{s})$$

$$= 1.3\ \text{m/s} \tag{9.7}$$

注:公式(9.7)中的 $\eta = 2\%$ 为控制误差,$L_{1\min}$ 为相邻两伴随卫星之间的距离,下文同。

综上所述,远距接近段的接近控制量为 $1.1\sim1.3$ m/s,暂定为 1.2 m/s。减速控制和驻留控制按 $5:1$ 分配,分别为 1.0 m/s 和 0.2 m/s。

3. 接近时间

远距接近段第三次控制精度要求较高,相应对导航精度要求也高。远距接近段伴随卫星对目标卫星的轨道获取依赖于地面上注,目前地面上注频次一天一次,为保障控制精度,第二次控制与第三次控制的时间均选择在地面刚上注目标卫星轨道后不久,则第二次控制与第三次控制之间的时间间隔至少应为一天,暂定为一天,由公式 (8.23) 可知第一次控制与第二次控制之间的时间间隔应为

$$3 \times 1.2\ \text{m/s} \times \Delta t + 3 \times (1.2\ \text{m/s} - 1.0\ \text{m/s}) \times 1\ \text{d} = 5\,000\ \text{km} - 50\ \text{km} \Rightarrow \Delta t = 15.75d \tag{9.8}$$

即远距接近至少需要 15.75 d$+1$ d$=16.75$ d 的时间。考虑设计余量,远距接近时间应不超过三周。

4. 接近过程中伴随卫星的状态

远距接近段第一、二次控制的控制量较大(1.2 m/s、1.0 m/s),控制误差较大的情况下,可能会使伴随卫星相邻两星之间的距离太近,产生碰撞风险。

为解决这一问题,第一次控制可以通过控制时间间隔来保障,即第一次控制对伴随卫星设置合理的时间间隔,使伴随卫星间相对距离拉开,但又不破坏星间联通状态;第二次控制使伴随卫星整体接近目标卫星的速度减小,在控制误差较大的情况下,应使伴随卫星整体在最短控制时间间隔内无碰撞风险,所以接近过程相邻两伴随卫星间的距离至少应为

$$L_{2\min} \geqslant 2 \times 3(|\Delta V_{y2}| \cdot |\eta|)\Delta t_{\min} + 2 \times 2 \times \frac{(|\Delta V_{y1}| + |\Delta V_{y2}|) \times T}{\pi} + \Delta l_{1\min}$$

$$= 2 \times 3 \times (1.0\ \text{m/s} \times 2\%) \times (3 \times 5\,922\ \text{s})$$

$$+ 2 \times 2 \times \frac{(1.2 + 1.0)\text{m/s} \times 5\,922\ \text{s}}{\pi} + 20\ \text{m}$$

$$= 18.8\ \text{km} \tag{9.9}$$

考虑设计余量,远距接近过程相邻两星之间的相对距离设置为 20 km。因此,考虑标称控制量,还可计算出四颗伴随卫星第一次控制的时间间隔为:(20 km − 10 km)/(3 × 1.2 m/s) ≈ 46 min。

5. 小结

综上所述,远距接近段轨控目标为:保持伴随卫星相邻两星间距 20 km 左右的相互联通近似串行编队状态,从相距目标卫星 5 000 km 处接近到距目标卫星 50 km 处并相对驻留;接近时间不超过 3 周。

9.2.2 虚拟伴飞任务目标

虚拟伴飞阶段要完成伴随卫星近似串行编队构型到相位均分共面伴飞稳定构型的构型重构,如图 9.2 所示。

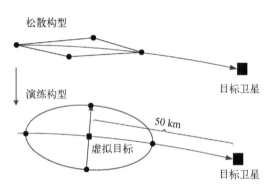

图 9.2 虚拟伴飞过程示意图

1. 虚拟构型

目标构型为椭圆短半轴 5 km 的相位均分共面稳定伴飞椭圆。虚拟伴飞形成伴随卫星绕虚拟点的相位均分共面稳定伴飞构型后,通过构型平移的手段绕上目标卫星,可通过匹配平移控制量的控制时机和控制方向使平移控制兼顾增大椭圆短半轴,所以从节省燃料的角度看,虚拟构型的椭圆短半轴可以适当小于目标构型要求的椭圆短半轴。

至于虚拟构型椭圆短半轴与目标构型椭圆短半轴的差,取决于平移控制量。构型平移段与远距接近段相似,采用对控控制实现平移接近和相对驻留,从导航精度与控制量的匹配性来讲,导航精度(最差 0.02 m/s)至少应比平移对控的最小控制量高一个数量级,即最小控制量为 0.2 m/s,即总控制量至少应为 0.2 m/s×2=0.4 m/s。按构型平移总控制量为 0.4 m/s 计算,由公式 (8.69) 可知平移过程中可引起的椭圆短半轴增大至少应为

$$\Delta b = \frac{|\Delta V_y| \ T}{\pi} = \frac{0.4 \text{ m/s} \times 5 \ 922 \text{ s}}{\pi} = 754 \text{ m} \tag{9.10}$$

考虑设计余量,取虚拟构型比目标构型椭圆短半轴小 1 km,则虚拟构型椭圆短半轴为 5 km−1 km=4 km。

2. 形成虚拟伴飞构型需要的时间

表 9.2 的分析指出,从远距接近段最终的近似串行编队构型到虚拟伴飞段要求的相位均分共面稳定伴飞构型,表征相对运动的四个特征参数都需通过控制改变,而且由于四个特征参数本身的耦合性,构型重构过程需按照控制目标的优先级(相对相位>椭圆中心横向漂移速率>椭圆短半轴>椭圆中心横向位置)逐一进行控制;此外为保证控制过程中伴随卫星之间的相对距离安全,伴随卫星的控制也是逐一进行的,这使得虚拟伴飞需要较长时间。由

于虚拟伴飞初始状态的不确定性,难以给出确切的虚拟伴飞所需要的时间,只能通过恶劣工况进行边界估计,暂定虚拟伴飞所需要的时间不超过 2 周。

3. 小结

综上所述,虚拟伴飞段轨控目标为:将伴随卫星由近似串行编队构型控制成四颗伴随卫星相位均分(相邻两星相对相位 90°)、绕虚拟点椭圆短半轴为 4 km 的共面稳定伴飞构型;虚拟伴飞时间不超过 2 周。

9.2.3 构型平移任务目标

由表 9.2 的分析可知,从近似串行编队构型到相位均分共面稳定伴飞构型的控制为一多参量耦合控制,控制过程复杂,尤其是伴随卫星相对相位的控制,在恶劣工况下对导航和控制的精度要求很高。为降低任务复杂度,引入虚拟伴飞,令伴随卫星首先相对虚拟点形成虚拟伴飞构型,然后再通过构型平移的方式绕上目标卫星,这种策略将构型重构的难度分散到几个阶段中去,提高了控制的可操作性和可靠性。

简单来说,构型平移就是将虚拟伴飞构型从虚拟点平移至目标卫星,所谓"平移"指在构型平移过程中,控制不改变伴随卫星在虚拟伴飞阶段已经控制到位的相位均分状态,如图 9.3 所示。

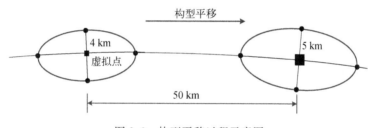

图 9.3　构型平移过程示意图

1. 平移过程

构型平移的任务目标是将虚拟构型中心平移至目标卫星,并在平移过程中将伴飞椭圆短半轴由 4 km 增大至 5 km。

2. 平移时间

9.2.2 节指出,平移对控最小控制量为 0.2 m/s,按此控制量进行控制,由公式(8.23)可知构型平移所需时间至少应为

$$3 \times 0.2 \, \text{m/s} \times \Delta t = 50 \, \text{km} \Rightarrow \Delta t = 0.96 \, \text{d} \tag{9.11}$$

考虑设计余量,构型平移时间不超过一周。

3. 导航切换距离

构型平移过程中,伴随卫星对目标卫星轨道信息的获取由地面上注转为相对测量,相对测量精度随着伴随卫星与目标卫星之间相对距离的接近而逐渐提高,到一定距离处时,导航精度优于地面上注,伴随卫星对目标卫星轨道信息获取由地面上注切换为相对导航,将此距

离定义为导航切换距离。

导航切换距离不仅与导航精度相关,还与控制策略相匹配。构型平移段进行两对,共四次控制:第一次控制使伴随卫星向目标卫星接近;第二次控制在伴随卫星建立对目标卫星的相对导航时(到达导航切换距离处时)进行,使伴随卫星相对目标卫星驻留,积累两轨左右的稳定相对导航数据;然后基于此相对导航数据进行第三次控制,使伴随卫星绕上目标卫星;待整个构型中心平移至目标卫星处时进行第四次控制,使伴随卫星相对目标卫星驻留,形成目标伴飞构型。第二次控制使伴随卫星相对目标卫星驻留后(导航切换距离处),伴随卫星相对目标卫星的相对运动椭圆最右点与目标卫星的相对距离,应比伴随卫星绕上目标卫星过程中的安全距离(500 m)大一个数量级,即为 5 km;此时相对运动椭圆短半轴介于4~5 km,则相对运动椭圆长半轴介于 8~10 km,所以导航切换距离介于 13~15 km,考虑设计余量,取 15 km。

4. 小结

综上所述,构型平移段轨控目标为:将相位均分的虚拟伴飞构型平移至目标卫星,平移控制不改变伴随卫星的相位均分构型,并将椭圆短半轴由 4 km 控大至 5 km;平移时间不超过 1 周。

9.2.4 构型保持任务目标

虚拟构型通过构型平移绕上目标卫星后,保持四星相位均分 90°±5°、椭圆短半轴为 (5 ± 1) km、椭圆中心横向偏心不超过 2 km,椭圆中心径向偏心不超过 1 km 的共面稳定伴飞构型 1 周以上。

各任务阶段的轨控目标汇总如表 9.3 所示。

表 9.3 各阶段轨道控制目标和导航精度需求

任务阶段	轨控目标
远距接近	保持伴随卫星相邻两星间距 20 km 左右的相互联通近似串行编队状态,从相距目标卫星 5 000 km 处接近到距目标卫星 50 km 处并相对驻留;接近时间不超过 3 周
虚拟伴飞	将伴随卫星由近似串行编队构型控制成四颗伴随卫星相位均分(相邻两星相对相位 90°)、绕虚拟点椭圆短半轴为 4 km 的共面稳定伴飞构型;虚拟伴飞时间不超过 2 周
构型平移	将相位均分的虚拟伴飞构型中心平移至目标卫星,平移控制不改变伴随卫星的相位均分构型,并将椭圆短半轴由 4 km 控大至 5 km;平移时间不超过 1 周
构型保持	保持四星相位均分 90°±5°、椭圆短半轴为 (5 ± 1) km、椭圆中心横向偏心不超过 2 km,椭圆中心径向偏心不超过 1 km 的共面稳定伴飞构型 1 周以上

9.3 控 制 过 程

9.3.1 远距接近控制策略

由第 9.2.1 节的分析可知,远距接近段通过沿横向或反横向的控制,使伴随卫星轨道半长轴先降低、再抬高,从而实现伴随卫星向目标卫星的接近和驻留。

远距接近过程中伴随卫星对目标卫星的轨道获取依赖于地面上注,其导航精度相比于伴随卫星间的相对导航精度要低很多。为保证接近过程中伴随卫星依然可以保持间距相对稳定的联通状态,采取一种伴随卫星 C 相对目标卫星 O 进行控制,而伴随卫星 A、B、D 相对相邻卫星进行控制的控制策略。如图 9.4 所示。选择中间星 C 星(也可以选择 B)作为相对目标卫星 O 控制的卫星,比选择头尾星(A 星或 D 星),更易保持接近过程中伴随卫星内部相互之间相对状态稳定和相对安全。

图 9.4　远距接近段控制策略

出于相同原因的考虑,虚拟伴飞段也采取一颗伴随卫星(C 星)相对目标卫星进行控制,其他伴随卫星(A、B、D 星)相对这颗伴随卫星控制的策略。此时 C 星需要控制相对目标卫星 O 的相对运动椭圆短半轴和椭圆中心位置,而 A、B、D 星则需控制相对 C 星的相对相位、椭圆短半轴和椭圆中心位置,且相对相位的控制应优先进行。为节省燃料,远距接近控制应兼顾控大 C 星相对目标卫星 O 的相对椭圆短半轴到 4 km;而由公式 (8.135)可知,控制一定相位消耗的燃料与椭圆短半轴成正比,所以为节省燃料,远距接近应兼顾控小 A、B、D 星相对 C 星的椭圆短半轴。

A、B、D 星相对 C 星的椭圆短半轴也不应太小。由第 8.3.3 节的分析可知,小尺度构型的相位控制容易出现奇点,虚拟伴飞段相对相位控制时最大控制量为 0.56 m/s(见第 9.3.2 节的详细分析),此控制量最大可将椭圆短半轴减小 0.56 m/s×5 922 s/π≈1 056 m,所以 A、B、D 星相对 C 星的椭圆短半轴至少应为 1 056 m,考虑设计余量,远距接近段兼顾将 A、B、D 星相对 C 星的椭圆短半轴控到 2 km。

已经证明相对运动椭圆上、下点是最大效率改变椭圆短半轴的控制时机,所以远距接近段的三次控制应选在相对运动椭圆上下点进行,传统的 C - W 方程难以对相距较远两航天器间的相对运动进行精确描述,需要依据改进的 C - W 方程进行上下点计算,改进的C - W 方程见第 7.5 节的内容,具体的相对运动椭圆找上下点的方法以及仿真验证可参见附录 E。

至于远距接近段三次控制的控制时机,除了兼顾相对运动椭圆短半轴控制需在上下点进行外,C 星的三次控制还应尽量选择在地面刚上注目标卫星轨道后不久,以保证控制精度。第 9.2.1 节已经计算出三次控制的时间间隔基本为:接近控制和减速控制间相隔 18 天左右,减速控制与驻留控制间至少相隔 1 天。

综上所述,将远距接近段伴随卫星的控制策略和相关通信导航支持汇总如表 9.4 所示。

表 9.4   远距接近阶段协同、导航和轨控相关情况

项　　　目			内　　　　　容
通信条件			相邻两伴随卫星在 30 km 相对距离内相互联通，通过星间链路交互导航数据和控制相关信息
导航条件			地面将目标卫星 O 的轨道上注给伴随卫星，一天上注一次
			相邻伴随卫星基于星间链路可进行相对导航
控制策略	控制目标		C 星相对目标卫星 O 进行控制，从相距 O 星 5 000 km 处接近到 50 km 处并相对 O 星驻留，接近过程中兼顾控制相对 O 星的椭圆短半轴为 $B_{stad} = 4$ km
			A、B、D 星相对相邻卫星进行控制，接近过程中相邻卫星间距不超过 20 km，最终相邻卫星间距不超过 10 km、A、B、D 星相对 C 星的相对椭圆短半轴为 $b_{stad} = 2$ km，并相对 C 星驻留
	控制次数		三次控制：接近控制、减速控制、驻留控制；接近控制标称量 $\Delta V_{stad1} = -1.2$ m/s，减速控制标称控制量 $\Delta V_{stad2} = 1.0$ m/s，星上固化
	控制序列：(1) 控制量 (2) 控制方向 (3) 控制时机	当前状态	相对进行控制的两卫星 M、N，M 星相对 N 星进行控制，导航测出当前 M 星相对 N 星的相对椭圆中心横向漂移速率为 V_{MN}，相对椭圆短半轴为 b_{MN}，则：
		① 接近控制	控制量：$\Delta V_{y1} = V_{MN1}/3 + \Delta V_{stad1}$ 控制方向和控制时机匹配：若 $b_{MN} \leqslant B_{stad}$，上点反横向控制； 若 $b_{MN} \geqslant B_{stad}$，下点反横向控制
		② 减速控制	控制量：$\Delta V_{y2} = V_{MN2}/3 + \Delta V_{stad2}$ 控制方向和控制时机匹配：若 $b_{MN} \leqslant b_{stad}$，下点沿横向控制； 若 $b_{MN} \geqslant b_{stad}$，上点沿横向控制
		③ 驻留控制	控制量：$\Delta V_{y3} = V_{MN3}/3$ 控制方向和控制时机匹配：若 $b_{MN} \leqslant b_{stad}$，下点沿横向控制； 若 $b_{MN} \geqslant b_{stad}$，上点沿横向控制

9.3.2　虚拟伴飞控制策略

远距接近的最终状态为：伴随卫星星群整体在目标卫星后方 50 km 处相对目标卫星驻留，C 星相对 O 星的相对椭圆短半轴为 4 km 左右；星群内部相邻两星间距 10 km 并相对驻留，A、B、D 星相对 C 星的相对椭圆短半轴为 2 km 左右。如图 9.5 所示。

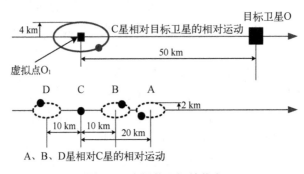

图 9.5　虚拟伴飞初始状态

与远距接近段相同,虚拟伴飞段伴随卫星对虚拟点 O_1(与真实目标卫星相距 50 km)的轨道获取依然来自地面上注,导航精度低于伴随卫星的星间相对导航,所以仍采取一颗伴随卫星(设为 A 星)相对目标卫星进行控制,而其他伴随卫星(设为 B、C、D 星)相对这颗伴随卫星(A 星)进行控制的控制策略。

虚拟伴飞段要求形成伴随卫星绕虚拟点的相位均分构型,即在虚拟点相对轨道坐标系中,伴随卫星相位均分。但 B、C、D 星相对 A 星进行控制,需要建立一种等价于伴随卫星 A、B、C、D 与虚拟点 O_1 相对运动关系的 B、C、D 星相对 A 星的星群间相对运动关系,基于此相对运动关系完成虚拟伴飞演练。

1. 星间相对运动关系

以伴随卫星 A 为目标,推导"虚拟点 O_1 与伴随卫星 B、C、D 相对伴随卫星 A 的、等价于伴随卫星 A、B、C、D 相对虚拟点 O_1 相对运动关系的"相位关系,如图 9.6 所示。

设初始时刻伴随卫星 A、B、C、D 相对虚拟点 O_1 的相对运动为同一闭合相对运动椭圆,椭圆短半轴为 b。当 A 星与虚拟点 O_1 相距较近时,虚拟点 O_1 相对 A 星的相对运动关系可等效为负的 A 星相对虚拟点 O_1 的相对运动关系。

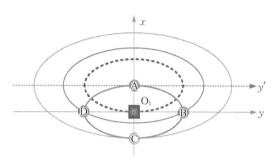

图 9.6 虚拟伴飞段伴随卫星与虚拟点以及伴随卫星间相对位置关系示意

根据公式(7.54),A 星相对 O_1 点的相对运动方程可写为

$$
\begin{cases}
X_{AO_1} = b\cos(nt + \theta_A) \\
Y_{AO_1} = -2b\sin(nt + \theta_A) \\
\dot{X}_{AO_1} = -nb\sin(nt + \theta_A) \\
\dot{Y}_{AO_1} = -2nb\cos(nt + \theta_A)
\end{cases}
\tag{9.12}
$$

其中 θ_A 为伴随卫星 A 的初始相位角。

O_1 点相对 A 星的相对运动方程可写为

$$
\begin{cases}
X_{O_1A} = b\cos(nt + \theta_{O_1}) \\
Y_{O_1A} = -2b\sin(nt + \theta_{O_1}) \\
\dot{X}_{O_1A} = -nb\sin(nt + \theta_{O_1}) \\
\dot{Y}_{O_1A} = -2nb\cos(nt + \theta_{O_1})
\end{cases}
\tag{9.13}
$$

其中 θ_{O_1} 为虚拟点 O_1 的初始相位角。

O_1 点相对 A 星的相对运动关系等效为负的 A 星相对 O_1 点的相对运动关系,即

$$
\begin{cases}
X_{O_1A} = -X_{AO_1} \\
Y_{O_1A} = -Y_{AO_1} \\
\dot{X}_{O_1A} = -\dot{X}_{AO_1} \\
\dot{Y}_{O_1A} = -\dot{Y}_{AO_1}
\end{cases}
\tag{9.14}
$$

联立公式 (9.12)、公式 (9.13)和公式 (9.14)得到虚拟点 O_1 相对伴随卫星 A 的相对运动关系为

$$
\begin{cases}
X_{O_1 A} = b\cos(nt + \theta_A + \pi) \\
Y_{O_1 A} = -2b\sin(nt + \theta_A + \pi) \\
\dot{X}_{O_1 A} = -nb\sin(nt + \theta_A + \pi) \\
\dot{Y}_{O_1 A} = -2nb\cos(nt + \theta_A + \pi)
\end{cases}
\tag{9.15}
$$

由公式 (9.15)可知,O_1 点相对 A 星的相对运动关系为 A 星相对轨道坐标系下长半轴为椭圆短半轴 2 倍的闭合椭圆,椭圆短半轴 $b_{O_1 A} = b$,与 A 星在 O_1 点相对轨道坐标系下的椭圆短半轴相等;初始相位角 $\theta_{O_1} = \theta_A + \pi$,与 A 星在 O_1 点相对轨道坐标系下的初始相位角相差 π。

下面推导 B、C、D 星相对 A 星的相对运动关系。

根据公式(7.54)可知伴随卫星 A 和 B 相对虚拟点 O_1 的相对运动方程为方程(9.12)与方程(9.16)。

$$
\begin{cases}
X_{BO_1} = b\cos(nt + \theta_B) \\
Y_{BO_1} = -2b\sin(nt + \theta_B) \\
\dot{X}_{BO_1} = -nb\sin(nt + \theta_B) \\
\dot{Y}_{BO_1} = -2nb\cos(nt + \theta_B)
\end{cases}
\tag{9.16}
$$

其中,θ_B 为伴随卫星 B 的初始相位角,相位均分构型下,若 $\theta_A = 0$,则 $\theta_B = -\pi/2$。

公式 (9.16)减去公式 (9.12),得到 B 星相对 A 星的相对运动关系为

$$
\begin{cases}
X_{BA} = \sqrt{2}b\cos(nt + 5\pi/4) \\
Y_{BA} = -2\sqrt{2}b\sin(nt + 5\pi/4) \\
\dot{X}_{BA} = -\sqrt{2}nb\sin(nt + 5\pi/4) \\
\dot{Y}_{BA} = -2\sqrt{2}nb\cos(nt + 5\pi/4)
\end{cases}
\tag{9.17}
$$

同理可求得 C 星相对 A 星的相对运动关系为

$$
\begin{cases}
X_{CA} = 2b\cos(nt + \pi) \\
Y_{CA} = -4b\sin(nt + \pi) \\
\dot{X}_{CA} = -2nb\sin(nt + \pi) \\
\dot{Y}_{CA} = -4nb\cos(nt + \pi)
\end{cases}
\tag{9.18}
$$

D 星相对 A 星的相对运动关系为

$$
\begin{cases}
X_{DA} = \sqrt{2}b\cos(nt + 3\pi/4) \\
Y_{DA} = -2\sqrt{2}b\sin(nt + 3\pi/4) \\
\dot{X}_{DA} = -\sqrt{2}nb\sin(nt + 3\pi/4) \\
\dot{Y}_{DA} = -2\sqrt{2}nb\cos(nt + 3\pi/4)
\end{cases}
\tag{9.19}
$$

由公式（9.16）、公式（9.17）、公式（9.18）和公式（9.19）可知，伴随卫星 A、B、C、D 相对虚拟点 O_1 的椭圆短半轴为 b 的相位均分相对运动，可等效为 B、C、D 星相对 A 星的相对运动以及 A 星相对虚拟点 O_1 的相对运动。其中 B 星和 D 星相对 A 星的相对运动椭圆短半轴为 $b_{DA} = b_{BA} = \sqrt{2} b$，C 星相对 A 星的相对运动椭圆短半轴为 $b_{CA} = 2b$；B、C、D 星在 A 星相对运动椭圆上的初始相位角依次为 $\theta_{BA} = 5\pi/4$、$\theta_{CA} = \pi$、$\theta_{DA} = 3\pi/4$，顺次相差 $\pi/4$，符合图 9.6 中的相对运动关系。

2. 伴随卫星的命名原则

虚拟伴飞演练时，由于不同伴随卫星控制目标不同，所以同一伴随卫星，若给其不同的命名，由当前状态向任务要求的最终状态进行控制所消耗的燃料也不同，有必要对伴随卫星合理命名，使星群的总燃料消耗较少。

A 星是虚拟伴飞演练时其他伴随卫星的控制参照目标，应尽量选择在星群中间，以提高整个星群系统的可靠性。延续远距接近段的目标卫星的选取原则，选择远距接近段的目标卫星 C 星为虚拟伴飞段的目标卫星 A 星。A 星一旦选定，在无故障的前提下不再更换。

伴随卫星 B、C、D 的选择则需考虑节省燃料的原则。A 星选定后假设另外三颗星的编号为 1、2、3，分别计算 1、2、3 星和虚拟点 O_1 在 A 星相对运动椭圆上的相位，记为 Θ_1、Θ_2、Θ_3、Θ_{O_1}。由第 9.3.2 节的分析可知目标构型要求的 B、C、D 星相对 A 星的相对相位关系为

$$\begin{cases} \Theta_{CA} = \Theta_{O_1 A} \\ \Theta_{BA} - \Theta_{CA} = \pi/4 \\ \Theta_{DA} - \Theta_{CA} = -\pi/4 \end{cases} \tag{9.20}$$

则 B、C、D 星需要控制的相对相位为

$$\begin{cases} \Delta\Theta_C = \Theta_{O_1 A} - \Theta_{CA} \\ \Delta\Theta_B = \pi/4 - (\Theta_{BA} - \Theta_{O_1 A}) \\ \Delta\Theta_D = -\pi/4 - (\Theta_{DA} - \Theta_{O_1 A}) \end{cases} \tag{9.21}$$

则总相对相位改变量为

$$\begin{aligned} |\Delta\Theta| &= |\Delta\Theta_C| + |\Delta\Theta_B| + |\Delta\Theta_D| \\ &= |\Theta_{O_1 A} - \Theta_{CA}| + |\pi/4 - (\Theta_{BA} - \Theta_{O_1 A})| + |-\pi/4 - (\Theta_{DA} - \Theta_{O_1 A})| \\ &= |\Theta_{O_1 A} - \Theta_{CA}| + |\pi/4 - (\Theta_{BA} - \Theta_{O_1 A})| + |\pi/4 + (\Theta_{DA} - \Theta_{O_1 A})| \end{aligned} \tag{9.22}$$

匹配 Θ_1、Θ_2、Θ_3 与 Θ_B、Θ_C、Θ_D，使总相位改变量 $|\Delta\Theta|$ 最小，从而确定其余三颗星的编号。

3. 伴随卫星的轨控策略

B、C、D 星利用自身相对 A 星的相对导航信息完成的伴飞构型，只能约束伴随卫星星群间的相对相位，并不能约束伴随卫星星群与虚拟点的相对相位。如图 9.7 所示，B、C、D 星利用它们与 A 星的相对导航信息可以形成一等效为 A、B、C、D 星绕虚拟点 O_2 的椭圆短半轴满足要求的相位均分构型，但此虚拟点 O_2 可能并不与要求的虚拟点 O_1 重合，而是绕 O_1 做共面伴飞。

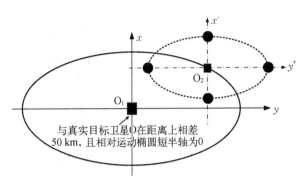

与真实目标卫星 O 在距离上相差
50 km,且相对运动椭圆短半轴为 0

图 9.7　伴随卫星绕飞椭圆中心 O_2 与虚拟点 O_1 的关系

所以即使伴随卫星只能通过地面上注的形式间接获取相对虚拟点 O_1 的相对导航信息,且精度较差,但依然需要约束伴随卫星与虚拟点 O_1 之间的相对关系,至少要约束"伴随卫星 A 相对虚拟点 O_1 的相对椭圆短半轴"与"伴随卫星 A、B 相对虚拟点 O_1 的相对相位",这样才能保证 B、C、D 星形成的相对 A 星的星群间构型,可等效为伴随卫星星群相对要求的虚拟点 O_1 的相位均分构型。其中伴随卫星 A、B 相对虚拟点 O_1 的相对相位,用等效的伴随卫星 B 与虚拟点 O_1 相对伴随卫星 A 的相对相位来约束。

这样的处理方式在伴随卫星相对虚拟点导航精度较差的前提下,最大限度地模拟了目标构型形成过程,同时形成的编队构型也能最大限度地模拟目标伴飞构型。下面详细介绍虚拟伴飞段伴随卫星的控制策略。

1) A 星的控制策略

作为虚拟伴飞段其他伴随卫星的控制参照目标,A 星的作用是为其他伴随卫星提供坐标系。A 星相对虚拟点 O_1 的相对轨道由 A 星利用自身绝对轨道和由地面上注的虚拟点 O_1 的绝对轨道转换得到,基于此相对轨道信息,A 星对其相对虚拟点 O_1 的相对运动椭圆中心横向位置和椭圆短半轴进行控制。

A 星相对虚拟点 O_1 的相对运动椭圆短半轴影响最终虚拟构型的尺寸,由于构型平移过程中还可以对椭圆短半轴进行修正,所以 A 星相对 O_1 点的椭圆短半轴控制精度要求可以适当放松。但 A 星相对虚拟点 O_1 的相对运动椭圆中心横向漂移速率(横向位置影响因素一)必须控制为零,因为后续对 B、C、D 星顺次进行控制,由于初始状态不确定,控制需要的时间可能较长,此时若 A 星相对 O_1 点有横向漂移速率,星群整体向目标卫星 O 漂移接近,长时间累积可能会导致碰撞风险,所以对 A 星相对 O_1 点横向漂移速率的控制精度要求较高。实际应用时若测控误差比较大,可以根据实际情况适当拉开虚拟点与目标卫星之间的距离。但 A 星相对虚拟点 O_1 的椭圆中心初始横向位置(横向位置影响因素二)较小时(与虚拟点和目标卫星的相对距离相比为小量)可以不进行控制。

综上所述,虚拟伴飞段伴随卫星 A 的控制目标有两个:

(1) 控制 A 星相对 O_1 点的相对运动椭圆中心横向漂移速率到 0;

(2) 控制 A 星相对 O_1 点的相对运动椭圆短半轴到 4 km。

两个控制目标具有耦合性,椭圆中心横向漂移速率在椭圆短半轴控制过程中可兼顾。

为保障伴随卫星间的相互通信,要求两星间的最远距离不超过 $\Delta L_{max} = 30$ km,按伴随卫星两次控制间的最短时间间隔 3 轨计算,单次控制的最大控制量应不超过

$$| \Delta V_{max1} | = \frac{\Delta L_{max}}{3 \times 3T} = \frac{30 \text{ km}}{9 \times 5\,922 \text{ s}} \approx 0.56 \text{ m/s} \tag{9.23}$$

为节省燃料,虚拟伴飞段的 A 星,即远距接近段的 C 星,在远距接近过程中就兼顾控制其相对目标卫星 O(在此等价于相对虚拟点 O_1)的相对运动椭圆短半轴到 4 km。即使远距接近段的控制完全没有兼顾椭圆短半轴的控制,按恶劣工况(A 星相对 O_1 点的初始相对运动椭圆短半轴为 0)估计,A 星最大效率控制相对运动椭圆短半轴,采用最大控制量 $\mid \Delta V_{max1} \mid$ 控制,控制次数应不超过

$$N = \frac{\pi \mid \Delta b_{max} \mid / T}{\mid \Delta V_{max1} \mid} = \frac{\pi \times 4 \text{ km}}{5\,922 \text{ s} \times 0.56 \text{ m/s}} \approx 3.77 \text{ 次} \tag{9.24}$$

可知虚拟伴飞段 A 星只需最多 $N_{real} = \text{ceil}(N) = 4(\text{ceil}(N)$ 为对 N 向上取整)次、两对控制即可将 A 星相对 O_1 点的相对运动椭圆短半轴控制到位。

由第 8.3.3 节的分析可知,最大效率控制椭圆短半轴,控制方向和控制时机应满足如下匹配:

(1) 需要增大椭圆:在上点反横向控制,或在下点沿横向控制;

(2) 需要减小椭圆:在上点沿横向控制,或在下点反横向控制;

由第 8.3.2 节的分析可知,横向控制量与椭圆中心漂移方向有如下关系:

(1) 沿横向控制,椭圆反横向漂移;

(2) 反横向控制,椭圆沿横向漂移;

为保障控制过程中伴随卫星间的相互通信,伴随卫星对某一控制目标的多次控制必然是一个振荡过程,即必须采用对控的方式进行:第一次控制漂移远离,第二次控制远处驻留,第三次控制实现回漂,第四次控制原地驻留。将这样的四次控制命名为“两对控制”。用“对控法”进行控制,既能保证椭圆短半轴连续增大或减小,又能保障伴随卫星之间的相互通信,由公式 (9.24) 可知,A 星的椭圆短半轴最多需要 4 次即两对对控即可控制到位,约定进行 4 次控制。

(1) 当需要增大椭圆短半轴时:第一次控制若在上点反横向进行;第二次控制则在下点沿横向进行;第三次控制还在下点沿横向进行;第四次控制在靠近坐标原点的上点反横向进行。同理,第一次控制若在下点沿横向进行;第二次控制则在上点反横向进行;第三次控制还在上点反横向进行;第四次控制在靠近坐标原点的下点沿横向进行。

(2) 当需要减小椭圆短半轴时:第一次控制若在上点沿横向进行;第二次控制则在下点反横向进行;第三次控制还在下点反横向进行;第四次控制在靠近坐标原点的上点沿横向进行。同理,第一次控制若在下点反横向进行;第二次控制则在上点沿横向进行;第三次控制还在上点沿横向进行;第四次控制在靠近坐标原点的下点反横向进行。

至于在一次对控中,第一次控制的控制方向,则取决于当前椭圆中心的横向位置,即:

(1) 若椭圆中心右偏,则需向左漂移,控制沿横向进行;

(2) 若椭圆中心左偏,则需向右漂移,控制反横向进行。

综上所述,将虚拟伴飞段伴随卫星 A 的控制策略和相关通信导航支持汇总如表 9.5 所示。

表 9.5 虚拟伴飞段 A 星的协同、导航和轨控相关情况

项 目			内 容
通信条件			相邻两伴随卫星在 30 km 相对距离内相互联通，通过星间链路交互导航数据和控制相关信息
导航条件			地面将虚拟点 O_1 的绝对轨道上注给 A 星，一天上注一次；A 星基于自身绝对轨道信息和上注虚拟点 O_1 的绝对轨道信息求解其相对 O_1 点的相对轨道信息
			相邻伴随卫星基于星间链路可进行相对导航
控制策略	控制 A 星相对 O_1 点的相对运动椭圆中心横向漂移速率为 $V_c = 0$		控制 A 星相对 O_1 点的相对运动椭圆中心横向漂移速率为 $V_c = 0$
			控制 A 星相对 O_1 点的相对运动椭圆短半轴至 $b_{stad} = 4$ km
	控制规划		四次、两对控制，标称控制量： 第一次控制：$\mid \Delta V_{stad1} \mid = \mid (\pi \Delta b_{AO_1}/T)/4 \mid$； 第二次控制：$\mid \Delta V_{stad2} \mid = \mid (\pi \Delta b_{AO_1}/T)/3 \mid$； 第三次控制：$\mid \Delta V_{stad3} \mid = \mid (\pi \Delta b_{AO_1}/T)/2 \mid$； 第四次控制：$\mid \Delta V_{stad4} \mid = \mid (\pi \Delta b_{AO_1}/T) \mid$ Δb_{AO_1} 为每次控前状态，可参考本表中下一条的"每次控前状态"
	控制序列： (1) 控制量 (2) 控制方向 (3) 控制时机	每次控前状态	A 星相对 O_1 点进行控制，若当前 A 星相对 O_1 点的相对运动椭圆中心横向漂移速率为 V_{AO_1}，横向位置为 y_{AO_1}，相对椭圆短半轴为 b_{AO_1}，则：$\Delta b_{AO_1} = b_{AO_1} - b_{stad}$
		第一次控制：漂移远离	控制量：$\mid \Delta V_{y1} \mid = \mid \Delta V_{stad1} \mid$ 控制方向和控制时机匹配： 若 $\Delta b_{AO_1} \geqslant 0$，需要减小椭圆：若 $y_{AO_1} \leqslant 0$，椭圆中心左偏，需要向右漂移，反横向控制，在下点进行控制；若 $y_{AO_1} > 0$，椭圆中心右偏，需要向左漂移，沿横向控制，在上点进行控制 若 $\Delta b_{AO_1} \leqslant 0$，需要增大椭圆：若 $y_{AO_1} \leqslant 0$，椭圆中心左偏，需要向右漂移，反横向控制，在上点进行控制；若 $y_{AO_1} > 0$，椭圆中心右偏，需要向左漂移，沿横向控制，在下点进行控制
		第二次控制：远处驻留	控制量：$\mid \Delta V_{y2} \mid = \mid V_{AO_1}/3 \mid$ 控制方向：若上次控制沿横向，此次控制反横向；若上次控制反横向，此次控制就沿横向 控制时机：与第一次控制至少间隔 3 轨。若上次控制在上点，此次控制就在下点；若上次控制在下点，此次控制就在上点
		第三次控制：反向回漂	控制量：$\mid \Delta V_{y3} \mid = \mid \Delta V_{stad3} \mid$ 控制时机：与第二次控制至少间隔 3 轨 控制方向和控制时机匹配： 与第一次控制（漂移远离）匹配策略完全相同
		第四次控制：原处驻留	控制量：$\mid \Delta V_{y3} \mid = \mid V_{AO_1}/3 \mid$ 控制方向：若上次控制沿横向，此次控制就反横向；若上次控制反横向，此次控制就沿横向 控制时机：在最接近坐标原点（$y_{AO_1} = 0$）的上下点进行，且与第三次控制至少间隔 3 轨。若上次控制在上点，此次控制就在下点；若上次控制在下点，此次控制就在上点

为减少控制次数,表 9.5 中的第二次控制和第三次控制可以合并成一次控制。事实上对于 M 对控制,第 $i-1(1 < i < M)$ 对对控的第二次控制总是可以和第 i 对对控的第一次控制合并成一次控制。

2)B 星的控制策略

伴随卫星 A 对虚拟点 O_1 的相对运动椭圆短半轴和椭圆中心横向漂移速率控制到位后,伴随卫星 B、C、D 基于相对伴随卫星 A 的、等效于相对虚拟点 O_1 的相对运动方程进行控制。

由前面的分析可知,虽然地面上注虚拟点 O_1 的轨道信息相比于星群间的相对导航精度较差,但为保证 B、C、D 星形成的相对 A 星的星群间构型,可等效为伴随卫星星群相对要求的虚拟点 O_1 的相位均分构型,B、C、D 星中至少有一颗需要控制其在 A 星相对运动椭圆上相对 O_1 点的相位。虚拟伴飞段四颗伴随卫星顺次进行控制,约定按照 A→B→C→D 的顺序进行,则 B 星需要控制其与 O_1 点的相对相位,B 星相位控制到位后,C 星和 D 星可以 B 星为参照进行相对相位的控制。

由公式 (9.17) 和公式 (9.20) 可知,虚拟伴飞段 B 星的控制目标有四个:

(1)控制 B 星相对 A 星的相对运动椭圆中心径向位置为 0(对应横向漂移速率为 0);

(2)控制 B 星相对 A 星的相对运动椭圆中心横向位置为 0;

(3)控制 B 星相对 A 星的相对运动椭圆短半轴为 $b_{BA} = \sqrt{2}b$;

(4)控制 B 星在 A 星相对运动椭圆上相对 O_1 点的相对相位为 $\pi/4$。

其中 O_1 点相对 A 星的相对轨道由 A 星利用自身的绝对轨道和由地面上注的虚拟点 O_1 的绝对轨道转换得到;B 星相对 A 星的相对轨道由星间相对导航提供。四个控制目标按照第 8.3.5 节确定的优先级进行控制。下面对 B 星四个控制目标的控制策略分别进行详细介绍。

A. 相对相位的控制

与 A 星一样,为保证星群间的相互通信,单次控制的最大控制量应不超过 $|\Delta V_{max1}| = 0.56$ m/s。由第 8.3.4 节的分析还可知,应尽量避免小尺度构型的大角度控制,约定虚拟伴飞段伴随卫星相位控制时单次最大可控相位不超过 $|\Delta\Theta_{max}| = 60°$,则最大效率控制相位对应的单次控制量应不超过

$$|\Delta V_{max2}| = \frac{nb}{2}\sin|\Delta\Theta_{max}| \tag{9.25}$$

由于两星之间最远通信距离 ΔL_{max} 和单次可控最大相位 $|\Delta\Theta_{max}|$ 的限制,可能出现多次控制问题。若某次控制时需控相位为 $|\Delta\Theta_{need}|$,则最大效率控制相位所需控制量应为

$$|\Delta V_{need}| = \frac{nb}{2}\sin|\Delta\Theta_{need}| \tag{9.26}$$

与椭圆短半轴的控制思路相同,为保障控制过程中伴随卫星间的通信,相位控制也采用"对控法"进行。相位控制分奇次控制和偶次控制以及偶次控制中 4 的整数倍次控制和非 4 的整数倍次控制,不同情况下需要满足的约束条件也有所不同,最明显的区别是偶次控制中

非 4 的整数倍次控制的控制量所产生的椭圆中心漂移速率,必须不小于当前椭圆中心的漂移速率,即若实测当前椭圆中心漂移速率为 V_c,则偶次控制的控制量至少为 $|\Delta V|=|V_c|/3$,以保证两星之间的最远距离不超过最大通信距离。

用 $K=1$ 表示奇次控制,$K=0$ 表示偶次控制,$KK=1$ 表示偶次控制中非 4 的整数倍次控制,$KK=0$ 表示偶次控制中 4 的整数倍次控制。伴随卫星 B 的相位控制原理如表 9.6 所示。

表 9.6　B 星相对相位的控制策略

判断 1	判断 2	判断 3	判断 4	判断 5	控 制 策 略	备　注
$\|\Delta\Theta_B\|>$ $\|\Delta\Theta_{max}\|$ (肯定分次控制)	$\|\Delta V_{max1}\|\leqslant\|\Delta V_{max2}\|$	$K=1$			$\|\Delta V_{ctrl}\|=\|\Delta V_{max1}\|$	
		$K=0$			$\|\Delta V_{ctrl}\|=\|\Delta V_{real}\|$	
	$\|\Delta V_{max1}\|>\|\Delta V_{max2}\|$	$K=1$			$\|\Delta V_{ctrl}\|=\|\Delta V_{max2}\|$	
		$K=0$	$\|\Delta V_{max2}\|\leqslant\|\Delta V_{real}\|$		$\|\Delta V_{ctrl}\|=\|\Delta V_{real}\|$	浪费燃料只控 $\Delta\Theta_{max}$
			$\|\Delta V_{max2}\|>\|\Delta V_{real}\|$		$\|\Delta V_{ctrl}\|=\|\Delta V_{real}\|$	
$\|\Delta\Theta_B\|\leqslant$ $\|\Delta\Theta_{max}\|$ (可能分次控制)	$\|\Delta V_{need}\|\leqslant\|\Delta V_{max1}\|$ (一次控制到位)	$K=1$			$\|\Delta V_{ctrl}\|=\|\Delta V_{need}\|$	
		$K=0$	$\|\Delta V_{need}\|\leqslant\|\Delta V_{real}\|$	$KK=1$	$\|\Delta V_{ctrl}\|=\|\Delta V_{real}\|$	浪费燃料只控 $\Delta\Theta_B$
				$KK=0$	$\|\Delta V_{ctrl}\|=\|\Delta V_{need}\|$	不能驻留,继续漂移
			$\|\Delta V_{need}\|>\|\Delta V_{real}\|$		$\|\Delta V_{ctrl}\|=\|\Delta V_{need}\|$	不能驻留,反向漂移
	$\|\Delta V_{need}\|>\|\Delta V_{max1}\|$ (肯定分次控制)	$K=1$			$\|\Delta V_{ctrl}\|=\|\Delta V_{max1}\|$	
		$K=0$			$\|\Delta V_{ctrl}\|=\|\Delta V_{real}\|$	

注:表 9.6 中,ΔV_{real} 为消除当前椭圆中心漂移速率 V_c 所需要的控制量,$\Delta V_{real}=V_c/3$。

控制流程图如图 9.8 所示。

表 9.6 以及图 9.8 中的所谓浪费燃料控制为偶次控制中为实现驻留,控制量 ΔV_{ctrl} 必须抵消当前椭圆中心的漂移速率 ΔV_{real}。但按最大效率控制,$|\Delta V_{real}|$ 所能改变的相位又超出了单次最大可控相位 $|\Delta\Theta_{max}|$ 或需控相位 $|\Delta\Theta_{need}|$,此时需要寻找不是最大效率改变相位的控制时机,使控制量 ΔV_{ctrl} 正好能改变 $\Delta\Theta_{need}$。

$$\Delta V=\frac{\sin\Delta\Theta(nb/2)}{\sin(\Theta+\Delta\Theta)}\Rightarrow\Theta=\arcsin\left[\frac{\sin\Delta\Theta_{need}(nb/2)}{\Delta V_{ctrl}}\right]-\Delta\Theta_{need} \tag{9.27}$$

除此之外,其他控制均寻找最大效率改变相位的时机进行,以便节省燃料。

B. 椭圆中心漂移速率的控制

如表 9.6 所示,B 星控制相对相位时,为节省燃料和减少控制次数,最后一次控制可能并未驻留,若不加控制,则可能漂出两星之间最远通信距离 ΔL_{max} 的限制,所以需要施加控制使其驻留,即椭圆中心横向漂移速率的控制。

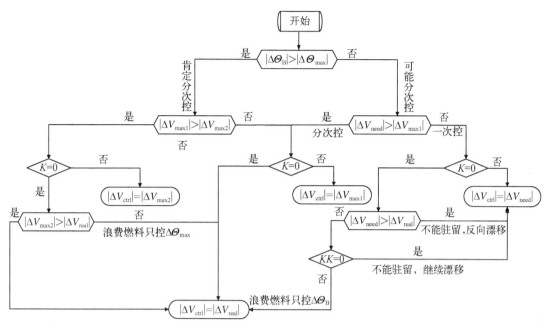

图 9.8 B 星相对相位的控制策略流程图

此时 B 星的相对相位已经控制到位，后续控制都需要选择不改变相位的相对运动椭圆上、下点进行，且在控椭圆中心漂移速率的同时应兼顾椭圆短半轴的控制，有效节省燃料。所以椭圆中心横向漂移速率的控制策略如表 9.7 所示。

表 9.7 椭圆中心横向漂移速率的控制策略

控 制 目 标	控 制 量	控 制 方 向	控 制 时 机
横向漂移速率 $V_c = 0$	若椭圆中心当前漂移速率为 V_c，则控制量为 $\mid \Delta V \mid = \mid V_c \mid /3$	若 $V_c > 0$，则沿横向控制；若 $V_c \leqslant 0$，则反横向控制	若需要增大椭圆：沿横向控制在下点；反横向控制在上点。若需要减小椭圆：沿横向控制在上点；反横向控制在下点

C. 椭圆短半轴的控制

B 星椭圆短半轴的控制与 A 星相同，均采用"对控法"。但 B 星的目标椭圆短半轴为 $b_{BA} = \sqrt{2}b$，比 A 星大，按恶劣工况（B 星相对 A 星的初始相对运动椭圆短半轴为 0）估计，B 星最大效率控制相对运动椭圆短半轴，采用最大控制量 $\mid \Delta V_{max1} \mid$ 控制，控制次数上限为

$$N = \frac{\pi \mid \Delta b_{max} \mid /T}{\mid \Delta V_{max1} \mid} = \frac{\pi \times 4\sqrt{2} \text{ km}}{5\,922 \text{ s} \times 0.56 \text{ m/s}} \approx 5.33 \text{ 次} \tag{9.28}$$

可知虚拟伴飞段 B 星只需最多 $N_{real} = \text{ceil}(N) = 6$ 次、三对控制即可将 B 星相对 A 星

的相对运动椭圆短半轴控制到位。合并第 2~3 次、4~5 次控制后即为四次控制。详细的控制策略与 A 星相同,见表 9.5。

这里需要注意的是,为节省燃料,希望在控椭圆短半轴的同时,将椭圆中心横向位置也控制到位,即希望对椭圆短半轴的最后一次控制,在椭圆中心离 A 星最近的上、下点进行。为了避免倒数第 2 次控制到最后 1 次控制间时间太短来不及控制的情况发生,我们约定在控椭圆短半轴时,除首尾两次控制外,中间的每次控制都在椭圆中心过 A 星三轨时间后才进行,这样就使得第 $j-1$ 次控制到第 j 次控制间至少有三轨时间。

D. 椭圆中心横向位置的控制

虽然在控椭圆短半轴时兼顾了椭圆中心横向位置的控制,但由于控制时机在上、下点进行,若最后一次控制的控制量比较大,则有可能控后椭圆中心的偏移超出给定范围,此时需要对椭圆中心的横向漂移量进行控制。依然采用对控法,在相对运动椭圆的上、下点进行,以保证不改变已经控制到位的相位;同时还要保证两次控制对椭圆短半轴的改变相反,以保证不改变已经控制到位的椭圆短半轴。所以两次控制的控制量应该大小相等,方向相反,同在相对运动椭圆的上点或下点进行。

3)C/D 星的控制策略

C 星与 B 星相比,控制目标有如下区别:

(1) B 星相对相位的控制是参照 O_1 进行的,而 C 星相对相位的控制是参照 B 星进行的;

(2) B 星的相对运动椭圆目标椭圆短半轴为 $b_{BA} = \sqrt{2}b$,而 C 星为 $b_{CA} = 2b$。

同理,D 星的相对相位控制是参照 C 星进行的,相对运动椭圆目标椭圆短半轴为 $b_{DA} = \sqrt{2}b$。除此之外,C、D 星与 B 星的控制目标与控制策略完全相同,在此不再赘述。

4)控制触发条件

工程中由于测控误差和控制分辨率(最小控制量)的限制,对控制目标的控制不可能完全到位。比如虚拟伴飞段 C 星的相位控制目标为 $\Theta_{CA} = \Theta_{O_1A}$,但控制结果不可能为严格的 $\Delta\Theta_C = \Theta_{O_1A} - \Theta_{CA} = 0$;远距接近段 D 星的最终控制目标为与相邻的 C 星相距 10 km,但实际控制结果也不可能为严格的 10 km。

实际工程应用时应对控制目标设置控制阈值,或称为控制触发条件,只有当满足控制触发条件时,才进行控制,否则不控制。以虚拟伴飞段 C 星的控制为例,4 个控制目标应根据任务的控制精度要求和控制能力合理设置控制阈值。在给定任务控制精度要求时,以任务精度要求为控制阈值,在未明确给定任务控制精度要求的,应根据控制能力设置阈值。例如若任务精度要求为:四星相位均分 $90°\pm1°$,椭圆短半轴为 (4 ± 0.1) km,椭圆中心横向偏移不超过 1 km。任务给定四个控制目标中三个控制目标的精度要求,但未对椭圆中心横向漂移速率做出限制,此时可根据椭圆中心横向偏移不超过 1 km 和两次控制间的最短时间间隔不小于 3 轨来确定椭圆中心横向漂移速率应不超过:1 000 m/(3×5 922 s) = 0.056 3 m/s。至此 C 星的控制目标和控制阈值就明确了,实际控制时只有当前状态进入控制阈值才进行控制,具体如表 9.8 所示。各阶段的控制都可参照这种方法进行控制触发条件设置。

表 9.8　虚拟伴飞段 C 星的控制目标和控制阈值

序　号	控　制　目　标	控　制　触　发　条　件
1	相对运动椭圆中心横向漂移速率：$V_c = 0$	当 $\mid V_c \mid > 0.0563$ m/s 时进行控制
2	相对运动椭圆中心横向位置：$y_c = 0$	当 $\mid y_c \mid > 1000$ m 时进行控制
3	相对运动椭圆短半轴：$b_{CA} = 2b$	当 $\mid \Delta b_C \mid > 100$ m 时进行控制
4	相对运动椭圆上的相位：$\Theta_{CA} = \Theta_{O_1 A}$	当 $\mid \Delta \Theta_C \mid \geqslant 1°$ 时进行控制

9.3.3　构型平移控制策略

虚拟伴飞阶段结束时伴随卫星已经形成相对虚拟点的相位均分构型,只有椭圆短半轴与目标构型有一定的差别,所以构型平移段的控制目标为:将相位均分构型从以虚拟点 O_1 为中心平移到以目标卫星 O 为中心,同时兼顾调整相对椭圆短半轴,所谓平移指不改变伴随卫星的相位均分状态。

第 8.3.3 节的分析指出,要不改变相位只能在相对运动椭圆上下点进行控制,而由第 8.3.3 节的分析还可知,上下点恰好为最大效率改变相对运动椭圆短半轴的控制时机,即构型平移段的控制完全符合节省燃料的原则。

构型平移可通过类似远距接近段降低和抬高半长轴的方式进行,通过一次降低、一次抬高轨道半长轴就能实现;至于虚拟构型与真实伴飞构型椭圆短半轴的差别,可通过降低和抬高半长轴时调整控制量大小来实现。图 9.9 为采用一对控制实现构型平移的运动过程示意图。

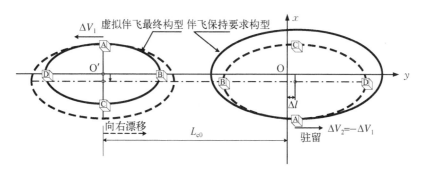

图 9.9　两次、一对控制构型平移过程

实际在轨时,伴随卫星从距目标卫星 50 km 远处逐渐接近到目标卫星的过程中,伴随卫星对目标卫星导航信息的获取由地面上注逐渐过渡到伴随卫星直接获取目标卫星的相对导航信息,考虑这两种导航手段精度差异较大,一次对控难以达到要求的控制精度,改为四次即两对控来完成整个构型平移过程,即:第一次控制实现向目标卫星的漂移接近,待伴随卫星对目标卫星有相对导航时进行第二次控制使伴随卫星相对目标卫星驻留,获取几轨相对目标卫星的相对导航信息,此为一对控;然后基于此相对导航信息,再进行一对控,实现伴随卫星对目标卫星的绕飞,如图 9.10 所示。

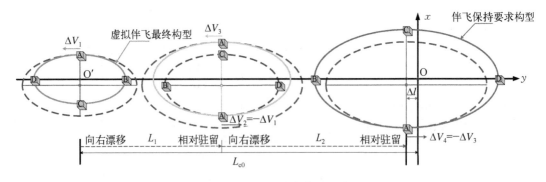

图 9.10　四次、两对控制构型平移过程

其中，L_{c0} 为星群与目标卫星的初始相对距离，L_2 为相对导航切换处，Δl 为构型平移结束时伴随卫星实际椭圆中心与目标卫星间的距离，有正负之分。

由图 9.10 可得到如下关系

$$L_{c0} + \Delta l = L_1 + L_2 = \left| 3 \mid \Delta V_1 \mid \times \left(m_1 + \frac{1}{2} \right) \times T \right| + \left| 3 \mid \Delta V_3 \mid \times \left(m_2 + \frac{1}{2} \right) \times T \right|$$

(9.29)

其中，ΔV_1 和 ΔV_3 分别为第一次控制和第三次控制的控制量，m_1 和 m_2 分别为第一次控制结束和第三次控制结束后漂移的整轨数。图 9.11 为第二次对控的控制过程和控制结果示意图。

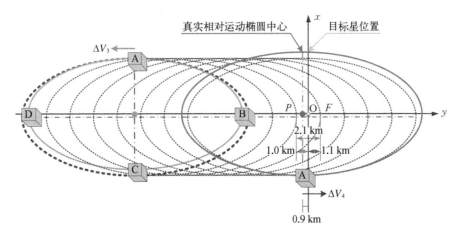

图 9.11　构型平移段第二对控制过程及控制结果

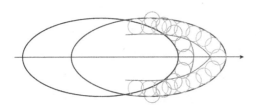

图 9.12　安全距离约束对构型平移"跨越目标卫星"过程的影响

由图 9.11 可知，伴随卫星平移到快接近目标卫星时，会出现伴随卫星相对运动椭圆相邻两轨右点"跨越目标卫星"的现象，称这相邻两轨为第 P 轨和第 F 轨。任务要求整个构型平移过程中伴随卫星与目标卫星的安全距离不小于 $\Delta l_{2\min} = 500$ m，这对构型平移的控制量提出限制，具体分析如下：

由图 9.12 可以看出，安全距离约束使得伴随卫星跨越目标卫星时,目标卫星必须位于图 9.12 所示的实线围成的区域内。这不仅限制了相邻两轨椭圆中心的横向漂移量,还约束了椭圆中心的径向位置,即限制了构型平移时第三次控制的控制量大小。

任务要求的安全距离约束为 $\Delta l_{2\min} = 500$ m,由于绕上目标卫星时,目标卫星不可能正好在 P 轨和 F 轨中心,所以控制策略中安全距离约束应按任务要求的两倍进行避让,才能保证第 P 轨和第 F 轨都能实现伴随卫星与目标卫星的安全距离不小于任务要求的 500 m,所以伴随卫星与目标卫星的安全距离为 $\Delta l = 2\Delta l_{2\min} = 1\,000$ m。

"跨越目标卫星"时伴随卫星与目标卫星之间的最短距离不小于 Δl,即第三次控制引起的椭圆中心横向漂移每轨不小于 $2\Delta l$,有

$$| 3\Delta V_3 T | \geqslant 2\Delta l \Rightarrow | \Delta V_3 | \geqslant \frac{2\Delta l}{3T} = \frac{2 \times 1\,000 \text{ m}}{3 \times 5\,922 \text{ s}} \approx 0.11 \text{ m/s} \tag{9.30}$$

由图 9.11 还可知,为保证"跨越目标卫星"时目标卫星位于 P 轨和 F 轨中心,应有

$$3 | \Delta V_3 | \times \left(m_2 + \frac{1}{2} \right) \times T - \Delta l$$

$$= 3 | \Delta V_3 | \times \left(m_2 + \frac{1}{2} - n^* - \frac{3}{4} \right) \times T$$

$$+ 2 \left(b_0 + 2 \times \frac{| \Delta V_1 | T}{\pi} + \left| \frac{\Delta V_3 T}{\pi} \right| \right) - 3 | \Delta V_3 | \times \frac{1}{2} \times T \tag{9.31}$$

公式 (9.31) 中:左边为初始椭圆中心到目标卫星的距离;右边前两项的和为初始椭圆中心到第 F 轨右点的距离;右边第三项体现了目标卫星正好位于第 P 轨和第 F 轨中间;其中 n^* 为从 F 轨下点到最后一次控制(在下点)之间的整轨数,由虚拟伴飞椭圆短半轴 4 km,目标构型椭圆短半轴 5 km 确定 $n^* = 3$,如图 9.11 所示。

考虑伴随卫星对目标卫星绝对导航到相对导航的切换需在伴随卫星接近到距目标卫星一定距离时才能进行,还应有下面约束

$$3 | \Delta V_3 | \times \left(m_2 + \frac{1}{2} \right) \times T - \Delta l - 2 \left(b_0 + 2 \times \frac{| \Delta V_1 | T}{\pi} + \frac{| \Delta V_3 | T}{\pi} \right) \leqslant d \tag{9.32}$$

其中 d 为伴随卫星对目标卫星相对导航的最短切换距离,忽略构型平移结束后椭圆横向偏心 Δl 的影响,相对导航最短切换距离 d 等于伴随卫星在相对目标卫星的相对运动椭圆右点时与目标卫星之间的距离。

四次控制的控制量与伴随卫星相对目标卫星的相对椭圆短半轴之间的关系为

$$\frac{2 | \Delta V_1 | T}{\pi} + \frac{2 | \Delta V_3 | T}{\pi} = b_f - b_0 \tag{9.33}$$

其中,b_f 为末状态的椭圆短半轴,b_0 为初状态的椭圆短半轴。

考虑平移开始阶段伴随卫星获取的地面上注的目标卫星导航信息精度较差,约定第一、二次控制间最短时间间隔不小于 6 轨;平移后期有对目标卫星精度较高的相对导航,约定第三、四次控制间最短时间间隔不小于 2 轨,即

$$m_1 \geqslant 6, \quad m_2 \geqslant 2 \tag{9.34}$$

联立公式 (9.29)～公式 (9.34),可得一定初始条件 $(L_{c0}, b_0, T, \Delta l)$ 和一定约束条件 $\{d, b_f, \Delta l\}$ 下的控制序列 $\Delta V_1, m_1, \Delta V_3, m_2$ 的多组解,在这些解中选择某种指标最优的作为控制序列解。最优控制序列解的选择指标可以为最终相对椭圆偏心 Δl 最小或跨越目标卫星时目标卫星尽可能在 P 轨和 F 轨的中心等,视任务侧重点而定。

虽然虚拟伴飞阶段通过约束"伴随卫星 A 相对虚拟点 O_1 的相对椭圆短半轴"与"伴随卫星 A、B 相对虚拟点 O_1 的相对相位",保证了 B、C、D 星形成的相对 A 星的星群间构型,一定程度上可等效为伴随卫星星群相对要求的虚拟点 O_1 的相位均分构型。但由于虚拟伴飞段虚拟点 O_1 的导航信息获取只能依赖地面上注、星上轨道外推,误差较大,虚拟伴飞结束时伴随卫星的实际绕飞椭圆中心 O_2 很有可能与要求的绕飞椭圆中心 O_1 并不重合;构型平移可能会继续放大这一差别,这样构型平移第一对控制结束后,伴随卫星的实际绕飞椭圆中心 O_2 与要求绕飞椭圆中心 O_1 的差别依然较大(实际绕飞椭圆中心 O_2 绕要求绕飞椭圆中心 O_1 的椭圆短半轴 b^* 较大),不能通过构型平移第二对控制形成绕真实目标卫星 O 的相位均分构型。如图 9.13 所示是伴随卫星真实绕飞椭圆中心 O_2 与要求绕飞椭圆中心 O_1 以及真实目标 O 的关系。

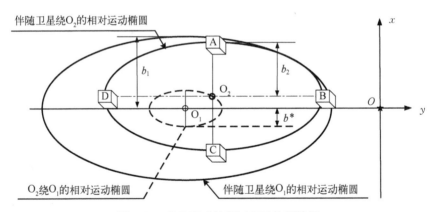

图 9.13　伴飞形成控制过程及控制结果

设伴随卫星 J(代表 A、B、C、D 中的任意一颗)绕真实绕飞椭圆中心 O_2 的相对运动方程为

$$\begin{cases} X_{JO_2} = b_2 \cos(\Theta_{JO_2}) \\ Y_{JO_2} = -2b_2 \sin(\Theta_{JO_2}) \\ \dot{X}_{JO_2} = -nb_2 \sin(\Theta_{JO_2}) \\ \dot{Y}_{JO_2} = -2nb_2 \cos(\Theta_{JO_2}) \end{cases} \tag{9.35}$$

真实绕飞椭圆中心 O_2 绕要求绕飞椭圆中心 O_1 的相对运动方程为

$$
\begin{cases}
X_{O_2 O_1} = b^* \cos(\Theta_{O_2 O_1}) \\
Y_{O_2 O_1} = -2b^* \sin(\Theta_{O_2 O_1}) \\
\dot{X}_{O_2 O_1} = -nb^* \sin(\Theta_{O_2 O_1}) \\
\dot{Y}_{O_2 O_1} = -2nb^* \cos(\Theta_{O_2 O_1})
\end{cases}
\tag{9.36}
$$

则伴随卫星 J 绕要求绕飞椭圆中心 O_1 的相对运动方程为

$$
\begin{cases}
X_{JO_1} = X_{JO_2} + X_{O_2 O_1} = b_2 \cos(\Theta_{JO_2}) + b^* \cos(\Theta_{O_2 O_1}) = b_1 \cos(\Theta_{JO_1}) \\
Y_{JO_1} = Y_{JO_2} + Y_{O_2 O_1} = -2b_2 \sin(\Theta_{JO_2}) - 2b^* \sin(\Theta_{O_2 O_1}) = -2b_1 \sin(\Theta_{JO_1}) \\
\dot{X}_{JO_1} = \dot{X}_{JO_2} + \dot{X}_{O_2 O_1} = -nb_2 \sin(\Theta_{JO_2}) - nb^* \sin(\Theta_{O_2 O_1}) = -nb_1 \sin(\Theta_{JO_1}) \\
\dot{Y}_{JO_1} = \dot{Y}_{JO_2} + \dot{Y}_{O_2 O_1} = -2nb_2 \cos(\Theta_{JO_2}) - 2nb^* \cos(\Theta_{O_2 O_1}) = -2nb_1 \cos(\Theta_{JO_1})
\end{cases}
\tag{9.37}
$$

得到方程

$$
\begin{cases}
b_1 \cos(\Theta_{JO_1}) = b_2 \cos(\Theta_{JO_2}) + b^* \cos(\Theta_{O_2 O_1}) \\
b_1 \sin(\Theta_{JO_1}) = b_2 \sin(\Theta_{JO_2}) + b^* \sin(\Theta_{O_2 O_1})
\end{cases}
\tag{9.38}
$$

进一步求解得

$$
\begin{cases}
b_1 \sin(\Theta_{O_2 O_1} - \Theta_{JO_1}) = b_2 \sin(\Theta_{O_2 O_1} - \Theta_{JO_2}) \\
b_1^2 + b_2^2 - 2b_1 b_2 \cos(\Theta_{JO_1} - \Theta_{JO_2}) = b^{*2}
\end{cases}
\tag{9.39}
$$

实际虚拟伴飞或构型平移过程中,地面上注虚拟点 O_1 的导航信息,但由于模型误差、导航误差和控制误差,实际伴随卫星控制后真实的绕飞椭圆中心为 O_2,即方程(9.38)中 $b_1 \sin(\Theta_{JO_1})$ 和 $b_1 \cos(\Theta_{JO_1})$ 项是要求实现的, $b_2 \sin(\Theta_{JO_2})$ 和 $b_2 \cos(\Theta_{JO_2})$ 项是在各种工程误差的基础上控制后直接测量得到的,而 $b^* \sin(\Theta_{O_1 O_2})$ 和 $b^* \cos(\Theta_{O_1 O_2})$ 只能间接解算。所以方程(9.38)只是表明伴随卫星绕真实绕飞椭圆中心 O_2 与绕要求绕飞椭圆中心 O_1 两者之间绕飞椭圆短半轴 b 和相位 Θ 的差别。

虚拟伴飞阶段保证了伴随卫星间相对相位的均分,构型平移过程不会破坏这一均分构型,所以可认为构型平移第一对控制结束后,即使真实绕飞椭圆中心 O_2 与绕要求绕飞椭圆中心 O_1 之间存在差别,但这一差别只会体现在椭圆短半轴 b 上。构型平移段第二对控制会利用伴随卫星对目标卫星的相对导航信息重新规划,规划时会对这一椭圆短半轴的差别进行弥补,所以在一定的工程误差(模型误差、导航误差和控制误差的综合)范围内,这种差别完全可以通过构型平移的第二对控制消除。

综上所述,将构型平移段伴随卫星的控制策略和相关通信导航支持汇总如表 9.9 所示。

表 9.9　构型平移阶段协同、导航和轨控相关情况

项　　目			内　　　容
通信条件			相邻两伴随卫星在 30 km 相对距离内相互联通,通过星间链路交互导航数据和控制相关信息
导航条件			地面将虚拟点 O_1 的绝对轨道上注给 A 星,一天上注一次;A 星基于自身绝对轨道信息和上注虚拟点 O_1 的绝对轨道信息,求解其相对 O_1 点的相对轨道信息
			伴随卫星接近到距目标卫星一定距离处时,对目标卫星可进行相对导航
			相邻伴随卫星基于星间链路可进行相对导航
控制策略	控制目标		控制 A 星相对目标卫星 O 的相对运动椭圆中心横向漂移速率为 $V_c = 0$
			控制 A 星相对目标卫星 O 的相对运动椭圆中心横向位置为 $y_c = 0$
			控制 A 星相对目标卫星 O 的相对运动椭圆短半轴为 $b_{stad} = 5$ km
	控制次数		四次、两对控制,需要解算标称控制量 ΔV_{stad1} 和 ΔV_{stad3}
	控制序列: (1) 控制量 (2) 控制方向 (3) 控制时机	每次控前状态	A 星相对目标卫星 O 进行控制,若当前 A 星相对目标卫星 O 的相对运动椭圆中心横向漂移速率为 V_{AO},横向位置为 y_{AO},相对椭圆短半轴为 b_{AO},则:$\Delta b_{AO} = b_{AO} - b_{stad}$
		第一次控制:接近控制	控制量:$\mid \Delta V_{y1} \mid = \mid \Delta V_{stad1} \mid$ 控制方向:反横向 控制时机:上点
		第二次控制:驻留控制	控制量:$\mid \Delta V_{y2} \mid = \mid V_{AO}/3 \mid$ 控制方向:沿横向 控制时机:下点
		第三次控制:绕飞控制	控制量:$\mid \Delta V_{y3} \mid = \mid \Delta V_{stad3} \mid$ 控制方向:反横向 控制时机:上点
		第四次控制:驻留控制	控制量:$\mid \Delta V_{y4} \mid = \mid V_{AO}/3 \mid$ 控制方向:沿横向 控制时机:下点

9.3.4　构型保持控制策略

构型平移结束后,伴随卫星实现绕目标卫星大小满足要求的相位均分构型。但由于上一阶段的测控误差和伴随卫星与目标卫星的轨道摄动差,一段时间后,伴飞构型会出现偏移,当偏移超出任务要求的范围时,需要通过轨道控制来进行修正,使伴随卫星相对目标卫星的相对运动椭圆始终保持在构型精度要求范围内,即构型保持,如图 9.14 所示。

1. 控制目标

由第 8.3.5 节的分析可知,伴随卫星形成绕目标卫星 O 的相位均分构型后,摄动差和测控误差长期累积会改变伴飞构型,此时需要对伴飞构型进行控制保持。根据任务要求,应保证:

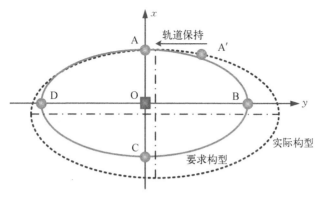

图 9.14　构型保持段示意图

（1）控制伴随卫星相对目标卫星的相对运动椭圆中心的径向位置不超过±1 km；

（2）控制伴随卫星相对目标卫星的相对运动椭圆中心的横向位置不超过±2 km；

（3）控制伴随卫星相对目标卫星的相对运动椭圆短半轴在(5±1)km 范围内；

（4）控制伴随卫星相对目标卫星的相对运动椭圆相位均分，相对相位在 90°±5° 范围内。

四个控制目标按照第 8.3.5 节确定的优先级进行控制。

2. 控制触发条件

1）椭圆中心横向漂移速率

若构型平移最后一次控制状态不好，有可能进入构型保持后伴随卫星相对目标卫星的相对运动椭圆中心较快漂出允许范围，此时需要对椭圆中心横向漂移速率（与径向位置成正比）马上进行控制。椭圆中心横向漂移速率受两个方面的约束：

（1）任务要求椭圆中心径向位置不超过 1 km，由公式(7.58)可知对应的横向漂移速率应不超过

$$V_c = -1.5 n x_c \Rightarrow |V_{cmax1}| = \left| -\frac{3\pi}{T} x_{cmax} \right| = \left| -\frac{3\pi}{5\,922\text{ s}} \times 1\,000\text{ m} \right| = 1.59\text{ m/s}$$

(9.40)

（2）任务要求椭圆中心横向位置不超过 2 km，则横向漂移速率在两次控制间最短时间间隔内应不使椭圆漂移超过此距离，按照控制间隔 3 轨计算，由公式 (8.23)可知对应横向漂移速率应不超过

$$L_c = V_c \Delta t \Rightarrow |V_{cmax2}| = \left| -\frac{L_{cmax}}{3T} \right| = \left| \frac{2\,000\text{ m}}{3 \times 5\,922\text{ s}} \right| = 0.11\text{ m/s}$$

(9.41)

综上所述，椭圆中心横向漂移速率应不超过 $|V_{cmax}| = \min(|V_{cmax1}|, |V_{cmax2}|) = 0.11\text{ m/s}$。所以构型保持段椭圆中心横向漂移速率的控制触发条件为

$$|V_c| > |V_{cmax}| = 0.11\text{ m/s}$$

(9.42)

控制方向以能抵消当前漂移速率为依据，控制时机的选择兼顾控制椭圆短半轴，具体参见表 9.7。

2）椭圆中心横向位置

任务要求椭圆中心横向位置偏移不超过 2 km，由于控制启动需要 40 min（不到半轨），而相位保持要求控制只能在上下点进行，所以若当前时刻发现椭圆中心横向偏移超过 2 km，到控制执行至少还需要 0.5～1 轨的时间，最终椭圆中心横向偏移将超过 2 km。所以构型保持段椭圆中心横向位置的控制触发条件为：按照当前的横向偏心 y_c 和漂移速率 V_c，若 1 轨以后超过 2 km 则进行控制，即

$$| y_c + V_c T | \geqslant | y_{c\,max} | = 2\,000\ \text{m} \tag{9.43}$$

椭圆中心的横向漂移速率最终导致椭圆中心产生横向偏移，因此，椭圆中心横向漂移速率和横向位置的控制触发条件可统一为公式（9.43）。

椭圆中心的横向偏移可参照虚拟伴飞段，采用一对控即可消除。第一次为回漂控制，第二次为驻留控制，控制方向由椭圆中心偏移的方向决定，控制时机的选择兼顾控制椭圆短半轴。

3）椭圆短半轴

任务要求椭圆短半轴偏移不超过 1 km，所以椭圆短半轴的控制触发条件为

$$| \Delta b | \geqslant | \Delta b_{c\,max} | = 1\,000\ \text{m} \tag{9.44}$$

只要不发生控制故障，自然条件（控制误差和摄动差）下椭圆短半轴的偏移速度很慢，偏移的量级也较小，第 8.3.5 节的表 8.9 已经验证这一点，所以在短时间内椭圆短半轴一般不会偏移超出任务给定的 1 km 范围；而且在椭圆中心横向位置的保持控制中，每次控制都兼顾将椭圆短半轴朝着标称值 5 km 的方向控制，所以在无故障的前提下，椭圆短半轴保持可以通过横向位置保持兼顾。

若某一时刻椭圆短半轴超出任务要求范围，需要进行椭圆短半轴的控制保持，可参照虚拟伴飞段的控制策略，采用对控法将椭圆短半轴控制到位，同时兼顾控制椭圆中心横向偏移。

4）相对相位

任务要求伴随卫星在椭圆上相位均分，相对相位偏移不超过 5°，所以相对相位保持的控制触发条件为

$$| \Delta \Theta | \geqslant | \Delta \Theta_{max} | = 5° \tag{9.45}$$

只要伴随卫星的初始相对相位满足任务要求，自然条件下的相位漂移速率比椭圆短半轴还要慢，第 8.3.5 节的表 8.9 也已验证这一点。所以伴随卫星的相对相位保持原则就是不改变已经控制到位的相位，只要对其他控制目标的控制选择在相对运动椭圆上下点进行就可满足这一要求，所以一般情况下时间较短的构型保持一般都不需要对相位进行修正。

但随着控制误差的累积，若某一时刻相对相位偏移超出任务要求范围，需要进行相对相位的控制保持，可参照虚拟伴飞段的控制策略，不再赘述。

综上所述，伴飞保持阶段，在无故障的前提下，只考虑横向位置触发条件 $| y_c + V_c T | \geqslant$ 2 000 m。

3. 构型保持控制策略

综合以上的分析,构型保持段对四个控制目标的控制策略和相关通信导航支持汇总如表 9.10 所示。

表 9.10　构型保持段伴随卫星的协同、导航和轨控相关情况

项　目			内　容
通信条件			伴随卫星在 30 km 相对距离内相互联通,通过星间链路交互导航数据和控制相关信息
导航条件			伴随卫星基于星间链路可进行相对导航
			伴随卫星基于星间链路可对目标卫星进行相对导航
控制策略	控制目标		控制伴随卫星相对目标卫星的相对运动椭圆中心横向位置偏移 $|\Delta y_c| \leqslant 2$ km
			控制伴随卫星相对目标卫星的相对运动椭圆中心径向位置偏移 $|\Delta x_c| \leqslant 1$ km
			控制伴随卫星相对目标卫星的相对运动椭圆短半轴偏移 $|\Delta b| \leqslant 1$ km
			控制伴随卫星在相对目标卫星的相对运动椭圆上的相对相位偏移 $|\Delta\Theta| \leqslant 5°$
	控制优先级和控制频次		控制优先级:相对相位>椭圆中心径向位置>椭圆短半轴>椭圆中心横向位置 (1) 相对相位的偏移速度很慢,幅度很小,较短时间内的构型保持相位一般不会超出任务要求的范围;若超出任务要求范围,参照虚拟伴飞段进行控制; (2) 椭圆短半轴的偏移速度较慢,幅度较小,较短时间内的构型保持椭圆短半轴一般不会超出任务要求的范围;其次在横向位置和径向位置的保持控制中总是兼顾将椭圆短半轴朝着标称方向控制进行的;若超出任务要求范围,参照虚拟伴飞段进行控制; (3) 径向位置保持隐含在横向位置保持过程中,可通过横向位置保持同时控制到位; (4) 横向位置偏移速度最快,幅度较大,构型保持主要是横向位置的保持,控制频次较高
	控制序列: (1) 控制量 (2) 控制方向 (3) 控制时机	当前状态	伴随卫星相对目标卫星进行控制,若当前伴随卫星相对目标卫星的相对运动椭圆中心横向漂移速率为 V_c,横向位置为 y_c,相对椭圆短半轴为 b_{real},则:$\Delta b = b_{real} - b_{stad}$
		控制触发条件	$|y_c + V_c T| \geqslant |y_{c\,max}| = 2\,000$ m
		第一次控制:回漂控制	控制量:$|\Delta V_{y1}| = |V_c/3 + \Delta V_{stad}|$;$\Delta V_{stad}$ 为约定的回漂速度,与 V_c 同符号 控制方向和控制时机匹配: 若 $\Delta b \geqslant 0$,需要减小椭圆:若 $y_c \leqslant 0$,椭圆中心左偏,需要向右漂移,反横向控制,在下点进行控制;若 $y_c > 0$,椭圆中心右偏,需要向左漂移,沿横向控制,在上点进行控制; 若 $\Delta b < 0$,需要增大椭圆:若 $y_c \leqslant 0$,椭圆中心左偏,需要向右漂移,反横向控制,在上点进行控制;若 $y_c > 0$,椭圆中心右偏,需要向左漂移,沿横向控制,在下点进行控制
		第二次控制:驻留控制	控制量:$|\Delta V_{y2}| = |V_c/3|$ 控制方向:若上次控制沿横向,此次控制就反横向;若上次控制反横向,此次控制就沿横向; 控制时机:在最接近坐标原点($y_c = 0$)的上下点进行;若上次控制在上点,此次控制就在下点;若上次控制在下点,此次控制就在上点

参考文献 ······················· Reference

［1］吴连大.人造卫星与空间碎片的轨道和探测.北京：中国科学技术出版社,2011：19-20.

［2］Montenbruck O, Gill E. Satellite Orbits：Models, Methods and Applications.王家松,祝开建,胡小工,译.北京：国防工业出版社,2012：153.

［3］夏一飞,黄天衣.球面天文学.南京：南京大学出版社,1995：23.

［4］杨嘉墀,吕振铎,李铁寿,等.航天器轨道动力学与控制(下).北京：宇航出版社,2001：230.

［5］刘林.人造地球卫星轨道力学.北京：高等教育出版社,1992：08.

［6］杨嘉墀,范秦鸿,张云彤,等.航天器轨道动力学与控制(上).北京：宇航出版社,1995：36-39.

［7］刘林.人造地球卫星轨道力学.北京：高等教育出版社,1992：18.

［8］郗晓宁,王威,高玉东.近地航天器轨道基础.长沙：国防科技大学出版社,2003：66.

［9］周衍柏.理论力学教程.北京：高等教育出版社,1979：50-53.

［10］梁昆淼.力学(第四版).北京：高等教育出版社,1980：96-100.

［11］Kozai Y. The motion of a close earth satellite. The Astronomical Journal, 1959, 64(8)：367-377.

［12］Brouwer D. Solution of the problem of artificial satellite theory without drag. The Astronomical Journal, 1959,64(9)：378-396.

［13］Lyddane R H. Small eccentricities or inclinations in the brouwer theory of the artificial satellite. The Astronomical Journal, 1963,68(8)：555-558.

［14］刘林.人造地球卫星轨道力学.北京：高等教育出版社,1992：192.

［15］Agrawal B N.地球同步轨道航天器设计.楮桂柏,张敬铭,李晔,等译.北京：航空工业出版社,1992：63-68.

［16］Casey D, Way J. Orbit selection for the Eos mission and its synergism implications. IEEE Transactions on Geoscience and Remote Sensing, 1991,29(6)：822-835.

［17］郗晓宁,王威,高玉东.近地航天器轨道基础.长沙：国防科技大学出版社,2003：163.

［18］章仁为.卫星轨道姿态动力学与控制.北京：北京航空航天大学出版社,1998：26.

［19］杨颖,王琦.STK 在计算机仿真中的应用.北京：国防工业出版社,2005：103-123.

［20］徐福祥,林华宝,侯深渊.卫星工程概论(上).北京：中国宇航出版社,2003：149.

［21］张育林,曾国强,王兆魁,等.分布式卫星系统理论及应用.北京：科学出版社,2008：28.

［22］李济生.人造卫星精密轨道确定.北京：解放军出版社,1995：61.

［23］章仁为.卫星轨道姿态动力学与控制.北京：北京航空航天大学出版社,1998：138.

［24］杨乐平,朱彦伟,黄涣.航天器相对运动轨迹规划与控制.北京：国防工业出版社,2010：61.

［25］周美江,吴会英,齐金玲.微纳卫星共面伴飞相对运动椭圆短半轴最省燃料控制.中国空间科学技术,2015,35(5)：22-32.

［26］同济大学数学系.高等数学(下册).6 版.北京：高等出版社,2012：110－111.

［27］吴会英,周美江,齐金玲.共面伴飞相对运动椭圆相位最省燃料控制问题.中国空间科学技术,2015, 35(6)：29－39.

序号	缩略语	全　　称	中　文
1	GPS	Global Position System	美国全球定位系统
2	USNO	United States Naval Observatory	美国海军天文台
3	UTC	Universal Time Coordinated	协调世界时
4	IAU	International Astronomical Union	国际天文学联合会
5	TDT	Terrestrial Dynamical Time	地球力学时
6	TDB	Barycentric Dynamical Time	质心力学时
7	IUGG	International Union Geodesy and Geophysics	国际大地测量与地球物理联合会
8	CIO	Conventional International Origin	国际习用原点
9	WGS	World Geodetic System	世界大地坐标系
10	SGS	Soviet Geodetic System	苏联大地坐标系
11	IERS	International Earth Rotation Service	国际地球自转服务
12	BIH	Bureau International de l'Heure	国际时间局
13	ICRF	International Celestial Reference Frame	国际天球参考系
14	NORAD	North American Aerospace Defense Command	北美防空联合司令部
15	SGP	Simplified General Perturbations	简化常规摄动模型
16	SDP	Simplified Deep Space Perturbations	深空扰动摄动模型
17	LVLH	Local Vertical, Local Horizontal	
18	VVLH	Vehicle Velocity, Local Horizontal	
19	VNC	Velocity-Normal-Co-normal	
20	LCLG	Local Gregorian	当地地方时

序　号	名　　　称	字 母 及 数 值
1	地球赤道平均半径	$R_e = 6\ 378\ 137$ m
2	地球质量	$M_e = 5.974 \times 10^{24}$ kg
3	万有引力常数	$G = 6.672\ 59 \times 10^{-20}$ km^3/(kg $\cdot$ s^{-2})
4	地球引力常数	$\mu = \mu_e = 398\ 600.441\ 8 \times 10^9$ m^3/s^2
5	太阳引力常数	$\mu_s = 1.327\ 124\ 400\ 179\ 87 \times 10^{20}$ m^3/s^2
6	月球引力常数	$\mu_l = 4.902\ 800\ 582\ 147\ 764 \times 10^{12}$ m^3/s^2
7	地球自转角速度	$n_e = \omega_e = 7.292\ 115 \times 10^{-5}$ rad/s
8	一个回归年的长度	365.242 198 778 平太阳日
9	光的传播速度	$c = 2.997\ 924\ 58 \times 10^8$ m/s

平春分点在天球上的周日视运动的速度是地球自转角速度与春分点西退速度的合成,因此以春分点周日视运动表征的格林尼治平恒星时的速度为

$$\frac{\mathrm{d}(\mathrm{GMST}(t))}{\mathrm{d}t} = \omega_\mathrm{e} + \frac{\mathrm{d}(m_\mathrm{A}(t))}{\mathrm{d}t} \tag{C.1}$$

其中,ω_e 为地球自转角速度,m_A 为赤经总岁差,可以表示为 t 的二次函数

$$m_\mathrm{A} = mt + m't^2 = \zeta_\mathrm{A} + Z_\mathrm{A} = \mu \tag{C.2}$$

对公式(C.1)积分,得到

$$\mathrm{GMST}(t) = \mathrm{GMST}(0) + (\omega_\mathrm{e} + m)t + m't^2 \tag{C.3}$$

其中 $\mathrm{GMST}(0)$ 为 $t = 0$ 时刻的格林尼治平恒星时。

格林尼治平恒星时加上赤经章动即格林尼治真恒星时,即

$$\mathrm{GAST}(t) = \mathrm{GMST}(t) + \Delta\psi\cos\varepsilon = \mathrm{GMST}(0) + (\omega_\mathrm{e} + m)t + m't^2 + \Delta\psi\cos\varepsilon \tag{C.4}$$

下面根据世界时与格林尼治平恒星时的关系推导任意时刻的格林尼治平恒星时的表达式。

由于春分点受岁差影响不停西退,赤道平太阳的赤经的表达式为

$$\alpha_\mathrm{s} = \alpha_0 + \mu_\ominus t + m_\mathrm{A} = \alpha_0 + (\mu_\ominus + m)t + m't^2 \tag{C.5}$$

其中,α_0 为 $t = 0$ 时刻的赤道平太阳赤经;$\mu_\ominus$ 为赤道平太阳的周年视运动速度。

根据赤道平太阳(参见 1.3.2 节"2. 平太阳时")的定义,需要使赤道平太阳的周年视运动速度 $\mu_\ominus$ 与黄道平太阳的速度相同,并使赤道平太阳的赤经尽量靠近黄道平太阳的黄经,即规定(其实是由赤道平太阳定义所决定的)

$$\alpha_0 = \lambda_0$$
$$\mu_\ominus + m = n + p \tag{C.6}$$

其中,λ_0 为 $t = 0$ 时刻的黄道平太阳黄经;$n + p$ 为黄道平太阳的周年视运动平均速率。因此有

$$\alpha_s = \lambda_0 + (n+p)t + m't^2 \tag{C.7}$$

根据对太阳的观测资料的分析以及地球公转运动理论,有

$$\begin{cases} \lambda_0 = 280°27'38.226\ 132 = 18^h41^m50^s.548\ 41 \\ n+p = 8\ 640\ 184^s.812\ 866/\ 儒略世纪 \\ m = 307^s.495\ 747/\ 儒略世纪 \\ m' = 0^s.093\ 104/(儒略世纪)^2 \end{cases} \tag{C.8}$$

代入公式(C.7)和公式(C.2)得到

$$\alpha_s = 18^h\ 41^m\ 50^s.548\ 41 + 8\ 640\ 184^s.812\ 866t_{UT1} + 0^s.093\ 104t_{UT1}^2 \tag{C.9}$$

$$m_A = 307^s.495\ 747t_{TT} + 0^s.093\ 104t_{TT}^2 \tag{C.10}$$

根据公式(C.9)可以给出公式化的平太阳定义,替代第1.3.2节给出的叙述性定义:平太阳是天球上一个假想数学点,它的赤经由公式(C.9)表示,赤纬为0。

公式(C.9)中 t_{UT1} 为自 2000 年 1 月 1 日 12 时(UT1)起算的儒略世纪数,有

$$t_{UT1} = \frac{JD(t_{UT1}) - 2\ 451\ 545.0}{36\ 525} \tag{C.11}$$

公式(C.10)中 t_{TT} 为自 2000 年 1 月 1 日 12 时(TT)起算的儒略世纪数,有

$$t_{TT} = \frac{JD(t_{TT}) - 2\ 451\ 545.0}{36\ 525} \tag{C.12}$$

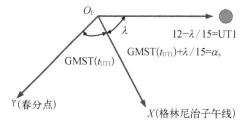

在精度要求不高的情况下,可以忽略 UT1 与 TT 对角度量带来的微小差异,因此公式(C.9)与公式(C.10)的时间都可以应用于世界时 UT1 计算,本书中若不特别说明,涉及格林尼治恒星时以及地球自转角的地方,都是世界时 UT1 系统。

根据世界时与格林尼治平恒星时的关系(图 C.1),有

$$UT1 = GMST(t_{UT1}) - \alpha_s + 12^h \tag{C.13}$$

图 C.1　以地方时为 12 点的地点示意格林尼治平恒星时与世界时的关系

由公式(C.13)可推得格林尼治平恒星时的表达式

$$\begin{aligned} GMST(t_{UT1}) &= UT1 + \alpha_s - 12^h \\ &= UT1 + 6^h41^m50^s.548\ 41 + 8\ 640\ 184^s.812\ 866t_{UT1} + 0^s.093\ 104t_{UT1}^2 \end{aligned} \tag{C.14}$$

但 UT1=0 时,即得世界时 0 时的格林尼治恒星时表达式

$$GMST(t_{UT1=0}) = 6^h41^m50^s.548\ 41 + 8\ 640\ 184^s.812\ 866t_{UT1=0} + 0^s.093\ 104t_{UT1=0}^2 \tag{C.15}$$

将公式(C. 15)改写为以天为单位的表达式，并用 A、B、C 代替较长的数字，有

$$
\begin{aligned}
\mathrm{GMST}(T_{\mathrm{UT1}}) &= 100°.460\ 618\ 375 + 0°.985\ 647\ 366\,T_{\mathrm{UT1=0}} + CT_{\mathrm{UT1=0}}^2 \\
&= A + BT_{\mathrm{UT1=0}} + CT_{\mathrm{UT1=0}}^2
\end{aligned}
\tag{C. 16}
$$

根据公式(C. 16)以及公式(C. 3)，有

$$
\begin{aligned}
\mathrm{GMST}(T_{\mathrm{UT1}}) &= \mathrm{GMST}(T_{\mathrm{UT1=0}}) + (360° + B)\frac{\mathrm{UT1}}{24} + CT_{\mathrm{UT1}}^2 - CT_{\mathrm{UT1=0}}^2 \\
&= A + BT_{\mathrm{UT1=0}} + (360° + B)\frac{\mathrm{UT1}}{24} + CT_{\mathrm{UT1}}^2 \\
&= A + B\left(T_{\mathrm{UT1=0}} + \frac{\mathrm{UT1}}{24}\right) + 360° \\
&\quad \times \frac{\mathrm{UT1}}{24} + 360° \times (T_{\mathrm{UT1=0}} + 0.5) + CT_{\mathrm{UT1}}^2 \\
&= A + 180° + (360° + B) \times \left(T_{\mathrm{UT1=0}} + \frac{\mathrm{UT1}}{24}\right) + CT_{\mathrm{UT1}}^2 \\
&= 280°.460\ 618\ 375 + 360°.985\ 647\ 366\,T_{\mathrm{UT1}} + CT_{\mathrm{UT1}}^2
\end{aligned}
\tag{C. 17}
$$

若转化为以儒略世纪为单位，则有格林尼治平恒星时的表达式为

$$
\mathrm{GMST}(t_{\mathrm{UT1}}) = 18^{\mathrm{h}}.697\ 374\ 6 + 879\ 000^{\mathrm{h}}.051\ 336\ 7\,t_{\mathrm{UT1}} + 0^{\mathrm{s}}.093\ 104\,t_{\mathrm{UT1}}^2
\tag{C. 18}
$$

三阶正交矩阵的分配律

D.1　定义和基本性质

D.1.1　正交矩阵定义

正交矩阵的几种定义如下：

定义 1.1　n 阶实矩阵 $\boldsymbol{A}$，若满足 $\boldsymbol{A}^{\mathrm{T}}\boldsymbol{A} = \boldsymbol{E}$，则称 $\boldsymbol{A}$ 为正交矩阵；

定义 1.2　n 阶实矩阵 $\boldsymbol{A}$，若满足 $\boldsymbol{A}\boldsymbol{A}^{\mathrm{T}} = \boldsymbol{E}$，则称 $\boldsymbol{A}$ 为正交矩阵；

定义 1.3　n 阶实矩阵 $\boldsymbol{A}$，若满足 $\boldsymbol{A}^{\mathrm{T}} = \boldsymbol{A}^{-1}$，则称 $\boldsymbol{A}$ 为正交矩阵；

定义 1.4　若 n 阶实矩阵 $\boldsymbol{A}$ 的 n 个行(列)向量是两两正交的单位向量，则称 $\boldsymbol{A}$ 为正交矩阵。

D.1.2　逆矩阵定义

定义　对于矩阵 $\boldsymbol{A} \in \boldsymbol{R}_{n \times n}$，如果存在矩阵 $\boldsymbol{B} \in \boldsymbol{R}_{n \times n}$，使得

$$\boldsymbol{AB} = \boldsymbol{BA} = \boldsymbol{E} \tag{D.1}$$

就称 $\boldsymbol{A}$ 为可逆矩阵(简称 $\boldsymbol{A}$ 可逆)，并称 $\boldsymbol{B}$ 是 $\boldsymbol{A}$ 的逆矩阵，记作 $\boldsymbol{A}^{-1} = \boldsymbol{B}$，式中 $\boldsymbol{E}$ 代表单位矩阵。

逆矩阵的计算公式如下

$$\boldsymbol{A}^{-1} = \frac{1}{|\boldsymbol{A}|} \boldsymbol{A}^{*} \tag{D.2}$$

其中，$\boldsymbol{A}^{*}$ 为 $\boldsymbol{A}$ 的伴随矩阵，即

$$\boldsymbol{A}^{*} = \begin{bmatrix} A_{11} & A_{21} & \cdots & A_{n1} \\ A_{12} & A_{22} & \cdots & A_{n1} \\ \vdots & \vdots & & \vdots \\ A_{1n} & A_{2n} & \cdots & A_{nn} \end{bmatrix} \tag{D.3}$$

式中 A_{ij} 为矩阵 $\boldsymbol{A}$ 的代数余子式，且有 $A_{ij} = (-1)^{i+j} M_{ij}$，所求的 A_{ij} 为一个数值，并非矩阵。而在一个 n 阶行列式 $\boldsymbol{A}$ 中，把 (i, j) 元 a_{ij} 所在的第 i 行和第 j 列划去后，留下来的 $n-1$ 阶行列式叫作 (i, j) 元 a_{ij} 的余子式，即 M_{ij}。

D.1.3　正交矩阵基本性质

性质 1　若 $\boldsymbol{A}, \boldsymbol{B}$ 都是正交矩阵，则 $\boldsymbol{A}^{-1}$、$\boldsymbol{AB}$ 仍是正交矩阵；

性质 2 若 A 是正交矩阵,则 $|A|=\pm 1$,其中使 $|A|=1$ 的一类矩阵称为第一类正交矩阵,使 $|A|=-1$ 的一类矩阵称为第二类正交矩阵;

性质 3 若 A 是正交矩阵,则 A 的每个列和行的元素的平方和等于 1,不同列和行的元素乘积之和等于 0,即

$$\begin{cases} \sum_{k=1}^{n} a_{ik}a_{jk} = \begin{cases} 1 & (i=j) \\ 0 & (i\neq j) \end{cases} \\ \sum_{k=1}^{n} a_{ki}a_{kj} = \begin{cases} 1 & (i=j) \\ 0 & (i\neq j) \end{cases} \end{cases} \tag{D.4}$$

D.2 三阶正交矩阵的分配律

当正交矩阵的阶数 $n=3$ 时,本书称为三阶正交矩阵。在航天器轨道领域,计算速度矢量在各坐标系下的转换时,涉及三阶正交矩阵与两个叉乘的三维列向量相乘,其符合分配律,下文将详细推导此定律。

性质[*] 若 A 为三阶正交矩阵,b、c 为三维列向量,有

(1)若 $|A|=1$,则

$$A(b\times c)=(Ab)\times(Ac) \tag{D.5}$$

(2)若 $|A|=-1$,则

$$A(b\times c)=-(Ab)\times(Ac) \tag{D.6}$$

证明 由逆矩阵的计算公式 $A^{-1}=\dfrac{1}{|A|}A^{*}$,以及性质 2 可得 $A^{-1}=\pm A^{*}$,再根据定义 1.3 有

$$A^{\mathrm{T}}=A^{-1}=\pm A^{*} \tag{D.7}$$

根据伴随矩阵的定义可得

$$A^{*}=\begin{bmatrix} a_{22}a_{33}-a_{23}a_{32} & a_{13}a_{32}-a_{12}a_{33} & a_{12}a_{23}-a_{13}a_{22} \\ a_{23}a_{31}-a_{21}a_{33} & a_{11}a_{33}-a_{13}a_{31} & a_{21}a_{13}-a_{11}a_{23} \\ a_{21}a_{32}-a_{22}a_{31} & a_{12}a_{31}-a_{11}a_{32} & a_{11}a_{22}-a_{12}a_{21} \end{bmatrix} \tag{D.8}$$

再根据公式(D.7),有

$$\begin{bmatrix} a_{11} & a_{21} & a_{31} \\ a_{12} & a_{22} & a_{32} \\ a_{13} & a_{23} & a_{33} \end{bmatrix}=\pm\begin{bmatrix} a_{22}a_{33}-a_{23}a_{32} & a_{13}a_{32}-a_{12}a_{33} & a_{12}a_{23}-a_{13}a_{22} \\ a_{23}a_{31}-a_{21}a_{33} & a_{11}a_{33}-a_{13}a_{31} & a_{21}a_{13}-a_{11}a_{23} \\ a_{21}a_{32}-a_{22}a_{31} & a_{12}a_{31}-a_{11}a_{32} & a_{11}a_{22}-a_{12}a_{21} \end{bmatrix} \tag{D.9}$$

根据矩阵性质,上面等式左右两端的矩阵中对应元相等。

等式(D.5)右端可展开为

$$
(\boldsymbol{Ab}) \times (\boldsymbol{Ac}) = \begin{bmatrix} (a_{22}a_{33} - a_{23}a_{32})(b_2c_3 - b_3c_2) + (a_{23}a_{31} - a_{33}a_{21}) \\ (b_3c_1 - b_1c_3) + (a_{21}a_{32} - a_{22}a_{31})(b_1c_2 - b_2c_1) \\ (a_{13}a_{32} - a_{12}a_{33})(b_2c_3 - b_3c_2) + (a_{33}a_{11} - a_{13}a_{31}) \\ (b_3c_1 - b_1c_3) + (a_{12}a_{31} - a_{11}a_{32})(b_1c_2 - b_2c_1) \\ (a_{12}a_{23} - a_{22}a_{13})(b_2c_3 - b_3c_2) + (a_{13}a_{21} - a_{23}a_{11}) \\ (b_3c_1 - b_1c_3) + (a_{11}a_{22} - a_{12}a_{21})(b_1c_2 - b_2c_1) \end{bmatrix} \tag{D.10}
$$

根据公式(D.9),公式(D.10)可进一步变换得

$$
(\boldsymbol{Ab}) \times (\boldsymbol{Ac}) = \pm \begin{bmatrix} a_{11}(b_2c_3 - b_3c_2) + a_{12}(b_3c_1 - b_1c_3) + a_{13}(b_1c_2 - b_2c_1) \\ a_{21}(b_2c_3 - b_3c_2) + a_{22}(b_3c_1 - b_1c_3) + a_{23}(b_1c_2 - b_2c_1) \\ a_{31}(b_2c_3 - b_3c_2) + a_{32}(b_3c_1 - b_1c_3) + a_{33}(b_1c_2 - b_2c_1) \end{bmatrix}
$$

$$
= \pm \boldsymbol{A}(\boldsymbol{b} \times \boldsymbol{c}) \tag{D.11}
$$

其中,$\boldsymbol{A}(\boldsymbol{b} \times \boldsymbol{c}) = (\boldsymbol{Ab}) \times (\boldsymbol{Ac})$ 对应第一类正交矩阵;$\boldsymbol{A}(\boldsymbol{b} \times \boldsymbol{c}) = -(\boldsymbol{Ab}) \times (\boldsymbol{Ac})$ 对应第二类正交矩阵。

在 9.3.1 节中,提到需要寻找相对运动椭圆的上下点,以此为依据进行远距接近过程中的最优控制,并兼顾最省燃料控制相对运动椭圆短半轴至目标值。对于较远的两航天器的相对运动,卫星的相对运动轨迹由于各种摄动以及纬度幅角的差异,已经与漂移椭圆相差甚远,如图 E.1 所示。

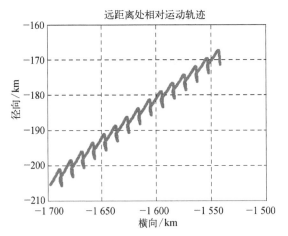

图 E.1　相距较远的两航天器的轨道面内的相对轨迹图
(对应图 E.4、图 E.5 中的第 10～11 天)

针对远距离处目标卫星与伴随卫星所受的摄动力不同导致相对运动轨道的不规则性,下文采用两种特殊的方法处理,找到最省燃料的控制时刻点——相对运动椭圆的上下点。虽然仿真出来的结果并不像理论分析得那么完美,但已经能够使椭圆短半轴的变化按照其需求的趋势进行,下文也会给出仿真结果进行验证。

E.1　原 理 介 绍

1. 坐标系转换方法

根据 7.5.2 节,对修正过程进行逆推导,将测量数据进行平移加旋转的操作,理论上应该能够使图 E.1 所示的曲线转换成闭合椭圆,但由于远距离的摄动差异较大,实际结果如图 E.2 所示。图 E.2 所示的结果的转换方法介绍如下。

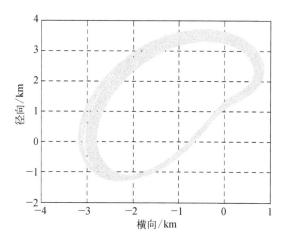

图 E.2　相距较远的两航天器的坐标转换后的相对轨迹图

（对应图 E.4、图 E.5 中的第 10～11 天）

首先，平移坐标系中心至相对运动椭圆中心 $(\Delta x, \Delta y, 0)$，对于原测量数据（或 STK 仿真数据）中的伴随卫星相对于目标卫星的矢量 $\boldsymbol{r}(x, y, z)$，有

$$\begin{pmatrix} x' \\ y' \\ z' \end{pmatrix} = \begin{pmatrix} x \\ y \\ z \end{pmatrix} - \begin{pmatrix} \Delta x \\ \Delta y \\ 0 \end{pmatrix} = \begin{pmatrix} x - \Delta x \\ y - \Delta y \\ z \end{pmatrix} \tag{E.1}$$

其中

$$\begin{cases} \Delta x = a_c \cos(\Delta u) - a_s \approx a_s(\cos(\Delta u) - 1) \\ \Delta y = a_c \sin(\Delta u) \approx a_s \sin(\Delta u) \end{cases} \tag{E.2}$$

与第 7.5.2 节相同，本附录中涉及根数的地方都指的是平根数，不再具体提示。$\Delta u = \Delta nt$ 为纬度幅角差值，示意图以及计算公式详见第 7.5.2 节以及图 7.35。

其次，旋转坐标系，使其方向与目标卫星的 LVLH 系方向一致，有

$$\begin{pmatrix} x'' \\ y'' \\ z'' \end{pmatrix} = R_z(\Delta u) \cdot \begin{pmatrix} x' \\ y' \\ z' \end{pmatrix} = R_z(\Delta u) \cdot \begin{pmatrix} x - \Delta x \\ y - \Delta y \\ z \end{pmatrix} \tag{E.3}$$

其中的旋转矩阵为

$$R_z(\Delta u) = \begin{bmatrix} \cos(\Delta u) & \sin(\Delta u) & 0 \\ -\sin(\Delta u) & \cos(\Delta u) & 0 \\ 0 & 0 & 1 \end{bmatrix} \tag{E.4}$$

当然，也可以通过先旋转后平移的方法，可参见 7.5.2 节，这里不再详细推导。

2. 矢径模之差方法

除了坐标系转换方法，这里还给出一种用两航天器与地心的矢径模之差来寻找上下点

的方法,如图 E.3 所示。

作出伴随卫星和目标卫星一段时间内的矢径模之差随时间的变化曲线,很容易找出相对运动椭圆的上、下点,即可作为优选的轨控时机。

3. 两种方法比较

相对而言,矢径模之差需要的输入量较少,仅需要目标卫星与伴随卫星的绝对轨道的矢径模,不需要具体的方向,而坐标系转化方法需要的输入量较多,包括相对的径向位置、横向位置、伴随卫星与目标卫星的瞬时纬度幅角差以及目标卫星的平半长轴(与伴随卫星的平半长轴差值可以忽略),因此,作者推荐一般采用矢径模之差的方法寻找上下点。

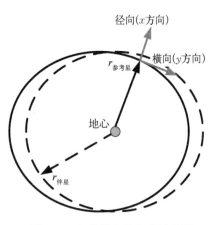

图 E.3　矢径模之差定义示意图

E.2　仿真结果

作者通过长期的工程实践,利用上文所述两种方法得到的结果差异并不大,下文仅给出矢径模之差的方法仿真得到的结果,证明其工程可行性。

下文用 STK 软件生成伴随卫星和目标卫星的轨道数据,验证矢径模之差方法的可行性。仿真基于的初始根数以及力学模型设置如图 7.37 以及图 7.39 所示。伴随卫星在初始时刻施加了横向的速度增量0.6 m/s,生成的仿真结果如图 E.4、图 E.5 所示。

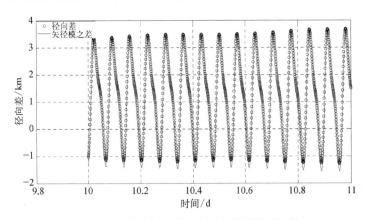

图 E.4　径向差与矢径模之差的仿真结果比较

由图 E.4、图 E.5 可知,伴随卫星距离目标卫星1 700 多千米的时候,径向差与矢径模之差的差值最大为 0.4 km,但并不影响找上下点的时刻,仅影响上下点的径向位置,进而影响椭圆中心径向位置以及椭圆短半轴的计算。

为了充分验证利用矢径模之差寻找上下点在轨道控制过程中所起的作用,设计轨道控制目标为"椭圆短半轴为 2 km、伴随卫星与目标卫星距离(50±2)km 处驻留"的远距离接近

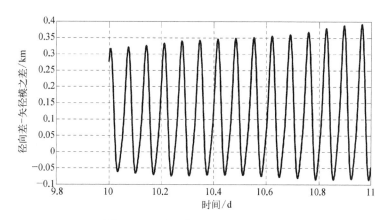

图 E.5　径向差与矢径模之差的差值

控制,设计轨控策略为第一次控制 2 m/s,第二次控制(200 km 左右处)1 m/s。仿真过程中加的导航误差为 200 m(三轴 1σ 正态分布随机量)、控制误差为 5%(1σ 正态分布随机量)。具体的结果如图 E.6、图 E.7、图 E.8 所示。

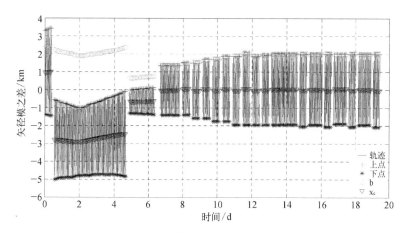

图 E.6　控前矢径模之差以及上下点(后附彩图)

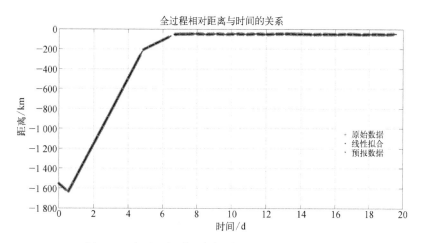

图 E.7　全过程相对距离与时间的关系(后附彩图)

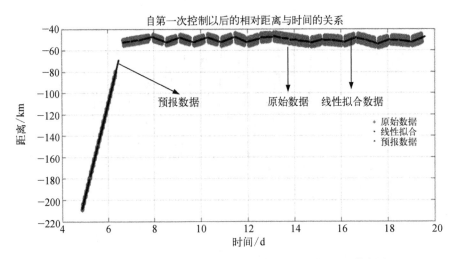

图 E.8　自第一次控制以后的相对距离与时间的关系(后附彩图)

由图 E.6、图 E.7、图 E.8 可见,控制目标完全能够实现,上下点在远距离的时候不准确,但控制趋势是向着控制目标进行的。较远距离处的上下点找不准,且椭圆短半轴估计不准,控制会出现不太理想的趋势,因此,希望远距离阶段的控制量不宜太大,以防与需求的椭圆短半轴目标值相差太远的情况出现。

yy	mm	dd	BSRN	ND	Adj F10.7	Adj Ctr81	Adj Lst81	Obs F10.7	Obs Ctr81	Obs Lst81
2018	01	01	2 515	21	75.4	75.9	77.2	78.0	78.3	79.0
2018	02	01	2 516	25	74.5	74.9	76.2	76.7	77.0	78.5
2018	03	01	2 517	26	73.7	74.1	75.3	75.1	75.4	77.6
2018	04	01	2 519	3	72.8	73.2	74.4	72.9	73.3	76.0
2018	05	01	2 520	6	72.1	72.5	73.5	71.0	71.5	74.0
2018	06	01	2 521	10	71.3	71.7	72.7	69.3	69.9	72.0
2018	07	01	2 522	13	70.6	71.0	71.9	68.3	68.8	70.3
2018	08	01	2 523	17	69.9	70.2	71.2	67.9	68.3	69.1
2018	09	01	2 524	21	69.2	69.5	70.5	68.0	68.4	68.4
2018	10	01	2 525	24	68.6	68.9	69.8	68.5	68.8	68.3
2018	11	01	2 527	1	68.0	68.3	69.1	69.0	69.2	68.7
2018	12	01	2 528	4	67.4	67.7	68.5	69.3	69.5	69.1
2019	01	01	2 529	8	66.9	67.1	67.9	69.2	69.2	69.5
2019	02	01	2 530	12	66.3	66.6	67.3	68.3	68.4	69.4
2019	03	01	2 531	13	65.9	66.1	66.8	67.1	67.3	68.8
2019	04	01	2 532	17	65.4	65.6	66.3	65.5	65.7	67.7
2019	05	01	2 533	20	65.0	65.2	65.8	64.0	64.3	66.2
2019	06	01	2 534	24	64.5	64.7	65.4	62.7	63.1	64.7
2019	07	01	2 535	27	64.1	64.3	64.9	62.0	62.4	63.5
2019	08	01	2 537	4	63.8	63.9	64.5	61.9	62.2	62.6
2019	09	01	2 538	8	63.4	63.6	64.1	62.2	62.5	62.2
2019	10	01	2 539	11	63.1	63.3	63.7	62.9	63.1	62.4
2019	11	01	2 540	15	62.8	62.9	63.4	63.8	63.8	62.9
2019	12	01	2 541	18	62.5	75.7	63.1	64.3	77.8	63.6
2020	01	01	2 542	22	167.6	117.2	64.0	173.4	120.9	65.5
2020	02	01	2 543	26	172.1	160.5	105.0	177.3	164.8	108.3

yy	mm	dd	BSRN	ND	Adj F10.7	Adj Ctr81	Adj Lst81	Obs F10.7	Obs Ctr81	Obs Lst81
2020	03	01	2 545	1	176.2	176.2	144.9	179.4	179.1	149.2
2020	04	01	2 546	5	180.6	180.5	174.9	180.7	180.7	178.5
2020	05	01	2 547	8	184.7	184.6	179.2	181.8	182.0	180.2
2020	06	01	2 548	12	188.8	188.8	183.4	183.6	183.9	181.6
2020	07	01	2 549	15	192.6	192.6	187.4	186.4	186.8	183.2
2020	08	01	2 550	19	196.4	196.4	191.5	190.7	191.1	185.8
2020	09	01	2 551	23	200.0	199.9	195.3	196.5	196.7	189.7
2020	10	01	2 552	26	203.3	203.2	198.8	202.9	202.9	194.8
2020	11	01	2 554	3	206.4	206.3	202.2	209.6	209.3	201.0
2020	12	01	2 555	6	209.1	209.0	205.3	215.2	214.6	207.3

SAR 卫星回归轨道设计结果

回归周期/升交日	回归圈数	轨道高度/km	轨道倾角/(°)
2	31	500.17	149
3	46	516.29	128
3	46	518.00	129
3	46	519.70	130
3	46	521.38	131
3	46	523.05	132
3	46	524.69	133
3	46	526.32	134
3	46	527.92	135
3	46	529.50	136
3	46	531.06	137
3	46	532.59	138
3	46	534.11	139
3	46	535.59	140
3	46	537.05	141
3	46	538.49	142
3	46	539.89	143
3	46	541.27	144
3	46	542.62	145
3	46	543.94	146
3	46	545.23	147
3	46	546.49	148
3	46	547.72	149
4	61	540.62	128
4	61	542.32	129
4	61	544.01	130
4	61	545.68	131

续表

回归周期/升交日	回归圈数	轨道高度/km	轨道倾角/(°)
4	61	547.33	132
4	61	548.96	133
4	61	552.17	135
4	61	553.74	136
4	61	556.81	138
4	61	558.31	139
4	61	562.66	142
4	61	564.06	143
4	61	568.08	146
4	61	569.36	147
4	61	570.61	148
4	61	571.83	149
4	62	500.17	149
5	76	557.02	129
5	76	558.70	130
5	76	562.01	132
5	77	503.79	132
5	77	505.44	133
5	76	565.24	134
5	77	508.69	135
5	76	568.39	136
5	77	510.28	136
5	76	569.93	137
5	76	571.45	138
5	77	513.39	138
5	76	572.94	139
5	77	514.91	139
5	76	574.41	140
5	77	516.40	140
5	77	517.87	141
5	77	519.31	142
5	76	580.03	144
5	77	522.11	144
5	77	523.47	145
5	76	582.67	146

续表

回归周期/升交日	回归圈数	轨道高度/km	轨道倾角/(°)
5	76	585.19	148
5	77	527.36	148
6	91	566.87	129
6	91	570.20	131
6	91	571.84	132
6	91	573.46	133
6	91	579.74	137
6	91	584.21	140
6	91	585.65	141
6	91	588.45	143
6	91	589.81	144
6	91	591.14	145
6	91	594.96	148
6	91	596.17	149
7	106	577.25	131
7	107	535.24	131
7	106	583.68	135
7	107	541.75	135
7	108	500.49	135
7	106	586.77	137
7	106	588.28	138
7	108	505.20	138
7	107	547.91	139
7	106	591.23	140
7	107	549.39	140
7	108	508.22	140
7	106	594.08	142
7	108	511.14	142
7	106	596.82	144
7	106	598.15	145
7	107	556.39	145
7	106	599.45	146
7	107	561.47	149
7	108	520.44	149
8	123	504.21	128

续表

回归周期/升交日	回 归 圈 数	轨道高度/km	轨道倾角/(°)
8	121	579.23	129
8	121	582.55	131
8	121	585.80	133
8	121	588.97	135
8	123	517.47	136
8	123	525.05	141
8	123	529.28	144
8	123	531.96	146
8	123	535.75	149
9	137	548.78	128
9	136	583.36	129
9	137	550.48	129
9	136	585.03	130
9	136	586.68	131
9	137	553.83	131
9	136	588.31	132
9	136	593.09	135
9	137	561.87	136
9	136	597.68	138
9	137	566.43	139
9	139	502.19	139
9	139	503.69	140
9	137	569.35	141
9	137	570.77	142
9	139	506.61	142
9	137	573.53	144
9	139	509.42	144
9	139	510.78	145
9	137	579.92	149
10	151	584.99	128
10	153	529.40	130
10	151	593.23	133
10	151	594.82	134
10	153	539.17	136
10	151	599.47	137

续表

回归周期/升交日	回 归 圈 数	轨道高度/km	轨道倾角/(°)
10	153	546.70	141
10	153	548.13	142
10	153	553.57	146
11	168	533.96	128
11	167	562.39	129
11	169	509.22	129
11	166	591.05	130
11	168	537.36	130
11	169	512.61	131
11	167	567.37	132
11	168	543.94	134
11	167	573.74	136
11	169	522.31	137
11	169	523.85	138
11	168	551.69	139
11	168	554.62	141
11	167	582.61	142
11	170	503.73	142
11	167	584.00	143
11	170	505.15	143
11	167	585.36	144
11	168	560.16	145
11	169	533.90	145
11	170	509.24	146
11	167	591.73	149
11	169	539.01	149
12	181	593.31	130
12	185	508.61	138
12	185	522.60	148

SAR 卫星回归轨道与覆盖性

回归周期/升交日	回归圈数	轨道高度/km	轨道倾角/(°)	升交点赤经/(°)	平均访问次数	访问次数方差
2	31	500.17	149	10.2	4.00	3.22
3	46	516.29	128	5.6	2.72	1.49
3	46	518.00	129	5.6	2.85	1.70
3	46	519.70	130	4.0	2.95	2.43
3	46	521.38	131	1.6	3.12	2.84
3	46	523.05	132	1.9	3.23	3.11
3	46	524.69	133	7.2	3.32	2.99
3	46	526.32	134	0.7	3.37	2.80
3	46	527.92	135	2.2	3.48	2.67
3	46	529.50	136	1.0	3.57	2.62
3	46	531.06	137	6.5	3.55	2.28
3	46	532.59	138	5.2	3.64	1.94
3	46	534.11	139	0.9	3.63	2.12
3	46	535.59	140	1.9	3.72	2.11
3	46	537.05	141	3.0	3.79	2.08
3	46	538.49	142	4.6	3.91	1.99
3	46	539.89	143	3.0	4.03	1.85
3	46	541.27	144	6.9	4.11	1.83
3	46	542.62	145	7.2	4.24	2.11
3	46	543.94	146	5.2	4.35	2.44
3	46	545.23	147	4.3	4.49	3.03
3	46	546.49	148	6.7	4.41	3.77
3	46	547.72	149	5.5	4.33	4.32
4	61	540.62	128	3.5	2.87	2.44
4	61	542.32	129	2.6	3.08	2.88
4	61	544.01	130	3.2	3.25	3.53
4	61	545.68	131	4.2	3.36	4.30
4	61	547.33	132	0.4	3.50	4.13

回归周期/升交日	回归圈数	轨道高度/km	轨道倾角/(°)	升交点赤经/(°)	平均访问次数	访问次数方差
4	61	548.96	133	5.5	3.51	3.95
4	61	552.17	135	5.8	3.70	3.61
4	61	553.74	136	2.2	3.65	3.30
4	61	556.81	138	3.6	3.75	2.67
4	61	558.31	139	0.1	3.85	2.56
4	61	562.66	142	3.5	4.20	2.68
4	61	564.06	143	5.0	4.24	2.34
4	61	568.08	146	0.0	4.61	3.29
4	61	569.36	147	2.8	4.72	4.03
4	61	570.61	148	5.2	4.59	4.87
4	61	571.83	149	2.8	4.44	5.44
4	62	500.17	149	2.0	4.01	6.51
5	76	557.02	129	0.7	3.10	4.03
5	76	558.70	130	1.8	3.34	5.01
5	76	562.01	132	0.5	3.51	5.15
5	77	503.79	132	1.6	3.21	5.36
5	77	505.44	133	1.5	3.21	5.13
5	76	565.24	134	1.1	3.62	4.74
5	77	508.69	135	3.3	3.35	4.85
5	76	568.39	136	1.3	3.78	3.85
5	77	510.28	136	0.4	3.40	4.45
5	76	569.93	137	2.4	3.83	3.33
5	76	571.45	138	0.6	3.84	3.29
5	77	513.39	138	2.1	3.47	3.53
5	76	572.94	139	2.5	3.90	3.47
5	77	514.91	139	3.8	3.50	3.20
5	76	574.41	140	1.0	3.96	3.69
5	77	516.40	140	3.1	3.55	3.33
5	77	517.87	141	4.5	3.72	3.60
5	77	519.31	142	1.2	3.79	3.21
5	76	580.03	144	4.6	4.46	3.28
5	77	522.11	144	0.1	4.01	3.01
5	77	523.47	145	2.5	4.07	3.20
5	76	582.67	146	1.2	4.78	4.38
5	76	585.19	148	1.9	4.74	6.11
5	77	527.36	148	4.4	4.31	6.34
6	91	566.87	129	3.0	3.18	5.00

续表

回归周期/升交日	回归圈数	轨道高度/km	轨道倾角/(°)	升交点赤经/(°)	平均访问次数	访问次数方差
6	91	570.20	131	3.4	3.47	6.19
6	91	571.84	132	1.2	3.57	6.07
6	91	573.46	133	0.0	3.61	5.80
6	91	579.74	137	3.0	3.85	4.33
6	91	584.21	140	2.5	3.99	4.48
6	91	585.65	141	2.9	4.11	4.39
6	91	588.45	143	3.3	4.39	3.63
6	91	589.81	144	0.7	4.56	3.94
6	91	591.14	145	0.2	4.69	4.80
6	91	594.96	148	3.6	4.83	7.36
6	91	596.17	149	2.6	4.65	8.07
7	106	577.25	131	0.4	3.50	7.16
7	107	535.24	131	0.9	3.26	7.20
7	106	583.68	135	0.2	3.82	6.26
7	107	541.75	135	2.3	3.60	6.64
7	108	500.49	135	1.7	3.29	6.89
7	106	586.77	137	3.3	3.93	4.92
7	106	588.28	138	3.1	3.97	4.87
7	108	505.20	138	2.2	3.41	4.82
7	107	547.91	139	1.7	3.73	4.77
7	106	591.23	140	2.4	4.02	5.10
7	107	549.39	140	2.2	3.77	5.65
7	108	508.22	140	3.0	3.47	4.64
7	106	594.08	142	1.9	4.37	4.54
7	108	511.14	142	1.4	3.75	4.70
7	106	596.82	144	0.0	4.63	4.80
7	106	598.15	145	2.9	4.75	5.54
7	107	556.39	145	1.7	4.38	5.12
7	106	599.45	146	1.1	4.91	6.44
7	107	561.47	149	0.4	4.43	9.96
7	108	520.44	149	1.3	4.13	10.56
8	123	504.21	128	2.5	2.63	3.96
8	121	579.23	129	0.6	3.30	7.09
8	121	582.55	131	1.4	3.58	8.57
8	121	585.80	133	1.8	3.75	8.26
8	121	588.97	135	1.0	3.88	6.99
8	123	517.47	136	1.1	3.50	7.34

续表

回归周期/升交日	回归圈数	轨道高度/km	轨道倾角/(°)	升交点赤经/(°)	平均访问次数	访问次数方差
8	123	525.05	141	2.2	3.76	5.89
8	123	529.28	144	3.0	4.10	4.89
8	123	531.96	146	2.4	4.32	6.69
8	123	535.75	149	2.1	4.29	11.99
9	137	548.78	128	1.7	2.89	5.57
9	136	583.36	129	0.8	3.32	8.16
9	137	550.48	129	1.1	3.02	6.72
9	136	585.03	130	2.2	3.50	9.76
9	136	586.68	131	0.0	3.60	9.55
9	137	553.83	131	1.2	3.39	9.76
9	136	588.31	132	0.9	3.68	9.50
9	136	593.09	135	1.2	3.87	8.13
9	137	561.87	136	1.9	3.73	7.71
9	136	597.68	138	0.4	4.04	6.31
9	137	566.43	139	0.5	3.84	6.35
9	139	502.19	139	1.4	3.39	5.74
9	139	503.69	140	1.3	3.45	6.19
9	137	569.35	141	0.4	4.04	6.27
9	137	570.77	142	2.3	4.19	5.95
9	139	506.61	142	1.7	3.78	6.32
9	137	573.53	144	1.4	4.40	5.92
9	139	509.42	144	1.0	3.91	5.45
9	139	510.78	145	1.5	3.98	6.24
9	137	579.92	149	0.1	4.54	12.30
10	151	584.99	128	1.8	3.14	7.32
10	153	529.40	130	2.3	3.06	8.30
10	151	593.23	133	2.1	3.79	10.15
10	151	594.82	134	0.6	3.88	9.72
10	153	539.17	136	0.6	3.61	8.83
10	151	599.47	137	0.8	3.98	6.98
10	153	546.70	141	0.0	3.84	7.40
10	153	548.13	142	0.0	4.06	6.89
10	153	553.57	146	0.3	4.46	8.32
11	168	533.96	128	1.4	2.80	6.46
11	167	562.39	129	0.8	3.15	9.18
11	169	509.22	129	1.1	2.74	6.69
11	166	591.05	130	1.4	3.52	12.26

续表

回归周期/升交日	回归圈数	轨道高度/km	轨道倾角/(°)	升交点赤经/(°)	平均访问次数	访问次数方差
11	168	537.36	130	0.5	3.09	9.73
11	169	512.61	131	1.7	3.06	10.75
11	167	567.37	132	2.2	3.55	11.76
11	168	543.94	134	0.9	3.53	11.22
11	167	573.74	136	1.8	3.80	9.16
11	169	522.31	137	2.2	3.54	8.77
11	169	523.85	138	1.6	3.55	7.76
11	168	551.69	139	1.0	3.74	7.75
11	168	554.62	141	0.9	3.93	8.04
11	167	582.61	142	0.0	4.24	7.18
11	170	503.73	142	1.2	3.74	7.55
11	167	584.00	143	1.9	4.38	6.86
11	170	505.15	143	1.6	3.83	7.44
11	167	585.36	144	1.9	4.55	7.56
11	168	560.16	145	0.7	4.43	8.19
11	169	533.90	145	0.5	4.17	7.65
11	170	509.24	146	0.8	4.07	8.75
11	167	591.73	149	2.2	4.64	15.14
11	169	539.01	149	1.5	4.28	16.41
12	181	593.31	130	1.5	3.53	13.35
12	185	508.61	138	0.9	3.49	8.52
12	185	522.60	148	0.4	4.27	15.54

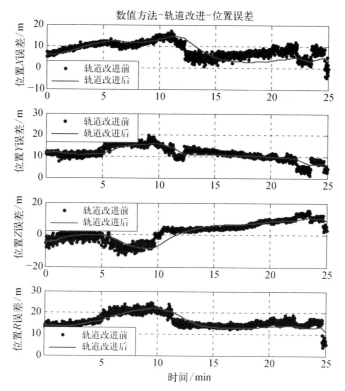

彩图 4.23　轨道改进位置误差

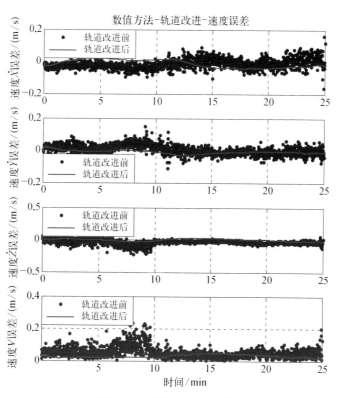

彩图 4.24　轨道改进速度误差

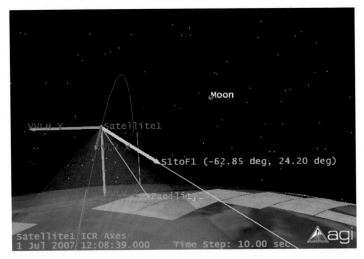

彩图 5.58　卫星的坐标系示意

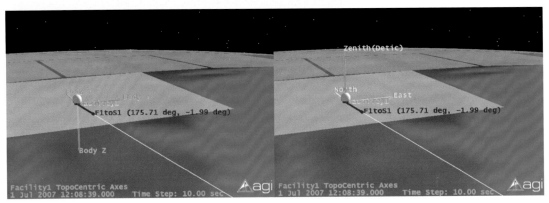

彩图 5.59　地面站坐标系示意图（Body 系与 NEZ 系）

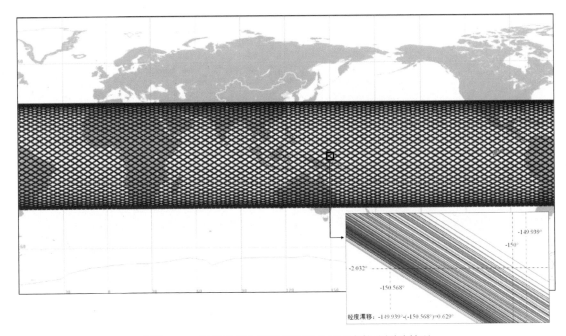

彩图 6.56　卫星进行轨道维持两年的星下点轨迹漂移情况

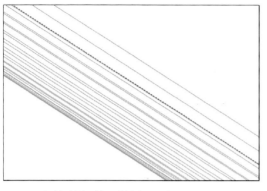

初始时刻至第一次控制：1 轨 ~1 740 轨

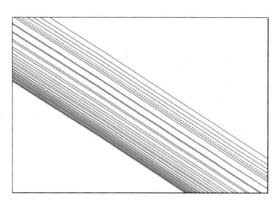

第一次控制至第二次控制：1 741 轨 ~3 937 轨

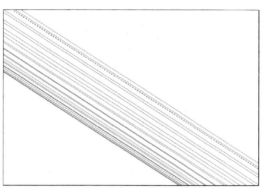

第二次控制至第三次控制：3 938 轨 ~5 522 轨

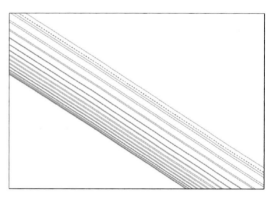

第三次控制至第四次控制：5 523 轨 ~7 245 轨

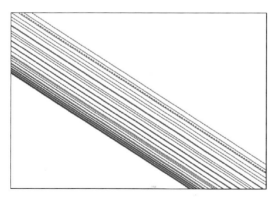

第四次控制至第五次控制：7 246 轨 ~9 457 轨

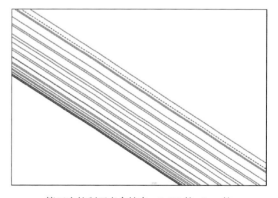

第五次控制至寿命结束：9 458 轨 ~Last 轨

彩图 6.55　卫星进行轨道维持两年的星下点轨迹漂移情况

注：彩图虚线表示参考卫星的星下点轨迹，实线为实际卫星的星下点轨迹

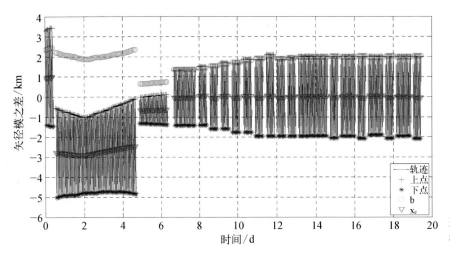

彩图 E.6　控前矢径
模之差以及上下点

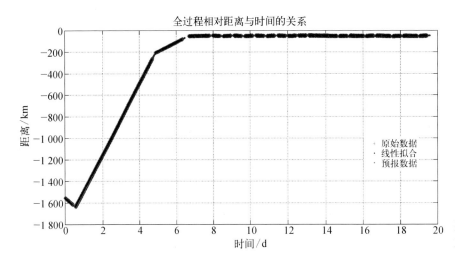

彩图 E.7　全过程相
对距离与时间的关系

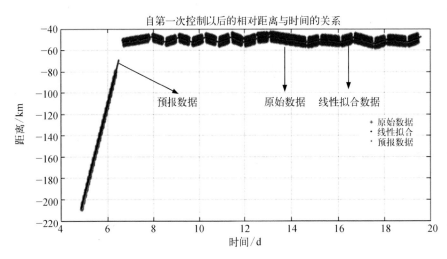

彩图 E.8　自第一次
控制以后的相对距
离与时间的关系